工业和信息产业科技与教育专著出版资金资助出版
教育部大学计算机课程改革项目成果

网页设计与制作

——基于计算思维

王海波　　张伟娜　　王兆华　编著

刘立新　主审

电子工业出版社

Publishing House of Electronics Industry

北京·BEIJING

内 容 简 介

本书基于以计算思维的培养为导向的教学改革，按照由浅入深的过程，逐步讲解网页设计与制作相关的基础知识，包括 HTML 基础，CSS 基础，颜色、图像和多媒体的使用，表格的使用，超链接，Div+CSS 布局，模板和库，表单，行为，JavaScript，jQuery 框架，网站的发布与维护，并通过综合实例完整地讲述了一个实际网站的制作过程，最后介绍了用于快速建立网站的 CMS 内容管理系统。附录中提供了 HTML 常用标签和 CSS 常用属性，并介绍 Dreamweaver CS6 等工具软件的基本使用方法。本书提供案例相关文件、部分习题答案及电子课件，可登录华信教育资源网（www.hxedu.com.cn）注册后下载。

本书适合作为高等院校网页设计与制作课程的教学用书，也可以作为网页设计工作人员的参考用书。

图书在版编目(CIP)数据

网页设计与制作：基于计算思维 / 王海波，张伟娜，王兆华编著. —北京：电子工业出版社，2014.1
ISBN 978-7-121-21944-3

Ⅰ. ①网… Ⅱ. ①王… ②张… ③王… Ⅲ. ①网页制作工具—高等学校—教材 Ⅳ. ①TP393.092

中国版本图书馆 CIP 数据核字（2013）第 276971 号

策划编辑：章海涛
责任编辑：冉 哲
印　　刷：北京捷迅佳彩印刷有限公司
装　　订：北京捷迅佳彩印刷有限公司
出版发行：电子工业出版社
　　　　　北京市海淀区万寿路 173 信箱　邮编　100036
开　　本：787×1092　1/16　印张：23.75　字数：608 千字
版　　次：2014 年 1 月第 1 版
印　　次：2023 年 8 月第 8 次印刷
定　　价：45.00 元

前　言

随着信息技术的不断发展，互联网已经成为当前传播信息的重要途径。越来越多的网站出现在互联网上，网站开发及网页设计与制作技术受到人们越来越多的关注。随着万维网联盟 W3C 的建立以及 Web 标准的制定，HTML、CSS 以及 JavaScript 成为网页设计中最重要的三个组成部分，这就需要网页设计人员更加全面地了解相关的知识。网页设计与制作是一门综合性的学科，它涉及心理学、美学、工程科学、程序设计等诸多方面，计算思维成为这一过程中人们必须具备的基础性思维方式，用来指导相关知识的学习。

本书主要内容

本书主要围绕 HTML、CSS 和 JavaScript 来介绍网页设计过程中的相关知识和应用，并结合网页设计软件 Dreamweaver 的使用来讲解网页设计过程的具体操作。在每个知识环节，都穿插了大量的实例来对知识点进行剖析和讲解，使得读者能够在学习这一部分内容后，对其本质有更深入的了解，从而能够在实际的网页设计过程中加以运用。

第 1 章介绍网页制作的基础知识，包括网站的分类、网页的基本构成元素、与网页相关的基本概念，并介绍网站制作的基本流程以及与网页设计相关工具。

第 2 章介绍 HTML 语言的基本语法和基本结构，包括标题、段落、文字格式、列表等元素的学习。

第 3 章介绍 CSS 的基本概念、CSS 选择器、在网页中应用 CSS 等相关知识，并详细介绍通过 CSS 对文字和段落进行样式的控制。

第 4 章介绍有关网页颜色、图像和多媒体的基础知识，包括网页中颜色的表示、网页安全色、网页配色，网页中的图像类型、图像在网页中的应用等知识，以及在网页中使用声音、视频等多媒体对象。

第 5 章介绍表格在网页中的使用，包括表格的基本操作及使用表格进行网页布局的方法。

第 6 章介绍超链接的基本概念及网页中不同类型的超链接，并介绍通过 CSS 对超链接的样式进行设置的基本方法。

第 7 章介绍 CSS 布局的基本模型——盒模型，对盒模型的组成进行深入讲解，并介绍浮动定位、位置定位等 CSS 布局的主要定位方式。

第 8 章介绍 CSS 布局在网页布局中的实际应用，包括网页的整体布局、网页中的组件布局等，如导航菜单、图文混排、全图排版等，并介绍 Dreamweaver 软件中 Spry 页面组件的使用。

第 9 章介绍 Dreamweaver 中模板和库项目的概念和作用，并通过实例展示模板和库项目在网页设计过程中如何提高网页制作效率。

第 10 章介绍网页中表单的基本概念及组成表单的不同元素，并通过实例讲解网站访问者与网站之间进行信息交互的方法，还介绍 Dreamweaver 中可以自动完成验证功能的 Spry 表单对象。

第 11 章介绍 Dreamweaver 中行为的基本概念和一些基本的内置行为，并介绍通过行为给网页中的元素添加动态效果的方法。

第 12 章介绍 JavaScript 的基本概念和在网页中的使用，包括 JavaScript 的基本语法、内置对象等概念，并通过实例讲解通过 JavaScript 对用户的输入数据进行验证、联动菜单的建立等方法。

第 13 章介绍 JavaScript 框架的作用及 jQuery 框架的基本功能，包括使用 jQuery 操作网页元素以及基本的网页动画效果的实现，并介绍一些常用的 jQuery 插件的使用，如图像幻灯片插件、内容切换插件等。

第 14 章介绍网站的测试、发布和维护的基本概念和方法，包括通过 Dreamweaver 测试网页在不同浏览器下的兼容性、是否有无效的超链接、对网页文件进行清理操作等。

第 15 章通过一个综合案例，介绍网页从原型设计到页面效果图设计，再到网页设计的一系列过程，完整体现网页编写的真实过程。

第 16 章介绍内容管理系统 CMS 的基本概念，并结合 Joomla 这一 CMS 系统，介绍通过 CMS 建立网站的基本过程，包括站点的搭建、分类管理、菜单管理、文章管理等基本操作。

在本书的附录中，介绍 HTML 的常用标签、CSS 的常用属性，以及与网页设计相关的 Dreamweaver、Firebug 插件等软件的基本使用方法。

本书提供案例相关文件、部分习题答案及电子课件，可登录华信教育资源网（www.hxedu.com.cn）注册后下载。

本书主要特色

1. 基于计算思维的原理和概念的讲解

在基本概念的讲解上，通过计算思维方法的引入和图示化的讲解，以简单明了的方式讲述基本概念的原理，使读者可以快速地了解并掌握。

2. CSS 布局原理的深入讲解

CSS 布局是一种不同于传统表格布局的基于 Web 标准的网页布局方式。本书通过对 CSS 布局的基本原理和不同布局方式的深入讲解，展示 CSS 布局的基本方法和不同布局方式之间的区别。

3. 网页组件的模块式讲解

本书详细讲解网页整体及各组成部分的实现过程，如水平导航和垂直导航、列表、图文混排、Spry 菜单栏、Spry 选项卡式面板等。读者可以通过掌握基本的网页组件，快速地设计出不同类型的网页。

4. 大量的实用案例

本书提供大量的实用案例，除各章中讲解原理的基础案例和具有逼真效果的真实案例外，还包括一个从设计阶段开始到全部完成的网站综合案例，使读者可以通过案例了解网页设计的基本原理，并掌握在实际工作中网页设计的流程。

本书使用对象

本书适合作为高等院校网页设计与制作课程的教学用书，也可以作为网页设计工作人员的参考用书。

本书由王海波、张伟娜、王兆华编著。第 1、2、3、7、8、13、15、16 章由王海波编写，第 4、5、6 章由王兆华编写，第 9、10、11、12、14 章由张伟娜编写，刘立新主审。

由于编者水平有限，书中难免有不妥之处，敬请读者批评指正。

作　者

目 录

第1章 网页设计与制作基础 …… 001

1.1 网站与网页 ……………………… 001

1.1.1 网站 …………………………… 001

1.1.2 网页 …………………………… 003

1.1.3 网页的基本构成元素 ………… 004

1.2 网页相关的概念 ………………… 005

1.2.1 Internet、IP 和域名 ………… 005

1.2.2 WWW 和 FTP …………………… 006

1.2.3 HTTP 和 HTML ……………… 006

1.2.4 浏览器和 Web 服务器 ……… 006

1.2.5 静态网页和动态网页 ………… 009

1.3 网站制作基本流程 ……………… 012

1.4 网页设计制作工具 ……………… 017

1.4.1 原型设计工具 ………………… 017

1.4.2 图形图像制作工具 …………… 018

1.4.3 网页编辑工具 ………………… 020

本章小结 ………………………………… 021

课后习题 ………………………………… 021

第2章 HTML 基础 …………………… 023

2.1 标记语言的作用 ………………… 023

2.2 HTML 基础 ………………………… 024

2.2.1 HTML 和 XHTML ……………… 024

2.2.2 HTML5 …………………………… 025

2.2.3 HTML 的基本语法 …………… 025

2.2.4 XHTML 的语法 ……………… 026

2.3 HTML 的结构 …………………… 027

2.3.1 基本结构 ……………………… 027

2.3.2 文档类型定义 ………………… 028

2.3.3 头部内容 ……………………… 029

2.3.4 主体内容 ……………………… 029

2.4 标题与段落 ……………………… 030

2.4.1 标题 …………………………… 030

2.4.2 段落 …………………………… 030

2.5 文字格式 ………………………… 031

2.6 建立和使用列表 ………………… 032

2.6.1 无序列表 ……………………… 032

2.6.2 有序列表 ……………………… 033

2.6.3 定义列表 ……………………… 033

2.7 特殊字符和注释 ………………… 034

2.8 HTML5 中的新增结构元素 …… 034

2.9 使用 Dreamweaver 编写网页 …… 035

2.9.1 新建网页 ……………………… 036

2.9.2 设置网页标题 ………………… 037

2.9.3 设置文章中的标题 …………… 038

2.9.4 设置无序列表和有序列表 …… 039

2.9.5 设置文字格式 ………………… 040

2.9.6 特殊字符的输入 ……………… 040

本章小结 ………………………………… 041

课后习题 ………………………………… 041

第3章 CSS 基础 …………………… 043

3.1 CSS 基本概念 …………………… 043

3.1.1 CSS 的概述 …………………… 043

3.1.2 CSS 的基本语法 ……………… 043

3.2 CSS 选择器 ……………………… 045

3.2.1 基本选择器 …………………… 045

3.2.2 其他选择器 …………………… 048

3.3 在 HTML 中应用 CSS …………… 052

3.3.1 行内样式 ……………………… 052

3.3.2 内部样式 ……………………… 052

3.3.3 外部样式 ……………………… 052

3.4 使用 CSS 控制文字样式 ……… 053

3.4.1 文字字体 ……………………… 054

3.4.2 Web 字体 ……………………… 055

3.4.3 文字大小 ……………………… 056

3.4.4 文字粗细 ……………………… 056

3.4.5 斜体 …………………………… 056

3.4.6 文字修饰 ······················ 057

3.4.7 字间距 ·························· 057

3.4.8 英文字母的大小写 ·········· 058

3.4.9 阴影效果 ······················ 058

3.5 使用 CSS 控制段落样式 ········· 059

3.5.1 首行缩进 ······················ 059

3.5.2 段落水平对齐 ················ 059

3.5.3 行高 ···························· 059

3.5.4 分栏 ···························· 060

3.6 继承性和层叠性 ·················· 061

3.6.1 CSS 的继承性 ··············· 061

3.6.2 CSS 的层叠性 ··············· 062

3.7 使用 Dreamweaver 编辑 CSS ··· 063

3.7.1 CSS 样式面板 ··············· 063

3.7.2 创建与应用 CSS 规则 ······ 064

3.7.3 编辑和移动 CSS 规则 ······ 069

3.7.4 附加样式表 ··················· 071

本章小结 ································· 072

课后习题 ································· 072

第 4 章 网页中的颜色、图像和
        多媒体 ······················ 074

4.1 颜色的基础知识 ·················· 074

4.1.1 三原色 ························· 074

4.1.2 色相、明度、饱和度 ········ 075

4.1.3 冷暖色 ························· 076

4.2 网页中的颜色 ····················· 076

4.2.1 网页中颜色的表示 ··········· 077

4.2.2 网页安全色 ··················· 078

4.2.3 网页配色基础 ················ 079

4.2.4 Dreamweaver 中颜色的操作 ··· 081

4.3 网页中的图像 ····················· 082

4.3.1 图像在网页中的应用 ········ 082

4.3.2 网页中的图像类型 ··········· 083

4.3.3 网页中的图像标签 ··········· 085

4.4 使用 Dreamweaver 操作图像 ··· 086

4.4.1 网页图像的添加 ············· 086

4.4.2 网页图像属性的设置 ········ 087

4.4.3 网页图像占位符 ············· 090

4.4.4 网页中的背景图像设置 ····· 090

4.5 在网页中添加多媒体对象 ········ 095

4.5.1 在网页中插入声音对象 ····· 095

4.5.2 在网页中插入视频对象 ····· 098

4.5.3 在网页中插入 Flash 对象 ··· 100

4.5.4 在网页中插入其他媒体对象 ··· 101

本章小结 ································· 102

课后习题 ································· 102

第 5 章 网页中表格的使用 ········ 104

5.1 表格概述 ··························· 104

5.1.1 表格的基本功能 ············· 104

5.1.2 表格的基本标签 ············· 104

5.1.3 表格的基本属性 ············· 105

5.2 Dreamweaver 中有关表格的操作 ··· 111

5.2.1 表格的创建 ··················· 111

5.2.2 在表格中添加内容 ··········· 113

5.2.3 选择表格元素 ················ 114

5.2.4 复制、粘贴表格 ············· 116

5.2.5 调整表格 ······················ 117

5.2.6 插入和删除表格行或列 ····· 117

5.2.7 删除表格和清除表格内容 ··· 118

5.2.8 合并和拆分单元格 ··········· 119

5.2.9 表格属性的设置 ············· 119

5.2.10 导入和导出表格的数据 ···· 121

5.2.11 排序表格 ····················· 123

5.3 使用表格布局网页 ··············· 124

5.3.1 表格布局技术的产生 ········ 124

5.3.2 用表格布局网页的基本原理 ··· 126

5.3.3 表格布局的优缺点 ··········· 127

5.3.4 使用表格布局网页的基本步骤 ··· 127

5.3.5 表格布局应用实例 ··········· 129

本章小结 ································· 134

课后习题 ································· 134

第 6 章 超链接 ······················ 136

6.1 超链接概述 ························ 136

6.1.1 超链接的概念 ················ 136

6.1.2 超链接的种类 ················ 136

6.1.3 链接路径 ······················ 138

6.2 超链接的标签及常用属性 ········ 139

6.3 超链接的 CSS 样式 ·············· 140

6.3.1 超链接属性控制 ……………… 140

6.3.2 超链接特效 ………………… 143

6.4 Dreamweaver 中有关超链接的操作…… 146

6.4.1 创建文本超链接 …………… 146

6.4.2 创建图像超链接 …………… 149

6.4.3 创建热点超链接 …………… 149

6.4.4 鼠标经过图像超链接 ……… 150

6.4.5 电子邮件超链接 …………… 151

6.4.6 创建锚点超链接 …………… 152

6.4.7 创建下载文件超链接 ……… 153

6.4.8 创建空链接 ………………… 153

6.4.9 创建脚本超链接 …………… 154

6.4.10 超链接的编辑和更新 …… 154

本章小结 …………………………… 156

课后习题 …………………………… 156

第 7 章 CSS 布局基础 ……………… 157

7.1 基础知识 ……………………… 157

7.1.1 网页中的块级元素和行内元素 … 157

7.1.2 盒模型 ……………………… 158

7.1.3 外边距的叠加 ……………… 162

7.1.4 元素的内容溢出 …………… 163

7.2 浮动定位 ……………………… 164

7.2.1 设置浮动 …………………… 164

7.2.2 浮动的清除 ………………… 165

7.3 位置定位 ……………………… 168

7.3.1 静态定位 …………………… 168

7.3.2 相对定位 …………………… 168

7.3.3 绝对定位 …………………… 169

7.3.4 固定定位 …………………… 171

7.3.5 z-index ……………………… 172

本章小结 …………………………… 173

课后习题 …………………………… 173

第 8 章 CSS 布局及应用 ……………… 174

8.1 网页整体布局 ………………… 174

8.1.1 固定宽度布局 ……………… 174

8.1.2 流动布局 …………………… 177

8.2 网站中的导航 ………………… 178

8.2.1 垂直导航 …………………… 179

8.2.2 水平导航 …………………… 180

8.2.3 下拉菜单 …………………… 181

8.3 首字下沉效果 ………………… 183

8.4 自定义符号列表 ……………… 184

8.5 图文混排 ……………………… 185

8.6 全图排版 ……………………… 186

8.7 Dreamweaver 中的页面组件 …… 188

8.7.1 Spry 菜单栏 ………………… 189

8.7.2 Spry 选项卡式面板 ………… 190

8.7.3 Spry 折叠式面板 …………… 191

本章小结 …………………………… 193

课后习题 …………………………… 193

第 9 章 模板和库项目 ……………… 194

9.1 模板的概念 …………………… 194

9.2 模板的创建和使用 …………… 194

9.2.1 创建模板 …………………… 194

9.2.2 创建模板的区域 …………… 196

9.2.3 应用模板 …………………… 200

9.2.4 管理模板 …………………… 204

9.2.5 创建嵌套模板 ……………… 206

9.3 库项目的创建和使用 ………… 206

9.3.1 关于库项目 ………………… 206

9.3.2 创建库项目 ………………… 206

9.3.3 应用库项目 ………………… 207

9.3.4 管理库项目 ………………… 207

本章小结 …………………………… 208

课后习题 …………………………… 208

第 10 章 表单 ……………………… 211

10.1 表单 …………………………… 211

10.1.1 表单基本概念 …………… 211

10.1.2 创建表单 ………………… 211

10.2 表单元素 …………………… 212

10.3 使用 Dreamweaver 编辑表单网页 … 216

10.3.1 在 Dreamweaver 中创建表单…… 216

10.3.2 在 Dreamweaver 中插入表单

元素 ………………………… 216

10.4 表单网页的页面布局 ……… 221

10.4.1 案例 1：利用 Div+CSS 布局

实现论坛登录页面 ……… 221

10.4.2 案例 2：用表格布局实现论坛
注册页面 ·········· 225
10.5 Spry 表单元素 ·········· 229
10.5.1 Spry 验证文本域 ·········· 230
10.5.2 Spry 验证文本区域 ·········· 231
10.5.3 Spry 验证复选框 ·········· 231
10.5.4 Spry 验证选择 ·········· 232
10.5.5 Spry 验证密码 ·········· 232
10.5.6 Spry 验证确认 ·········· 233
10.5.7 Spry 验证单选按钮组 ·········· 233
本章小结 ·········· 233
课后习题 ·········· 234

第 11 章 行为和 CSS 过渡效果 ·········· 235
11.1 行为 ·········· 235
11.1.1 行为的概念 ·········· 235
11.1.2 添加行为 ·········· 236
11.1.3 修改或删除行为 ·········· 237
11.2 使用 Dreamweaver 内置行为 ·········· 237
11.2.1 交换图像 ·········· 237
11.2.2 弹出信息 ·········· 238
11.2.3 打开浏览器窗口 ·········· 239
11.2.4 拖动 AP 元素 ·········· 239
11.2.5 改变属性 ·········· 242
11.2.6 效果 ·········· 244
11.2.7 显示-隐藏元素 ·········· 244
11.2.8 检查插件 ·········· 246
11.2.9 检查表单 ·········· 246
11.2.10 设置文本 ·········· 248
11.3 使用第三方提供的行为 ·········· 248
11.4 CSS 过渡效果 ·········· 248
11.4.1 创建 CSS 过渡效果 ·········· 249
11.4.2 编辑 CSS 过渡效果 ·········· 250
本章小结 ·········· 250
课后习题 ·········· 250

第 12 章 JavaScript 语言 ·········· 251
12.1 JavaScript 语言概述 ·········· 251
12.1.1 JavaScript 语言简介 ·········· 251
12.1.2 在网页中使用 JavaScript ·········· 252
12.2 JavaScript 中的对象 ·········· 253

12.2.1 对象的基础知识 ·········· 253
12.2.2 常用 JavaScript 的内置对象 ·········· 253
12.2.3 自定义对象 ·········· 255
12.2.4 BOM 和 DOM ·········· 256
12.3 JavaScript 语言基础 ·········· 262
12.3.1 基本数据类型 ·········· 262
12.3.2 常量和变量 ·········· 263
12.3.3 运算符和表达式 ·········· 264
12.3.4 基本语句 ·········· 266
12.3.5 程序控制语句 ·········· 267
12.3.6 函数 ·········· 272
12.4 案例 ·········· 273
12.4.1 案例 1：表单校验 ·········· 273
12.4.2 案例 2：联动菜单 ·········· 275
本章小结 ·········· 277
课后习题 ·········· 277

第 13 章 jQuery 框架 ·········· 279
13.1 jQuery 框架基础 ·········· 279
13.1.1 JavaScript 框架 ·········· 279
13.1.2 jQuery 框架的功能 ·········· 279
13.1.3 搭建 jQuery 运行环境 ·········· 280
13.1.4 jQuery 的选择器 ·········· 281
13.1.5 jQuery 中的事件 ·········· 282
13.2 使用 jQuery 操作网页元素 ·········· 282
13.2.1 获取和设置网页元素属性 ·········· 282
13.2.2 获取和设置网页元素的 CSS
样式属性 ·········· 284
13.3 jQuery 动画 ·········· 285
13.3.1 基础动画函数 ·········· 285
13.3.2 淡入/淡出动画函数 ·········· 286
13.3.3 滑动函数 ·········· 287
13.4 jQuery 插件 ·········· 288
13.4.1 jQuery UI 插件 ·········· 289
13.4.2 图像幻灯片插件 ·········· 290
13.4.3 图像灯箱插件 ·········· 292
13.4.4 内容切换插件 ·········· 293
13.4.5 数据表格插件 ·········· 294
本章小结 ·········· 296
课后习题 ·········· 296

第 14 章　网站的发布和维护 ················ **297**

14.1　网站的测试与优化 ················ 297

　14.1.1　网站测试 ················ 297

　14.1.2　网站优化 ················ 300

14.2　网站的发布与维护 ················ 302

　14.2.1　网站的发布 ················ 302

　14.2.2　网站的维护 ················ 305

14.3　网站的宣传推广 ················ 305

本章小结 ················ 306

课后习题 ················ 306

第 15 章　综合案例 ················ **307**

15.1　案例描述 ················ 307

15.2　布局规划及原型设计 ················ 308

15.3　使用 Photoshop 设计页面效果图 ········ 309

　15.3.1　主页效果图设计 ················ 309

　15.3.2　内容页效果图设计 ················ 311

　15.3.3　切片 ················ 311

15.4　站点制作 ················ 313

　15.4.1　站点目录结构 ················ 313

　15.4.2　主页头部设计 ················ 314

　15.4.3　主页主体内容设计 ················ 316

　15.4.4　主页底部设计 ················ 319

　15.4.5　内容页主体内容设计 ················ 320

本章小结 ················ 322

课后习题 ················ 322

第 16 章　CMS 内容管理系统 ················ **323**

16.1　CMS 概述 ················ 323

　16.1.1　CMS 的概念 ················ 323

　16.1.2　常用 CMS 系统 ················ 323

16.2　搭建网站运行环境 ················ 325

　16.2.1　搭建 Web 服务平台 ················ 325

　16.2.2　Joomla 的安装 ················ 325

16.3　使用 Joomla 建立网站 ················ 328

　16.3.1　全局设置 ················ 328

　16.3.2　分类管理 ················ 328

　16.3.3　媒体管理 ················ 329

　16.3.4　文章管理 ················ 330

　16.3.5　菜单管理 ················ 333

　16.3.6　头版文章管理 ················ 336

　16.3.7　模板管理 ················ 336

　16.3.8　模块管理 ················ 338

本章小结 ················ 340

课后习题 ················ 341

附录 A　HTML 常用标签 ················ **342**

附录 B　CSS 常用属性 ················ **345**

B.1　CSS 书写规范 ················ 345

B.2　CSS 常用属性 ················ 345

**附录 C　Dreamweaver CS6 的
基本使用** ················ **350**

C.1　Dreamweaver CS6 的工作界面 ········ 350

C.2　创建和管理站点 ················ 354

**附录 D　Firebug 和 Web Developer
的使用** ················ **361**

D.1　Firebug 的使用 ················ 361

D.2　Web Developer 的使用 ················ 367

参考文献 ················ **370**

第 1 章　网页设计与制作基础

学习要点：

- 了解网站的基本类型；
- 掌握网页的概念以及网页的基本构成元素；
- 掌握网页相关的概念；
- 掌握网站制作的基本流程；
- 了解网站设计制作的常用工具。

建议学时：上课 2 学时，上机 2 学时。

1.1　网站与网页

1.1.1　网站

网站（Website）是指根据一定的规则，使用 HTML 等工具制作的用于展示特定内容的相关网页的集合。它建立在网络基础之上，以计算机、网络和通信技术为依托，通过一台或多台计算机向访问者提供服务。平时所说的访问某个站点，实际上访问的是提供这种服务的一台或多台计算机。

网站的种类很多，按不同的分类标准可以把网站分为多种类型。根据功能不同，网站可以分为以下几种类型。

（1）综合信息门户型网站

综合信息门户型网站是指通向某类综合性互联网信息资源并提供有关信息服务的应用系统。从现在的情况来看，门户网站主要提供新闻、搜索引擎、电子邮箱、影音资讯、电子商务、网络社区、网络游戏等内容或服务。在我国，典型的门户网站有新浪、网易和搜狐等，如图 1.1 所示为新浪网站。

图 1.1　新浪网站

（2）电子商务型网站

电子商务通常是指在全球各地广泛的商业贸易活动中，在互联网开放的网络环境下，基于浏览器/服务器应用方式，买卖双方不用谋面就可以进行各种商贸活动，实现消费者的网上购物、商户之间的网上交易和在线电子支付以及各种商务活动、交易活动、金融活动和相关的综合服务活动的一种新型的商业运营模式。以从事电子商务服务为主的网站称为电子商务网站，要求安全性高、稳定性高。国内比较有名的有阿里巴巴、淘宝网、腾讯拍拍网、亚马逊、当当网、京东商城等，如图1.2所示为当当网站。

图1.2　当当网站

（3）企业网站

企业网站，就是企业在互联网上进行网络建设和形象宣传的平台。企业网站就相当于一个企业的网络名片，不但对企业的形象是一个良好的宣传，同时可以辅助企业的销售，甚至可以通过网络直接帮助企业实现产品的销售，企业可以利用网站来进行宣传、产品资讯发布、招聘等，如图1.3所示为联想企业网站。

图1.3　联想企业网站

（4）政府网站

政府网站，是指一级政府在各部门的信息化建设基础之上，建立起跨部门的、综合的业务应用系统，使公民、企业与政府工作人员都能快速便捷地接入所有相关政府部门的政务信息与业务应用，使合适的人能够在恰当的时间获得恰当的服务。但是，具体到中央政府和地方政府而言，由于政府职能的巨大差异，中央政府门户网站和地方政府门户网站在具体功能、体系结构及业务流程等方面存在着很大的不同。如图 1.4 所示为首都之窗网站。

图 1.4　首都之窗网站

（5）社交媒体网站

社交媒体网站是指人们彼此之间用来分享意见、见解、经验和观点的网站，现阶段主要包括社交网站、博客、微博、论坛、播客等网站形式，如人人网、新浪博客、新浪微博、百度贴吧等。在社交媒体网站中，网站使用者自发贡献、创造、提取新闻信息，并互相传播信息。

（6）内容型网站

以展示某类内容为目的设计的网站，比如展示音乐、视频、美术、文学等各种内容的网站。

1.1.2　网页

网页（Web Page）是构成网站的基本元素。网页是一个纯文本文件，采用 HTML、CSS、XML 等语言来描述组成页面的各种元素，包括文字、图像、音频、视频等，并通过客户端浏览器进行解析，从而向浏览者呈现网页的各种内容。

一个网站由若干网页组成，在若干网页中，有一个特殊的网页文件称为主页。主页是网站的起始页，即打开网站后看到的第一个页面，大多数主页的文件名是 index、default、main 加上扩展名。主页也被称为首页，首页应该易于了解该网站提供的信息，并引导互联网用户浏览网站其他部分的内容。

例如，用户在浏览器中输入中国教育和科研计算机网网站地址 http://www.edu.cn 后，浏览器中出现的第一个页面就是中国教育和科研计算机网的主页，如图 1.5 所示。

图 1.5 中国教育和科研计算机网的主页

1.1.3 网页的基本构成元素

一个网页的基本元素主要包括文本、图像和超链接，其他元素包括声音、动画、视频、表格、导航栏、表单等。

（1）文本。文本是网页上最重要的信息载体与交流工具，网页中的信息一般以文本形式为主。与图像网页元素相比，文字虽然并不如图像那样容易被浏览者注意，但却能包含更多的信息并更准确地表达信息的内容和含义。

（2）图像。图像元素在网页中具有提供信息并展示直观形象的作用。用户可以在网页中使用 GIF、JPEG 和 PNG 等多种文件格式的图像。

（3）Flash 动画。动画在网页中的作用是有效地吸引访问者更多的注意。用户在设计制作网页时可以通过在页面中加入动画使页面更加活泼。

（4）声音。声音是多媒体和视频网页重要的组成部分。用户在为网页添加声音效果时应充分考虑其格式、文件大小、品质和用途等因素。另外，不同的浏览器对声音文件的处理方法也有所不同，彼此之间有可能并不兼容。

（5）视频。视频文件的采用使网页效果更加精彩且富有动感。常见的视频文件格式包括 FLV、RM、MPEG、AVI 和 DivX 等。

（6）超链接。超链接是从一个网页指向另一个目标对象的链接，超链接的目标对象可以是网页，也可以是图片、电子邮件地址、文件和程序等。当网页访问者单击页面中某个超链接时，将根据目标对象的类型以不同的方式打开目标对象。

（7）表格。表格用于在网页上显示表格式数据，如比赛成绩表、列车运行时刻表、简历表等。在 Web 标准提出之前，人们也利用表格来进行网页布局，控制网页中各种元素的显示位置。随着 CSS 布局的兴起，网页中的表格只用于显示表格式数据。

（8）导航栏。导航栏在网页中是一组超链接，其链接的目标对象是网站中重要的页面。在网站中设置导航栏可以使访问者既快又容易地浏览站点中的其他网页。

（9）交互式表单。表单在网页中通常用来接收访问用户在浏览器端输入的数据。表单的作用是收集用户在浏览器中输入的注册信息、登录信息、内容发布等。

1.2 网页相关的概念

1.2.1 Internet、IP 和域名

Internet，中文正式译名为因特网，又叫做国际互联网，指按照一定的通信协议互相通信的计算机连接而成的全球网络。Internet 最早起源于美国国防部高级研究计划局 DARPA（Defense Advanced Research Projects Agency）的前身 ARPA 建立的 ARPANET，该网于 1969 年投入使用。1983 年，ARPANET 分为 ARPANET 和军用 MILNET（Military network），两个网络之间可以进行通信和资源共享。由于这两个网络都是由许多网络互连而成的，因此它们都被称为 Internet，ARPANET 就是 Internet 的前身。1986 年，NSF（美国国家科学基金会，National Science Foundation）建立了自己的计算机通信网络。NSFNET 使美国各地的科研人员连接到分布在美国不同地区的超级计算机中心，并将按地区划分的计算机广域网与超级计算机中心相连。今天的 Internet 已不再是计算机人员和军事部门进行科研的领域，而是变成了一个开发和使用信息资源的覆盖全球的信息海洋。

为了使连接在 Internet 上的计算机能够相互识别并进行通信，任何连入 Internet 的计算机都必须有一个唯一的"标识号"，这个唯一的标识号便是计算机在 Internet 上的地址。这个地址由 IP 协议进行处理，这个标识号被称为 IP 地址。在被目前广泛使用 TCP/IP 协议的第 4 个版本（即 IPv4）中，规定 IP 地址用二进制数来表示，每个 IP 地址长 32 位（bit），换算成字节，就是 4 字节 Byte。为了方便人们使用，IP 地址经常被写成十进制数的形式，IP 地址的长度为 32 位，分为 4 段，每段 8 位，用十进制数表示，每段数字范围为 0～255，段与段之间用句点隔开。例如：10.0.0.1。随着 IPv4 地址的枯竭，IPv4 的替代版本 IPv6 被推出，它具有更大的地址空间，IP 地址的长度为 128 位，即最大地址个数为 2^{128}。与 32 位地址空间相比，其地址空间增加了 2^{96}。IPv6 提高了安全性，身份认证和隐私权是 IPv6 的关键特性。

由于 IP 地址是一串抽象的数字，不方便记忆，因此 Internet 引入了域名服务系统（Domain Name System，DNS），用具有一定含义并方便记忆的字符来表示网络上的计算机。域名系统是 Internet 的一项核心服务，它作为可以将域名和 IP 地址相互映射的一个分布式数据库，能够使人们更方便地访问互联网，而不用去记忆数字形式的 IP 地址编号，如图 1.6 所示。

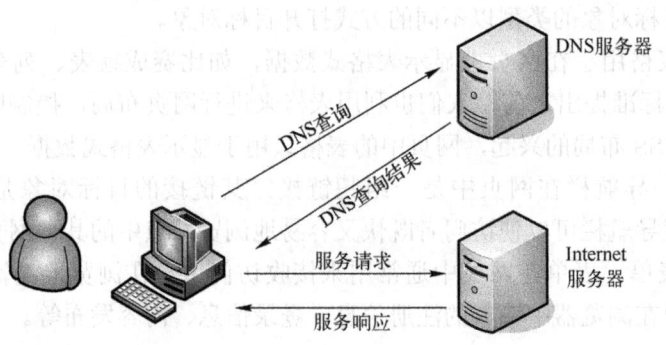

图 1.6　通过域名访问 Internet 服务

1.2.2　WWW 和 FTP

WWW 服务（World Wide Web）是目前应用最广的一种基本互联网应用，是获取网络信息最基本的途径，我们每天上网都要用到这种服务。通过 WWW 服务，只要使用浏览器访问 Web 网站，就可以获得各种各样的信息。由于 WWW 服务使用的是超文本链接，所以可以很方便地从一个信息页转换到另一个信息页。

FTP 服务（File Transfer Protocol）是专门用来传输文件的服务。专门提供 FTP 服务的计算机称为 FTP 服务器。FTP 是一个客户-服务器系统。用户通过一个支持 FTP 的客户机程序，连接到在远程主机上的 FTP 服务器程序。根据被分配的权限，用户可以查看 FTP 服务器中的文件，也可以下载服务器中的文件，或者把本地文件上传到 FTP 服务器中。

1.2.3　HTTP 和 HTML

当需要浏览某个网站时，在浏览器的地址栏中需要输入"http://网站 URL"。这里的 HTTP 就是超文本传输协议，英文全称为 Hypertext Transport Protocol，它是一种通信协议，将 HTML 文档从 Web 服务器传送到 Web 浏览器。HTTP 是一个属于应用层的面向对象的协议，由于其简捷、快速的方式，适用于分布式超媒体信息系统。

超文本标记语言（Hypertext Markup Language，HTML），是用于描述网页文档的一种标记语言。它是 WWW 创建超媒体文本的语言，也是网页创建中最基本的语言。任何一个网页都是基于 HTML 编写的，HTML 最基本的特征是其中用于表示网页元素的标签，用 HTML 语言编写的网页文件的扩展名一般为 htm 或 html。

1.2.4　浏览器和 Web 服务器

要浏览一个网页时，通常的做法是打开浏览器，在地址栏中输入网页的地址，然后按回车键确认，等待浏览器的反应。这个简单的操作过程可以帮助我们理解网页浏览的原理。

首先客户机的 Web 浏览器与 WWW 服务器建立连接，然后向 WWW 服务器提交信息请求，指明要访问的文件的位置和文件名。WWW 服务接到请求后，根据请求进行事务处理，并把处理结果通过网络传送给客户机的 Web 浏览器，从而在 Web 浏览器上显示所请求的页面，如图 1.7 所示。

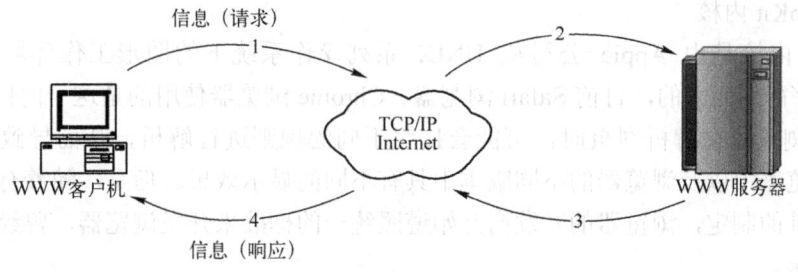

图 1.7　网页浏览原理图

1. Web 浏览器

最早的图形用户界面 Web 浏览器是由在欧洲核子物理实验室工作的蒂姆·伯纳斯·李于 1990 年开发出来的。由马克·安德森和埃里克·比纳推出的 Mosaic 浏览器则是第一个在商业化方面取得极大成功的 Web 浏览器，如图 1.8 所示。

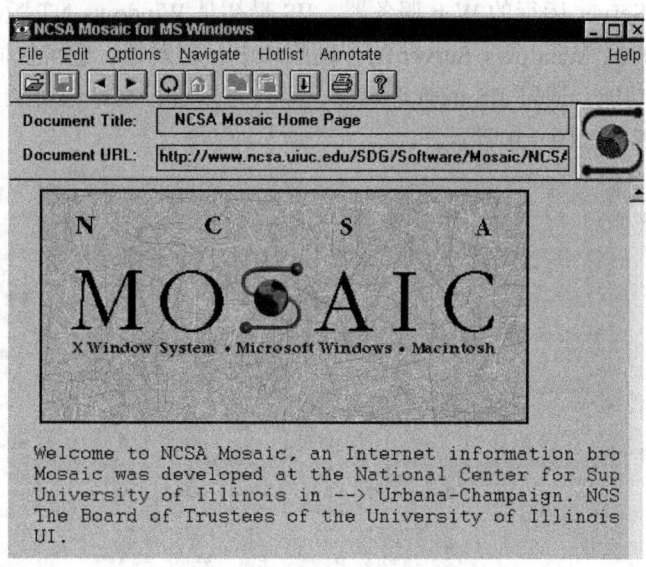

图 1.8　Mosaic 浏览器

目前，国内用户使用较多的浏览器是微软公司的 Internet Explorer 浏览器。其他常见的浏览器还包括 Mozilla 基金会的 Firefox 浏览器、Apple 公司的 Safari 浏览器、谷歌公司的 Chrome 浏览器、Opera 公司的 Opera 浏览器，以及国内的 QQ 浏览器、搜狗浏览器、360 安全浏览器等。对于浏览器来说，它的核心称为浏览器内核。在上述的多种浏览器中，采用的内核主要是以下几种。

（1）Trident 内核

Trident 内核是 IE 浏览器使用的内核，该内核程序在 1997 年的 IE4 中首次被采用，是微软在 Mosaic 代码的基础之上修改而来的，并沿用到目前的 IE10。

（2）Gecko 内核

Gecko 内核是由 Mozilla 基金会开发的浏览器内核，最初被使用在 Netscape 浏览器中，目前 Firefox 浏览器使用的是这一内核。

（3）WebKit 内核

WebKit 内核是由 Apple 公司从 UNIX 系列操作系统下的图形工作环境 KDE 中的 KHTML 引擎衍生而来的，目前 Safari 浏览器、Chrome 浏览器使用的是这一内核。

不同的浏览器在解析网页时，可能会按照不同的规则进行解析，从而导致同一个网页在不同的浏览器中以及浏览器的不同版本中具有不同的显示效果。但是，随着有关网页及相关技术的标准的制定，浏览器的开发商开始遵照统一的标准来开发浏览器，曾经较为混乱的局面得以改善。

2．Web 服务器

目前世界范围被广泛采用的 Web 服务器包括微软公司的 IIS Web 服务器、Apache 基金会的 Apache Web 服务器等。

（1）IIS Web 服务器

IIS（Internet Information Services，互联网信息服务），是由微软公司提供的基于 Microsoft Windows Server 运行的 Web 服务器。IIS 最初是 Windows NT 版本的可选包，随后内置在 Windows 2000、Windows Server 的不同版本中一起发行。它可以同时提供 Web 服务器和 FTP 服务器的功能。通过 IIS 的管理界面，用户可以进行网站根目录、网站虚拟目录、网站默认主页等设置，如图 1.9 所示。

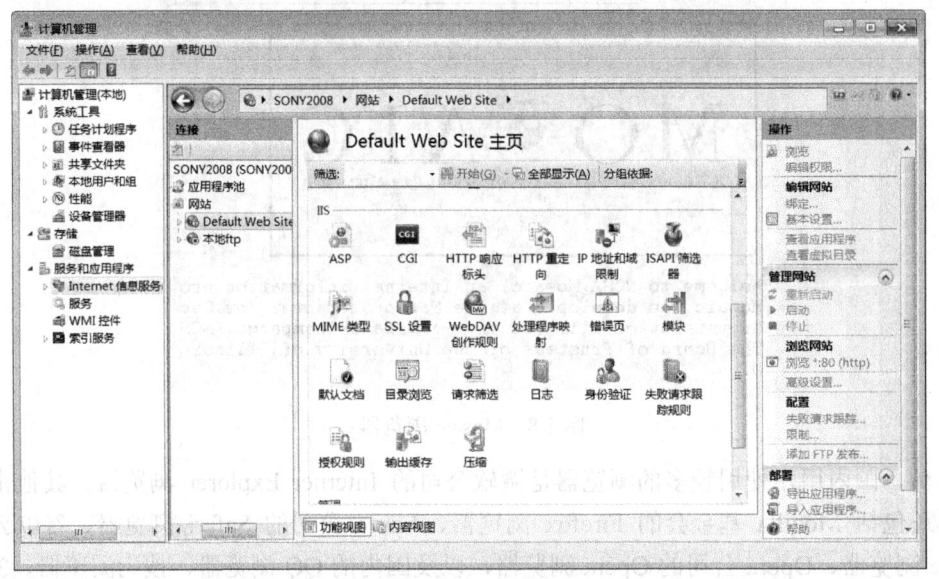

图 1.9　IIS Web 服务器

（2）Apache Web 服务器

Apache HTTP Server 是 Apache 基金会的一个开放源码的 Web 服务器，可以在大多数计算机操作系统中运行，由于其多平台和安全性被广泛使用，是最流行的 Web 服务器端软件之一，如图 1.10 所示。Apache Web 服务器起初由伊利诺伊大学香槟分校的国家超级计算机应用中心（NCSA）开发。此后，它被开放源代码团体的成员不断发展和加强。在 Windows Server 操作系统中，Apache Web 服务器一般以服务方式运行；而在 UNIX 操作系统中，Apache Web 服务器中的 httpd 程序作为一个守护进程运行，在后台不断处理请求。

图 1.10　Apache Web 服务器

1.2.5　静态网页和动态网页

网页根据其生成方式主要分为两类：静态网页和动态网页。

1．静态网页

在网站设计中，使用 HTML 语言编辑的纯粹 HTML 格式的网页通常被称为"静态网页"，早期的网站一般都是由静态网页制作的。静态网页是相对于动态网页而言的，是指没有后台数据库、不含程序且不可交互的网页。在页面上编辑什么内容就显示什么内容，不会有任何改变。静态网页更新起来比较麻烦，适用于一般更新较少的展示型网站。需要说明的是，在 HTML 格式的网页上，也可以出现各种动态的效果，如 GIF 动画、Flash 动画、滚动字幕等。

如果浏览器请求访问的网页是静态网页，那么 Web 服务器的处理流程比较简单，只要查找到请求页面直接发送给请求的浏览器即可，如图 1.11 所示。

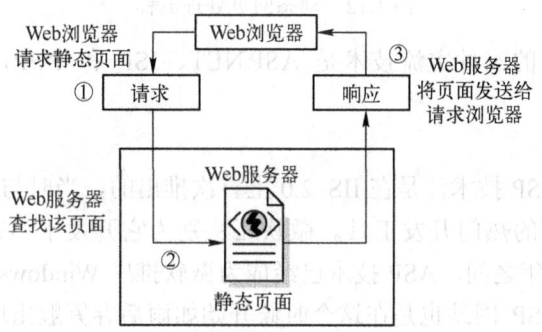

图 1.11　静态网页的处理流程

2．动态网页

随着网络和电子商务的快速发展，产生了许多动态网页设计新技术，采用这些技术编写的网页文档被称为动态网页，这些网页拥有更好的交互性、安全性和友好性。

动态网页文件的扩展名不是.htm、.html、.shtml 等，而是.aspx、.asp、.jsp、.php、.perl、.cgi 等，并且在动态网页网址中有一个标志性的符号："?"。例如如下形式的网址：

http://news.cuc.edu.cn/shownews.jsp?newsid=13406

这里说的动态网页，与网页上的各种动画、滚动字幕等视觉方面的"动态效果"没有直接关系。动态网页可以是纯文字内容的，也可以包含动画内容，这些只是网页具体内容的表现形式，无论网页是否具有动态效果，采用动态网站技术生成的网页都是动态网页。

从网站浏览者的角度来看，无论是动态网页还是静态网页，都可以展示基本的文字和图片信息，但从网站开发、管理和维护的角度来看，就有很大的差别。如果浏览器请求访问的网页是动态网页，那么 Web 服务器的处理流程会比较复杂。Web 服务器将控制权转交给应用程序服务器，应用程序服务器解释执行网页中包含的服务器端脚本代码，并根据脚本代码的要求访问数据库等服务器端资源，最后将计算结果转变为标准的 HTML 文件代码，由 Web 服务器将文件发送给浏览器，如图 1.12 所示。

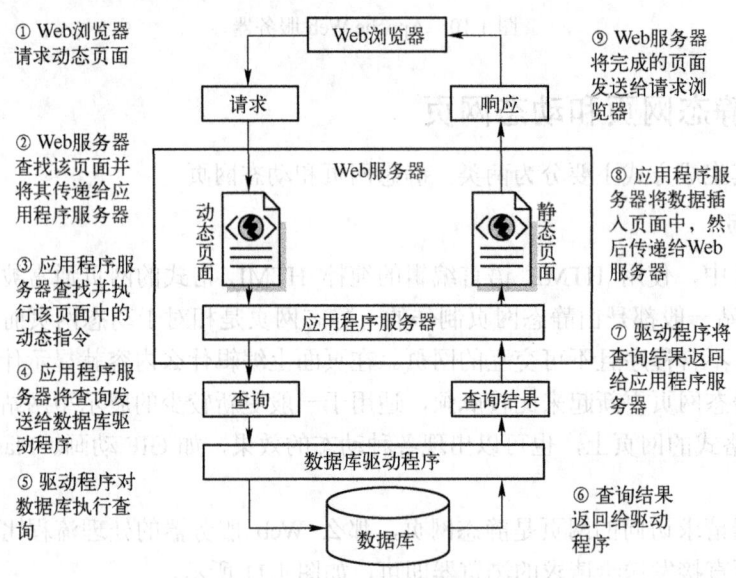

图 1.12　动态网页处理流程

目前动态网页开发的三种主流技术是 ASP.NET、JSP 和 PHP，下面分别做一些简单介绍。

（1）ASP.NET

ASP.NET 的前身 ASP 技术，是在 IIS 2.0 上首次推出的，当时与 ADO 1.0 一起推出，成为服务器端应用程序的热门开发工具。微软还特别为它开发了 Visual Inter Dev 开发工具。在 1994 年至 2000 年之间，ASP 技术已经成为微软推广 Windows NT 4.0 平台的关键技术之一，数以万计的 ASP 网站也是在这个时候开始如雨后春笋般出现在网络上。ASP 的简单性是它能迅速崛起的原因之一。不过 ASP 的缺点也逐渐浮现出来：面向过程的程序开发方法，让维护的难度提高很多，尤其是大型的 ASP 应用程序。而且，扩展性由于其基础架构的不足而受限，虽然有 COM 元件可用，但开发一些特殊功能时，没有来自内置的支持，需要使用第三方控件商的控件。

从 1997 年开始，微软针对 ASP 的缺点，开发出了下一代 ASP 技术的原型，并命名为 ASP+。在 2000 年第 2 季度时，微软正式推动.NET 策略，ASP+更名为 ASP .NET。经过 4 年多的开发，第一个版本的 ASP .NET 在 2002 年 1 月 5 日亮相。

ASP.NET 是基于通用语言编译运行的程序，其实现完全依赖于虚拟机，所以它拥有跨平台性，ASP.NET 构建的应用程序可以运行在几乎全部的平台上。大致分为：以微软.NET Framework 为基础，使用 IIS 作为 Web 服务器承载的微软体系，以及使用 Mono 为基础框架运行在 Windows 或 Linux 下的开源体系。不像以前的 ASP 解释程序那样，ASP.NET 在服务器端首次运行程序时进行编译，每修改一次程序必须重新编译一次，这样的执行效果，比解释型速度快很多。

（2）JSP

JSP（Java Server Pages）是由 Sun 公司主导、许多公司参与一起建立的一种动态网页技术标准。JSP 技术有点类似 ASP 技术，它在传统的网页 HTML 文件（*.htm,*.html）中插入 Java 程序段（Scriptlet）和 JSP 标记（tag），从而形成 JSP 文件（*.jsp）。用 JSP 开发的 Web 应用是跨平台的，既能在 Linux 下运行，也能在其他操作系统下运行。自 JSP 推出后，众多大公司都推出支持 JSP 技术的服务器，如 IBM、Oracle、Bea 等公司，所以 JSP 迅速成为商业应用的服务器端语言。

Java 平台企业版（Java Platform Enterprise Edition），是 Sun 公司为企业级应用推出的标准平台。J2EE 是由一系列技术标准所组成的平台，包括：Enterprise Java Beans、Java 数据库连接 JDBC、Java 消息服务 JMS 等。J2EE 是一个标准，而不是一个现成的产品。各个平台开发商按照 J2EE 规范分别开发了不同的 J2EE 应用服务器，J2EE 应用服务器是 J2EE 企业级应用的部署平台。由于它们都遵循了 J2EE 规范，因此，使用 J2EE 技术开发的企业级应用可以部署在各种 J2EE 应用服务器上。

在开发 JSP 类型的网页时，人们经常使用 Eclipse 编程工具。Eclipse 最初由 OTI 和 IBM 两家公司的 IDE 产品开发组创建，起始于 1999 年 4 月。IBM 提供了最初的 Eclipse 代码基础，包括 Platform、JDT 和 PDE。目前由 IBM 牵头，围绕着 Eclipse 项目已经发展成为了一个庞大的 Eclipse 联盟，有 150 多家软件公司参与到 Eclipse 项目中，其中包括 Borland、Rational Software、Red Hat 及 Sybase 等。Eclipse 是一个开放源码项目，任何人都可以免费得到，并可以在此基础上开发各自的插件，因此越来越受人们关注。

（3）PHP

PHP 原本是 Personal Home Page 的简称，是拉斯姆斯·勒多夫为了要维护个人网页，而用 C 语言开发的一些 CGI 工具程序集，来取代原先使用的 Perl 程序。他将这些程序和一些窗体解释器集成起来，称为 PHP/FI。PHP/FI 可以和数据库连接，产生简单的动态网页程序。拉斯姆斯·勒多夫在 1995 年 6 月 8 日将 PHP/FI 公开发布，希望可以通过社区来加速程序开发与查找错误。这个发布的版本命名为 PHP 2。在 1997 年，Zeev Suraski 和 Andi Gutmans 重写了 PHP 的语法分析器，成为 PHP 3 的基础，而 PHP 也在这个时候被改称为 PHP: Hypertext Preprocesso。最后在 1998 年 6 月正式发布 PHP 3。2000 年 5 月 22 日，以 Zend Engine 1.0 为基础的 PHP 4 正式发布。2004 年 7 月 13 日发布了 PHP 5，PHP 5 使用了第二代的 Zend Engine。PHP 包含了许多新特色，如：强化的面向对象功能、引入 PDO（PHP Data Objects，一个访问数据库的扩展库），以及许多性能上的增强。

自带多样化的函数是 PHP 主要的特点之一，这些开放代码的函数提供了各种不同的功能，例如：文件处理、FTP、字符串处理等。这些函数的使用方法和 C 语言相近，这也是 PHP 广为流行的原因之一。除了自带的函数之外，PHP 也提供了很多扩展库，像是各种数据库连接函数、数据压缩函数、图形处理等。有些扩展库需要从 PHP Extension Community Library 取得。

除 ASP.NET、JSP、PHP 动态网页技术以外，许多网站使用 Perl、Python、ColdFusion 等语言来进行开发。

在动态网站中，必不可少的组成部分是数据库软件。在互联网的早期，人们曾经使用微软 Office 套件中的 Access 软件作为网站的后台数据库。随着技术的发展，目前使用在网站上的数据库主要是 Oracle、SQL Server、MySQL 等。根据网站的性质和规模，网站建设者选择相匹配的数据库作为网站的后台。例如，对于交易事务性要求较高的金融类网站，经常选择 Oracle 数据库；而对于一般类型的网站应用，由于 MySQL 数据库的体积小、速度快、总体拥有成本低以及开源等特性，经常被选择作为中小型网站的后台数据库。

1.3 网站制作基本流程

网站的开发往往是团队合作的结果。当一个公司组织开发一个网站时，参与网站开发的除了主导网站开发的单位和客户外，还有美术设计人员、程序设计师和维护人员等。为了能让网站开发工作有效地进行，集体之间的合作不出现差错，一般在开发网站时，开发人员都必须遵循网站的开发流程。一直到该网站的发布乃至以后的维护，都按一定的顺序进行。只有遵循一定的顺序才能协调分配整个制作过程的资源与进度。网站的开发工作主要包括以下内容。

① 决定主题：在制作网页之前，必须首先明确网站的用途。

② 收集与加工网页制作素材：制作网页所需要的素材。

③ 规划网站结构和设计页面版式：在进行页面版式设计的过程中，需要安排网页中包括文本、图像、导航条、动画等各种元素在页面中显示的位置以及具体数量。

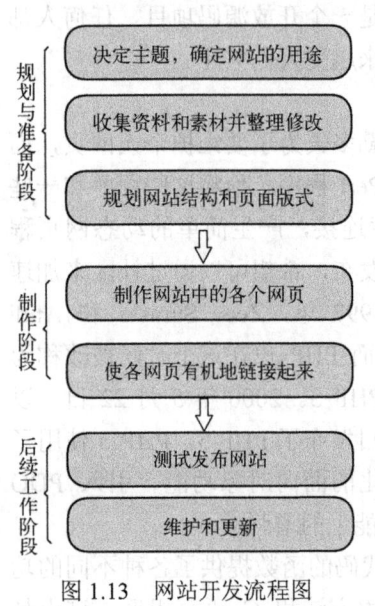

图 1.13　网站开发流程图

④ 编辑网页内容：具体实施设计结果，按照设计的方案制作，通过 Dreamweaver 等网页编辑工具软件在具体的页面中添加实际内容。

⑤ 测试并发布网页：在完成网页的制作工作之后，需要对网页效果进行充分测试，以保证页面中各元素都能正常显示。

⑥ 维护网站文件和其他资源，实时更新网站内容。

通常把一个网站开发过程分三个阶段：第一个阶段是规划与准备阶段，第二个阶段是网页制作阶段，第三个阶段是网站的测试发布与维护阶段，也被称为后续工作，如图 1.13 所示。

规划与准备阶段完成网站的需求分析与版面设计，这个阶段非常重要，它直接决定和影响后期的工作，以及网站的使用效果。在制作阶段，完成网站中各个网页的功能，并把它们有机地链接起来。在后续工作阶段，需要完成网站发布前的优化测试工作，以及网站发布后的维护和更新。

1. 网站定位

一个网站要有明确的目标定位，只有定位准确、目标鲜明，才可能编制出切实可行的计划，按部就班地进行设计。网站定位就是确定网站的特征、特定的使用场合及其特殊的使用群体等，即网站在网络上的特殊位置，它的核心概念、目标用户群、核心作用等，这突出表现在网站的题材和内容选择上。网站的题材和内容要紧扣主题，而不能漫无边际。网站域名和网站的名字应该有特点并容易记忆。除此之外，网站色彩要突出，网站的 Logo 要有特点，如图 1.14 所示是一些网站的 Logo。

图 1.14　网站 Logo 举例

2. 确定网站风格

风格指的是站点的整体形象给浏览者的综合感受，包括版面布局、浏览方式、交互性和文字等诸多因素。网站风格要体现自己的特色，独树一帜。通过网站的某一点，如文字、色彩、技术等，能让浏览者明确分辨出此部分就是网站所独有的。例如，迪士尼中国官方网站的活泼可爱与微软中国的严肃简洁是两种完全不同风格的网站。

3. 规划网页布局

网页布局能决定网页是否美观并符合人类的视觉习惯。合理的布局可以将页面中的文字、图像等内容完美、直观地展现给浏览者，同时，合理安排网页空间可以优化网页的页面效果。在对网页进行布局设计时，应遵循平衡、对比、凝视、疏密度和空白等原则。常见的网页布局形式包括："国"字形布局、T 形布局、"三"字形布局、"川"字形布局、对比布局和 POP 布局、Flash 布局等，如图 1.15 至图 1.18 所示。

图 1.15　"国"字形布局

图 1.16　T 形布局

图 1.17　"三"字形布局

图 1.18　Flash 布局

由于网站访问者的计算机显示器的分辨率不同，因此在设计时需要考虑网页在不同的计算机显示器分辨率下的效果，以适应不同的访问者。在设计网页的尺寸大小时，可以按照固定宽度、弹性宽度和自适应宽度等不同的基准来设计。网页的高度由其中的内容决定，因此并不需要显式地指定网页的高度，只需要重点考虑网页的宽度。在早期计算机显示器的分辨率只有 800×600 像素的时期，网页的宽度只能被设计为小于 800 像素。随着计算机显示器的分辨率不断提高，设计师可以有更大的空间来设计网页。例如，腾讯网站采用了固定宽度的尺寸大小，宽度为 1000 像素，如图 1.19 所示。

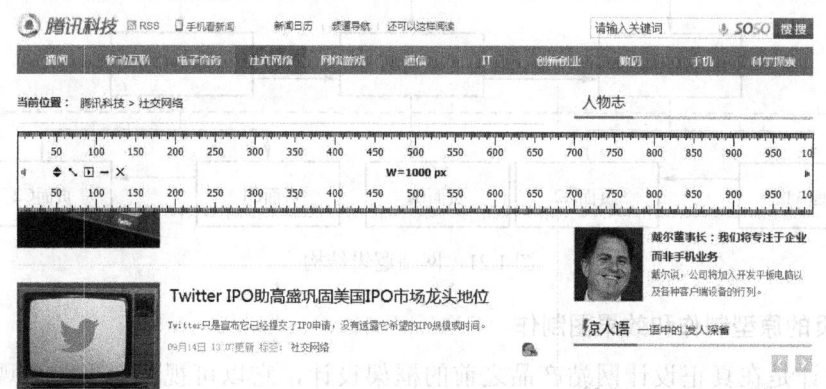

图 1.19　网页的宽度尺寸大小示例

4．规划网站文件目录结构和逻辑结构

网站的规划与准备阶段要搜集与网站相关的素材文件，后期网页制作也要创建很多网页文件，对这些文件要进行合理的规划与管理。网站是由若干文件组成的文件集合，大型网站文件的个数更是数以万计，因此为了便于管理人员维护网站，也为了浏览者快速浏览网页，需要对文件的目录结构进行合理设计。对于小型网站来说，所有网页文件都存放在网站根目录下，是一种扁平式物理结构。但对于大一些的网站，往往需要二层、三层甚至更多层来存储网页及相关的文件，从而形成树状的物理结构。这时主要的设计原则包括：不要将所有的文件都保存在网站根目录下；网页图像文件很多，为了方便管理，要在每个主栏目目录下都建立独立的 images 目录；网站栏目文件也要分类，按栏目内容建立子目录；尤其注意网站文件名，为了便于 Web 服务器管理，不要使用中文命名；目录的层次也不要太深。如图 1.20 所示为网站文件的目录结构。

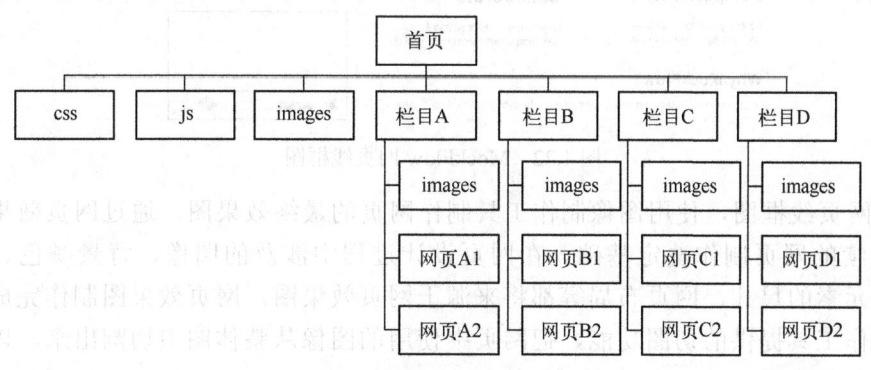

图 1.20　网页文件目录结构

与网站文件目录结构不同，网页内部链接形成了网页之间的逻辑结构。网站文件目录结构由网站页面的物理存储位置决定，网站逻辑结构由网站页面之间的链接关系决定。与网站文件目录结构相同，网站逻辑结构也可以采用扁平式或树状结构两种方式来组织。对于栏目较多的网站，也应该采用树状结构来组织，如图 1.21 所示。

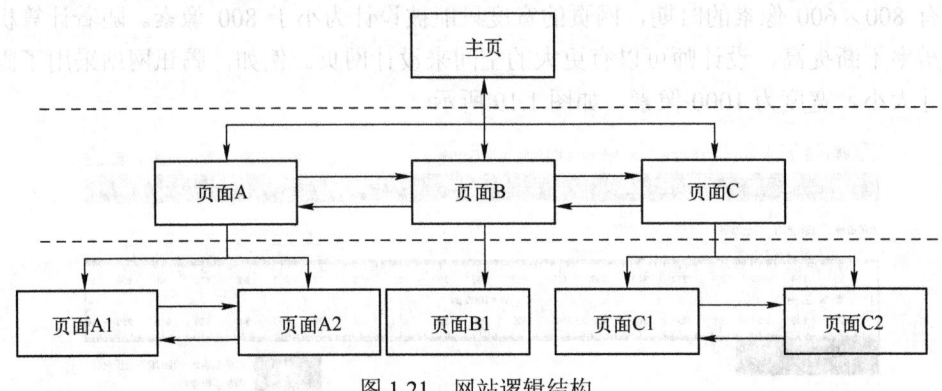

图 1.21　网站逻辑结构

5．网页的原型制作和效果图制作

原型设计是在真正设计网站产品之前的框架设计，它以可视化的形式展现给用户，以便及时征求用户意见，确定用户需求。设计师在开发原型时，使用线框图入手是最佳的方法。线框图通过一系列的基本图形（如矩形、菱形、线条）来设计页面的基本框架、界定页面包含的内容，以及内容的排版等。如图 1.22 所示是用 MockFlow 工具创建的网页线框图。

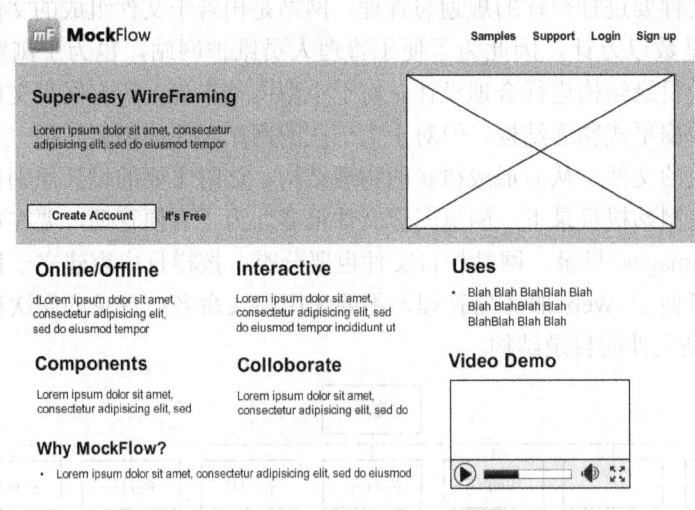

图 1.22　MockFlow 网页线框图

根据网页线框图，使用图像制作工具制作网页的最终效果图。通过网页效果图的制作，为后续的网页制作奠定基础。在网页设计过程中涉及的图像、背景颜色、背景颜色、网页元素的尺寸、网页布局等都将来源于网页效果图。网页效果图制作完成后，借助图像制作工具提供的切图功能，把网页中使用的图像从整体图中切割出来，以备在网页制作过程中使用。

6. 编辑网页内容

在网页制作阶段，利用网页制作工具辅助进行 HTML 代码的编写，组合文字、图像、多媒体等元素，形成具有良好结构和布局的网页。这一过程是本书的重点，其中涉及：使用 HTML 形成网页的结构，使用 CSS 控制网页的样式和布局，使用 JavaScript 形成与网站访问者之间的交互。

如果制作的是动态网站，还需要涉及动态网页语言的开发、数据库的开发等工作，本书不做更进一步的讲解。

7. 网站的测试和发布

在将站点上传到服务器中之前，需要在本地对其进行测试，这样可以尽早地发现问题并避免错误。应该确保网页在目标浏览器中能够正常显示和使用，所有链接都可以正确地链接到目标网页，页面的下载在具有中等网速的上网环境下不会占用太长时间等。通过工具可以使得这些测试过程自动进行。

通过域名注册商申请了网站的域名后，还需要购买网站空间。常见的网站空间的形式主要有以下 3 种。

- 主机托管：是指将购置的网络服务器托管于 ISP（Internet Service Provide，互联网服务提供商）的机房中，借用 ISP 的网络通信系统接入互联网。在这种方式下，需要承担服务器的硬件费用、软件费用以及托管费用，适合有较大信息量和数据量的网站。
- 虚拟主机：是指把一台运行在互联网上的服务器划分成多个"虚拟"的服务器，每个虚拟主机都具有独立的域名和完整的互联网服务器功能。在这种方式下，网站并不需要像主机托管一样承担全部的硬件费用、软件费用等，相对来说较为便宜，适合通过网站做简单展示的中小型企业。
- 云虚拟主机：在近几年，随着云计算的成熟，云计算和虚拟主机相结合产生了"云虚拟主机"。借助于云计算对大规模虚拟的计算资源、存储资源的管理能力，云虚拟主机可以在可扩充性方面提供更多的支持。

网站完成在本地的测试后，通过远程传输工具传输到网站空间中。第 14 章将重点讲述与此相关的内容。

1.4 网页设计制作工具

针对网站制作的不同阶段，可以采用不同的制作工具加以支持，从而完成一个完整网站的设计和编写。

1.4.1 原型设计工具

MockFlow、FlairBuilder、Axure RP 等都是网页原型设计制作软件。其中 Axure RP 由美国 Axure 公司开发，它主要面向负责定义需求、设计功能、设计界面的工作人员，包括用户体验设计师、交互设计师、产品经理等。它能够快速创建网站流程图、原型页面、交互体验设计、标注详细开发说明，导出 Html 原型或 Word 开发文档。其界面如图 1.23 所示。

图 1.23　Axure RP 原型设计工具

1.4.2　图形图像制作工具

1. Photoshop

Photoshop 是 Adobe 公司旗下最为出色的图像处理软件之一,它集图像扫描、编辑修改、图像制作、广告创意、图像输入与输出于一体,深受广大平面设计人员和计算机美术爱好者的喜爱。该软件的应用领域很广泛,在图像、图形、文字、视频、出版各方面都有涉及。Photoshop 也是必不可少的网页图像处理软件。其界面如图 1.24 所示。

图 1.24　Photoshop 软件

2. Fireworks

Fireworks 是 Adobe 公司推出的一款用于网络图形设计的图形编辑软件,可以加速 Web

设计与开发，大大简化了网络图形设计的工作难度，是一款创建与优化 Web 图像和快速构建网站与 Web 界面原型的理想工具。使用 Fireworks 不仅可以轻松地制作出十分动感的 GIF 动画，还可以轻易地实现大图切割、动态按钮、动态翻转图等。其界面如图 1.25 所示。

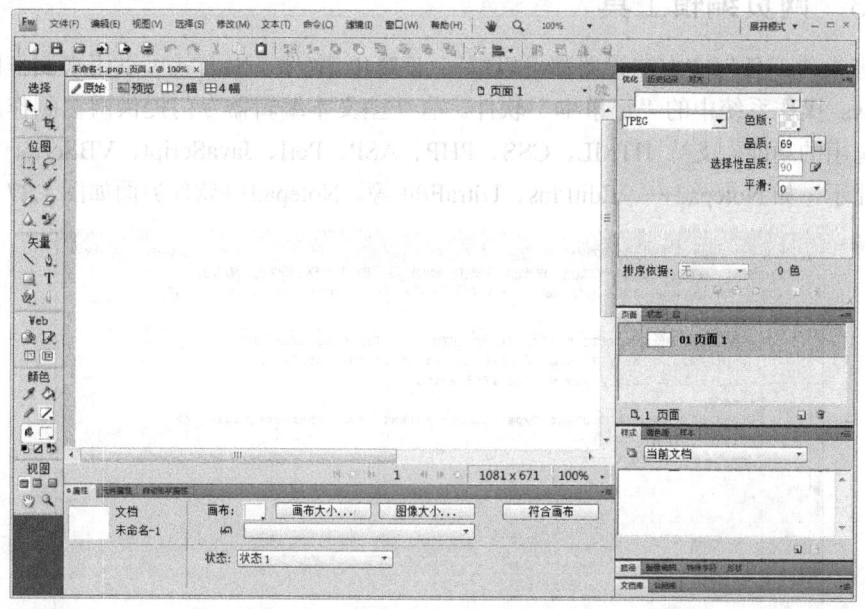

图 1.25　Fireworks 软件

3．Flash

Flash 被大量应用于互联网网页的矢量动画设计。网页设计者使用 Flash 可以创作出既漂亮又可改变尺寸的导航界面以及其他奇特的效果。Flash 文件中可以包含简单的动画、视频内容、复杂演示文稿和应用程序等。其界面如图 1.26 所示。

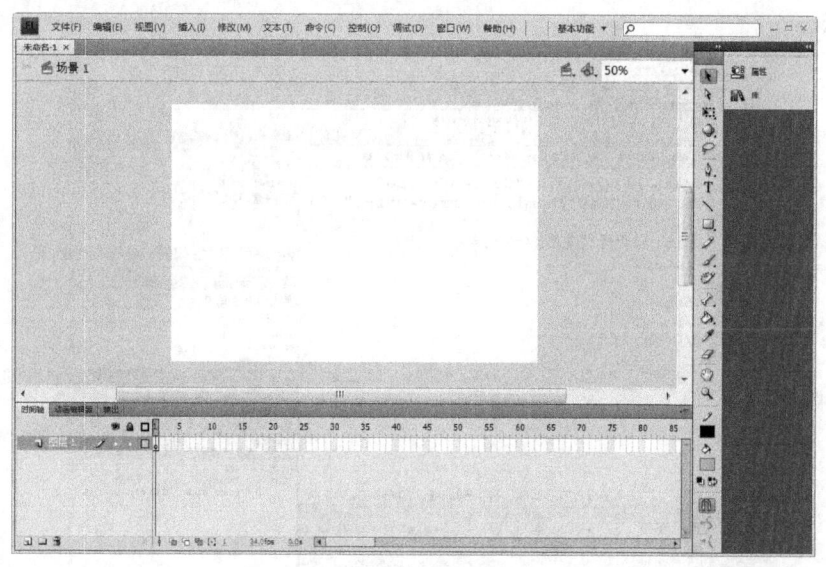

图 1.26　Flash 软件

随着网页设计技术的不断提高，页面内容越来越丰富，除了文本、图形、图像之外，还有其他媒体文件，如音频、视频、三维动画等，这些页面元素也需要专业的工具来处理，使其更适合在页面中显示。

1.4.3　网页编辑工具

从原理上讲，任何文本编辑器都可以编写 HTML 文件，因而就可以用来制作网页，例如 Windows 操作系统中的"记事本"软件。有一些文本编辑器专门提供网页制作及程序设计等许多有用的功能，支持 HTML、CSS、PHP、ASP、Perl、JavaScript、VBScript 等多种语言的着色显示，如 Notepad++、EditPlus、UltraEdit 等。Notepad++软件界面如图 1.27 所示。

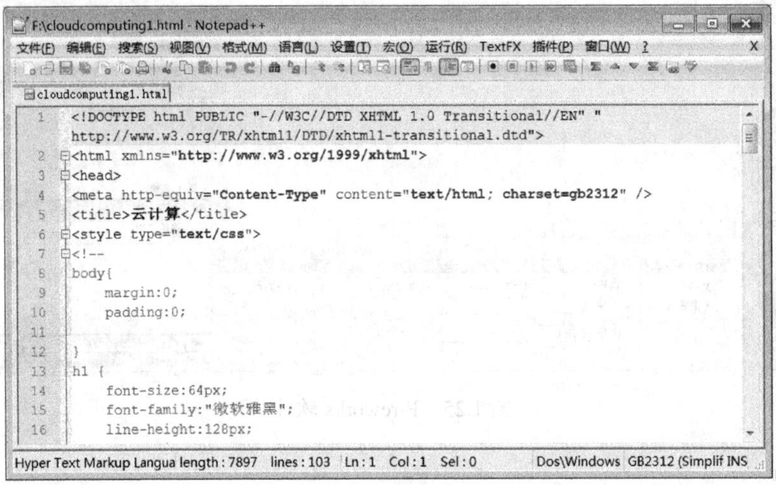

图 1.27　Notepad++软件

在网页编辑工具中，目前被广泛使用的有 Adobe 公司的 Dreamweaver 软件，它可以编辑 HTML、CSS、PHP、ASP.NET、ColdFusion、JSP 等多种不同类型的文件。其界面如图 1.28 所示。

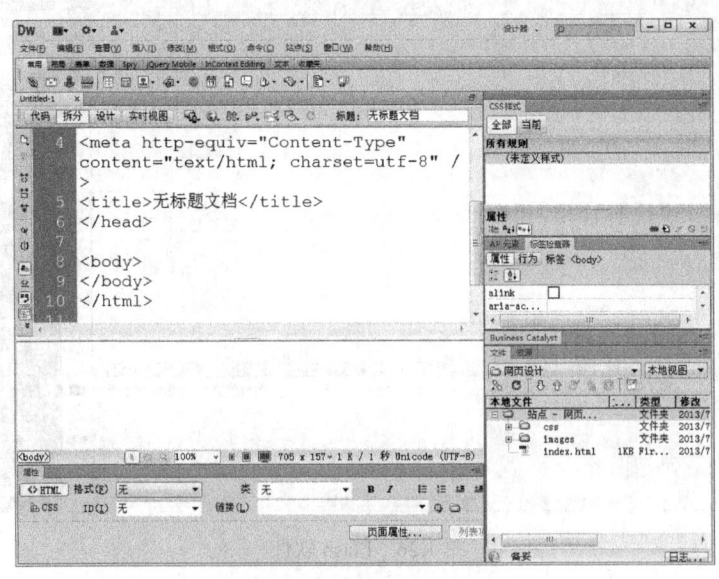

图 1.28　Dreamweaver 软件

与普通文本编辑器不同的是，Dreamweaver 能够以"代码"视图方式或"设计"视图方式来编写、查看网页，从而能够以类似 Word 软件的"所见即所得"的方式来制作网页。同时，Dreamweaver 还提供站点管理、资源管理、相关文件、连接 FTP 站点、网站测试优化等功能，从而帮助用户更轻松地对网站进行管理。本书在附录 C 中讲述了 Dreamweaver CS6 软件的基本使用方法。

除 Dreamweaver 外，微软公司开发的 SharePoint Designer 也属于"所见即所得"类型的网页编辑工具，它的前身是 FrontPage 这一早期具有广泛影响力的网页编辑工具。

本 章 小 结

本章讲述了有关网页制作的基础知识，包括网站的分类、网页的基本构成元素，以及网页相关的基本概念，如域名和 IP、静态网页和动态网页等。本章介绍了网站制作的基本流程，包括网站定位、确定网站风格、规划网页布局、规划网站文件目录结构和逻辑结构、网页的原型制作和效果图制作、编辑网页内容、网站的测试和发布等环节。本章还介绍了一些常见的网页设计制作工具，包括原型设计工具 Axure RP、效果图制作和图像、动画制作时使用的多媒体软件以及编写网页时使用的 Dreamweaver 等软件。本章知识的学习为读者以后进一步深入学习网页设计提供了基础。

课 后 习 题

一、选择题

1. 下列（　　）不是 URL 的组成部分。
   A．浏览器名称　　　　　　　　　　　　　B．IP 地址或域名
   C．HTTP 通信协议　　　　　　　　　　　D．文件路径及文件名
2. 用户进入网站看到的第一个网页是（　　）。
   A．导航　　　　　　B．搜索页　　　　　　C．主页　　　　　　D．欢迎页
3. 通常一个站点的主页默认名称为（　　）。
   A．main.html　　　　　　　　　　　　　　B．web.html
   C．index.html　　　　　　　　　　　　　 D．homepage.html
4. 下面（　　）不属于动态网页技术。
   A．ASP.NET　　　　　B．C++　　　　　　C．JSP　　　　　　D．PHP
5. 下列（　　）不是图形图像处理工具。
   A．Photoshop　　　　　　　　　　　　　 B．Fireworks
   C．PowerPoint　　　　　　　　　　　　　 D．Windows 的"画图"软件

二、判断题

1. 浏览器在访问网站时需要借助 DNS 服务器查询网站服务器的 IP 地址。（　　）
2. 网页中含有 Flash 动态效果的就属于动态网页。（　　）
3. 使用动态网页技术可以接收用户的输入信息并根据用户的输入信息动态返回网页。（　　）

4．通过建立树状的文件结构，网站的文件可以得到更好的管理。（　　）

5．网页只能使用 Dreamweaver 和 Frontpage 软件进行编写。（　　）

三、思考题

1．网站和网页是如何构成的？

2．DNS 服务器的主要作用是什么？

3．在你日常使用的网站中，哪些属于静态网站？哪些属于动态网站？

4．网站中的文件应该如何规划目录结构和逻辑结构？

第2章　HTML 基础

学习要点：

● 了解标记语言的作用；
● 掌握 HTML 的语法和基本结构；
● 掌握 HTML 中标题和段落的使用；
● 掌握 HTML 中文字格式的使用；
● 掌握 HTML 中列表的使用；
● 掌握使用 Dreamweaver 编辑 HTML 文档。

建议学时： 上课 2 学时，上机 2 学时。

2.1　标记语言的作用

在现实生活中，我们在学习、阅读一些资料时，经常会用签字笔、荧光笔等对重要文字进行批注或标记。在计算机软件中，人们经常使用的 Word 软件也提供了许多诸如加粗、倾斜、下画线、以不同颜色突出显示文本等功能，也离不开对文字的选中和标记，如图 2.1 所示。

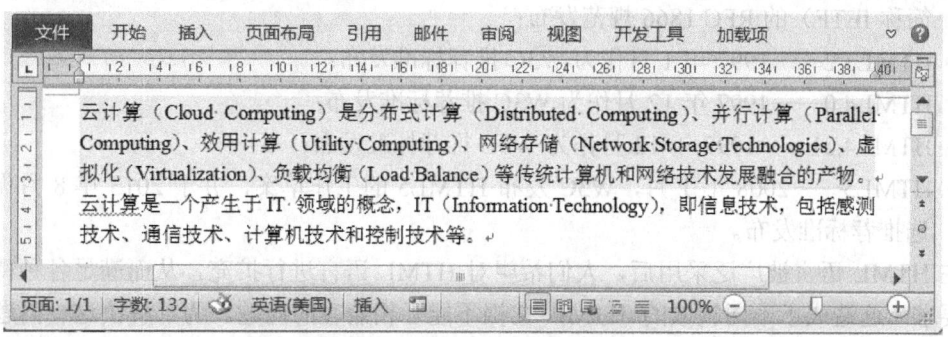

图 2.1　Word 中的突出显示文本功能

通过标记，可以指定需要强调的区域的开始和结束，对处于强调区域中的文字内容统一地进行格式设置。在 Web 上，也需要发明一种可以被浏览器理解的语言和指令，从而使得浏览器知道网页中某部分的内容以什么样的格式进行显示。例如，当设计这种语言时，语言的设计者需要考虑的问题应该包括：

● 指令应该遵循一套严格的规则；
● 指令应该包含在文本文档内；
● 避免网站的访问者，即最终用户看到指令；
● 指令应该告诉显示设备指定的格式从哪里开始，到哪里结束；

- 为了表示不同的要求，指令应该是一系列的表达不同要求的指令。

因此，这种语言本质上是一种系统化、规范化的标记指令集。

2.2 HTML 基础

2.2.1 HTML 和 XHTML

HTML 是超文本标记语言（Hyper Text Markup Language）的英文缩写，是专为网页文件设计的标记语言。使用 HTML 编写的网页文件的后缀一般是.html 或.htm。HTML 语言由浏览器负责解释。

1990 年左右，HTML 语言由在欧洲核子物理实验室工作的蒂姆·伯纳斯·李发明，最初的目的是为了共享分布在各地物理实验室、研究所的最新信息、数据、图像资料等信息。1991 年，蒂姆·伯纳斯·李发表了一篇名为"HTML Tags"的文章，阐述了最初的由 18 种元素组成的 HTML 语言，首次公开阐述了 HTML 的思想。在发明 HTML 时，蒂姆·伯纳斯·李借鉴了标准通用标记语言（Standard Generalized Markup Language，SGML）的语言形式。SGML 是一种定义电子文档结构和描述其内容的国际标准语言，是所有电子文档标记语言的起源，是可以定义标记语言的元语言，同时具有极好的扩展性。

在离开欧洲核子物理实验室后，蒂姆·伯纳斯·李在美国麻省理工学院成立了万维网联盟（World Wide Web Consortium，简称 W3C），负责 HTML 标准的维护和不断完善。从 HTML 语言诞生以来，它经历了不同版本的变化：
- HTML2.0——1995 年 11 月作为互联网工程任务组（Internet Engineering Task Force，简称 IETF）的 RFC 1866 规范发布；
- HTML3.2——1997 年 1 月作为 W3C 推荐标准发布；
- HTML4.0——1997 年 12 月作为 W3C 推荐标准发布；
- HTML4.01——1999 年 12 月作为 W3C 推荐标准发布；
- HTML5——2008 年 1 月，W3C 发布 HTML5 的工作草案，并于 2013 年 8 月作为候选推荐标准发布。

在 HTML 语言被广泛采用后，人们希望对 HTML 语言进行扩充，从而满足各种特殊领域的要求，这造成了不同领域的 HTML 文档不能互相兼容的问题。为了解决这一问题，万维网联盟在可扩展标记语言（Extensible Markup Language，简称 XML）的基础上，对 HTML 进行了改造，形成了 XHTML（Extensible HyperText Markup Language）。XML 是 SGML 的子集，它保留了 SGML 中的通用形式和灵活性，去掉了 SGML 中许多较为复杂的特性。基于 XML 对 HTML 进行改造形成 XHTML 后，它具有了以下的优点：
- 可以灵活地对 XHTML 进行组成元素和元素属性的扩充；
- 利用 XHTML 编写的文档由于具有良好的规范的语法结构，更加便于计算机程序自动处理。

XHTML 诞生以来，也经历了不同的版本变化：
- XHTML1.0——2000 年 1 月作为 W3C 推荐标准发布；
- XHTML1.0（第 2 版）——2002 年 8 月作为 W3C 推荐标准发布；

- XHTML1.1——2001 年 5 月作为 W3C 推荐标准发布;
- XHTML2.0——2010 年 12 月作为 W3C 草案发布。

SGML、HTML、XML、XHTML 之间的关系如图 2.2 所示。

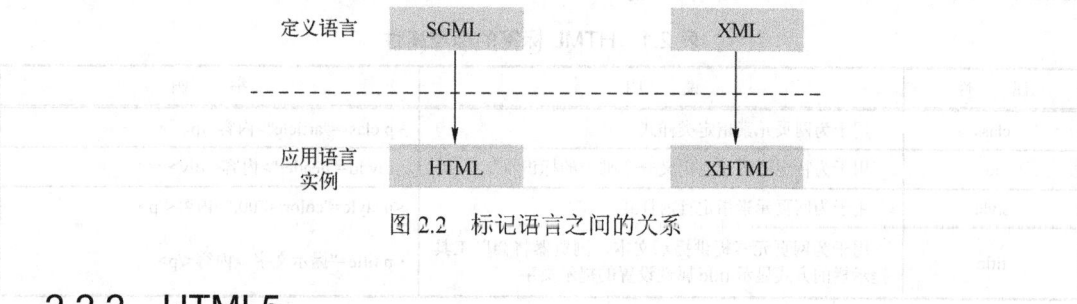

图 2.2　标记语言之间的关系

2.2.2　HTML5

2004 年,Apple 公司、Mozilla 基金会和 Opera 公司成立了网页超文本技术工作小组(Web Hypertext Application Technology Working Group,简称 WHATWG)。与 W3C 组织致力于 XHTML 不同,WHATWG 致力于 HTML 的发展。2008 年 1 月,WHATWG 发布了 HTML5 的草案。HTML5 赋予网页更好的意义和结构。更加丰富的标签将随着对 RDFa、微数据与微格式等方面的支持,构建对程序、用户都更有价值的数据驱动的互联网。目前,WHATWG 与 W3C 合作进行 HTML5 规范的制定,W3C 在 2010 年 8 月以候选推荐标准的形式发布了 HTML5。

在 HTML5 中增加的新特性包括:

- 用于绘画的 canvas 元素;
- 用于媒体播放回放的 video 和 audio 元素;
- 对本地离线存储的更好支持;
- 新的内容元素,如 article、footer、header、nav、section 等;
- 新的表单控件,如 calendar、date、time、email、url、search 等。

HTML5 标准仍处于完善之中,但大部分现代浏览器已经开始支持某些 HTML5 技术。

2.2.3　HTML 的基本语法

1. HTML 标签的基本语法

HTML 标签(tag,又称标记)由一对尖括号<>和标签名组成。标签分为"起始标签"和"结束标签"两种,它们的标签名称是相同的,但是结束标签在标签名称前增加了斜杠"/"符号。标签一般还可以带有若干放在起始标签中的属性来对标签进行具体描述。属性包括属性名和属性值,它们之间用"="连接。多个属性及属性值之间用空格隔开。HTML 标签的基本语法如图 2.3 所示。

HTML 语言中定义了许多用来表示不同对象的标签,图 2.3 中的<h1>标签表示标题元素。本书在附录 A 中列出了 HTML 语言中的标签列表。

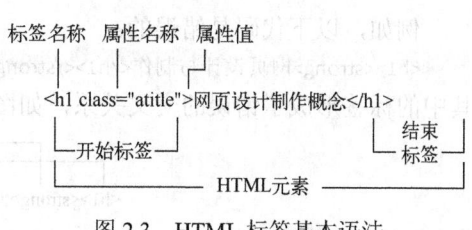

图 2.3　HTML 标签基本语法

2．HTML 标签的标准属性

HTML 中定义了 4 种主要属性，几乎所有的元素都使用这 4 种属性，而且对应的意义也基本相同，这些属性是 class、id、style 和 title，见表 2.1。

表 2.1　HTML 标签的标准属性

属　性	说　明	举　例
class	用于为网页元素指定类样式	\<p class="article">内容\</p>
id	用于为特定网页元素定义一个唯一的标识符	\<div id="header">内容\</div>
style	用于为网页元素指定行内样式	\<p style="color:#F00;">内容\</p>
title	用于为网页元素提供提示文本，浏览器将会以工具提示栏的方式显示 title 属性设置的提示文字	\<p title="提示文字">内容\</p>

2.2.4　XHTML 的语法

HTML 对标签及属性的大小写、开始标签和结束标签的配对使用并没有做严格的规定。相比 HTML，XHTML 规定了更严格的语法，下面是 XHTML 的一些特殊语法规定。

1．标签名和属性名称必须小写

对于所有 HTML 元素和属性名，XHTML 文档必须使用小写，因为 XML 是大小写敏感的。

例如，以下代码是错误的：

```
<BODY><H1>网页设计与制作</H1></BODY>
```

以下代码是正确的：

```
<body><h1>网页设计与制作</h1></body>
```

2．元素必须被关闭

对于网页中的双标签元素和空元素，必须使用结束标签。

例如，以下代码是错误的：

```
<h1>网页设计与制作
<h2 >第一章.网页设计与制作概述
```

以下代码是正确的：

```
<h1>网页设计与制作</h1>
<h2 >第一章.网页设计与制作概述</h2>
```

对于后面将要学习的\
、\<img />等空元素，其开始标签必须使用/>结尾。

3．元素必须被正确地嵌套

网页中元素的标签可以嵌套使用，但是不能交叉。

例如，以下代码是错误的：

```
<h1><strong>网页设计与制作</h1></strong>
```

其中的标签形成了错误的交叉关系，如图 2.4 所示。

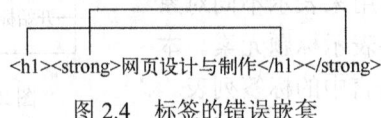

图 2.4　标签的错误嵌套

以下代码是正确的：

```
<h1><strong>网页设计与制作</strong></h1>
```

4. 属性值必须加引号

网页中元素的所有属性值必须放在双引号对中，即使是数字形式的属性值也一样。

例如，以下代码是错误的：

```
<h1 class=atitle>网页设计与制作</h1>
```

以下代码是正确的：

```
<h1 class="atitle">网页设计与制作</h1>
```

5. 属性不能简写

网页中元素的属性和属性值必须完整地出现。

例如，以下代码是错误的：

```
<input type="radio" checked />
```

以下代码是正确的：

```
<input type="radio" checked="checked" />
```

2.3 HTML 的结构

2.3.1 基本结构

HTML 文档的结构包括头部（head）、主体（body）两大部分，如图 2.5 所示。其中，头部描述浏览器、搜索引擎等所需的信息，而主体则包含 HTML 文档的具体内容。

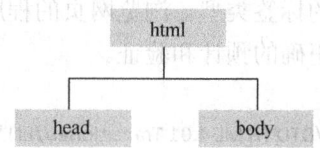

图 2.5 HTML 文档的基本结构示意

【实例 2-1】（实例文件 ch02/01.html）
下面看一个最简单的 HTML 文件示例。

```
<html>
    <head>
        <title>网页标题</title>
    </head>
    <body>
        <h1>欢迎光临我的网站</h1>
    </body>
</html>
```

这一 HTML 文件在浏览器中显示时，标题栏将显示<title>标签中的"网页标题"，文档区将显示"欢迎光临我的网站"。

一般来说，一个较为规范的 HTML 文件的结构如图 2.6 所示。在后面的章节将分别介绍各部分的含义。

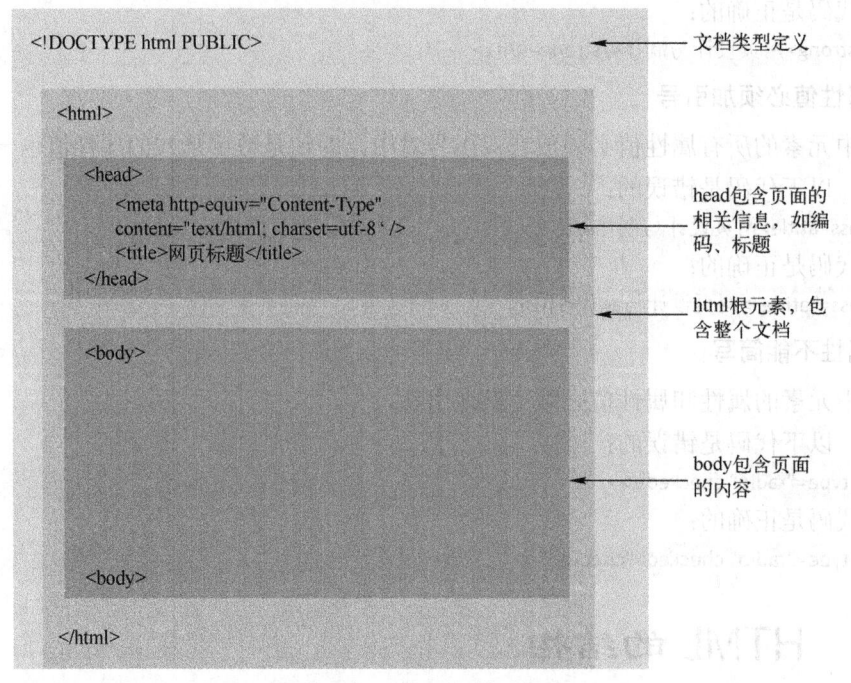

图 2.6　HTML 文档的规范结构

2.3.2　文档类型定义

文档类型定义（Document Type Definition，DTD）标签<!DOCTYPE>放在 HTML 文档的最上方，用于说明文档中使用的标签类型。浏览网页的程序能够通过文档类型定义更加智能地进行操作，对文档格式做出正确的预计和验证。

例如：

```
<!DOCTYPE HTML PUBLIC "-//W3C//DTD HTML 4.01 Transitional//EN"
"http://www.w3.org/TR/html4/loose.dtd">
```

表示文档使用的是以根元素 html 为开始的 HTML4.01 的过渡版本，标签<html>将包含文档中的所有内容及元素，并且可以从 http://www.w3.org/TR/html4/loose.dtd 获得完整的文档中使用的标签语法和定义。

表 2.2 列出了各种版本 HTML 和 XHTML 在网页文档中的文档类型定义。

表 2.2　文档类型定义

HTML 和 XHTML 版本	文档类型定义
HTML4.01 Transitional	<!doctype html public "-//w3c//dtd html 4.01 transitional//en" "http://www.w3.org/tr/html4/loose.dtd">
HTML4.01 Strict	<!doctype html public "-//w3c//dtd html 4.01//en" "http://www.w3.org/tr/html4/strict.dtd">
HTML5	<!doctype html>
XHTML1.0 Transitional	<!doctype html public "-//w3c//dtd xhtml 1.0 transitional//en" "http://www.w3.org/tr/xhtml1/dtd/xhtml1-transitional.dtd">
XHTML1.0 Strict	<!doctype html public "-//w3c//dtd xhtml 1.0 strict//en" "http://www.w3.org/tr/xhtml1/dtd/xhtml1-strict.dtd">

其中，XHTML1.0Transitional 表示过渡的版本，它允许在 HTML 中继续使用表现层的标签和属性，标签的语法方面也可以沿用 HTML 中的不严格的语法，如元素没有被关闭。XHTML1.0 Strict 表示严格的版本，不能在 HTML 中使用任何表现层的标签和属性，并且必须遵循执行严格的 XHTML 的语法规定。

例如，如下的 HTML 代码：

```
<h1 align="center">网页设计制作</h1>
```

表示的是水平居中的标题文字。网页文档在使用"XHTML1.0Transitional"类型定义时，浏览器允许其中的表现层属性 align 的存在。但网页文档在使用"XHTML1.Strict"类型定义时，浏览器将认为文档中存在错误。

2.3.3 头部内容

1．title 元素

title 元素是 head 元素中必需的，用于设置浏览器的标题栏。title 元素中的值还可以用于用户浏览器的收藏功能，以及便于搜索引擎根据网页标题确定网页的内容，因此描述恰当的 title 元素是十分重要的。

例如，如下的 HTML 代码：

```
<title>网页设计与制作</title>
```

定义了网页在用户浏览器中的标题为"网页设计与制作"。

2．meta 元素

meta 元素有许多作用，它可以用来指定 HTML 文档的字符集，也可以用来指定网页的主要内容和关键词等信息，以便于搜索引擎确定网页的内容。

【实例 2-2】（实例文件 ch02/02.html）

如下的 HTML 代码：

```
<meta http-equiv="Content-Type" content="text/html; charset=UTF-8" />
<meta name="Description" content="中国二十四节气介绍" />
<meta name="Keywords" content="二十四节气 立春 雨水 惊蛰 春分" />
```

定义了网页的字符集编码为 UTF-8，网页的主要内容是"中国二十四节气介绍"，网页的关键词是"二十四节气 立春 雨水 惊蛰 春分"。

3．style 样式元素

style 元素用于说明网页的样式规范，如字体、颜色、位置等内容呈现的各个方面。

4．link 样式元素

link 元素指定当前网页文档与其他文档的特定关系，通常用来指定网页文档使用的样式表文件。

5．script 脚本元素

script 元素用于将脚本语言嵌入到网页中，也可以链接到脚本文件。

2.3.4 主体内容

主体内容是包含在<body>和</body>之间的内容。一个网页文档中只能出现一个 body

元素。在浏览器的文档窗口中显示的内容即为 body 元素的内容。

body 元素具有多个不同的属性，可以分别控制网页中的文字颜色、背景颜色、超链接颜色等。body 元素具有的主要属性见表 2.3。

表 2.3　body 元素的主要属性

属　　　　性	说　　　明	举　　　例
text	网页文字颜色	`<body text="#FFFFFF"></body>`
bgcolor	网页背景颜色	`<body bgcolor="#999999 "></body>`
link	网页超链接颜色	`<body link="#000000 "></body>`
vlink	已访问的超链接颜色	`<body vlink="#FF3300"></body>`
alink	活动超链接颜色	`<body alink="#00FF00"></body>`

注：第 3 章将要学习的 CSS 中定义了用来取代这些属性的样式，因此不建议通过 body 元素的属性来进行样式的设置。

body 元素由表示区块、标题、段落、列表、超链接、图像、表格、表单等的各种子元素组成。其中，区块元素主要包括 `<div>` 和 `<span>` 元素，将在第 7 章中讲解。

2.4　标题与段落

2.4.1　标题

通过标题元素，可以为网页文档定义良好的文档结构。标题元素是通过 `<h1>`…`<h6>` 等标签进行定义的。浏览器会自动地在标题的前、后添加空行，并且标题的文字显示为加粗的效果。

HTML 中的标题元素的语法如下：

```
<hn>标题文字</hn>
```

其中 h1 被用作一级标题，它的默认样式文字最大，而 h6 的默认样式文字最小。

【实例 2-3】（实例文件 ch02/03.html）

如下的 HTML 代码定义第 1 行为一级标题，其他几行为二级标题。

```
<h1>农历二十四节气</h1>
<h2>简介</h2>
<h2>节气来历</h2>
<h2>节气日期</h2>
<h2>节气意义</h2>
<h2>习俗</h2>
```

2.4.2　段落

网页中的段落元素通过 `<p>` 标签来表示。浏览器会自动地在段落的前、后添加空行。

例如，如下的 HTML 代码定义了两个段落，在浏览器中显示时，段落之间具有空行。

```
<p>立春，是二十四节气之一，中国以立春为春季的开始……（文字略）</p>
<p>雨水是 24 节气中的第 2 个节气，每年 2 月 18 日前后为雨水节气……（文字略）</p>
```

如果需要在段内换行，需要通过 `<br />` 文本换行标签来完成。

如下的 HTML 代码在"立春"和后面的解释之间强制换行，但这些内容仍然是在同一个段落之中。

```
<p>立春<br />立春，是二十四节气之一，中国以立春为春季的开始，每年 2 月 4 日或 5 日太阳到达黄
经 315 度时为立春。</p>
```

2.5 文字格式

1．强调

标签<em></em>用于强调文本。在默认情况下，浏览器会以斜体显示文本。

例如，如下的 HTML 代码会把"农历二十四节气"显示为斜体。

```
<em>农历二十四节气</em>
```

如果希望使用其他的样式作为强调文本的样式，可以通过对 em 元素定义 CSS 样式来完成。

如果为了表达语气更重的强调，可以使用<strong></strong>。在默认情况下，浏览器会以粗体显示文本。

例如，如下的 HTML 代码会把"农历二十四节气"显示为粗体。

```
<strong >农历二十四节气</strong >
```

2．上标和下标

以上标文本的形式显示包含的文本内容。以下标文本的形式显示包含的文本内容。

【实例 2-4】（实例文件 ch02/04.html）

例如，如下的 HTML 代码表示公式 x^2+y^2。

```
x<sup>2</sup>+y<sup>2</sup>
```

3．预格式化文本

标签<pre></pre>用来表示预格式化的文本。包围在 pre 元素中的文本通常会保留空格和换行符，而文本也会呈现为等宽字体。<pre>元素的一个常见应用就是表示计算机程序的源代码。

例如，如下的 HTML 代码在显示其中的内容时，将会保留其中的空格和换行符。

```
<pre>
function addnum(m,n){
    i=m+n;
    return I;
}
</pre>
```

4．块引用

标签<blockquote></blockquote>定义块引用。通常，浏览器会在左、右两边进行缩进（增加外边距），有时会使用斜体。

【实例 2-5】（实例文件 ch02/05.html）

如下的 HTML 代码将二十四节气的简要介绍设置为块引用，所在段落将缩进排版，离开周围的文本。

```
<h1>中国农历二十四节气</h1>
<blockquote>
    远在春秋时期，中国古代先贤就定出仲春、仲夏、仲秋和仲冬等四个节气，以后不断地改进和完善，
到秦汉年间，二十四节气已完全确立。农历二十四节气这一非物质文化遗产十分丰富，其中既包括相关的
谚语、歌谣、传说等，又有传统生产工具、生活器具、工艺品、书画等艺术作品，还包括与节令关系密切
的节日文化、生产仪式和民间风俗。二十四节气是中国古代农业文明的具体表现，具有很高的农业历史文
化的研究价值。2011 年 6 月入选第三批国家级非物质文化遗产名录。
</blockquote>
```

5．其他

在 HTML 中，还定义了许多其他标签用来对文字格式进行定义，如 small（小字体）、
big（大字体）、b（粗体）、i（斜体）、tt（打字机字体）等。

2.6　建立和使用列表

在 HTML 中，为用户提供了无序列表、有序列表和定义列表三种形式来定义列表。

2.6.1　无序列表

当网页中需要对多个并列的内容进行展示时，可以通过无序列表（Unordered List）来
完成。无序列表的每个列表项的前面是项目符号。

HTML 中无序列表的语法如下：

```
<ul>
    <li>第一个列表项</li>
    <li>第二个列表项</li>
    <li>第三个列表项</li>
</ul>
```

其中，<ul></ul>用来定义无序列表的作用范围，列表中的每个选项由<li></li>标签对来定义。

在默认情况下，无序列表的项目符号是圆点，可以通过设置<ul>标签的 type 属性来把
项目符号改为其他形式，见表 2.4。

表 2.4　ul 元素的 type 属性

参　　数	说　　明	举　　例
circle	空心圆点项目符号	<ul type="circle ">
disc	实心圆点项目符号	<ul type="disc ">
square	方块项目符号	<ul type="square">

【实例 2-6】（实例文件 ch02/06.html）

如下的 HTML 代码定义了项目符号为方块的无序列表。

```
<ul type="square">
    <li>国内新闻</li>
    <li>国际新闻</li>
    <li>科技新闻</li>
    <li>社会新闻</li>
</ul>
```

2.6.2 有序列表

当网页中的某些内容存在排序关系时，可以通过有序列表（Ordered List）来完成。有序列表的每个列表项的前面是编号。

HTML 中有序列表的语法如下：

```
<ol>
    <li>第一个列表项</li>
    <li>第二个列表项</li>
    <li>第三个列表项</li>
</ol>
```

在默认情况下，有序列表的编号是数字，可以通过设置<ol>标签的 type 属性把编号改为其他形式，见表 2.5。

表 2.5　ol 元素的 type 属性

参　　数	说　　明	举　　例
1	数字编号	type="1"
a	小写英文字母编号	type="a"
A	大写英文字母编号	type="A"
i	小写罗马字母编号	type="i"
I	大写罗马字母编号	type="I"

【实例 2-7】（实例文件 ch02/07.html）

如下的 HTML 代码定义了编号为数字的有序列表。

```
<ol type="1">
<li>立春</li>
<li>雨水</li>
<li>惊蛰</li>
<li>春分</li>
<li>清明</li>
<li>谷雨</li>
</ol>
```

2.6.3 定义列表

当网页中的某些内容需要进行定义和说明时，可以通过定义列表（Definition List）来完成。定义列表是项目及其注释的组合。

HTML 中定义列表的语法如下：

```
<dl>
    <dt>第一个项目</dt><dd>第一个项目的说明</dd>
    <dt>第二个项目</dt><dd>第二个项目的说明</dd>
    <dt>第三个项目</dt><dd>第三个项目的说明</dd>
</dl>
```

【实例 2-8】（实例文件 ch02/08.html）

如下的 HTML 代码定义了中国的节气及其对应的解释。

```
<dl>
<dt>立春</dt>
<dd>立春，是二十四节气之一，中国以立春为春季的开始……（文字略）</dd>
<dt>雨水</dt>
<dd>每年 2 月 18 日前后为雨水节气……（文字略）</dd>
<dt>惊蛰</dt>
<dd>每年太阳运行至黄经 345 度时即为惊蛰，一般为每年的 3 月 5 日或 6 日……（文字略）</dd>
</dl>
```

2.7 特殊字符和注释

1. 特殊字符

有些字符在 HTML 中有特殊含义，例如"<"和">"已经被用来作为标签的开始符号和结束符号，因此，不能在普通文本中使用这个字符，必须对这个字符进行编码，这类字符被称为实体。

HTML 中的实体以"&"符号开始，以分号";"结束，中间包含数字代码或助记短语。常用的特殊字符见表 2.6。

表 2.6 常用的特殊字符

特 殊 字 符	实 体	说 明
空格		空格符号
©	&copy;	版权符号
®	&reg;	注册符号
<	&lt;	小于号
>	&gt;	大于号

【实例 2-9】（实例文件 ch02/09.html）

如下的 HTML 代码在段落开始处加入了 4 组表示空格的特殊字符，相当于两个汉字大小的空格，从而形成了首行缩进两个汉字的效果。

```
<p>    立春，是二十四节气之一，中国以立春为春季的开始，每年 2 月 4 日或5 日太阳到达黄经 315 度时为立春。</p>
```

2. 注释

HTML 文档中的注释以"<!--"开始，以"-->"结束，中间可以包含一行或者多行注释文本。

例如，如下的 HTML 代码定义了说明性的注释文字，浏览器在显示网页时并不会显示出其中的内容。

```
<!--页面导航开始-->
```

2.8 HTML5 中的新增结构元素

在 HTML5 的新特性中，新增的结构元素主要功能就是增强网页内容的语义性。合理地使用这种结构元素，将帮助搜索引擎更好地理解网页文档，极大地提高搜索结果的准确度。

在 HTML5 中，增加了 header、nav、article、section、aside 等结构元素，能够更好地描述网页的结构。例如，使用 HTML5 新增的结构元素编写如图 2.7 所示结构的网页。

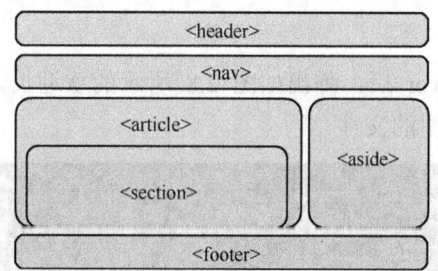

图 2.7　使用 HTML5 新增的结构元素编写网页

网页代码如下：

```
<body>
    <header>...</header>
    <nav>...</nav>
    <article>
        <section>
            ...
        </section>
    </article>
    <aside>...</aside>
    <footer>...</footer>
</body>
```

其中，新增的结构元素及其含义见表 2.7。

表 2.7　HTML5 新增的结构元素

结 构 元 素	含　　义
header	header 元素定义文档的页眉，通常是一些引导和导航信息
nav	nav 元素表示页面中链接向其他页面或本页面某一位置的区块
article	article 元素表示文档、页面或应用程序中独立的、完整的、可以独自被外部引用的内容，它可以是一篇文章、一篇论坛帖子、一段用户评论或其他任何独立的内容
section	section 元素表示一个文档或应用的通用区块，它用来定义具有同一个主题的内容，通常具有标题
aside	aside 元素用来表示当前页面或文章的附属信息部分，它可以包含与当前页面或主要内容相关的引用、侧边栏、广告、导航条，以及其他类似的有别于主要内容的部分
footer	footer 元素定义 section 或文档的页脚，它可以包含与页面、文章或部分内容有关的信息，如：文章的作者或者日期。作为页面的页脚时，一般包含版权、相关文件和链接

2.9　使用 Dreamweaver 编写网页

【实例 2-10】（实例文件　ch02/10.html）

本实例结合 Dreamweaver 软件，编写一个真实的网页。

2.9.1 新建网页

在 Dreamweaver 中可以通过多种方式新建网页。

1. 通过欢迎页

Step1 打开 Dreamweaver 后，弹出如图 2.8 所示的欢迎页，可以单击中间"新建"栏中的选项，分别创建不同类型的文件。

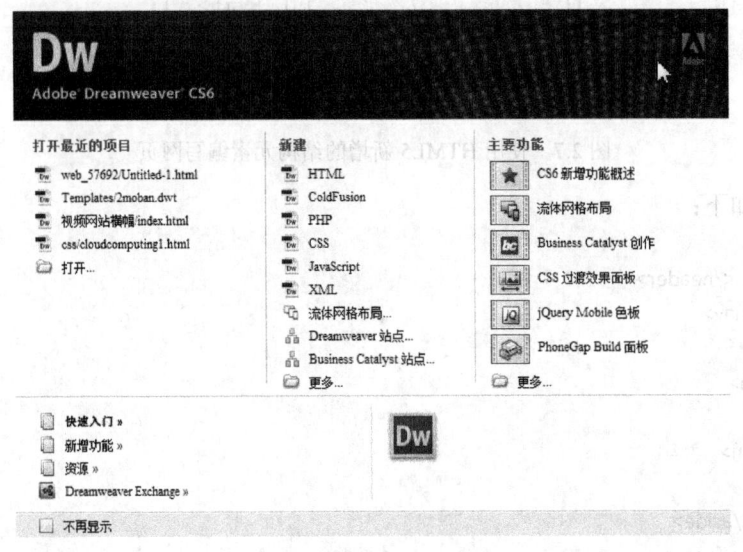

图 2.8 欢迎页

Step2 单击"HTML"项，将会创建一个默认名为"Untitled-1.html"的空白网页文档，如图 2.9 所示。

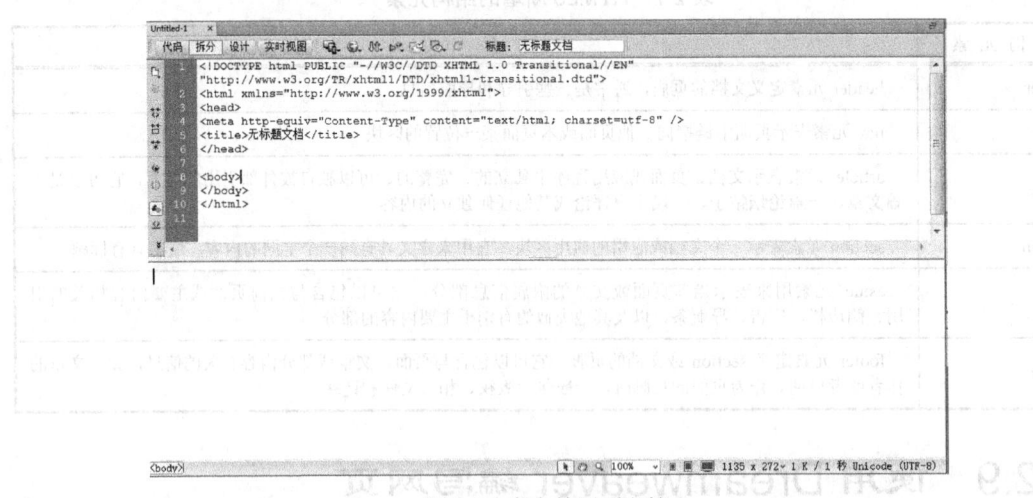

图 2.9 空白的网页文档

Step3 单击"更多"项，将打开如图 2.10 所示的"新建文档"对话框。

在"新建文档"对话框中，分为 4 栏，在左侧第 1 栏中可以选择创建的文档类别。如果选择"空白页"，则可以选择"页面类型"栏中的"HTML"或其他页面类型。在"布局"栏中，可以选择"无"或者 Dreamweaver 内置的一些布局类型。

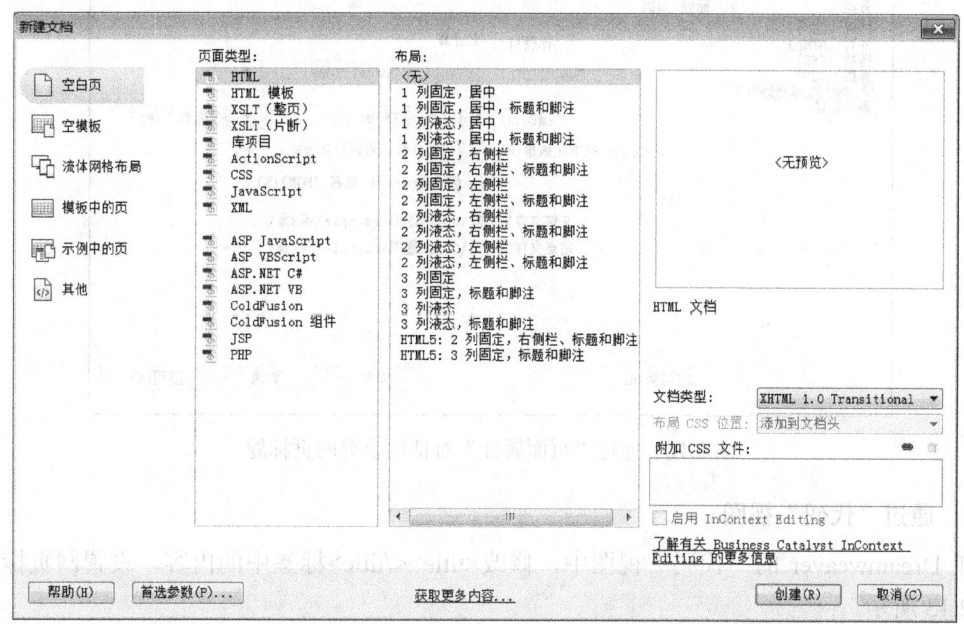

图 2.10 "新建文档"对话框

在对话框右侧的第 4 栏中，可以预览页面；可以选择文档的"文档类型"，如 "XHTML 1.0 Transitional"；在"附加 CSS 文件"列表框中，可以把外部的 CSS 文件附加到新建的网页中。

2．通过"文件"菜单

通过选择"文件"菜单中的"新建"命令，可以打开"新建文档"对话框，新建各种类型的文档。同时，通过快捷键"Ctrl+N"也可以完成新建文件的操作。

2.9.2　设置网页标题

HTML 文件的标题是显示在浏览器标题栏中的内容，通过 Dreamweaver 可以用多种方式对网页标题进行设置。

1．通过文档工具栏

在文档工具栏中，在"标题"文本框中直接输入网页标题，如图 2.11 所示。

代码　拆分　设计　实时视图　　　　　　　标题：云计算

图 2.11　通过文档工具栏设置网页标题

2．通过"页面属性"对话框

单击"属性"面板中的"页面属性"按钮，或者选择菜单命令"修改|页面属性"，打开"页面属性"对话框。在"标题/编码"栏的"标题"框中，设置网页标题，如图 2.12 所示。

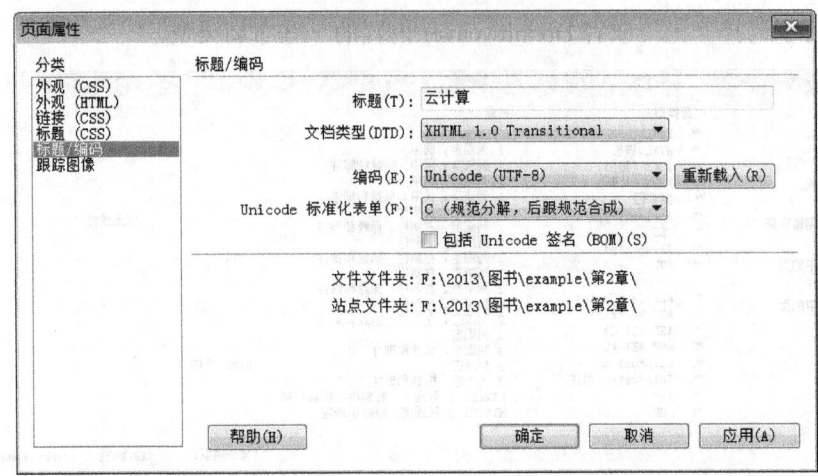

图 2.12 通过"页面属性"对话框设置网页标题

3．通过"代码"视图

在 Dreamweaver 的"代码"视图中，修改\<title\>\</title\>标签中的内容，设置网页标题，如图 2.13 所示。

```
1  <!DOCTYPE html PUBLIC "-//W3C//DTD XHTML 1.0
   Transitional//EN"
   "http://www.w3.org/TR/xhtml1/DTD/xhtml1-transitional.dtd">
2  <html xmlns="http://www.w3.org/1999/xhtml">
3  <head>
4  <meta http-equiv="Content-Type" content="text/html;
   charset=utf-8" />
5  <title>云计算</title>
6  </head>
7
8  <body>
9  </body>
10 </html>
```

图 2.13 通过"代码"视图设置网页标题

2.9.3 设置文章中的标题

在 Dreamweaver 中，要把普通段落文字设置为标题，可以通过"插入"工具栏的"文本"选项卡或"属性"面板来完成。

Step1 把光标定位在欲设置为标题的段落文字中，如图 2.14 所示。

云计算|

云计算（英语：Cloud Computing），是一种基于互联网的计算方式，通过这种方式，共享的软硬件资源和信息可以按需提供给计算机和其他设备。云计算是继20世纪80年代大型计算机到客户端-服务器的大转变之后的又一种巨变。用户不再需要了解"云"中基础设施的细节，不必具有相应的专业知识，也无须直接进行控制。云计算描述了一种基于互联网的新的IT服务增加、使用和交付模式，通常涉及通过互联网来提供动态易扩展而且经常是虚拟化的资源。

图 2.14 定位光标

Step2 根据标题的级别选择"属性"面板的"格式"下拉列表中的标题，如图 2.15 所示。

同样，通过"插入"工具栏的"文本"选项卡，可以设置段落文字为"标题 1"、"标题 2"或"标题 3"，如图 2.16 所示。

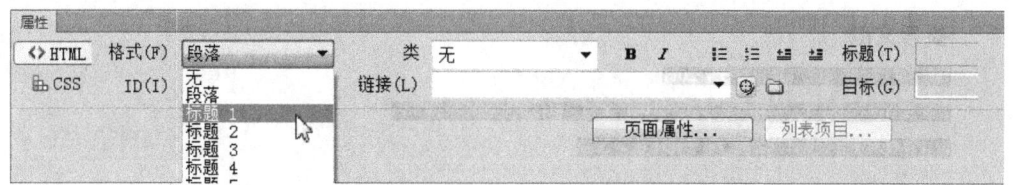

图 2.15　通过“属性”面板设标记题

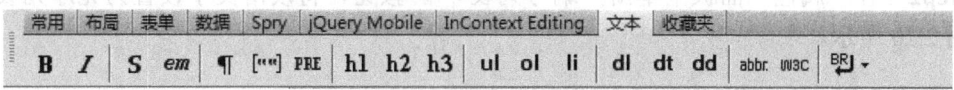

图 2.16　通过“文本”选项卡设标记题

2.9.4　设置无序列表和有序列表

在 Dreamweaver 中，选中需要设置为无序列表或有序列表的相关段落后，通过“插入”工具栏的“文本”选项卡或“属性”面板来完成设置。

1. 无序列表

Step1　选择欲设置为无序列表的段落文字，如图 2.17 所示。

主要特征

资源配置动态化。根据消费者的需求动态划分或释放不同的物理和虚拟资源，当增加一个需求时，可通过增加可用的资源进行匹配，实现资源的快速弹性提供；如果用户不再使用这部分资源时，可释放这些资源。云计算为客户提供的这种能力是无限的，实现了IT资源利用的可扩展性。

需求服务自助化。云计算为客户提供自助化的资源服务，用户无须同提供商交互就可自动得到自助的计算资源能力。同时云系统为客户提供一定的应用服务目录，客户可采用自助方式选择满足自身需求的服务项目和内容。

网络访问便捷化，客户可借助不同的终端设备，通过标准的应用实现对网络访问的可用能力，使对网络的访问无处不在。

服务可计量化。在提供云服务过程中，针对客户不同的服务类型，通过计量的方法来自动控制和优化资源配置。即资源的使用可被监测和控制，是一种即付即用的服务模式。

资源的虚拟化。借助于虚拟化技术，将分布在不同地区的计算资源进行整合，实现基础设施资源的共享。

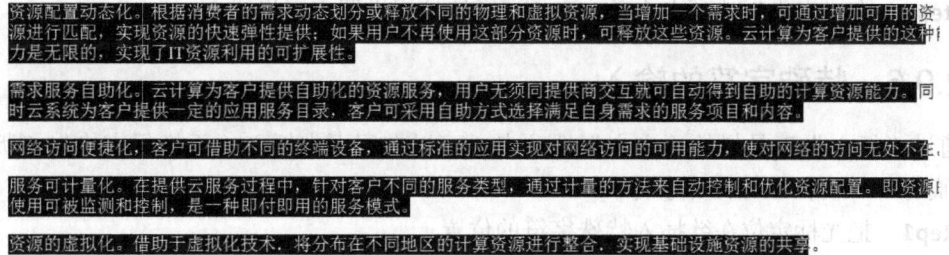

图 2.17　选择段落文字

Step2　在“属性”面板中单击“项目列表”按钮，将段落文字设置为无序列表，效果如图 2.18 所示。

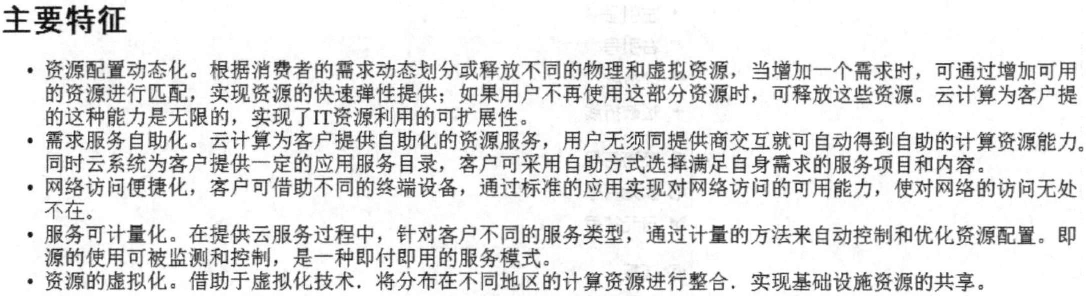

主要特征

- 资源配置动态化。根据消费者的需求动态划分或释放不同的物理和虚拟资源，当增加一个需求时，可通过增加可用的资源进行匹配，实现资源的快速弹性提供；如果用户不再使用这部分资源时，可释放这些资源。云计算为客户提供的这种能力是无限的，实现了IT资源利用的可扩展性。
- 需求服务自助化。云计算为客户提供自助化的资源服务，用户无须同提供商交互就可自动得到自助的计算资源能力。同时云系统为客户提供一定的应用服务目录，客户可采用自助方式选择满足自身需求的服务项目和内容。
- 网络访问便捷化，客户可借助不同的终端设备，通过标准的应用实现对网络访问的可用能力，使对网络的访问无处不在。
- 服务可计量化。在提供云服务过程中，针对客户不同的服务类型，通过计量的方法来自动控制和优化资源配置。即源的使用可被监测和控制，是一种即付即用的服务模式。
- 资源的虚拟化。借助于虚拟化技术．将分布在不同地区的计算资源进行整合．实现基础设施资源的共享。

图 2.18　无序列表

2. 有序列表

Step1　选择欲设置为有序列表的段落文字，如图 2.19 所示。

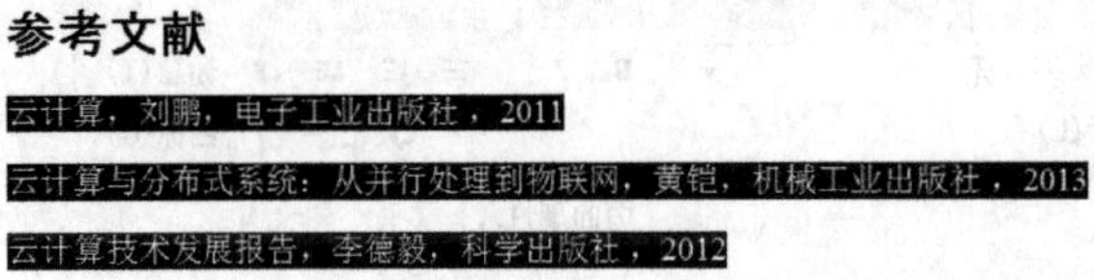

参考文献
云计算，刘鹏，电子工业出版社，2011
云计算与分布式系统：从并行处理到物联网，黄铠，机械工业出版社，2013
云计算技术发展报告，李德毅，科学出版社，2012

图 2.19　选择段落文字

Step2　在“属性”面板中单击“编号列表”按钮，将段落文字设置为无序列表，效果如图 2.20 所示。

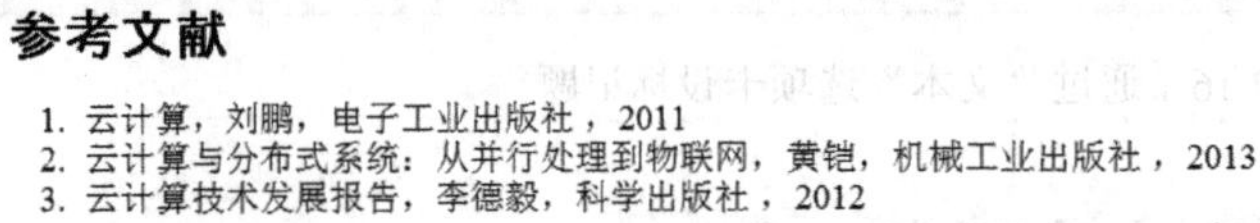

参考文献
1. 云计算，刘鹏，电子工业出版社，2011
2. 云计算与分布式系统：从并行处理到物联网，黄铠，机械工业出版社，2013
3. 云计算技术发展报告，李德毅，科学出版社，2012

图 2.20　有序列表

2.9.5　设置文字格式

通过“插入”工具栏的“文本”选项卡，可以设置文字为“粗体”、“斜体”、“加强”、“强调”等文字格式。

Step1　选择欲设置文字格式的段落文字。

Step2　在“文本”选项卡中单击 B I S em 等按钮设置文字格式。

2.9.6　特殊字符的输入

通过“插入”工具栏的“文本”选项卡，可以在网页中插入“不换行空格”、“版权”、“注册商标”、“商标”等特殊字符。

Step1　把光标定位在欲插入特殊字符的位置。

Step2　在“文本”选项卡中，单击按钮，从下拉列表中选择特殊字符进行插入，其中包括换行符、不换行空格、版权、注册商标等常用符号，如图 2.21 所示。

换行符 (Shift + Enter)
不换行空格
“ 左引号
” 右引号
— 破折线
– 短破折线
£ 英镑符号
€ 欧元符号
¥ 日元符号
© 版权
® 注册商标
™ 商标
其他字符

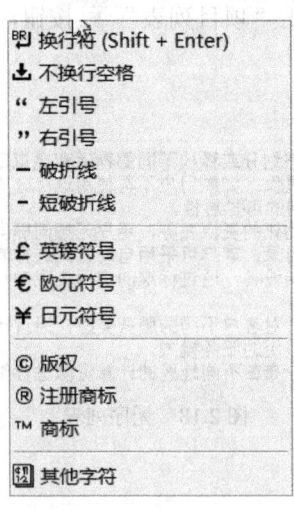

图 2.21　插入特殊字符

经过对实例 2-10 的编辑，最终形成的 HTML 文档在浏览器中的效果如图 2.22 所示。

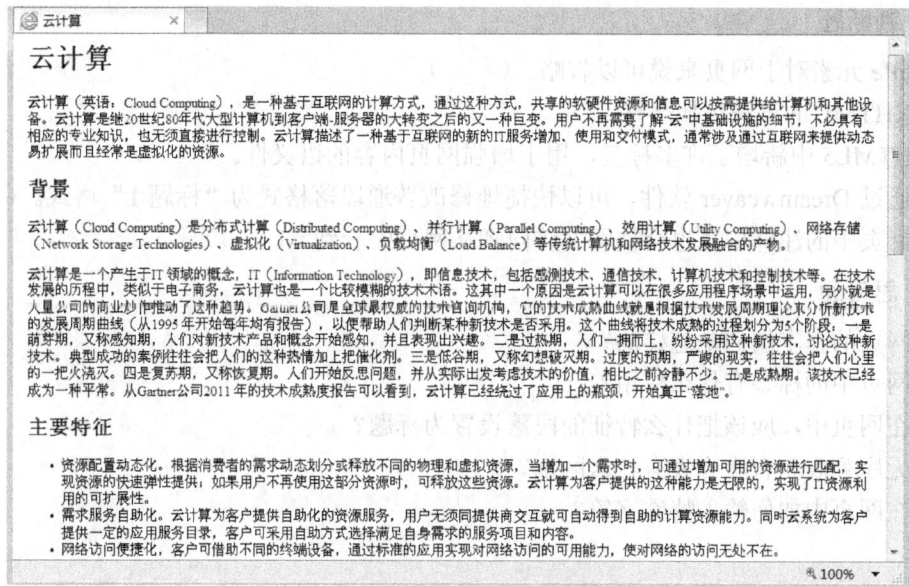

图 2.22　HTML 文档实例

本 章 小 结

本章讲述了标记语言的基本作用，HTML 语言的基本语法和基本结构。本章的重点是 HTML 语言中关于标题、段落、文字格式、列表等标签的学习。通过实际案例，讲解了在 Dreamweaver 软件中对 HTML 文档进行编辑的基本方法，包括设置文档的标题、文章中的标题、无序列表和有序列表、文字格式等。

课 后 习 题

一、选择题

1. 以下（　　）标签用于创建最大的标题。
   A．<h1></h1>
   B．<h6></h6>
   C．<h type="largest"></h>
   D．
2. 以下（　　）标签会使得左、右两边缩进文字。
   A．<ul></ul>
   B．<blockquote></blockquote>
   C．<p></p>
   D．<strong></strong>
3. 标题和段落的默认对齐方式是（　　）。
   A．居中
   B．左对齐
   C．右对齐
   D．两端对齐
4. 以下（　　）标签表示无序列表或有序列表中的列表项。
   A．
   B．<li></li>
   C．<dd></dd>
   D．以上都对
5. 以下（　　）表示网页中的版权字符。

A. ©　　　　B. ®　　　　C. <　　　　D. >

二、判断题

1. title 元素对于网页来说可以省略。（　　）
2. XHTML 的语法更加严格。（　　）
3. HTML5 中新增了许多标签，用于增强网页内容的语义性。（　　）
4. 通过 Dreamweaver 软件，可以快捷地修改普通段落格式为"标题 1"格式。（　　　）
5. 网页中的注释信息也会被网站访问者从网页中看到。（　　　）

三、思考题

1. 网页的基本结构是怎样的？
2. 网页中的标签有什么作用？
3. 在网页中，应该把什么特征的段落设置为标题？
4. 无序列表和有序列表有什么区别？
5. 在网页中如何输入特殊字符？

第 3 章 CSS 基础

学习要点：
- 了解 CSS 的基本概念；
- 掌握 CSS 选择器的使用；
- 掌握在网页中应用 CSS 的方法；
- 学会使用 CSS 控制文字样式；
- 学会使用 CSS 控制段落样式；
- 掌握使用 Dreamweaver 编辑 CSS 的方法。

建议学时： 上课 2 学时，上机 2 学时。

3.1 CSS 基本概念

3.1.1 CSS 的概述

CSS 是 Cascading Styles Sheets 的缩写，中文译名为层叠样式表，它是用于控制网页样式并允许将样式信息与网页内容分离的一种语言。最初的 HTML 设计包含了表现层的内容，如 font 元素，body 元素的 bgcolor 属性等，这使得 HTML 脱离了语义化标记语言的定位，变成了一个表现型元素和属性的杂合体，很难编写和理解。1994 年，HakonWium Lie 首次提出了层叠样式表的概念。1996 年，CSS1 正式成为 W3C 的推荐标准。随着 1998 年 CSS2 和 2004 年 CSS2.1 规范的推出，层叠样式表逐步成熟并得到了普遍的应用。

通过 CSS 将页面表现从 HTML 标签中分离出来，可以带来许多优势，例如：
- 提高页面浏览速度。网站使用的通用样式可以被各个网页以链接的方式引用，从而减小了每个网页文件的大小，页面浏览速度得以提高。
- 网站维护变得更为高效。对页面内容的更新和对页面表现的更新可以独立进行，互不影响，而对通用样式的更新可以影响到所有使用通用样式的网页。
- 对搜索引擎更加友好。网页中仅包含表示页面内容的信息，更有利于搜索引擎识别出网页的主题和内容。

3.1.2 CSS 的基本语法

CSS 规则定义由选择器和声明两部分组成。选择器是样式的名称，基本的选择器包括 HTML 标签选择器、类选择器、ID 选择器及复合内容选择器。高级的选择器包括通配选择器、子选择器、属性选择器等。

CSS 规则的语法如下：

选择器 {声明 1; 声明 2; …; 声明 N}

其中，选择器通常是要改变样式的 HTML 元素，每条声明由一个属性和一个值组成，属性和值之间用冒号分隔，声明和声明之间用分号分隔，所有的声明放在左花括号和右花括号之间。

图 3.1　CSS 规则的基本结构

例如，如果要将 h1 元素的文字颜色设置为蓝色，文字大小为 18 像素，则可以使用如图 3.1 所示的 CSS 规则进行定义。

图 3.1 中，h1 是选择器，color 和 font-size 是属性，blue 和 18px 是属性值。

为了提高可读性，也可以把每个声明单独放在一行中，并使用缩进的形式，如下：

```
h1{
    color: blue;
    font-size: 18px;
}
```

当多个选择器具有同样的声明时，可以采用如下的分组形式：

```
h1,h2,h3{
    color: blue;
    font-size: 18px;
}
```

其中，多个选择器之间用逗号分隔。它把 h1，h2，h3 元素设置为同样的样式。

在 CSS 中，单位可以分为两类：绝对单位和相对单位。

1. 绝对单位

绝对单位用于设置绝对值，在任何分辨率的显示器下，显示出来的都是绝对大小，不会发生改变。常用的绝对单位见表 3.1。

表 3.1　CSS 绝对单位

单　位	说　明
in（英寸）	英美制长度单位，1in=2.54cm
cm（厘米）	长度计量单位，等于 1 米的百分之一
mm（毫米）	长度计量单位，等于 1 米的 1 千分之一
pt（磅）	标准的印刷度量单位，广泛应用于打印机、文字处理程序，1pt=1/72in
pc（pica）	印刷度量单位，1pc=12pt

2. 相对单位

相对单位是指在度量时需要参照其他元素的单位。常用的相对单位见表 3.2。

表 3.2　CSS 相对单位

单　位	说　明
px	像素，它的显示大小与显示器的大小及其分辨率有关
em	1em 指一个字体的大小，它会继承父级元素的字体大小
ex	1ex 指字体中小写字母 "x" 的高度
%	常用于指定相对于父级元素的相对值

3.2 CSS 选择器

CSS 选择器用来确定把样式应用到网页中的哪个或哪些元素上。通过 CSS 选择器，可以通过多种方式灵活地选择网页中的元素，如选择某个标签的所有元素，或网页中唯一的元素，或网页中符合某种上下级结构的元素等。

3.2.1 基本选择器

1. 标签选择器

HTML 文档由许多不同的由标签表示的元素构成。标签选择器定义的样式可以用来控制标签的样式。在创建或更改标签的 CSS 规则后，所有标签对应的元素的样式都会立即更新。

标签选择器的语法格式如下：

```
tagName{property:value;property:value;…}
```

其中，tagName 是标签的名称，property 是 CSS 属性名称，value 是属性值。

【实例 3-1】（实例文件 ch03/01.html）

```
<style type="text/css">
h2{
    color:blue;
    font-size:24px;
}
</style>
<body>
<h2>引言</h2>
<h2>绪论</h2>
<h2>第一章 云计算基础</h2>
<p>1.1 云计算的概念</p>
<p>1.2 云计算的主要特征</p>
</body>
```

其中 3 个 h2 元素将会应用 h2 标签选择器定义的样式，从而具有 24 像素大小、蓝色的文字样式，而 p 元素则不会受到影响，如图 3.2 所示。

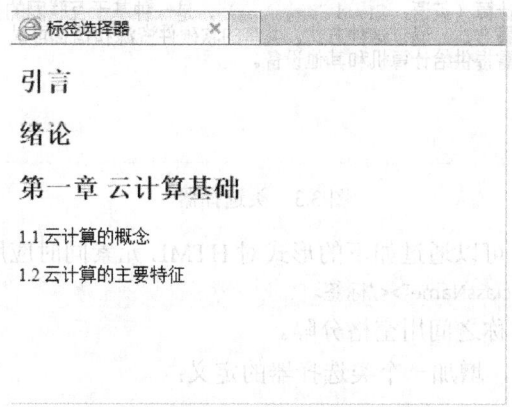

图 3.2 标签选择器

2. 类选择器

类选择器是由用户自定义名称的选择器。通过类选择器可以把样式作用于被 class 属性限定的 HTML 元素。类选择器在网页中可以应用任意多次。

类选择器的语法格式如下：

```
.className {property:value;property:value;……}
```

其中，类选择器的名称以半角"."开头，并且类名称的第一个字母不能为数字。

【实例 3-2】（实例文件 ch03/02.html）

```
<style type="text/css">
.center{
    text-align:center;
}
.right{
    text-align:right;
}
</style>
<body>
<h1 class="center">云计算</h1>
<p class="right">——云计算的基本概念及模型</p>
<p class="right">资料来源：整理自互联网</p>
<p>云计算（英语：Cloud Computing），是一种基于互联网的计算方式，通过这种方式，共享的软硬件资源和信息可以按需提供给计算机和其他设备。</p>
</body>
```

其中，定义了 center 和 right 两个类选择器，通过 HTML 标签的 class 属性分别应用于 h1 元素和 p 元素，使得 h1 元素居中对齐，两个 p 元素右对齐，而没有应用类选择器的元素则不会受到影响，如图 3.3 所示。

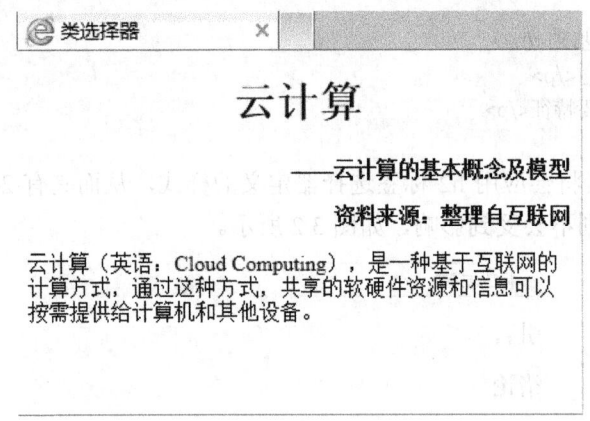

图 3.3　类选择器

在应用类选择器时，可以通过如下的形式对 HTML 元素同时应用多个样式：

```
<标签 class="className className"></标签>
```

其中，多个类选择器的名称之间用空格分隔。

例如，在实例 3-2 中，增加一个类选择器的定义：

```
.weight{
    font-weight:bold;
```

```
}
```
然后把这一样式也应用到 p 元素上：
```
<p class="right weight">——云计算的基本概念及模型</p>
```
会使得这个 p 元素同时具有右对齐和文字加粗的样式。

3. ID 选择器

在网页设计中，可以通过 HTML 元素的 id 属性对它进行唯一性标识，例如，将网页的头部命名为 header，将网页的底部命名为 footer，将导航部分命名为 nav。ID 选择器可以唯一地选择这样的元素。

ID 选择器的语法格式如下：
```
#ID{property:value; property:value;…}
```
其中，ID 选择器的名称以"#"开头，并且 ID 名称的第一个字母不能为数字。

【实例 3-3】（实例文件 ch03/03.html）
```
#header{
    height:50px;
    background-color:#FC0;
}
#maincontent{
    height:150px;
    background-color:#999;
}
#footer{
    height:50px;
    background-color:#900;
}
</style>
</head>
<body>
<div id="header">网页头部</div>
<div id="maincontent">网页主体内容</div>
<div id="footer">网页底部</div>
</body>
```
本实例中设置 id 分别为 header、maincontent、footer 的代表网页不同区块的样式，如图 3.4 所示。

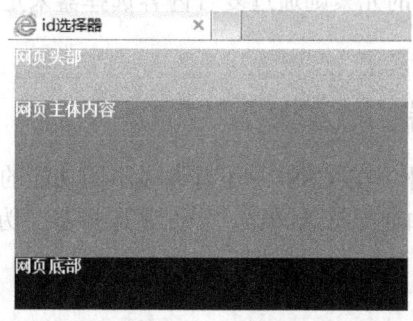

图 3.4　ID 选择器

由于 HTML 元素的 id 在页面中是唯一的，因此 ID 选择器的样式只能作用于这个唯一的元素。HTML 元素的 id 不仅可以被 CSS 所利用，网页中的 JavaScript 脚本语言也可以通过元素的 id 查找到这个唯一的元素，从而进行后续的操作。

4. 复合内容选择器

复合内容选择器也被称为后代选择器（Descendant Selectors）。在 HTML 网页结构中，元素之间存在上下级关系，如果需要设置具有特定上下级关系的某一元素，可以通过复合内容选择器进行选择。

复合内容选择器的语法格式如下：

```
selector selector{property:value; property:value;…}
```

其中，selector 可以是标签选择器、类选择器、ID 选择器中的任一种。selector 和 selector 之间用空格分隔。

【实例3-4】（实例文件 ch03/04.html）

```
<style type="text/css">
#maincontent p{
    font-size:18px;
    color:#FFF;
}
</style>
</head>
<body>
<div id="maincontent">
<p>网页主体内容</p>
</div>
</body>
```

在实例中，id 为 maincontent 的区块与其中的 p 元素形成了如图 3.5 所示的上下级关系。

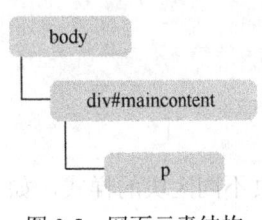

图 3.5　网页元素结构

为了对 id 为 maincontent 的区块中的 p 元素进行样式的定义，可以使用"#maincontent p"的形式。通过"#maincontent p"这一复合内容选择器即可设置 id 为 maincontent 的区块中的 p 元素的 CSS 样式。在本实例中，把文字大小设置为 18 像素，颜色为白色。

复合内容选择器的使用可以大大减少网页设计中 class 或 id 的声明，因此在构建 HTML 网页时通常对外层元素定义 class 或 id，内层的元素则通过复合内容选择器来定义样式，而不需要再定义新的 class 或 id。

3.2.2　其他选择器

除了以上常用的选择器外，在 CSS 中还有许多不同功能的选择器，可以用来在不同的场景下选择网页中的元素，如通配符选择器、子元素选择器、伪类选择器等，下面介绍其中的几种。

1. 通配符选择器

通配符选择器是一个"*"号，它可以选择网页中的所有元素。

以下代码设置网页中所有的元素都具有蓝色的样式。

```
<style type="text/css">
*{
    color:blue;
}
</style>
</head>
<body>
<h1>云计算</h1>
<p >——云计算的基本概念及模型</p>
</body>
```

在早期，通配符选择器主要用来对网页中元素的样式进行重置，从而得到一个一致的、跨浏览器的 CSS 设置的基础。但是，由于通配符选择器能够匹配网页中的所有元素，因此存在一定的性能问题。在目前许多互联网上的 CSS 框架中，提供了成熟的进行 CSS 重置的样式定义。例如，在 YUI 框架中，提供了如下的 CSS 重置定义：

```
body,div,dl,dt,dd,ul,ol,li,h1,h2,h3,h4,h5,h6,pre,code,form,fieldset,legend,input,button,textarea,select,p,block
quote,th,td {
    margin: 0;
    padding: 0;
}
h1,h2,h3,h4,h5,h6 {
    font-size: 100%;
    font-weight: normal;
}
```

通过这样的重置，可以使得许多元素的 margin 和 padding 都为 0，h1 至 h6 标题的文字大小和加粗方式都恢复为正常状态。

2．子元素选择器

子元素选择器选择元素的直接后代元素。

子元素选择器的语法格式如下：

```
selector>selector{property:value; property:value;…}
```

其中，selector 和 selector 之间用"＞"分隔。

与复合内容选择器不同的是，如果不希望选择任意的后代元素，而是希望缩小范围，只选择某个元素的子元素，则应该使用子元素选择器。

【实例 3-5】（实例文件 ch03/05.html）

```
<style type="text/css">
body>h2{
    font-size:18px
}
</style>
<body>
<div><h2>云计算</h2></div>
<h2>引言</h2>
<h2>绪论</h2>
</body>
```

其中，"引言"和"绪论"所在的 h2 元素是 body 的直接后代元素，会具有 18 像素大小的文字样式，而"云计算"所在的 h2 元素和 body 之间隔了 div 元素，不是 body 的直接后代元素，不会具有 18 像素大小的文字样式。

3．伪类选择器

伪类（pseudo-class）主要用于表示用户与网页进行交互时网页元素的动态样式。

伪类选择器的语法格式如下：

```
selector : pseudo-class {property: value;property:value;…}
```

其中，selector 和 pseudo-class 名称之间有冒号分隔。

伪类选择器可以被分为以下两类：

（1）超链接伪类

在 CSS 中，定义了表 3.3 中给出的两个超链接伪类。

表 3.3　超链接伪类

参　数	说　明	举　例
:link	表示没有被访问过的超链接	a:link
:visited	表示已经被访问过的超链接	a:visited

（2）动态伪类

在 CSS 中，定义了表 3.4 中给出的 3 个动态伪类。

表 3.4　超链接动态伪类

参　数	说　明	举　例
:hover	表示当鼠标指针悬停在元素上时	a:hover
:active	表示当元素被用户激活时，如当用户单击超链接但是还没有释放鼠标按键时	a:active
:focus	表示当元素获得焦点时	input:focus

其中，:link、:visited、:hover 与:active 伪类经常被用来设置超链接不同状态下的样式，它们的详细使用将在第 6 章中进行讲解。

4．伪元素选择器

伪元素选择器能够在网页文档中插入额外的元素，从而得到某种效果。CSS 中定义了选择首字母、选择首行、选择元素之前和之后等伪元素选择器，见表 3.5。

表 3.5　伪元素选择器

伪元素选择器	说　明	举　例
first-letter	选择元素的首字母	p::first-letter
first-line	选择元素首行	p::first-line
before	在元素前添加内容	p::before
after	在元素后添加内容	p::after

【实例 3-6】（实例文件 ch03/06.html）

```
<style type="text/css">
```

```
p::first-letter{
    font-size:300%;
}
</style>
<body>
<p>云计算，是一种基于互联网的计算方式……（文字略）</p>
</body>
```

效果如图 3.6 所示，段落的首字母是普通文字的 3 倍大小。

云计算，是一种基于互联网的计算方式，通过这种方式，共享的软硬件资源和信息可以按需提供给计算机和其他设备。云计算是继 20 世纪 80 年代大型计算机到客户端-服务器的大转变之后的又一种巨变。用户不再需要了解"云"中基础设施的细节，不必具有相应的专业知识，也无须直接进行控制。云计算描述了一种基于互联网的新的 IT 服务增加、使用和交付模式，通常涉及通过互联网来提供动态的、易扩展的而且经常是虚拟化的资源。

图 3.6 伪元素选择器 first-letter

【实例 3-7】（实例文件 ch03/07.html）

```
<style type="text/css">
h2:before{
    content:"第";
}
h2:after{
    content:"章";
}
</style>
<body>
<h2>1</h2>
<h2>2</h2>
<h2>3</h2>
</body>
```

效果如图 3.7 所示，在 h2 元素的前面自动加上"第"，在后面自动加上"章"。

第1章

第2章

第3章

图 3.7 伪元素选择器 before、after

3.3 在 HTML 中应用 CSS

在网页中使用 CSS 有 3 种方式：行内样式、内部样式和外部样式。

3.3.1 行内样式

把 CSS 样式作为 HTML 标签的 style 属性的属性值，这种方式被称为行内样式。通过这种方法，可以对某个元素单独进行样式的定义。

行内样式的语法如下：

```
<tag style="property:value; property:value;…">行内样式</tag>
```

这种方式并没有将表现从标签和内容中独立出来，因此除非在特殊的应用场合，应尽量避免使用行内样式的方式来定义样式。

3.3.2 内部样式

内部样式是指将 CSS 样式添加在<head>与</head>标签之间，并用<style>与</style>标签进行声明，效果如图 3.8 所示。

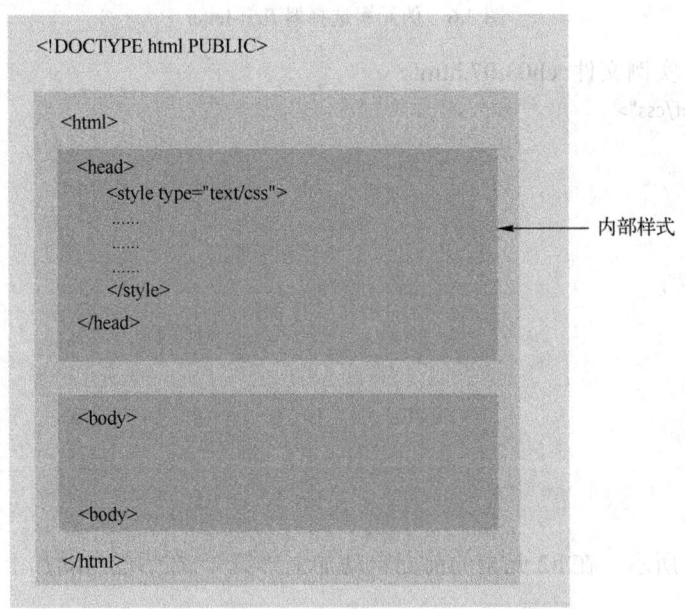

图 3.8　内部样式

在这种方式下，在<style>与</style>标签中定义当前网页中用到的样式，只能对当前网页起作用。

3.3.3 外部样式

外部样式是指一系列存储在一个单独的外部 CSS(.css)文件中的 CSS 规则。利用网页文件头部中的 link 元素，该文件被链接到 Web 站点中的一个或多个页面上，如图 3.9 所示。

在这种方式下，多个网页可以调用同一个外部样式文件，因此可以实现代码的最有效利用。

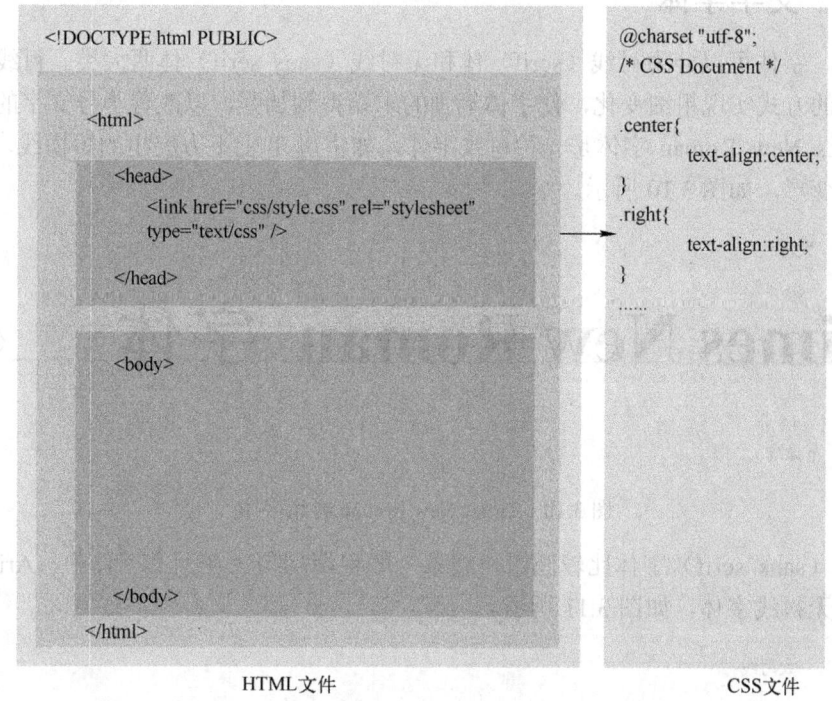

图 3.9　外部样式

HTML 文件头部的 link 元素可以有多个，从而可以链接一个或多个 CSS 文件。link 元素具有如下 3 个属性。

● rel 属性：指定链接文件和当前文件的关系。在链接样式表时，rel 属性的取值为 "stylesheet"。
● href 属性：指定样式表文件的位置，可以使用相对路径或绝对路径。
● type 属性：告诉浏览器所使用样式表语言的类型。

外部样式表文件是一个纯文本文件，通常使用.css 扩展名。

另外一种使用外部样式表文件的方式称为导入样式，它是在<style>与</style>标签中通过@import 来导入外部样式表，其格式为：

```
<style type="text/css">
    @import url("style.css");
</style>
```

其中，@import 是 CSS 中的指令，它只能出现在<style>与</style>标签中或 CSS 样式表文件中。

3.4　使用 CSS 控制文字样式

通过 CSS 的文字修饰功能，可以对文本进行精确控制，如字体、字号、粗细等多方面设置。

3.4.1　文字字体

西文中，字体可以分为衬线（serif）体和无衬线（sans serif）体两大类。衬线体一般通过末端加强的方式实现粗细变化，使字体笔画的末端得到加强，以改善小号文字的可读性。常见的 Times New Roman 字体是一种衬线字体，如字母 T 上下方突出的短横线，字母 i 下方的衬线和变形，如图 3.10 所示。

图 3.10　Times New Roman 衬线字体

无衬线（sans serif）字体比较圆滑，线条一般粗细均匀。在西文字体中，Arial 字体是一种常用的无衬线字体，如图 3.11 所示。

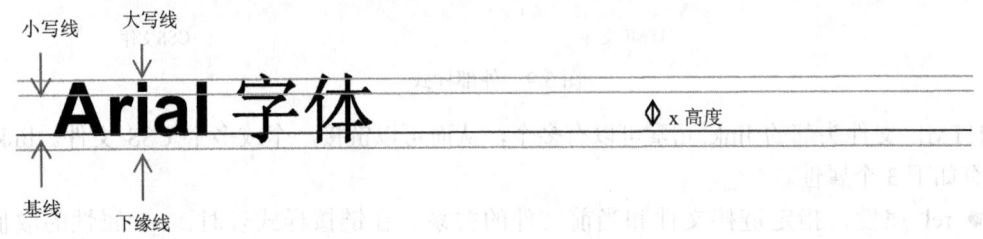

图 3.11　Arial 无衬线字体

在中文字体中，常用的字体包括宋体、黑体、楷体、隶书、微软雅黑等。按照有无衬线，也可以把中文字体分为衬线体和无衬线体。例如宋体是衬线体，黑体、微软雅黑是无衬线体，如图 3.12 所示。

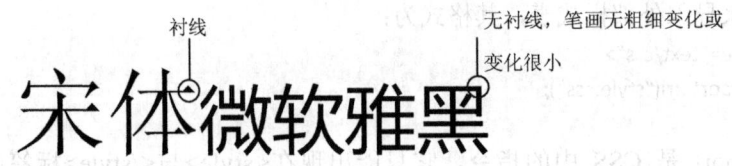

图 3.12　中文的宋体和微软雅黑字体

在 CSS 中，通过 font-family 设置文字的字体。它的基本语法如下：

```
font-family: [[ <family-name> | <generic-family> ] [, <family-name>| <generic-family>]* ] | inherit
```

font-family 的属性值是一系列具有先后顺序的字体名称 family-name 或字体系列名称 generic-family，可以指定任意多个，它们之间用逗号分隔，出现在前面的字体或字体系列优先被选用。其中，字体名称用于指定某种确定的字体，如"宋体"。字体系列适用于西文字体，包括 serif、sans-serif、cursive、fantasy、monospace 这 5 类字体系列。每类字体系列中都包含多种字体，如 serif 字体系列包括 Times、Times New Roman、Georgia 等字体。字体系列提供了一种保障机制，即当用户的计算机中没有 font-family 属性指定的确定字体时，用户浏览器将自动从指定的字体系列中选择字体。

【实例 3-8】（实例文件 ch03/08.html）

```
p{
    font-family: "微软雅黑", "黑体", "宋体";
}
```

本实例声明段落文字的字体按照"微软雅黑"、"黑体"、"宋体"的先后顺序选用。如果浏览器所在的计算机中安装了"微软雅黑"，那么段落文字的字体将是"微软雅黑"。

需要注意的是，如果是中文字体名称及名称中间带有空格的英文字体，则需要用单引号或双引号将字体名称引起来，如"微软雅黑"、"Times New Roman"。

3.4.2 Web 字体

由于网页的文字字体受到用户计算机中字体库的限制，因此在 CSS3 规范之前，如果想要在网页中使用用户计算机中有可能不存在的字体，一般要通过用图像代替文字的方式来解决，即把使用特殊字体的文字制作成图像。

在 CSS3 规范中，通过@font-face 规则可以将拥有合法版权的字体文件存放到 Web 服务器中，并且在需要时被自动下载到用户的计算机中。

font-face 的主要参数见表 3.6。

表 3.6 font-face 的主要参数

参　　数	说　　明	举　　例
font-family	字体名称	font-family: fontname
src	定义字体文件的 URL	src: url('/fontname.ttf')

各浏览器支持的字体文件的格式不同，如 Firefox、Chrome、Safari 及 Opera 支持.ttf(True Type Fonts)和.otf (OpenType Fonts)类型的字体。而 Internet Explorer 从 9.0 版本开始支持@font-face 规则，但是仅支持.eot (Embedded OpenType)类型的字体。

【实例 3-9】（实例文件 ch03/09.html）

```
@font-face
{
    font-family: fzzyjt;
    src: url('/fzzyjt.ttf')
        ,url('/fzzyjt.eot'); /* IE9+ */
}
p{
    font-family:fzzyjt;
}
```

本实例定义了名称为 fzzyjt 的 Web 字体以及使用这一字体的 p 元素，Firefox、Chrome、Safari 及 Opera 将从 Web 站点下载使用 fzzyjt.ttf 字体文件，而 Internet Explorer 9.0 以上版本的浏览器则使用 fzzyjt.eot 字体文件。

3.4.3　文字大小

在 CSS 中，通过 font-size 设置文字的大小。它的基本语法如下：

font-size: absolute-size | relative-size | length | percentage | inherit

其中，各参数值的含义见表 3.7。

表 3.7　font-size 主要参数

参　数	说　明	举　例
absolute-size	包括 xx-small、x-small、small、medium、large、x-large、xx-large 几种取值，它们与 HTML 中的字体尺寸 1～7 相对应	font-size: large;
relative-size	包括 larger、smaller 两种取值，用于把元素的 font-size 设置为比父元素更大或更小的尺寸	font-size: larger;
length	用于把元素的 font-size 设置为一个固定的值	font-size: 24px;
percentage	用于把元素的 font-size 设置为基于父元素的一个百分比值	font-size: 200%;

例如，如下的 CSS 样式声明段落文字的大小为 24 像素。

```
p{
    font-size:24px;
}
```

3.4.4　文字粗细

在 CSS 中，通过 font-weight 设置文字的粗细。它的基本语法如下：

font-weight: normal | bold | bolder | lighter | 100 | 200 | 300 | 400 | 500 | 600 | 700 | 800 | 900 | inherit

其中，各参数值的含义见表 3.8。

表 3.8　font-weight 主要参数

参　数	说　明	举　例
normal	正常的字体，相当于参数为 400	font-weight: normal;
bold	粗体，相当于参数为 700	font-weight: bold;
bolder	特粗体	font-weight: bolder;
lighter	细体	font-weight: lighter;
100-900	通过 100～900 间的数值来设置文字的粗细	font-weight: 200;
inherit	继承父元素的粗细	font-weight: inherit;

例如，如下的 CSS 样式声明段落文字的大小为粗体。

```
p{
    font-weight: bold;
}
```

3.4.5　斜体

在 CSS 中，通过 font-style 设置文字的斜体类型。它的基本语法如下：

font-style: normal | italic | oblique | inherit

其中，各参数值的含义见表 3.9。

表 3.9 font-style 主要参数

参　　数	说　　明	举　　例
normal	正常体	font-style: normal;
italic	斜体字体	font-style: italic;
oblique	正常竖直文本的倾斜版本，对于没有斜体的字体应该使用 Oblique 来实现倾斜的文字效果	font-style: oblique;
inherit	继承父元素的斜体设置	font-style: inherit;

例如，如下的 CSS 样式声明段落文字为斜体。

```
p{
    font-style: italic;
}
```

3.4.6　文字修饰

在 CSS 中，通过 text-decoration 设置文字的修饰。它的基本语法如下：

text-decoration: none | underline | overline | line-through | blink] | inherit

其中，各参数值的含义见表 3.10。

表 3.10 text-decoration 主要参数

参　　数	说　　明	举　　例
none	不设置文字的修饰	text-decoration:none;
underline	设置文字具有下画线	text-decoration: underline;
overline	设置文字具有顶画线	text-decoration: overline;
line-through	设置文字具有删除线	text-decoration: line-through;
blink	设置文字闪烁	text-decoration: blink;
inherit	继承父元素的文字修饰设置	text-decoration: inherit;

例如，如下的 CSS 样式通过伪类选择器声明，当鼠标指针在超链接元素上悬停时，该元素具有下画线。

```
a:hover{
    text-decoration:underline;
}
```

3.4.7　字间距

在 CSS 中，通过 letter-spacing 设置字间距。它的基本语法如下：

letter-spacing: normal | length | inherit

其中，各参数值的含义见表 3.11。

表 3.11 letter-spacing 主要参数

参　　数	说　　明	举　　例
normal	默认。规定字符之间没有额外的空间	letter-spacing: normal;
length	设置字间距为指定的距离	letter-spacing: 2em;
inherit	继承父元素的字间距	letter-spacing: inherit;

例如，如下的 CSS 样式声明文字的字间距为 1 个字符。

```
p{
    letter-spacing: 1em;
}
```

3.4.8　英文字母的大小写

在 CSS 中，通过 text-transform 设置文字的大小写。它的基本语法如下：

```
text-transform: capitalize | uppercase | lowercase | none | inherit
```

其中，各参数值的含义见表 3.12。

表 3.12　text-transform 主要参数

参　　数	说　　明	举　　例
capitalize	英文的首字母大写	text-transform: capitalize;
uppercase	英文全部大写	text-transform: uppercase;
lowercase	英文全部小写	text-transform: lowercase;
none	取消大写的设置	text-transform: none;
inherit	继承父元素的大小写设置	text-transform: inherit;

【实例 3-10】（实例文件 ch03/10.html）

例如，如下的 CSS 样式声明段落英文文字的首字母大写。

```
p{
    text-transform: capitalize;
}
```

如下的 CSS 样式声明段落英文文字全部大写。

```
p{
    text-transform: uppercase;
}
```

3.4.9　阴影效果

在 CSS3 规范中，通过 text-shadow 来设置文字的阴影效果。每个阴影通过水平偏移量、垂直偏移量、模糊半径和颜色值来确定。

【实例 3-11】（实例文件 ch03/11.html）

```
h1{
    text-shadow:2px 2px 4px #888;
}
```

本实例对 h1 元素中的文字添加阴影效果，阴影向右偏移 2px，向下偏移 2px，模糊半径为 4px（模糊半径越大，阴影效果越明显），颜色为浅灰色。其中，3 个长度值的顺序为：水平偏移量→垂直偏移量→模糊半径。

3.5 使用 CSS 控制段落样式

3.5.1 首行缩进

在 CSS 中，通过 text-indent 设置段落文字的首行缩进。它的基本语法如下：

text-indent: length | percentage | inherit

其中，各参数值的含义见表 3.13。

表 3.13 text-indent 主要参数

参　　数	说　　明	举　　例
length	把段落文字的首行缩进设置为一个固定的值	text-indent: 20px;
percentage	基于父元素宽度的百分比的缩进	text-indent: 2%;
inherit	继承父元素的首行缩进	text-indent: inherit;

【实例 3-12】（实例文件 ch03/12.html）

```
p{
    text-indent:2em;
}
```

以上代码声明段落首行缩进两个字符。

3.5.2 段落水平对齐

在 CSS 中，通过 text- align 设置段落文字的水平对齐方式。它的基本语法如下：

text- align: left | right | center | justify | inherit

其中，各参数值的含义见表 3.14。

表 3.14 text- align 主要参数

参　　数	说　　明	举　　例
left	段落文字左对齐	text-align:left;
right	段落文字右对齐	text-align: right;
center	段落文字居中对齐	text-align: center;
justify	段落文字两端对齐	text-align: justify;
inherit	继承父元素的对齐方式	text-align:inherit;

【实例 3-13】（实例文件 ch03/13.html）

```
p{
    text-align:center;
}
```

本实例声明段落文字水平居中对齐。

3.5.3 行高

在 CSS 中，通过 line-height 设置段落文字的行高。它的基本语法如下：

```
line-height: normal | number | length | percentage | inherit
```

其中，各参数值的含义见表 3.15。

表 3.15　line-height 主要参数

参　　数	说　　明	举　　例
normal	默认值。由浏览器根据文字字体大小确定合理的段落行高	line-height:normal;
number	设置段落行高为文字大小的 number 倍数	line-height:1.5;
length	设置段落行高为指定的高度	line-height:20px;
percentage	设置段落行高为文字大小的百分比	line-height:150%;
inherit	继承父元素的行高	line-height: inherit;

【实例 3-14】（实例文件 ch03/14.html）

```
p{
    line-height:2;
}
```

本实例声明段落的行高为 2 倍文字大小。

3.5.4　分栏

在 CSS3 中，通过 column-count、column-width 等可以创建多列文本的分栏效果，其中相关的属性介绍如下。

- column-count：显示的列数。
- column-width：每列的显示宽度。如果没有指定宽度，则浏览器将根据列数自动计算并分配。
- column-gap：定义每列之间的空间宽度。
- column-rule：定义每列之间的分割线的样式。

目前的浏览器需要通过-webkit 和-moz 的扩展方式来使用 CSS3 中的某些属性，-webkit 适用于 Chrome 和 Safari 浏览器，-moz 适用于 Firefox 浏览器。

【实例 3-15】（实例文件 ch03/15.html）

```
<div id="content">
<p>云计算（Cloud Computing）是分布式计算……（文字略）</p>
……
</div>
```

本实例通过如下的 CSS 样式进行分栏的设置：

```
#content{
    width:800px;
    margin:0 auto;
    -moz-column-count:2;
    -moz-column-gap:50px;
    -moz-column-rule:1px solid #000;
}
```

其中，前缀"-moz-"表示 CSS 样式是针对 Firefox 等浏览器的。在 Firefox 浏览器中的效果如图 3.13 所示。

云计算（Cloud Computing）是分布式计算（Distributed Computing）、并行计算（Parallel Computing）、效用计算（Utility Computing）、网络存储（Network Storage Technologies）、虚拟化（Virtualization）、负载均衡（Load Balance）等传统计算机和网络技术发展融合的产物。

云计算是一个产生于IT领域的概念，IT（Information Technology），即信息技术，

包括感测技术、通信技术、计算机技术和控制技术等。在技术发展的历程中，类似于电子商务，云计算也是一个比较模糊的技术术语。这其中一个原因是云计算可以在很多应用程序场景中运用，另外就是大量公司的商业炒作推动了这种趋势。Gartner公司是全球最权威的技术咨询机构，它的技术成熟曲线就是根据技术发展周期理论来分析新技术的发展周期曲线（从1995年开始每年均有报告），以便帮助人们判断某种新技术是否采用。

图 3.13　CSS3 中的分栏效果

3.6　继承性和层叠性

3.6.1　CSS 的继承性

在 HTML 中的不同元素，根据它们的位置形成了父子关系，或者说上下级关系、嵌套关系。例如，所有的 body 元素开始标签和结束标签中的元素都是 body 元素的子元素。

【实例 3-16】（实例文件 ch03/16.html）

```
<body>
<div id="header"><h1>云计算</h1></div>
<div id="maincontent"><p>云计算（英语：Cloud Computing），是一种基于……（文字略）</p></div>
</body>
```

本实例所对应的层次结构如图 3.14 所示。

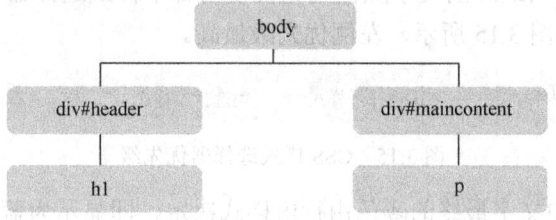

图 3.14　CSS 的继承性

图 3.14 中，h1 元素和 p 元素都为 body 元素的子元素。当定义了 body 元素的样式后，作为 body 元素的子元素的 h1 元素和 p 元素都将具有 body 元素的可被继承的样式。因此当定义了如下的样式后：

```
<style type="text/css">
body{
    color:#666;
}
</style>
```

h1 元素和 p 元素将继承 body 元素关于颜色的样式，值都将成为#666。

通过继承，只需要设置上级元素的 CSS 样式属性，下级元素就可以自动具有上级元素的 CSS 属性，可以减少 CSS 代码，便于维护。但是，并不是所有的 CSS 样式都可以被继承，例如，将在第 7 章中学习的 border、margin、padding 等 CSS 样式是不能被后代元素继承的。

3.6.2 CSS 的层叠性

当页面中的元素被多个不同的选择器选中时，即多个不同的选择器的作用范围发生叠加时，如果选择器定义的规则发生冲突，则由 CSS 层叠性规则来处理这种冲突并决定页面元素的最终 CSS 样式。

【实例 3-17】（实例文件 ch03/17.html）

```
<style type="text/css">
h1{
    color:#000;
}
.heading{
    color:#F00;
}
#header{
    color:#000;
}
</style>
</head>
<body>
<h1 class="heading" id="header" style="color:#00F;">云计算</h1>
</body>
```

本实例对于 h1 元素中的文字，分别通过行内样式、标签选择器、类选择器和 ID 选择器定义了文字颜色，那么最终的文字颜色究竟会使用哪个样式选择器呢？在 CSS 中，规定样式选择器的优先级如图 3.15 所示，左侧优先级最高。

行内样式　　　ID选择器样式　　　类选择器样式　　　标签选择器样式

图 3.15　CSS 样式选择器优先级

因此，实例 3-17 中文字最终的颜色由行内样式决定，即显示为蓝色#00F。

在 CSS 中，还定义了!important 关键字，它可以强制改变样式选择器的优先级。例如在实例 3-17 中，如果把 h1 的标签选择器修改为：

```
h1{
    color:#000 !important;
}
```

那么标签选择器的优先级被设置为最高，因此文字最终的颜色将采用标签选择器定义的颜色，即显示为黑色#000。

如果两个规则的优先级相同，那么后定义的规则优先。如果有如下定义的样式：

```
h1{
    color:#000;
}
h1{
    color:#F00;
}
```

那么文字最终的颜色是由后面的标签选择器决定的，即显示为红色#F00。

3.7 使用 Dreamweaver 编辑 CSS

在 Dreamweaver 中，使用者可以结合使用 CSS 样式面板和属性检查器，完成 CSS 样式的编辑以及在网页中应用 CSS 样式等操作。

3.7.1 CSS 样式面板

CSS 样式面板可以用来进行新建 CSS 规则、编辑 CSS 规则、删除 CSS 规则以及为网页附加外部样式表等操作，如图 3.16 所示。

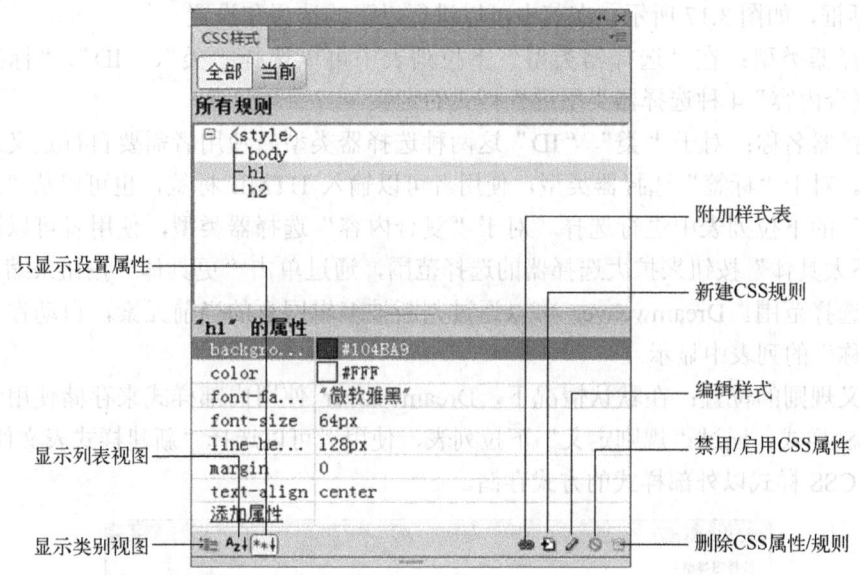

图 3.16　CSS 样式面板

CSS 样式面板分为"全部"和"当前"两个选项卡。

- "全部"选项卡：显示当前网页中使用的全部样式。双击其中的某个样式可以打开"CSS 规则定义"对话框对样式进行编辑。
- "当前"选项卡：显示当前光标所在处网页元素具有的 CSS 属性及属性值。

在 CSS 样式面板下方的左侧，提供了以下的命令按钮来控制 CSS 属性的显示。

- 显示类别视图：按照"字体"、"背景"、"区块"、"边框"等类别显示某一 CSS 规则的各个属性。
- 显示列表视图：按照从 A 至 Z 的顺序显示某一 CSS 规则的各个属性。
- 只显示设置属性：仅显示出进行了属性设置的某一 CSS 规则的各个属性。

在 CSS 样式面板下方的右侧，提供了以下的命令按钮来进行相应的 CSS 管理操作。

- 附加样式表：为当前打开的网页附加外部样式文件。
- 新建 CSS 规则：创建新的 CSS 规则。
- 编辑样式：如果是在"全部"选项卡中并选择了某一 CSS 规则，则对选中的 CSS 规则进行编辑；如果是在"当前"选项卡中，则对网页中当前元素的 CSS 规则进行编辑。

- 禁用/启用 CSS 属性：单击将禁用 CSS 样式面板中选中的某一 CSS 属性；再次单击可以恢复 CSS 属性。
- 删除 CSS 属性/规则：当选中某一 CSS 属性后单击此命令按钮，将删除选中的 CSS 属性；当选中 CSS 样式面板"全部"选项卡中的某一 CSS 规则后单击此命令按钮，将删除选中的 CSS 规则。

3.7.2　创建与应用 CSS 规则

单击 CSS 样式面板中的"新建 CSS 规则"按钮后，Dreamweaver 将会弹出"新建 CSS 规则"对话框，如图 3.17 所示，在其中可以进行以下的选择和设置。

- 选择器类型：在"选择器类型"下拉列表中可以选择"类"、"ID"、"标签"以及"复合内容"4 种选择器类型进行样式的定义。
- 选择器名称：对于"类"、"ID"这两种选择器类型，使用者需要自行定义选择器名称。对于"标签"选择器类型，使用者可以输入 HTML 标签，也可以从"选择器名称"的下拉列表中进行选择。对于"复合内容"选择器类型，使用者可以通过单击"不太具体"按钮来扩大选择器的选择范围，通过单击"更具体"按钮来缩小选择器的选择范围。Dreamweaver 可以通过判断被编辑网页的当前元素，自动在"选择器名称"的列表中显示。
- 定义规则的位置：在默认情况下，Dreamweaver 使用内部样式来存储使用者定义的 CSS 样式。通过"规则定义"下拉列表，使用者可以选择"新建样式表文件"，从而把 CSS 样式以外部样式的方式存储。

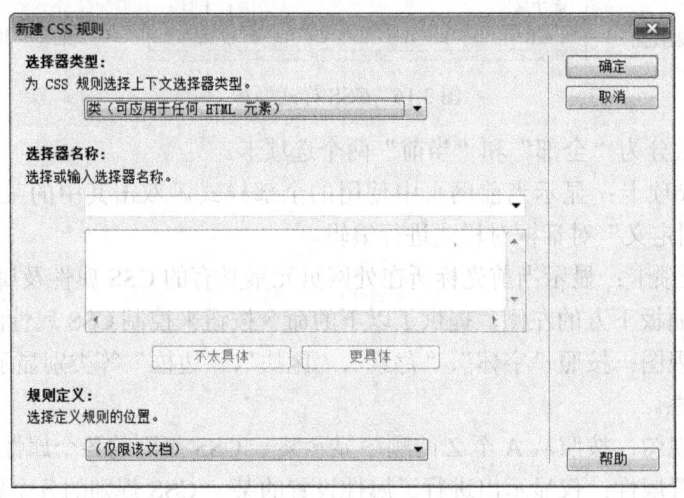

图 3.17　"新建 CSS 规则"对话框

【实例 3-18】（实例文件 ch03/18.html）

下面结合实例说明 Dreamweaver 中编辑 CSS 的具体使用方法。

1. 创建标签选择器类型 CSS 规则

Step1　把光标定位在欲设置 CSS 样式的元素中，这里定位在"云计算"标题行中，单击 CSS 样式面板中的"新建 CSS 规则"按钮，弹出"新建 CSS 规则"对话框。在"选择器类型"下拉列表中选择"标签"类型，Dreamweaver 会自动将光标所在处的元素标签"h1"作为选择器名称，如图 3.18 所示。也可以不把光标定位在欲设置 CSS 样式的元素中，而是在"新建 CSS 规则"对话框中手工输入选择器名称，不依赖 Dreamweaver 的自动判断选择器名称的功能。

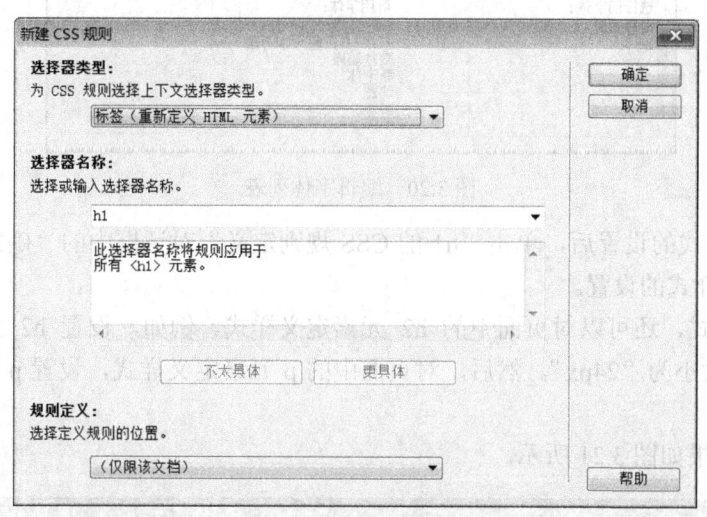

图 3.18　新建标签选择器 CSS 规则

Step2　在"h1 的 CSS 规则定义"对话框中定义需要的样式。例如，设置 h1 元素字体为"微软雅黑"，文字大小为"64px"，行高为"128px"，文字颜色为"#FFF"，背景颜色为"#7109AA"，如图 3.19 所示。

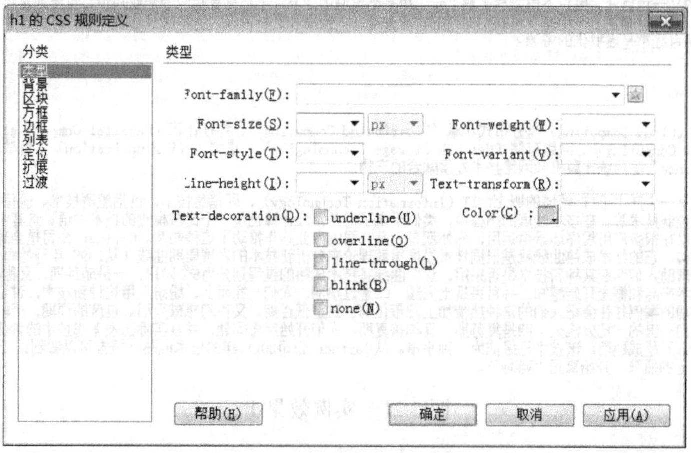

图 3.19　CSS 规则定义

在"font-family"下拉列表中，列出了 Dreamweaver 默认的一些字体组合。如果其中没有所期望的字体组合，可以选择"font-family"下拉列表的最后一项"编辑字体列表"，打开"编辑字体列表"对话框。在此对话框中，选择"可用字体"列表框中的字体，单击 ⟪ 按钮，可以把它添加到"选择的字体"列表框中，如图 3.20 所示。通过这种方式可以选择一种首选字体以及多种备用字体。

图 3.20　编辑字体列表

完成 CSS 样式的设置后，单击"h1 的 CSS 规则定义"对话框中的"确定"按钮，完成对 h1 元素 CSS 样式的设置。

利用同样方式，还可以对页面中的 h2 元素定义样式。例如，设置 h2 元素字体为"微软雅黑"，文字大小为"24px"。然后，对页面中的 p 元素定义样式，设置 p 元素首行缩进 2 个字符。

完成后的效果如图 3.21 所示。

图 3.21　实例效果 1

2．创建类选择器类型 CSS 规则

Step1　单击 CSS 样式面板中的"新建 CSS 规则"，弹出"新建 CSS 规则"对话框。在"选择器类型"下拉列表中选择"类"项，在"选择器名称"框中输入自定义名称，这里输入"reference"，如图 3.22 所示。单击"确定"按钮。

Step2　在".reference 的 CSS 规则定义"对话框中定义需要的样式，如图 3.23 所示。例如，设置文字颜色为"#FF9900"。

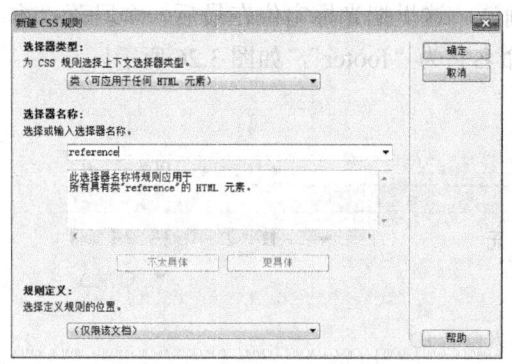

图 3.22　新建类选择器 CSS 规则

图 3.23　CSS 规则定义

3. 应用类选择器类型 CSS 规则

与标签选择器类型 CSS 规则不同，创建完成类选择器类型 CSS 规则后，还需要把它应用在需要这一样式的网页元素上。

Step1　把光标定位在欲设置样式的网页元素上，这里把光标定位在"参考书籍"这个 h2 元素上。

Step2　在属性面板的"HTML"选项卡中，单击"类"下拉列表，会显示出所有已经定义的类选择器类型 CSS 规则，如图 3.24 所示。在其中选择"reference"项。

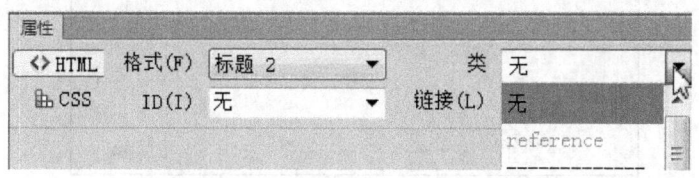

图 3.24　通过属性面板应用 CSS 规则

经过这样的设置，"参考书籍"这个 h2 元素除了具有 h2 标签选择器定义的样式外，还具有".reference"这个类选择器定义的 CSS 样式。

还可以通过属性面板的"CSS"选项卡中的"目标规则"下拉列表来进行类选择器类型 CSS 规则的选择。

完成后的效果如图 3.25 所示。

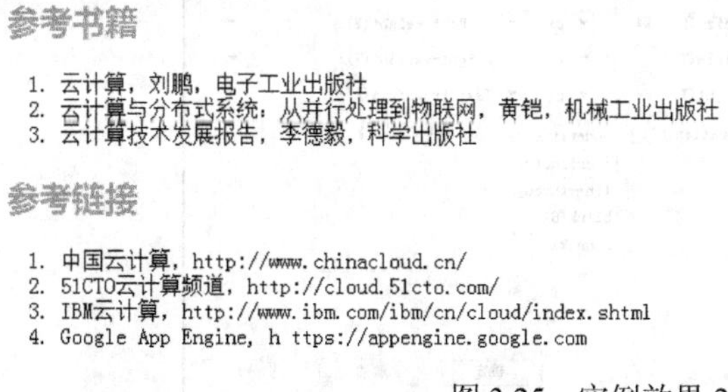

参考书籍

1. 云计算，刘鹏，电子工业出版社
2. 云计算与分布式系统：从并行处理到物联网，黄铠，机械工业出版社
3. 云计算技术发展报告，李德毅，科学出版社

参考链接

1. 中国云计算，http://www.chinacloud.cn/
2. 51CTO云计算频道，http://cloud.51cto.com/
3. IBM云计算，http://www.ibm.com/ibm/cn/cloud/index.shtml
4. Google App Engine, h ttps://appengine.google.com

图 3.25　实例效果 2

4. 创建 ID 选择器类型 CSS 规则

Step1　为网页中的元素指定 ID。把光标定位在欲指定 ID 的网页元素上，在属性面板

的"ID"文本框中输入自定义 ID，并按回车键确认。这里把光标定位在最后一个段落"本文资料来源：整理自互联网"处，通过属性面板命名它为"footer"，如图 3.26 所示。

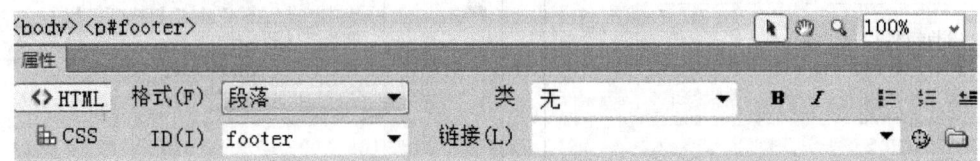

图 3.26　为网页元素命名 ID

Step2　单击 CSS 样式面板中的"新建 CSS 规则"按钮，弹出"新建 CSS 规则"对话框。Dreamweaver 会自动识别出要创建的选择器类型为"ID"，"#footer"为选择器名称，如图 3.27 所示。

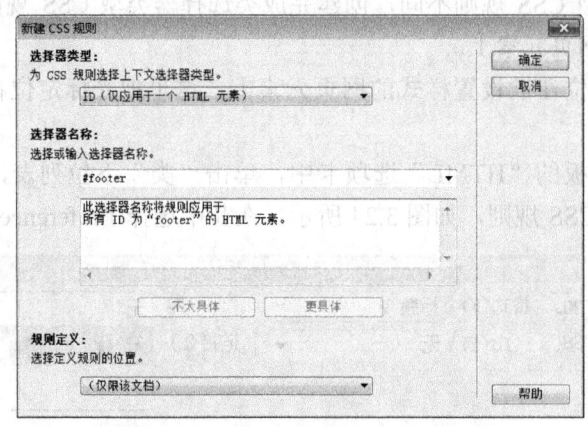

图 3.27　新建 ID 选择器 CSS 规则

Step3　在"#footer 的 CSS 规则定义"对话框中定义需要的样式。例如，设置文字大小为"24px"，行高为"64px"，文字颜色为"#FFF"，背景颜色为"#999"，水平对齐方式为"居中对齐"，如图 3.28 所示。

图 3.28　CSS 规则定义

完成后的效果如图 3.29 所示。

图 3.29 实例效果 3

5. 创建复合内容选择器类型 CSS 规则

Step1 把光标定位在欲通过复合内容选择器定义 CSS 规则的网页元素上，这里把光标定位在第 2 个段落中。单击 CSS 样式面板中的"新建 CSS 规则"按钮，弹出"新建 CSS 规则"对话框。在"选择器类型"下拉列表中选择"复合内容"项，Dreamweaver 会自动判断出光标所在处从 body 元素开始的嵌套结构。

在"新建 CSS 规则"对话框中，"不太具体"按钮和"更具体"按钮变为可选的状态。单击这两个按钮，可以对上下级结构限定关系进行加强或减弱。这里单击"不太具体"按钮使得选择器名称变为"blockquote p"，如图 3.30 所示。

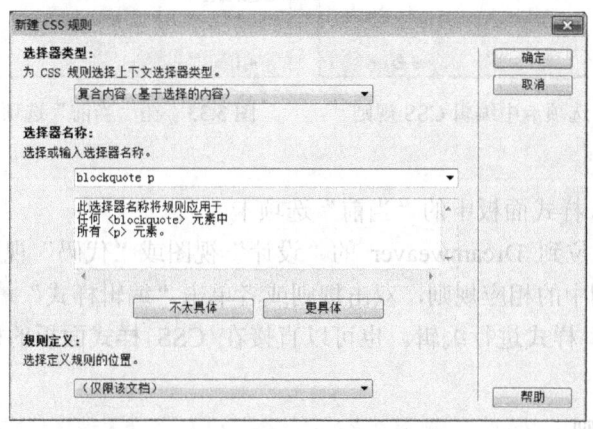

图 3.30 新建复合内容选择器 CSS 规则

Step2 在"blockquote p 的 CSS 规则定义"对话框中定义需要的样式。例如，设置斜体类型为"italic"。

完成后的效果如图 3.31 所示。

云计算（英语：Cloud Computing），是一种基于互联网的计算方式，通过这种方式，共享的软硬件资源和信息可以按需提供给计算机和其他设备。云计算是继20世纪80年代大型计算机到客户端–服务器的大转变之后的又一种巨变。用户不再需要了解"云"中基础设施的细节，不必具有相应的专业知识，也无须直接进行控制.云计算描述了一种基于互联网的新的IT服务增加、使用和交付模式，通常涉及通过互联网来提供动态易扩展而且经常是虚拟化的资源。

图 3.31 实例效果 4

3.7.3 编辑和移动 CSS 规则

1. 编辑 CSS 规则

方法 1：

Step1 单击 CSS 样式面板中的"全部"选项卡。

Step2 双击规则列表中的某个样式，或者选择列表中的某个样式后，单击"编辑样式"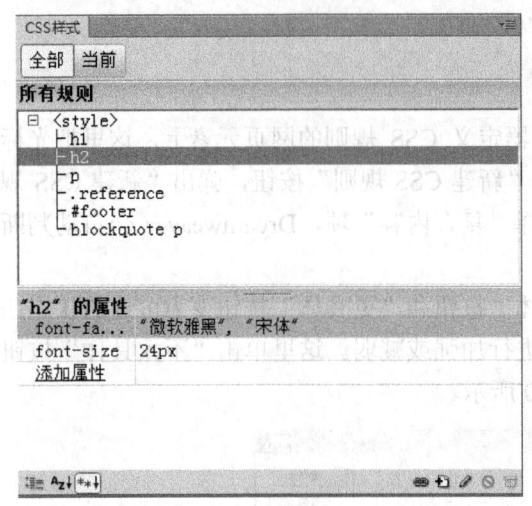按钮,打开 CSS 规则定义对话框对 CSS 样式进行编辑。也可以直接在 CSS 样式面板的样式编辑区域进行编辑,如图 3.32 所示。

图 3.32　在"全部"选项卡中编辑 CSS 规则　　　　图 3.33　在"当前"选项卡中编辑 CSS 规则

方法 2:

Step1　单击 CSS 样式面板中的"当前"选项卡。

Step2　把光标定位到 Dreamweaver 的"设计"视图或"代码"视图的网页元素上,选择 CSS 样式面板规则中的相应规则,双击规则或者单击"编辑样式"按钮,打开 CSS 规则定义对话框对 CSS 样式进行编辑。也可以直接在 CSS 样式面板的样式编辑区域进行编辑,如图 3.33 所示。

2．移动 CSS 规则

在 Dreamweaver 中,默认使用内部样式表来存放网页中的样式。如果样式需要在网站的其他网页中反复使用,则需要把样式从内部样式表移动到外部样式表中。

Step1　在 CSS 样式面板的"全部"选项卡中通过 Shift 键选择网页中的所有样式。

Step2　右击,从右键菜单中选择"移动 CSS 规则"命令,如图 3.34 所示。

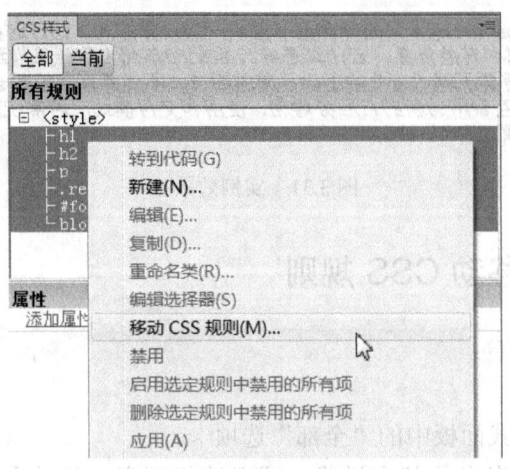

图 3.34　移动 CSS 规则

Step3 在打开的对话框中，选择"新样式表"项，如图 3.35 所示，单击"确定"按钮。

图 3.35　移至外部样式表

Step4 在打开的"将样式表文件另存为"对话框中，输入要保存的 CSS 样式表文件名称和路径，如图 3.36 所示。Dreamweaver 会将所有的样式定义移动到 base.css 文件中。

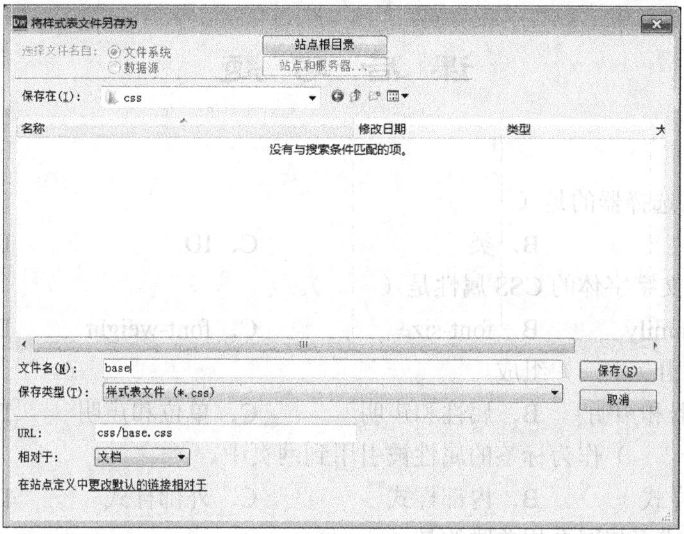

图 3.36　将样式表文件另存为

3.7.4　附加样式表

如果要把一个已经存在的 CSS 样式文件链接到网页中，则可以通过 Dreamweaver 的"附加样式表"功能来完成。

Step1 打开欲链接 CSS 样式表的网页文件，单击 CSS 样式面板中的"附加样式表"按钮。

Step2 在打开的"链接外部样式表"对话框中，选择欲链接的样式表文件，设置添加的方式为"链接"，单击"确定"按钮，如图 3.37 所示。

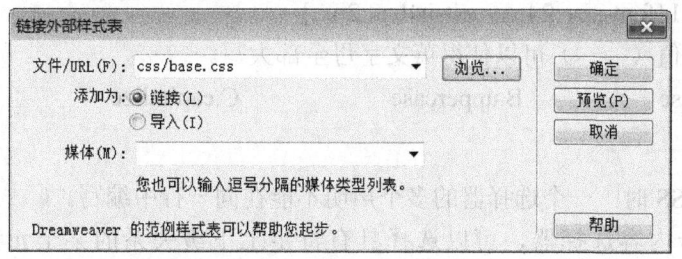

图 3.37　链接外部样式表

通过这样的操作，将在网页的 head 元素中通过 link 元素把外部样式表文件链接到网页中，从而使得同一网站内的网页具有统一的样式。

本 章 小 结

本章主要讲述了 CSS 的基本概念、CSS 选择器、在网页中应用 CSS 等内容。读者应掌握如何使用 CSS 控制文字样式，并掌握通过 Dreamweaver 软件进行创建 CSS、应用 CSS、CSS 管理等操作。CSS 是目前网页设计中必不可少的知识，本章的学习是网页设计学习中非常重要的环节。

课 后 习 题

一、选择题

1. 属于 CSS 选择器的是（   ）。
   A. 标签　　　　　　B. 类　　　　　　　　C. ID　　　　　　　D. 以上都对
2. 用于设置文字字体的 CSS 属性是（   ）。
   A. font-family　　　B. font-size　　　　　C. font-weight　　　D. 以上都不是
3. CSS 规则由（   ）组成。
   A. 选择器和声明　　B. 属性和声明　　　　C. 单位和声明　　　D. 以上都不是
4. CSS 的（   ）作为标签的属性被引用到网页中。
   A. 行内样式　　　　B. 内部样式　　　　　C. 外部样式　　　　D. 以上都不是
5. 将外部样式表与网页相关联的是（   ）。
   A. <style type="text/css" href="style.css">
   B. <style href="style.css">
   C. <link href="style.css" rel="stylesheet" type="text/css" />
   D. <link src="style.css" rel="stylesheet" type="text/css" />
6. 以下（   ）创建了一个名称为"style1"的类选择器，并且将文本设置为 24 像素大小，首行缩进 2 个字符。
   A. #style1{font-style:24px; line-height:2px;}
   B. .style1{font-size:24px; text-indent:2em;}
   C. style1{font-size:24px; text-indent:2px;}
   D. *style1{font-size:24px; text-indent:2px;}
7. CSS 参数值（   ）可以使得英文字母全部大写。
   A.lowercase　　　　B.uppercase　　　　　C.capitalize　　　　　D.inherit

二、判断题

1. 在定义 CSS 时，一个选择器的多个声明不能在同一行中编写。（   ）
2. 通过复合内容选择器，可以选择具有特定上下级关系的某个元素进行样式的设置。（   ）

3．为了使整个站点的样式统一，应该尽量以外部样式的方式来使用 CSS。（　　　）

4．Web 字体的使用使得网站设计者不再需要把特殊字体的文字转换为图像。（　　　）

5．类选择器样式可以在网页中重复应用。（　　　）

三、思考题

1．CSS 的优势是什么？

2．标签选择器、类选择器、ID 选择器和复合内容选择器的应用场合分别是什么？

3．CSS 与 HTML 是什么样的关系？

4．在什么情况下适合使用内部样式？

5．CSS 的继承性和层叠性是什么含义？

第4章 网页中的颜色、图像和多媒体

学习要点：

- 了解颜色相关基础知识；
- 掌握网页中颜色的相关知识；
- 掌握网页中图像类型以及图像标签；
- 掌握使用 Dreamweaver 向网页中添加和设置图像的方法；
- 掌握向网页中添加多媒体对象的方法。

建议学时： 上课 4 学时，上机 4 学时。

4.1 颜色的基础知识

4.1.1 三原色

雨后彩虹是大自然的美丽景色，彩虹丰富的颜色给人们带来无限的幻想。彩虹的色彩一般为七彩色，从外至内分别为：赤、橙、黄、绿、蓝、靛、紫。在中国，也常有"红橙黄绿青蓝紫"的说法。

彩虹的形成其实是一种光的色散现象。光的色散指的是复色光分解为单色光的现象。牛顿在 1666 年最先利用三棱镜观察到光的色散，把白光分解为彩色光带（光谱）。白光散开后单色光从上到下依次为：赤、橙、黄、绿、蓝、靛、紫 7 种颜色。

眼睛的色觉细胞接收到不同频率的可见光时，感觉到的颜色不同，颜色是由于不同频率的光对色觉细胞的刺激而产生的。生活中，人们不仅能看到各种颜色的光，还能看到各种颜色的物体。物体的颜色与光息息相关，当光照到物体上时，一部分光被物体反射，一部分光透过物体，不同物体对不同颜色的反射、吸收和透过的情况不同，因此物体呈现不同的色光。

由于人类肉眼有三种不同颜色的感光体，因此所见的色彩空间通常可以由三种基本色表达，这三种颜色被称为"三原色"。原色是指不能透过其他颜色的混合调配而得出的"基本色"。以不同比例将原色混合，可以产生出其他颜色。一般来说叠加型的三原色是红色、绿色、蓝色，而消减型的三原色是品红色、黄色、青色。自然界和电子世界中所展现的丰富颜色都遵循三原色原理。

色光三原色即加色法原理。人的眼睛是根据所看见的光的波长来识别颜色的。可见光谱中的大部分颜色可以由三种基本色光按不同的比例混合而成，这三种基本色光的颜色就是红（Red）、绿（Green）、蓝（Blue）三原色光。这三种光以相同的比例混合，且达到一定的强度，就呈现白色（白光）；若三种光的强度均为零，就是黑色（黑暗）。这就是加色法原理，加色法原理被广泛应用于电视机、显示器等主动发光的产品中。

色料（颜料）三原色即减色法原理。在打印、印刷、油漆、绘画等靠介质表面的反射被动发光的场合，物体所呈现的颜色是光源中被颜料吸收后所剩余的部分，所以其成色的原理称为减色法原理。减色法原理被广泛应用于各种被动发光的场合。在减色法原理中的三原色颜料分别是青（Cyan）、品红（Magenta）和黄（Yellow）。

计算机中用三种原色之间的相互混合来表现所有彩色。用相加混色三原色表示的颜色模式称为 RGB 模式，而用相减混色三原色原理表示的颜色模式称为 CMYK 模式，它们广泛运用于绘画和印刷领域。

RGB 颜色模式是一种发光模式，RGB 模式下的图像只有在发光体上才能显示出来，例如显示器、电视等。CMYK 颜色模式是一种印刷模式，该模式的图像只有在印刷体上才可以观察到，例如纸张。CMYK 颜色模式包含的颜色种数比 RGB 模式要少很多，所有在显示器上观察的图像要比在印刷体上亮丽很多。RGB 模式是绘图软件最常用的一种颜色模式，在这种模式下，处理图像比较方便，而且，RGB 存储的图像比 CMYK 图像要小，可以节省内存和空间。

4.1.2　色相、明度、饱和度

色相、明度（亮度）、饱和度（纯度）是色彩的三要素。人眼看到的任一彩色光都是这三个特性的综合效果。

1．色相

色相是色彩的首要特征，即各类色彩的相貌称谓，是区别各种不同色彩的最准确的标准。任何黑白灰以外的颜色都有色相的属性，而色相也就是由原色、间色和复色来构成的。自然界中各种不同的色相是无限丰富的，如紫红、蓝绿、橙黄等。色彩是由于物体上的物理性的光反射到人眼视神经上所产生的感觉。色的不同是由光的波长的长短差别所决定的。作为色相，指的是这些不同波长的色的情况。波长最长的是红色，最短的是紫色。把红、橙、黄、绿、蓝、紫 6 种原色，以及处在它们各自之间的红橙、黄橙、黄绿、蓝绿、蓝紫、红紫这 6 种中间色，共计 12 种色作为色相环。在色相环上排列的色是纯度高的色，称为纯色。用类似这样的方法还可以再分出差别细微的多种色来。在色相环上，与环中心对称，并在 180° 位置两端的色称为互补色。例如红色与绿色互补，蓝色与橙色互补，紫色与黄色互补等。

2．明度

明度表示色彩所具有的亮度和暗度。明度也指色彩的明亮程度。各种有色物体由于它们的反射光量的区别而产生颜色的明暗、强弱。色彩的明度有两种情况：一种是同一色相不同明度，如同一种颜色在强光照射下显得明亮，在弱光照射下显得较灰暗模糊；同一种颜色加黑或加白掺和以后也能产生各种不同的明暗层次。另一种是各种颜色的不同明度。每种纯色都有与其相应的明度，黄色明度最高，蓝紫色明度最低，红、绿色为中间明度。色彩的明度变化往往会影响到纯度（饱和度），例如，将红色加入黑色以后，明度降低，同时纯度也降低；如果红色加白，则明度提高，纯度却降低。

3. 饱和度

饱和度是指色彩鲜艳的程度。色彩饱和度表示播放的光的色彩鲜艳度，取决于色彩中的灰度，灰度越高，色彩饱和度即越低，反之亦然。其数值为百分比，介于 0～100%之间。纯白、灰色、纯黑的色彩饱和度为 0，而纯彩色光的饱和度则为 100%。

4.1.3 冷暖色

冷暖色是指色彩的冷暖分别。色彩学上根据心理感受，把颜色分为暖色调（红、橙、黄）、冷色调（青、蓝）和中性色调（紫、绿、黑、灰、白）。在绘画中，暖色调给人以亲密和温暖的感觉，而冷色调给人以距离和凉爽之感。

色彩的冷暖感觉是人们在长期生活实践中由于联想而形成的。红、橙、黄色常使人联想起东方旭日和燃烧的火焰，有温暖的感觉，所以称为"暖色"；蓝色常使人联想起高空的蓝天、阴影处的冰雪，有寒冷的感觉，所以称为"冷色"；绿、紫等色给人的感觉是不冷不暖，故称为"中性色"。色彩的冷暖是相对的。在同类色彩中，含暖意成分多的较暖，反之较冷。

红色是热烈、冲动、强有力的色彩。由于红色是可见光波最长的波长这一特性，因此它极易引起注意，在各种媒体中也被广泛利用。除了具有较佳的视觉效果之外，更被用来传达有活力、积极、热诚、温暖、前进等含义的形象与精神。

橙色是欢快活泼的光辉色彩，是暖色系中最温暖的色，它使人联想到金色的秋天、丰硕的果实，是一种富足、快乐而幸福的颜色。

黄色有着金色的光芒，象征着财富和权利，它是骄傲的色彩。黄色的灿烂、辉煌，有着太阳般的光辉，象征着照亮黑暗的智慧之光。

绿色传达清爽、理想、希望、生长的意象。鲜艳的绿色是一种非常美丽、优雅的颜色，它生机勃勃，象征着生命。绿色宽容、大度，几乎能容纳所有的颜色。绿色中渗入黄色为黄绿色，它单纯、年轻；绿色中渗入蓝色为蓝绿色，它清秀、豁达。

蓝色是博大的色彩，天空和大海这些辽阔的景色都呈蔚蓝色。蓝色是永恒的象征，它是最冷的色彩。纯净的蓝色表现出一种美丽、文静、理智、安详与洁净。

紫色是一个神秘的富贵的色彩，与幸运和财富、贵族和华贵相关联。紫色略带种忧郁的色彩，是让人不忍忘记的颜色，代表权威、声望、深刻和精神。

黑色具有高贵、稳重、科技的意象。

白色具有高级、科技的意象，通常需要和其他色彩搭配使用。纯白色会带给人寒冷、严峻的感觉，所以在使用白色时，都会掺一些其他的色彩，如象牙白、米白、乳白等。

4.2 网页中的颜色

自然界丰富的色彩为网页设计者提供了灵感。随着网页技术的发展，色彩丰富的页面越来越多地展现在浏览者的眼前，为网络世界增加了丰富的色彩空间。

4.2.1 网页中颜色的表示

网页中的颜色表示有两种方法：一种是颜色值，另外一种是颜色名。

1. 颜色值

颜色值表示法规定：颜色由"#"和一组十六进制符号来定义，这组符号由三原色（红色、绿色和蓝色）的值组成（RGB）。每种颜色的最小值是 0（十六进制数 00），最大值是 255（十六进制数 FF）。对于三原色分别给予两个十六进制位来定义，也就是每个原色可有 256 种彩度，因此三原色可混合成 16 777 216 种颜色。

RGB 颜色可以有 4 种表达形式，见表 4.1。

（1）每种颜色使用两位十六进制数，颜色表示为#rrggbb（如#00CC00）。

（2）每种颜色使用一位十六进制数，颜色表示为#rgb（如#0C0）。这种形式适用于每种颜色的两位十六进制数相同的情况。

（3）每种颜色使用十进制整数表示，颜色表示为 rgb(x,x,x)，x 是一个介于 0～255 之间的整数（如 rgb(0,204,0)）。

（4）每种颜色使用百分比表示，颜色表示为 rgb(y%,y%,y%)，y 是一个介于 0.0～100.0 之间的整数（如 rgb(0%,80%,0%)）。

表 4.1 RGB 颜色的表达形式

颜色	Red	Green	Blue	Color HEX	Color RGB
白色	FF	FF	FF	#FFFFFF	rgb(255,255,255)
红色	FF	00	00	#FF0000	rgb(255,0,0)
绿色	00	FF	00	#00FF00	rgb(0,255,0)
蓝色	00	00	FF	#0000FF	rgb(0,0,255)
黑色	00	00	00	#000000	rgb(0,0,0)
黄色	FF	FF	00	#FFFF00	rgb(255,255,0)

2. 颜色名

颜色名表示法就是用颜色的英文单词表示颜色，如红色 red，白色 white 等。

大多数的浏览器都支持颜色名集合。仅有 16 种颜色名被 W3C 的 HTML4.0 标准所支持，这 16 种标准颜色见表 4.2。

表 4.2 16 种标准颜色

色 彩 名	十六进制值	色 彩 名	十六进制值
Black	#000000	Green	#008000
Silver	#C0C0C0	Lime	#00FF00
Gray	#808080	Olive	#808000
White	#FFFFFF	Yellow	#FFFF00
Maroon	#800000	Navy	#000080
Red	#FF0000	Blue	#0000FF
Purple	#800080	Teal	#008080
Fuchsia	#FF00FF	Aqua	#00FFFF

4.2.2　网页安全色

在了解颜色基础知识之后，我们知道丰富的色彩空间会使网页更多彩、更漂亮，但是网页中的颜色会受到各种不同环境的影响。即便网页使用了非常合理的配色方案，每个人浏览的时候看到的效果都可能各有不同，因此配色方案的意愿不能很好地传递给浏览者。那么用什么方法可以解决这个问题呢？这个时候我们需要了解 216 种网页安全色相关知识。

网页安全色是指以 256 色模式运行时，无论在 Windows 还是在 Macintosh 系统下，并且在不同浏览器中显示均相同的颜色。使用网页安全色进行网页配色可以避免原有的颜色失真问题。

传统经验是：有 216 种常见颜色，而且任何结合了 00、33、66、99、CC 或 FF 对（RGB 值分别为 0、51、102、153、204 和 255）的十六进制值都代表网页安全色。它一共有 6×6×6 = 216 种颜色（其中彩色为 210 种，非彩色为 6 种）。实际测试显示，仅有 212 种网页安全色，而不是全部 216 种，原因在于早期的 Windows Internet Explorer 不能正确地呈现 4 种颜色#0033FF（0,51,255）、#3300FF（51,0,255）、#00FF33（0,255,51）和 #33FF00（51,255,0）。

Web 浏览器初次面世之时，大部分计算机只显示 256 色。如今，大多数计算机都能显示数以千计或数以百万计的颜色，所以如果为使用目前计算机系统的用户开发站点，则完全没有必要使用浏览器安全颜色调色板。

使用网页安全颜色调色板的一种情况是，开发适用于替代 Web 设备（如 PDA 和手机显示屏）的站点。许多这类设备只具有黑白两色或 256 色显示屏。

216 种网页安全色在需要实现高精度的渐变效果或显示真彩图像或照片时会有一定的欠缺，但用于显示徽标或者二维平面效果时却是绰绰有余的。216 种网页安全色是根据当前计算机设备的情况通过无数次反复分析论证得到的结果，这是一个网页设计师有必要了解的知识。

现实中，可以看到很多站点利用其他非网页安全色做到了新颖独特的设计风格，所以我们并不需要刻意地追求使用局限在 216 种网页安全色范围内的颜色，而是应该更好地搭配使用安全色和非安全色。

使用 Firefox 浏览器任意打开一个网页，可以使用 Web Developer 工具来查看网页的颜色分布。关于 Web Developer 工具的使用方法，在本书附录 D 中有说明。例如，打开百度网站的首页，分析结果如图 4.1 所示。从结果显示中可以看到，百度首页中使用的颜色也有非安全色。

在网页制作软件 Dreamweaver 的颜色拾色器中，默认显示可选颜色是 216 种颜色。

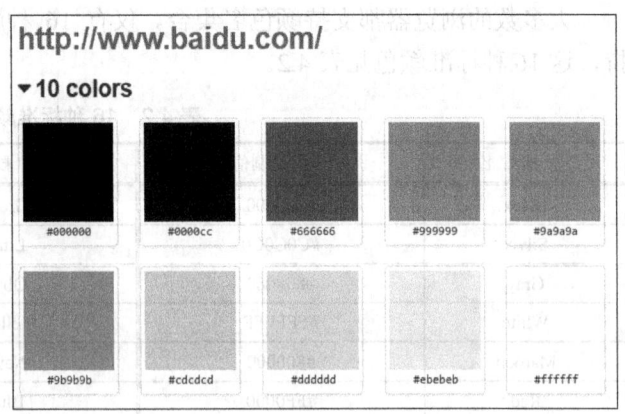

图 4.1　百度首页中使用的颜色

4.2.3　网页配色基础

现实生活中经常会遇到颜色搭配问题，如穿衣搭配，今天穿一件绿色的裙子，那应该配什么颜色的包，什么颜色的鞋子？当然，相信大家都知道目前流行的"混搭"一词。

生活中无处没有色彩，处处需要色彩，网页中同样如此。在互联网上可以看到颜色各异、风格独特的各种网页。要使设计的网页色彩丰富且能突出主题内容，需要掌握网页配色的基础知识。

1．配色原则

网页配色需要遵循一定的原则，才能使搭配的颜色更得体。配色原则主要包括以下 6 方面：

（1）网页中所采用的颜色切忌过多

虽然彩虹是一道美丽的奇观，我们的网页除非特殊情况外，一般不会采用所有的 7 种色彩。网页配色中的色彩不宜太多，因为色彩过多很难搭配出好的视觉效果，如果搭配不好就会感觉很花哨。

有些很简洁的网站，用最少的颜色可以显示最佳的视觉效果。例如，网站 http://www.myownbike.de 和 http://grindspaces.com，使用的颜色比较少。

（2）围绕网页的主题选择颜色，色彩要能烘托出主题

色彩要根据主题来确定，不同的主题选用不同的色彩。例如，用蓝色体现科技型网站的专业，用粉红色体现女性的柔情等。例如联想的官网首页，在中间窗口是产品宣传，由于产品是面向校园的活动，因此配用了与青春相关的绿色图片和热情的红色。

（3）色彩的鲜明性

如果一个网站使用的色彩鲜明，很容易引人注意，会给浏览者耳目一新的感觉。例如，"北京欢乐谷"的官方网站，色彩鲜明，突出这是一个能带来开心和刺激的地方，使得访问者有身临其境的感觉。

（4）色彩的独特性

要有与众不同色彩，网页的用色必须要有自己独特的风格，这样才能给浏览者留下深刻的印象。进入 http://nclud.com 就可以看到一个颜色独特的网站，体现团队的与众不同。

（5）色彩的艺术性

网站设计是一种艺术活动，因此必须遵循艺术规律。按照内容决定形式的原则，在考虑网站本身特点的同时，大胆进行艺术创新，设计出既符合网站要求，又具有一定艺术特色的网站。如"可口可乐中国"官网（http://www.coca-cola.com.cn）首页，将产品与艺术结合。

（6）要保持整个页面的色调统一

统一的色调可以从视觉效果方面更好的体现主题。有关色调的知识，下面的内容会详细介绍。

2．色调

色调指的是一幅画中画面色彩的总体倾向，是大的色彩效果。在不同颜色的物体上，笼罩着某一种色彩，使不同颜色的物体都带有同一色彩倾向，这样的色彩现象就是色调。

色调不是指颜色的性质，而是对一幅绘画作品的整体颜色的概括评价。色调是指一幅作品色彩外观的基本倾向。在明度、纯度（饱和度）、色相这三个要素中，某种因素起主导作用，我们就称之为某种色调。一幅绘画作品虽然用了多种颜色，但总体有一种倾向，是偏蓝或偏红，是偏暖或偏冷等等。这种颜色上的倾向就是一副绘画的色调。通常可以从色相、明度、冷暖、纯度四个方面来定义一幅作品的色调。

色调在冷暖方面分为暖色调与冷色调：红色、橙色、黄色——为暖色调，象征着：太阳、火焰。绿色、蓝色、黑色——为冷色调，象征着：森林、大海、蓝天。灰色、紫色、白色——为中间色调；冷色调的亮度越高，其整体感觉越偏暖，暖色调的亮度越高，其整体感觉越偏冷。冷暖色调也只是相对而言，譬如说，红色系当中，大红与玫红在一起的时候，大红就是暖色，而玫红被看作冷色，又如，玫红与紫罗兰同时出现时，玫红就是暖色。

网页中总是由具有某种内在联系的各种色彩，组成一个完整统一的整体，形成画面色彩总的趋向，称为网页色调。也可以理解为色彩状态。色彩给人的感觉与氛围，是影响配色视觉效果的决定因素。

一个网站不能只运用一种颜色，这样很容易让浏览着感到单调，但是也不能包含所有颜色，让浏览者感觉花哨。一个网站必须要有一种或两种主题色来体现网站主题。

为了使网页的整体画面呈现稳定协调的感觉，以便充分的掌握其规律来更好的分析学习，可以把视觉角色主次位置分为如下几个概念，以便在网页设计配色时更容易操纵主动权。

- ◆ 主色调：页面色彩的主要色调、总趋势，其他配色不能超过该主要色调的视觉面积。（背景白色不一定根据视觉面积决定，可以根据页面的感觉需要。）
- ◆ 辅色调：仅次于主色调的视觉面积的辅助色，是烘托主色调、支持主色调、起到融合主色调效果的辅助色调。
- ◆ 点睛色：在小范围内点上强烈的颜色来突出主题效果，使页面更加鲜明生动。
- ◆ 背景色：环绕整体的色调，起协调、支配整体的作用。

例如，百加得中国网站以浅绿色为主题色，以白色和深绿色为辅色，以红色为点睛色（http://china.bacardi.com/#/china/zh/bacardimojito/home）。

3. 网页配色技巧

① 同种色彩搭配：选定一种色彩，然后调整其饱和度，将色彩变淡或加深，而产生新的色彩，这样的页面看起来色彩统一，具有层次感。

② 邻近色彩搭配：邻近色是指在色环上相邻的颜色，如绿色和蓝色互为邻近色。采用邻近色搭配可以避免网页色彩杂乱，易于达到页面和谐、统一的效果。

③ 对比色彩搭配：色彩的强烈对比具有视觉诱惑力，并且对比色可以突出重点，产生强烈的视觉效果。通过合理使用对比色，能够使网站特色鲜明、重点突出。在设计时，通常以一种颜色为主色调，其对比色作为点缀，起到画龙点睛的作用。

④ 暖色色彩搭配：使用红色、橙色、黄色等色彩的搭配。这种色调的运用可为网页营造出稳定、和谐和热情的氛围。

⑤ 冷色色彩搭配：使用绿色、蓝色及紫色等色彩的搭配，这种色彩搭配可为网页营造出宁静、清凉和高雅的氛围。冷色色彩与白色搭配一般会获得较好的视觉效果。

⑥ 有主色调的混合色彩搭配：以一种颜色作为主要颜色，同时辅以其他色彩混合搭配，形成缤纷而不杂乱的搭配效果。

⑦ 文字与网页的背景色对比要突出：如果底色深，文字的颜色就应浅，以深色的背景衬托浅色的内容（文字或图片）；反之，如果底色淡，文字的颜色就要深些，以浅色的背景衬托深色的内容（文字或图片）。

4．国外几个比较好的配色网站推荐

- Color Scheme Designer；
- Adobe Kuler；
- Color Schemer Online v2；
- Color hexa；
- 4096 Color Wheel。

4.2.4　Dreamweaver 中颜色的操作

在 Dreamweaver 中，很多对话框与许多页面元素的属性检查器都包含可打开颜色选择器的颜色框。使用颜色选择器可以选择页面元素的颜色，还可以设置页面元素的默认文本颜色。

1．在属性面板或其他有颜色框的对话框中，单击"颜色框"按钮，打开颜色选择器，如图 4.2 所示。颜色选择器中提供有 216 种网页安全色。

2．使用"颜色选择器"可以执行下列操作。

① 用"滴管"从调色板中选择颜色样本。

② 用"滴管"可以从屏幕上的任何位置取色，即使从 Dreamweaver 窗口外也可以。要从桌面或其他应用程序中取色，可按住鼠标左键，这样"滴管"仍能保持焦点，并可以从 Dreamweaver 窗口外选择颜色。如果单击桌面或其他应用程序，Dreamweaver 会选取单击位置的颜色。不过，如果切换到其他应用程序，可能需要单击 Dreamweaver 窗口才能在 Dreamweaver 中继续工作。

③ 要获得更多颜色选择，可以使用颜色选择器右上角的弹出菜单，包括："立方色"、"连续色调"、"Windows 系统"、"Mac 系统"和"灰度等级"，如图 4.3 所示。

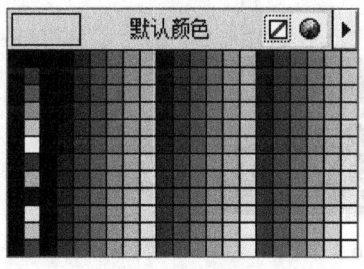
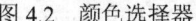

图 4.2　颜色选择器

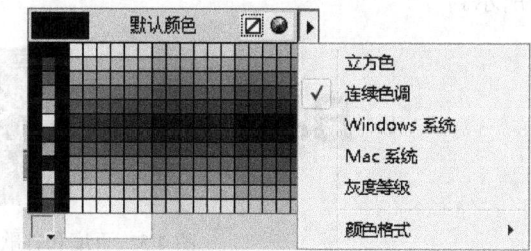

图 4.3　颜色选择方式

注："立方色"和"连续色调"调色板中的颜色是网页安全色，而"Windows 系统"、"Mac 系统"和"灰度等级"则不是。

④ 要清除当前颜色而不选择另一种颜色，可以单击"默认颜色"按钮。

⑤ 单击"系统颜色拾取器"按钮●，弹出"颜色"对话框，在对话框中可以使用基本颜色和自定义颜色，如图 4.4 所示。

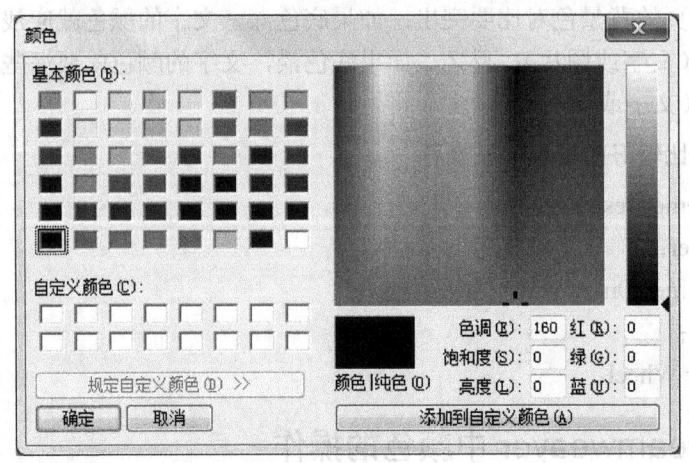

图 4.4 "颜色"对话框

4.3 网页中的图像

4.3.1 图像在网页中的应用

一个设计优秀的网页除了要注意文本内容和色彩搭配之外，合理地使用图像可以使网页更生动、形象、美观，并更有吸引力，而且能够使网页的内容更加丰富多彩，因此图像在网页中的作用显得非常重要。

图像在网页中的位置不同所起到的作用明显不同。根据图像在网页中的作用来分类，大致包括：Logo 图像、横幅图像、一般图像、背景图像、按钮图像等。

Logo 图像是网站的一个重要标志，Logo 具有网站识别和推广的作用，通过形象的 Logo 图像可以让浏览者记住网站主体和品牌文化。Logo 图像一般放在网页最醒目的位置，并且有些网站会根据特殊节日变换对 Logo 进行不同修饰。例如百度和谷歌的 Logo，如图 4.5 所示。

图 4.5 百度和谷歌的 Logo

网页横幅（Banner）是网络媒体中最普遍的推广宣传方法，一般放置页面最醒目的开始位置，利用文字、图片或动态效果把推广的信息传递给网站的访问者，同时把推广链接到推广客户的相关网页上，达到推广网站、产品或服务的效果。使用醒目、有特色的图像文件来制作横幅，可以吸引浏览者的目光，增加横幅被单击的机会。网页横幅如图 4.6 所示。

图 4.6　网页横幅

当图像作为网页的背景或者其他容器的背景时，称为背景图像。与使用纯色作为网页背景相比，合理地使用背景图像会增加网页的活力，丰富网页的内容。另外，当使用纯色背景无法实现页面效果时，也可以选择使用图像。例如，中国传媒大学邮箱 http://mail.cuc.edu.cn 网页中的渐变效果使用纯色难以实现，这个时候就要选择使用图像作为背景。

按钮也是网页中一种常用的元素，在表单网页中有提交按钮、登录按钮等，在下载页面中有下载按钮，在导航页中有导航按钮。除了使用系统自带的按钮样式之外，为了能够使按钮更醒目和有特点，网页设计者也会使用图像作为按钮。

除了上述特殊的图像外，网页中还有很多一般图像，与文本和其他网页元素相结合，实现类似 Word 中的图文并茂效果。图像中包含被描述对象的信息，使得浏览者更容易理解和记忆信息，达到"一目了然"的效果。

4.3.2　网页中的图像类型

无论图像在网页中是作为背景、Logo 图像或者其他，都要满足一定的文件格式。对图片格式的特性有一定了解，这样才能更好地表达设计者的创意和想法。网页中常用的图像格式有三种：JPEG 格式、GIF 格式、PNG 格式，这几种格式的图像都是位图，都是通过记录像素点的数据来保存和显示图像，并且都经过了压缩。

（1）JPEG 格式

在计算机处理中，JPEG 是一种广泛适用的压缩图像标准方式。JPEG 就是联合图像专家组（Joint Photographic Experts Group）的首字母缩写。此类文件的一般扩展名有：.jpeg、.jpg、.jfif 或.jpe，其中在主流平台上最常见的是.jpg。

JPEG 是一种有损压缩格式，其压缩比（压缩前与压缩后的文件所占的磁盘空间比值）可以达到其他传统压缩算法无法比拟的程度，能够将图像压缩在很小的存储空间中，但图像中重复或不重要的资料会被丢掉，因此容易造成图像数据的损伤。

JPEG 还是一种很灵活的格式，具有调节图像质量的功能，允许用不同的压缩比例对文件进行压缩，支持多种压缩级别，压缩比通常在 10∶1 到 40∶1 之间。压缩比越大，品质就越低；相反地，压缩比越小，品质就越好。如果要追求高品质图像，不宜采用过高压缩比例。JPEG 格式压缩的主要是高频信息，对色彩的信息保留较好，适合应用于互联网，可减少图像的传输时间，可以支持 24 位真彩色，也普遍应用于需要连续色调的图像。

目前，各类浏览器均支持 JPEG 格式，因为 JPEG 格式的文件尺寸较小，下载速度快，使得网页有可能以较短的下载时间提供大量美观的图像，JPEG 因此成为网络上最受欢迎的图像格式。

（2）GIF 格式

GIF（Graphics Interchange Format）的原意是"图像互换格式"，是 CompuServe 公司在 1987 年开发的图像文件格式。GIF 分为静态 GIF 和动画 GIF 两种，扩展名为.gif。

GIF 文件因其体积小而成像相对清晰，特别适合于初期慢速的互联网，因此大受欢迎。GIF 格式采用无损压缩技术，只要图像不多于 256 种颜色，就可以既减少文件的大小，又保持成像的质量，图像在压缩后不会有细节丢失。它最适合显示色调不连续或者具有大面积单一颜色的图像，例如导航条、按钮、图标、徽标或其他具有统一色彩和色调的图像。

GIF 文件的通用性好，几乎所有浏览器都支持此图像格式，并且有许多免费软件支持 GIF 文件的编辑。和 JPEG 格式一样，GIF 格式也是一种在网络上非常流行的图像格式。

（3）PNG 格式

PNG（Portable Network Graphic Format），可移植网络图形格式是一种位图文件（bitmap file）存储格式。PNG 文件的逼近显示特性可使在通信链路上传输图像文件的同时就在终端上显示图像，把整个轮廓显示出来之后逐步显示图像的细节，也就是先用低分辨率显示图像，然后逐步提高它的分辨率。

PNG 图像因其高保真性、文件体积较小等特性，被广泛应用于网页设计、平面设计中。网络通信受带宽制约，在保证图片清晰、逼真的前提下，网页中不可能大范围使用文件较大的 JPEG 文件。GIF 文件虽然体积较小，但其颜色失色严重，不尽如人意。所以 PNG 格式自诞生之日起就大行其道。

PNG 图像通常被当作素材来使用。如果是 JPG 文件，抠图就在所难免，费时费力，GIF 格式虽然具有透明性，但其只是对其中一种或几种颜色设置为完全透明，并没有考虑对周围颜色的影响。此时，PNG 格式就成了最佳的选择。我们经常在网页中看到整个页面使用同一张 PNG 图作为背景，按钮、导航条等全制作在一张图上，其实就是这个道理。究其缘由，无非就是 PNG 图像在下载过程中占带宽较小，而且颜色逼真，下载一次可重复使用。例如网站的 Logo 除了使用 GIF 文件外，很多网站开始使用 PNG 文件，如图 4.7 所示。对于需要高保真的、较复杂的图像，PNG 虽然能无损压缩，但文件较大，不适合应用在 Web 页面上。

图 4.7　PNG 图片

PNG 文件的缺点是对浏览器有局限性，在 IE6 以下的浏览器中，有些 PNG 文件不能正确显示，并且 IE6 不支持 PNG 背景透明。

PNG 就是为取代 GIF 而生的，而且 PNG 的压缩算法也要优于 GIF，所以只要是不需要动画效果的地方，建议都采用 PNG 图片。下面把 JPG 和 PNG 的一些特性进行简单对比，见表 4.3。

表 4.3 JPG 和 PNG 对比

格　式	压 缩 模 式	交 错 支 持	透 明 支 持	动 画 支 持
JPG	有损压缩	支持	不支持	不支持
PNG	无损压缩	支持	支持	不支持

图像的交错显示，是指当图像还没有下载完成时，浏览器先以马赛克的形式将图像慢慢显现出来，即以由模糊逐渐转为清晰的方式渐渐显示出来，让浏览者可以尽早地看到下载图像的雏形。

一般，按照页面结构的基本视觉元素来考虑，如容器的背景、按钮、导航的背景等，应该尽量用 PNG 格式进行存储，这样才能更好地保证设计品质。而其他一些内容元素，如广告 Banner、商品图片等对质量要求不是特别苛刻并且颜色比较丰富的，则可以用 JPG 格式进行存储从而降低文件大小。例如，"当当网"网页中的商品信息图片采用的就是 JPG 格式。

4.3.3 网页中的图像标签

<img>标签定义 HTML 页面中的图像，所有主流浏览器都支持<img>标签。<img>标签有两个必需的属性：src 和 alt。需要注意，从技术上讲，图像并不会插入 HTML 页面中，而是链接到 HTML 页面上。<img>标签的作用是为被引用的图像创建占位符。

<img>标签的语法格式如下：

<img src="URL"　alt="图像说明文本"　width="宽度值"　height="高度值"/>

上述语法格式中使用了<img>标签的几个常用属性 src、alt、width、height 以及每个属性的值。除了这几个属性外，<img>标签还有其他属性，表 4.4 中列举了<img>标签的属性及取值意义。

表 4.4 <img>标签的属性

属　性	值	描　　述
alt	text	定义有关图像的简单描述
src	URL	要显示图像的 URL（建议使用相对路径）
align	top bottom middle left right	规定如何根据周围的文本来对齐图像。建议使用 CSS 代替
border	pixels	定义图像周围的边框。不支持，建议使用 CSS 代替
height	Pixels/%	定义图像的高度，可以使用像素值，也可以使用百分比值
hspace	pixels	定义图像左侧和右侧的空白。不支持，建议使用 CSS 代替
ismap	URL	把图像定义为服务器端的图像映射

属　　性	值	描　　述
longdesc	URL	一个 URL，指向描述该图像的文档。不支持
usemap	URL	定义作为客户端图像映射的一幅图像。建议参阅<map>和<area>标签，了解其工作原理
vspace	pixels	定义图像顶部和底部的空白。不支持，建议使用 CSS 代替
width	pixels/%	设置图像的宽度，可以使用像素值，也可以使用百分比值

在网页中添加一个 Logo 图像的代码如下：

```
<img src="tealogo.gif" alt="网站 Logo" width="120" height="90" />
```

上述代码说明，图像文件是在当前目录下的 tealogo.gif 文件，图像描述是"网站 Logo"，图像宽度是 120 像素，图像高度是 90 像素。

<img>标签支持 HTML5 中的全局属性，也支持 HTML5 中的事件属性。有关全局属性和事件属性，本节不再详细说明。

4.4　使用 Dreamweaver 操作图像

4.4.1　网页图像的添加

使用 Dreamweaver 可以非常容易地为网页添加图像，但是要求在网页中插入的图像必须位于当前站点文件夹内或远程站点文件夹内，否则图像不能正常显示。因此，在建立站点时，网站设计者通常需要创建 images 文件夹来存放网站需要的图像文件。

【实例 4-1】（实例文件 ch04/tea/index.html）

本实例"品茶"网站首页中有许多图像文件，网站的 Logo、茶具欣赏都是图像文件，如图 4.8 所示。

图 4.8　"品茶"网站主页

在网页中插入图像的具体操作步骤如下。

Step1 在文档窗口中，将光标定位在要插入图像的位置。

Step2 选择"插入|图像"命令，打开"选择图像源文件"对话框，如图 4.9 所示。通过插入面板中的"常用"选项卡，单击"图像"按钮 ，也可以打开"选择图像源文件"对话框。

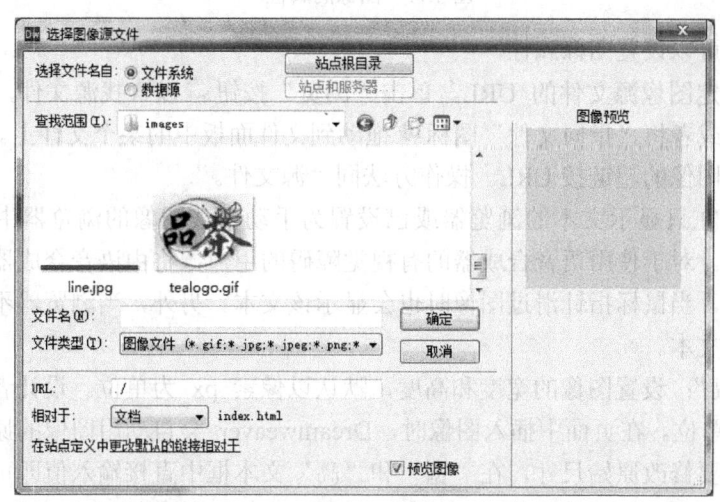

图 4.9 "选择图像源文件"对话框

Step3 在"选择图像源文件"对话框中，选择图像文件，单击"确定"按钮，将显示"图像标签辅助功能属性"对话框，如图 4.10 所示。

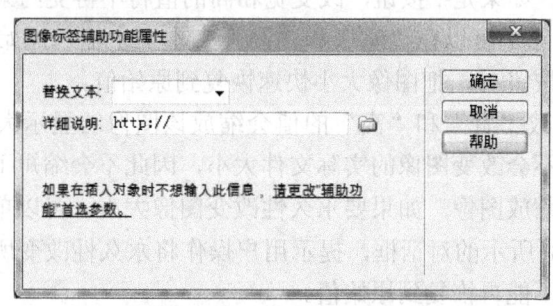

图 4.10 "图像标签辅助功能属性"对话框

在"替代文本"框中，为图像输入一个名称或一段简短描述。当图像文件不能正常显示时，会显示在此处输入的文本信息，以便于提示浏览者图像的内容。

在"详细说明"框中，对于较长的描述，可以在该文本框中提供指向与图像相关（或提供有关图像的详细信息）的文件的链接。可以直接输入当浏览者单击图像时所显示的文件的位置，或者单击"浏览"按钮，查找该文件。

最后单击"确定"按钮，完成图像的添加操作。

4.4.2 网页图像属性的设置

在网页中插入图像后，选中插入的图像将会在属性面板中显示该图像的属性，如图 4.11 所示。

图 4.11　图像的属性

在属性面板可以设置图像属性。

源文件：指定图像源文件的 URL。单击"浏览"按钮 □ 以查找源文件，或者直接输入图像文件路径，或者将"指向文件"图标 ⊕ 拖动到文件面板中的某个文件上。

链接：指定图像的超链接 URL。操作方法同"源文件。"

替换：指定在只显示文本的浏览器或已设置为手动下载图像的浏览器中用于代替图像显示的替代文本。对于使用语音合成器的有视觉障碍的用户，将由语音合成器读出该文本。在某些浏览器中，当鼠标指针滑过图像时也会显示该文本。另外，当浏览器不能正确显示图像时也会显示该文本。

"宽"和"高"：设置图像的宽度和高度，默认以像素 px 为单位。设计者也可以选择用百分比（%）为单位。在页面中插入图像时，Dreamweaver 会自动用图像的原始尺寸更新这些文本框。如果要修改原始尺寸，在"宽"和"高"文本框中直接输入值即可。

当图像的宽和高的值有调整时，在"宽"和"高"文本框后会出现三个按钮，如图 4.12 所示。

"切换尺寸约束"按钮默认为 🔒，此时如果改变图像的宽或者高的值，则宽和高的值会受原始尺寸的比例约束。如果是 🔓 按钮，改变宽和高的值将不再受约束。

若要恢复原始值，除了可以在"宽"和"高"文本框中输入原始值外，也可以直接单击"重设为原始大小"按钮 ⊘，把图像大小快速恢复到原始值。

在默认情况下，更改"宽"和"高"的值会缩放该图像的显示大小来调整图像在网页中所占区域空间，但是不会改变图像的实际文件大小，因此不会缩短下载时间，因为浏览器先下载所有图像数据再缩放图像。如果要永久性改变图像大小，可以单击"提交图像大小"按钮 ✔，会弹出图 4.13 所示的对话框，提示用户操作将永久性改变所选图像。需要注意，图像大小提交之后，将不能再恢复到原始值。

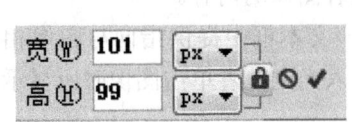

图 4.12　"宽"和"高"相关按钮

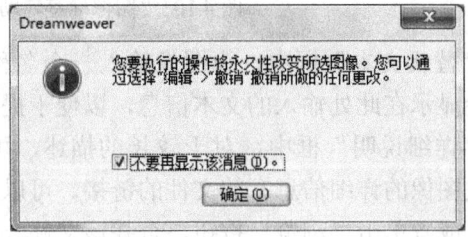

图 4.13　提示用户操作将永久性改变所选图像

地图名称和热点工具：用于设置图像的热点链接。

目标：指定链接的网页应加载的框架或窗口中（当图像没有链接到其他文件时，此选项不可用）。当前框架集中所有框架的名称都显示在"目标"列表中。可以选用下列保留目标名：

- _blank：将链接的文件加载到一个新浏览器窗口中。
- _parent：将链接的文件加载到含有该链接的框架的父框架集或父窗口中。如果包含链接的框架不是嵌套的，则链接文件加载到整个浏览器窗口中。
- _self：将链接的文件加载到该链接所在的同一框架或窗口中。此目标是默认的，所以通常不需要指定它。
- _top：将链接的文件加载到整个浏览器窗口中，因而会删除所有框架。

编辑：编辑选项中的工具可以方便、快捷地实现对图像的编辑，如图 4.14 所示。下面从左到右依次简单介绍各按钮。

"外部编辑器"按钮：单击可以启动"外部编辑器"首选参数中指定的图像编辑器并打开选定的图像。单击图 4.14 中的"Ps"按钮可以打开本机安装的 Photoshop 软件。

"编辑图像设置"按钮：单击可以打开"图像优化"对话框，如图 4.15 所示。

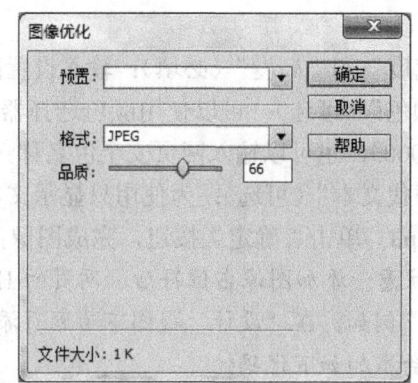

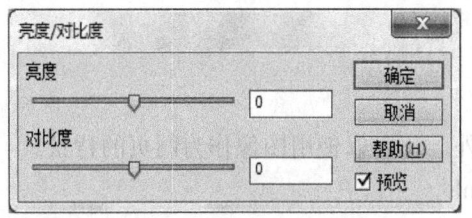

图 4.14 "编辑"选项　　　　　图 4.15 "图像优化"对话框

"从原始更新"按钮：如果该图像的来源是 Photoshop 的 PSD 格式原始文件，当 Photoshop 原始文件进行更新时，Dreamweaver 将检测到这一更新并在图像左上方显示红绿双色箭头。在"设计"视图中，选择该图像并在属性检查器中单击"从原始更新"按钮后，该图像将自动更新，以反映 Photoshop 原始文件所做的任何更改。

"裁剪"按钮：裁切图像的大小，从所选图像中删除不需要的区域。

"重新取样"按钮：对已调整大小的图像进行重新取样，提高图像在新的大小和形状下的品质。

"亮度/对比度"按钮：调整图像的亮度和对比度设置。单击可以打开如图 4.16 所示对话框。

"锐化"按钮：调整图像的锐度。单击可以打开如图 4.17 所示对话框。

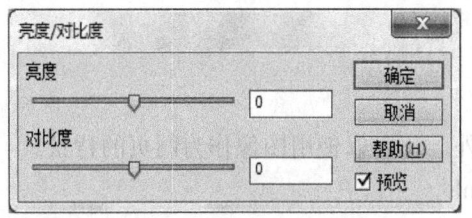

图 4.16 "亮度/对比度"对话框

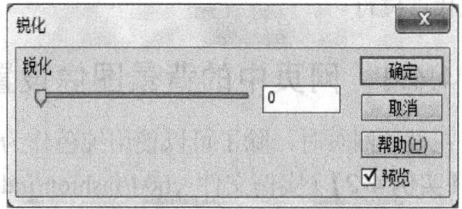

图 4.17 "锐化"对话框

4.4.3 网页图像占位符

图像占位符是在准备好将最终图像添加到网页中之前使用的图形。在设计网页时，如果找不到合适的图像，可以先找一个临时替代的图形，放在最终图像的位置上，它只是临时的、替补的图像。设计者可以设置位符的大小和颜色，并为占位符提供文本标签。

在网页中插入占位符的步骤如下：

Step1 在"文档"窗口中，将插入点放置在要插入占位符图形的位置。

Step2 选择"插入｜图像对象｜图像占位符"命令，打开"图像占位符"对话框，在对话框中设置占位符的名称、宽度、高度、颜色和替换文本，如图 4.18 所示。

"名称"（可选）：输入要作为图像占位符的标签显示的文本。如果不想显示标签，则保留该文本框为空。名称必须以字母开头，并且只能包含字母和数字；不允许使用空格和其他特殊字符。

"宽度"和"高度"（必填）：输入设置图像大小的数值（以像素表示）。

"颜色"（可选）：可以使用颜色选择器选择一种颜色，或者输入颜色的十六进制值（例如#FF0000），也可以输入网页安全色名称（例如 red）。

"替代文本"（可选）：为使用只显示文本的浏览器的访问者输入描述该图像的文本。

Step3 单击"确定"按钮，完成图像占位符的插入操作。

🔎**注意：** 添加图像占位符后，网页的 HTML 代码中将自动插入一个包含空 src 属性的图像标签。例如，在"设计"视图下为网页添加如图 4.19 所示的占位符后，在网页的 HTML 代码中会添加如下代码：

```
<img src=""  alt="网站 logo 图标"  name="Logo"  width="120"  height="90"  id="Logo"
style="background-color: #0066FF" />
```

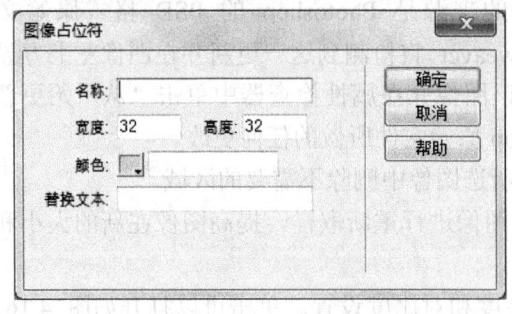

图 4.18 "图像占位符"对话框

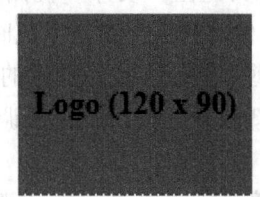

图 4.19 图像占位符

当所需要的图像文件准备好之后，在"设计"视图下双击图像占位符，即可用图像文件取代占位符。

4.4.4 网页中的背景图像设置

在设计网页时，除了可以使用纯色作为背景外，还可以使用图像作为网页的背景。

【**实例 4-2**】（实例文件 ch04/fashion/index.html）

本实例"购时裳"网站首页中使用了背景图像。为"购时裳"网站首页添加背景图像的方法有多种，下面将分别介绍。

1．通过外观（HTML）

设置网页背景图像的操作步骤如下。

Step1 单击属性面板中的"页面属性"按钮，打开"页面属性"对话框，选择"外观（HTML）"分类，如图 4.20 所示。

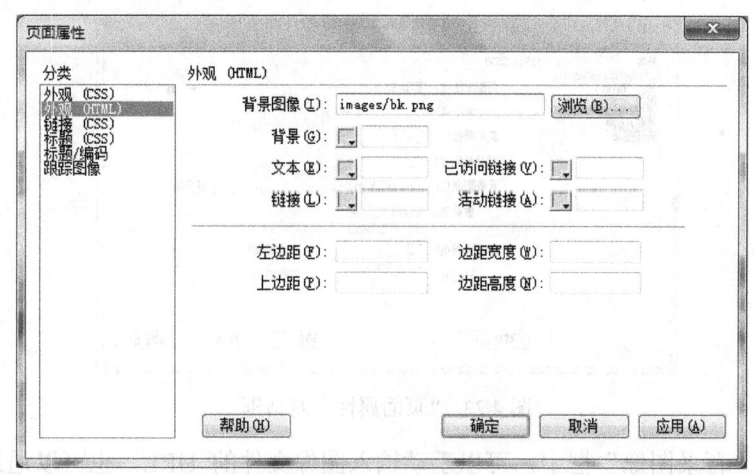

图 4.20 "页面属性"对话框

Step2 在"背景图像"文本框中，可以手动输入图像文件的 URL，也可以通过"浏览"按钮，选择图像源文件。选好之后，单击"确定"按钮。

Step3 查看网页的 HTML 代码，可以看到，在<body>标签中增加了 background 属性：
```
<body background="images/bk.png">
```

🔔提示：使用外观（HTML）设置网页背景时，如果图像不能填满整个窗口，则浏览器和 Dreamweaver 窗口会平铺（重复）背景图像。该方法比较适用于小图像文件。如图 4.21 所示是尺寸为 36×33 像素的图像文件，可以平铺整个浏览器窗口作为网页背景。如图 4.22 所示是使用该图像平铺后的背景效果。

图 4.21 36×33 像素的图像文件　　　　图 4.22 "购时裳"主页效果 1

2．通过外观（CSS）设置

设置网页背景图像的操作步骤如下。

Step1 单击属性面板中的"页面属性"按钮，打开"页面属性"对话框，选择"外观（CSS）"分类，如图 4.23 所示。

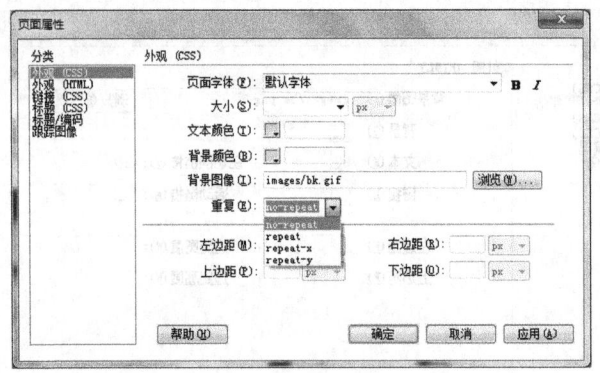

图 4.23 "页面属性"对话框

Step2 在"背景图像"框中，可以手动输入图像文件的 URL，也可以通过"浏览"按钮，选择图像源文件。

Step3 设置"重复"项。"重复"项用于指定背景图像在页面上的显示方式，有 4 个选项。

● no-repeat：仅显示背景图像一次。
● repeat：横向和纵向同时重复或平铺图像（默认情况）。
● repeat-x：横向平铺图像。
● repeat-y：纵向平铺图像。

💬**说明：**默认设置为 repeat，无论图像大小，都会平铺全屏。如果不想图像重复，则选择 no-repeat，但这种用得比较少，因为图像不可能适应所有浏览器的尺寸。使用如图 4.24 所示图像文件（136×1024 像素）作为网页背景，如果选择 repeat-x，图像会横向重复，网页效果如图 4.25 所示。使用如图 4.26 所示的图像文件（1400×200 像素）作为网页背景，如果选择 repeat-y，图像会纵向重复，网页效果图如图 4.27 所示。

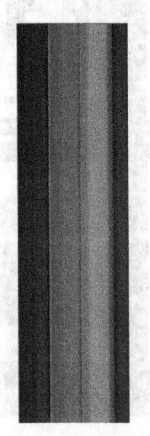

图 4.24 136×1024 像素图像   图 4.25 "购时裳"主页效果 2

图 4.26   1400×200 像素图像

图 4.27   "购时裳"主页效果 3

使用外观（CSS）设置网页背景后，在网页的 HTML 代码中将增加<body>标签的样式：

```
body {
    background-repeat: repeat-y;
    background-image: url(images/bkx.jpg);
}
```

使用该方法控制的背景图像，为<body>标签设置了两个属性，通过这两个属性来控制图像源文件和图像的重复。如果要设置背景图像的其他属性，例如要控制图像的位置或限制图像随内容滚动，则需要使用背景图像的 CSS 样式控制，为<body>标签设置更多的样式。

3. 通过 CSS 样式控制

如果要通过 CSS 样式控制背景图像，则需要使用一些 CSS 的 background 属性，如表 4.5 所示是常用的 background 属性及取值。

表 4.5 background 属性

属　　性	描　　述	取　　值	解　　释
background	简写属性，作用是将背景属性设置在一个声明中	background-color	规定要使用的背景颜色
		background-position	规定背景图像的位置
		background-repeat	规定如何重复背景图像
		background-attachment	规定背景图像是否固定或者随着页面的其余部分滚动
		background-image	规定要使用的背景图像

属　性	描　述	取　值	解　释
background-attachment	背景图像是否固定或者随着页面的其余部分滚动	scroll	默认值。背景图像会随着页面其余部分的滚动而移动
		fixed	当页面的其余部分滚动时，背景图像不会移动
		inherit	规定应该从父元素继承 background-attachment 属性的设置
background-image	把图像设置为背景	url('URL')	指向图像的路径
		none	默认值。不显示背景图像
		inherit	规定应该从父元素继承 background-image 属性的设置
background-position	设置背景图像的起始位置	left top	水平靠左对齐、垂直顶部对齐
		center top	水平居中对齐、垂直顶部对齐
		right top	水平靠右对齐、垂直顶部对齐
		left center	水平靠左对齐、垂直居中对齐
		center center	水平居中对齐、垂直居中对齐
		right center	水平靠右对齐、垂直居中对齐
		left bottom	水平靠左对齐、垂直下方对齐
		center bottom	水平居中对齐、垂直下方对齐
		right bottom	水平靠右对齐、垂直下方对齐
		x%　y%	图像靠右上方百分比
		xpos ypos	图像靠右上方绝对距离
		inherit	继承
background-repeat	设置背景图像是否及如何重复	repeat	默认。背景图像将在垂直方向和水平方向上重复
		repeat-x	背景图像将在水平方向上重复
		repeat-y	背景图像将在垂直方向上重复
		no-repeat	背景图像将仅显示一次
		inherit	规定应该从父元素继承 background-repeat 属性的设置

使用一个大小为 1280×800 像素的图像，为网页设置背景图像，并且要限制背景图像不随内容滚动，为<body>标签设置属性，网页效果如图 4.28 所示。代码如下：

```
body {
    background-image: url(images/bkimg.jpg);
    background-repeat: no-repeat;
    background-attachment: fixed;
    background-position: center center;
}
```

图 4.28 "购时裳"主页效果 4

4.5 在网页中添加多媒体对象

4.5.1 在网页中插入声音对象

在网页中不仅可以添加图像，还可以添加声音。为漂亮的网页添加上背景音乐，使浏览者在观看网页的同时，听到优美的音乐，使网页内容更加丰富多彩，增加网页的吸引力。声音文件有多种文件类型和格式，如.wav、.midi 和.mp3 等。设计者在确定采用哪种格式和方法添加声音前，需要考虑以下因素：添加声音的目的、页面访问者、文件大小、声音品质和不同浏览器的差异（需要注意：浏览器不同，处理声音文件的方式也会有很大差异，因此建议将声音文件添加到 SWF 文件中，然后嵌入该 SWF 文件以改善一致性）。

下面简单介绍几种较为常见的音频文件格式以及每种格式在 Web 页面设计中的一些优缺点。

① .midi 或.mid（Musical Instrument Digital Interface，乐器数字接口，简称 MIDI）：这种格式用于器乐，许多浏览器都支持 MIDI 文件，并且不需要插件。尽管 MIDI 文件的声音品质非常好，但也可能因访问者的声卡而异。很小的 MIDI 文件就可以提供较长时间的声音剪辑。MIDI 文件不能进行录制，并且必须使用特殊的硬件和软件在计算机中合成。

② .wav（波形扩展）：这种格式具有良好的声音品质，许多浏览器都支持此类格式文件并且不需要插件。可以从 CD、磁带、麦克风等录制 WAV 文件。但是，其较大的文件大小严格限制了可以在网页上使用的声音剪辑的长度。

③ .aif（Audio Interchange File Format，音频交换文件格式，简称 AIFF）：与 WAV 格式类似，也具有较好的声音品质，大多数浏览器都可以播放它并且不需要插件。用户也可以从 CD、磁带、麦克风等录制 AIFF 文件。但是，其较大的文件大小严格限制了可以在网页上使用的声音剪辑的长度。

④ .mp3（Motion Picture Experts Group Audio Layer-3，运动图像专家组音频第 3 层，或称 MPEG 音频第 3 层，简称 MP3）：一种压缩格式，它可使声音文件明显缩小。其声音品质非常好。如果正确录制和压缩 MP3 文件，其音质甚至可以和 CD 相媲美。MP3 技术使用户可以对文件进行"流式处理"，以便访问者不必等待整个文件下载完成即可开始收听该文件。

⑤ .ra、.ram、.rpm 或 Real Audio：这种格式具有非常高的压缩度，文件大小要小于 MP3。全部歌曲文件可以在合理的时间范围内下载。因为可以在普通的 Web 服务器上对这些文件进行"流式处理"，所以访问者在文件完全下载完之前就可听到声音。访问者必须下载并安装 RealPlayer 辅助应用程序或插件才可以播放这种文件。

⑥ .qt、.qtm、.mov 或 QuickTime：这种格式是由 Apple Computer 开发的音频和视频格式。Apple Macintosh 操作系统中包含了 QuickTime，并且大多数使用音频、视频或动画的 Macintosh 应用程序都使用 QuickTime。PC 也可播放 QuickTime 格式的文件，但是需要特殊的 QuickTime 驱动程序。QuickTime 支持大多数编码格式，如 Cinepak、JPEG 和 MPEG。

需要注意：在网页中插入音频可将声音直接集成到页面中，但只有在访问站点的访问者具有所选声音文件的适当插件后，声音才可以播放。

【实例 4-3】（实例文件 ch04/voice/index.html）

本实例实现在网页中插入声音文件，并且浏览者可以控制播放，如图 4.29 所示。具体操作步骤如下。

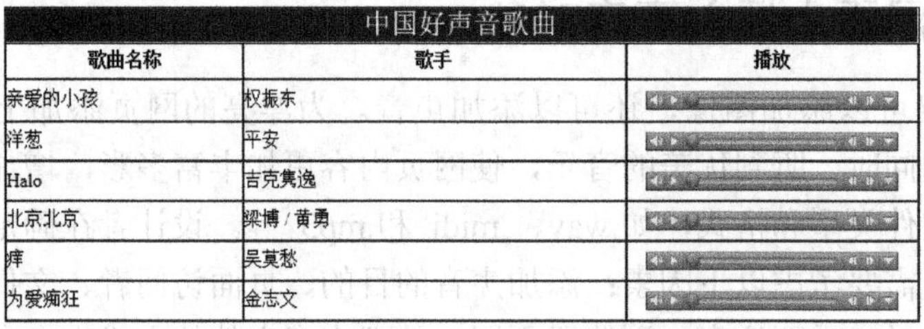

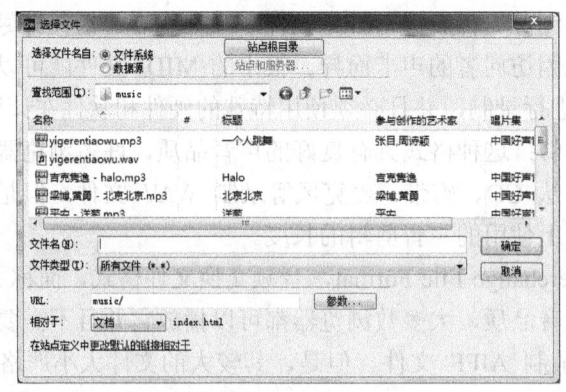

中国好声音歌曲		
歌曲名称	歌手	播放
亲爱的小孩	权振东	
洋葱	平安	
Halo	吉克隽逸	
北京北京	梁博 / 黄勇	
痒	吴莫愁	
为爱痴狂	金志文	

图 4.29 "中国好声音歌曲"网页

Step1 在"设计"视图下，将插入点放置在文档中想要插入声音对象的位置。

Step2 选择"插入 | 媒体 | 插件"命令，弹出"选择文件"对话框，如图 4.30 所示，选择一个声音文件。

图 4.30 "选择文件"对话框

在插入面板"常用"选项卡中单击"媒体"按钮组中的"插件"按钮 ，也可以弹出"选择文件"对话框。

Step3 单击"确定"按钮，完成音乐文件的插入。此时声音插件对象出现在文档窗口中。如图 4.31 所示。

Step4 选择文档窗口中的声音插件对象，在属性面板中可以设置插件的属性，如图 4.32 所示。可以设置声音插件区域的宽和高、源文件、插件 URL、对齐、边框、边距、参数等。插件默认宽度和高度是 32 像素，可以在属性面板中重新设置插件的宽度，以方便浏览者使用声音播放控件。

图 4.31 声音插件对象

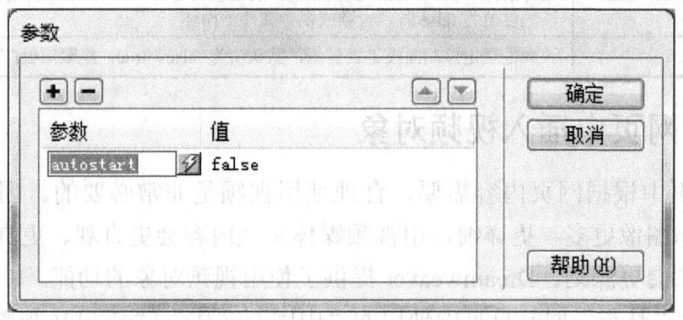

图 4.32 设置插件的属性

Step5 声音文件在默认情况下是自动播放的，如果要限制自动播放，可以设置插件的参数。单击"参数"按钮，打开"参数"对话框，添加 autostart 参数，值为 false，如图 4.33 所示。设置完之后，单击"确定"按钮。浏览者打开网页时，音乐将不再自动播放。

图 4.33 "参数"对话框 1

有时需要把声音文件设置为背景音乐，使浏览者不能控制音乐的播放，可以设置插件的参数，把插件隐藏起来，并且自动循环播放（默认为自动播放），如图 4.34 所示。

图 4.34 "参数"对话框 2

添加好控件之后，查看"代码"视图，在 HTML 文件中会增加一段代码如下：

```
<embed src="music/yigerentiaowu.mp3" width="400" height="32" hidden="true" loop="true"></embed>
```

上述代码中出现了<embed>标签，下面简单介绍<embed>标签。

使用<embed>标签可以在页面中嵌入任何类型的文档，但是要求用户的计算机中必须已经安装了能够正确显示文档内容的程序，一般用于在网页中插入多媒体文件。IE、Firefox等浏览器都能支持。

<embed>标签的基本语法是：

```
<embed src="URL"></embed>
```

<embed>标签必须有 src 属性，URL 为音频文件及其路径，可以是相对路径或绝对路径。表 4.6 中列举了<embed>的一些常用属性。

表 4.6　<embed>的常用属性

属　　性	值	描　　述
src	url	嵌入内容的 URL
height	pixels	设置嵌入内容的高度
width	pixels	设置嵌入内容的宽度
type	type	定义嵌入内容的类型
autostart	True/false	该属性规定音频或视频文件是否在下载完之后自动播放。true：音乐文件在下载完之后自动播放；false：音乐文件在下载完之后不自动播放
loop	正整数、true、false	该属性规定音频或视频文件是否循环及循环次数。属性值为正整数值时，音频或视频文件的循环次数即为该正整数值；属性值为 true 时，音频或视频文件循环；属性值为 false 时，音频或视频文件不循环
hidden	true、false	该属性规定控制面板是否显示，默认值为 false。true：隐藏面板；false：显示面板

4.5.2　在网页中插入视频对象

在多媒体网页中根据网页内容需要，合理使用视频是非常必要的。因为视频承载的信息量比文本和静态图像更多、更详细，用视频媒体呈现内容会更直观、更真实、更易懂，同时给浏览者的印象会更深刻。Dreamweaver 提供了使用视频对象的功能。

如图 4.8 所示"品茶"网站首页中使用的"中国茶文化"就是 FLV 视频文件。

网页中的视频对象包括 FLV 视频和非 FLV 视频两类。

1. FLV 视频

FLV 是 Flash Video 的简称。由于它形成的文件极小、加载速度极快，使得网络观看视频文件成为可能。它的出现有效地解决了视频文件导入 Flash 后，使导出的 SWF 文件体积庞大，不能在网络上很好的使用等缺点。FLV 被众多新一代视频分享网站所采用，是目前增长最快、最为广泛的视频传播格式。许多在线视频网站都采用此视频格式，如搜狐视频、新浪视频、六间房、56、优酷、酷 6、土豆、YouTube 等。FLV 已经成为当前视频文件的主流格式。

在网页中添加 FLV 视频的操作步骤如下。

Step1　在"设计"视图下，将插入点放置在文档中要插入 FLV 视频对象的位置。

Step2　选择"插入 | 媒体 | FLV"命令，打开"插入 FLV"对话框，如图 4.35 所示。

在插入面板"常用"选项卡中单击"媒体"按钮组中的"FLV"按钮 ，也可以打开"插入 FLV"对话框。

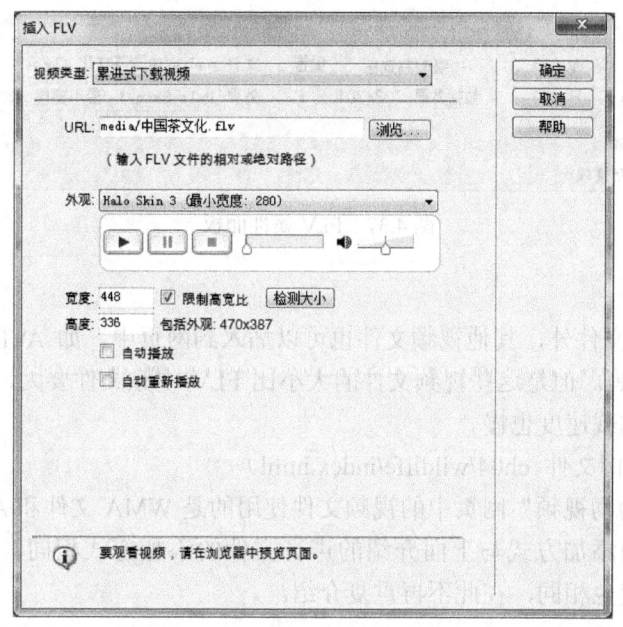

图 4.35 "插入 FLV"对话框

Step3 设置"插入 FLV"对话框中的选项。

视频类型：提供"累进式下载视频"和"流视频"两个选项。

URL：指定 FLV 文件的相对路径或绝对路径。要指定相对路径（例如，mypath/ myvideo.flv），单击"浏览"按钮，导航到需要的 FLV 文件并将其选定。要指定绝对路径，可以直接输入 FLV 文件的 URL（例如，http://www.example.com/myvideo.flv）。

外观：指定视频组件的外观。所选外观的预览会显示在"外观"下拉菜单的下方。

宽度：以像素为单位指定 FLV 文件的宽度。要让 Dreamweaver 确定 FLV 文件的准确宽度，单击"检测大小"按钮。如果 Dreamweaver 无法确定宽度，必须键入宽度值。

高度：以像素为单位指定 FLV 文件的高度。要让 Dreamweaver 确定 FLV 文件的准确高度，单击"检测大小"按钮。如果 Dreamweaver 无法确定高度，必须输入高度值。

包括外观：FLV 文件的宽度和高度与所选外观的宽度和高度相加得出的和。

限制高宽比：保持视频组件的宽度和高度之间的比例不变。在默认情况下会勾选此选项。

自动播放：指定在网页面打开时是否播放视频。

自动重新播放：指定播放控件在视频播放完之后是否返回起始位置。

Step4 设置完毕后，设置单击"确定"按钮关闭"插入 FLV"对话框并将 FLV 文件添加到网页中，在网页上将显示 FLVPlayer 占位符，如图 4.36 所示。

Step5 单击 FLVPlayer 占位符，在属性面板中可以查看 FLV 的属性，如图 4.37 所示。在属性面板中可以重新设置 FLV 的一些属性值，如更改 FLV 文件、更改播放外观等。

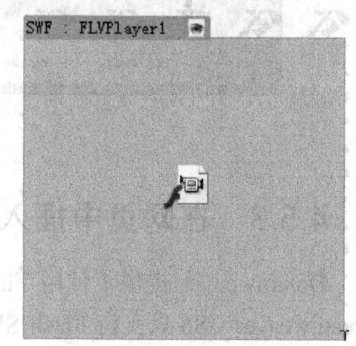

图 4.36 FLVPlayer 占位符

图 4.37　FLV 属性面板

2．非 FLV 视频

除了 FLV 视频文件外，其他视频文件也可以插入到网页中，如 AVI、WMA、MPEG、RM/RMVB、MOV 等。但是这些视频文件的大小比 FLV 视频文件要大，占用服务器的磁盘空间多，并且网页加载速度也慢。

【实例 4-4】（实例文件　ch04/wildlife/index.html）

本实例"野生动物视频"网页中的视频文件使用的是 WMA 文件和 AVI 文件。

非 FLV 视频的添加方式与上面介绍的声音文件的添加方式相同，需要在网页中添加"插件"，属性的设置也相同，在此不再重复介绍。

图 4.38　"野生动物视频"网页

4.5.3　在网页中插入 Flash 对象

Dreamweaver 提供了使用 Flash 对象的功能，虽然 Flash 中使用的文件类型有多种，但是 Dreamweaver CS6 只支持 Flash SWF（.swf）文件，因为它已经进行了优化，便于在 Web 上查看。如果浏览者想要看到 Flash 动画，则需要安装 Adobe Flash Player 浏览器插件程序。

在网页中加入动画可以使网页更生动，表达力更强。但是，动画如果使用不合理，将导致页面混乱，并且会增加网页的加载时间。如图 4.8 所示"品茶"网站主页中添加的"品茶悦生活"就是 Flash 文件。

在网页中插入 Flash 文件的操作步骤如下。

Step1 在"设计"视图下，将插入点放置在文档中想要插入 Flash 对象的位置。

Step2 选择"插入|媒体|SWF"命令，打开"选择 SWF"对话框，如图 4.39 所示，选择一个 SWF 文件。

在插入面板"常用"选项卡中单击"媒体"按钮组中的"SWF"按钮 ，也可以打开"选择 SWF"对话框。

Step3 单击"确定"按钮，完成 SWF 对象的插入。此时，Flash 占位符出现在网页中，如图 4.40 所示。

图 4.39 "选择 SWF"对话框

图 4.40 Flash 占位符

Step4 选中 Flash 占位符，在属性面板中可以设置 SWF 文件的属性，如图 4.41 所示。可以设置 SWF 文件播放区域的宽和高、是否循环播放、是否自动播放、品质、比例、背景颜色等。单击"播放"按钮，可以测试播放效果。

图 4.41 SWF 文件的属性

💬提示：若要预览某一页面中的所有 SWF 文件，可以使用 Ctrl+Alt+Shift+P（Windows）或 Command+Option+Shift+P（Macintosh）组合键，页面中的所有 SWF 文件都被设置为播放。

4.5.4 在网页中插入其他媒体对象

除了以上介绍的多媒体对象之外，还可以通过 Dreamweaver 在网页中插入 Shockwave

影片、Applet、ActiveX 控件或其他音频或视频对象。插入的方法是通过选择"插入 | 媒体"菜单下的相应命令，本节不再详细介绍。

本 章 小 结

通过本章的学习，掌握有关颜色以及网页颜色相关的基础知识，认识到网页色彩搭配是网页设计中的一个重要问题，合理的色彩搭配能够达到网页主题的目的，并能给浏览者留下深刻的印象。网页中的图像是网页的重要元素之一，在 Logo、广告条幅、按钮、背景等方面被广泛使用。使用 Dreamweaver 可以很方便地实现网页图像的添加和属性的设置，尤其是对背景图像的设置。为了使网页内容丰富多彩，还可以添加声音、视频、动画等多媒体元素。掌握本章的内容之后，对确定网页的风格和设计多媒体网页有很大的帮助。

课 后 习 题

一、选择题

1．使用色光三原色所表示的颜色模式称为（   ）。

　　A．RGB 模式　　　　B．CMYK 模式　　　C．COLOR 模式　　　D．混色模式

2．以下（   ）不是色彩的三要素。

　　A．色相　　　　　　B．明度　　　　　　C．饱和度　　　　　　D．鲜艳度

3．（   ）用数值表示颜色的鲜艳或鲜明的程度。

　　A．明度　　　　　　B．饱和度　　　　　C．亮度　　　　　　　D．明度

4．以下颜色为暖色的是（   ）。

　　A．蓝色　　　　　　B．绿色　　　　　　C．红色　　　　　　　D．紫色

5．下面 RGB 颜色表达形式错误的是（   ）。

　　A．#0C0　　　B．##00CC00　　C．rgb(0,260,0)　　D．rgb(0%,60%,0%)

6．网页安全色是指以（   ）模式运行时，无论在 Windows 还是在 Macintosh 系统下，在 Safari 和 Microsoft Internet Explorer 中显示均相同的颜色。

　　A．128 色　　　　　B．256 色　　　　　C．512 色　　　　　　D．1024 色

7．（   ）图像是网站的一个重要标志，并且具有公司的识别和推广的作用。

　　A．广告条幅　　　　B．背景　　　　　　C．Logo　　　　　　　D．导航

8．下面（   ）不是网页中常用的图像格式。

　　A．JPEG 格式　　　B．GIF 格式　　　　C．PNG 格式　　　　　D．BMP 格式

9．（   ）标签定义 HTML 页面中的图像。

　　A．<img>　　　　　B．<image>　　　　C．<imge>　　　　　　D．<i>

10．在属性面板可以设置图像属性，但不包括（   ）。

　　A．源文件　　　　　B．链接　　　　　　C．饱和度　　　　　　D．替换文本

11．通过"网页属性"对话框中的外观（CSS）分类设置网页背景图像的"重复"选项，指定背景图像在页面上的显示方式，可用的重复方式不包括（   ）。

　　A．no-repeat　　　B．repeat-xy　　　C．repeat-x　　　　　D．repeat-y

12．<embed>标签的属性不包括（　　　）。

    A．src   B．height   C．width   D．start

二、填空题

1．色光三原色的颜色由（　　　）、（　　　）、（　　　）组成。

2．（　　　）是区别各种不同色彩的最准确的标准。

3．网页中的颜色表示有两种方法，一种是（　　　），另外一种是（　　　）。

4．（　　　）是页面色彩的主要色调、总趋势，其他配色不能超过该主要色调的视觉面积。

5．（　　　）图像最适合显示色调不连续或者具有大面积单一颜色的图像，如导航条、按钮等。

6．<img>标签的（　　　）属性设置要显示的图像的 URL。

7．<body>标签的（　　　）属性可用于设置网页背景图像。

8．背景 CSS 样式的（　　　）属性可用于设置背景图像是否固定或者随着页面的其余部分滚动。

9．（　　　）是 Flash Video 的简称。

三、思考题

1．网页配色应该注意哪些方面的问题？

2．如何选择网页的主色调？

3．当使用图像作为背景的时候，需要考虑哪些问题？如何选择背景图像？

4．当向网页中添加除图像之外的多媒体对象时，需要考虑哪些问题？

第5章　网页中表格的使用

学习要点：

● 掌握表格在网页设计中的作用；
● 掌握表格的基本标签和常用属性；
● 掌握 Dreamweaver 中有关表格的操作方法；
● 掌握表格布局网页的原理、方法和步骤。

建议学时： 上课 4 学时，上机 4 学时。

5.1　表格概述

表格是用于在 HTML 页上显示表格式数据以及对文本和图形进行布局的强有力的工具，因此表格是网页设计中一个非常有用的工具。使用表格不仅可以将相关数据有序地排列在一起，还可以精确地定位文字、图像等网页元素在网页中的位置，使得网页在形式上丰富多彩又条理清楚，在布局上清晰而不单调。虽然随着 CSS 布局的兴起，网页中的表格退回到只用来显示表格式数据的原始用途，但是表格仍然是很多网页中必不可少的元素。因此，在网页设计中要熟练掌握表格的应用。

5.1.1　表格的基本功能

表格在网页中主要有两个功能：一是"格式化"数据，二是布局网页。

表格"格式化"数据，也就是管理表格式数据。就像 Word 和 Excel 中的表格数据一样，将相关数据有序地排列在一起，使其内容清晰可见，这是表格最基本的功能。例如，新浪竞技风暴网页（http://sports.sina.com.cn/f1/rank/220/20130317/344/）中就是使用表格组织数据。

使用表格布局网页，也就是使用表格安排和定位文本、图像、视频等网页元素，可以精确布局这些元素在网页中的位置，使得网页内容丰富、条理清楚。这是早期表格在网页设计中的最重要的功能。

通过"中国 Web 信息博物馆"（http://www.infomall.cn）的历史网页回放查询，可以证实早期的网页多数采用表格布局。例如，从 2002 年到 2007 年，搜狐网站的网页主要采用的是表格布局页面。

5.1.2　表格的基本标签

表格用<table>标签来定义。每个表格均包含若干行（由<tr>标签定义），每行被分割为若干单元格（由<td>标签定义）。英文缩写 td 是指表格数据（table data），即数据单元格的内容。数据单元格可以包含文本、图片、列表、段落、表单、水平线、表格等元素。表 5.1 中列出了表格的常用标签。

表 5.1　表格的常用标签

表 格 标 签	描　　　述
<table>	定义表格。table 标签用于定义整个表格，表格内的所有内容都应该位于<table>和</table>之间
<caption>	定义表格标题。caption 标签的格式为：<caption>标题</caption>
<th>	定义表格的表头，即表格的行列标题数据定义在<th>和</th>之间。大多数浏览器会把表头显示为粗体居中的文本
<tr>	定义表格的行。对于每个表格行，都对应一对<tr></tr>标签
<td>	定义表格单元格。一个单元格对应一对<td></td>，单元格中可以是文字、图像或其他对象
<thead>	定义表格的页眉
<tbody>	定义表格的主体
<tfoot>	定义表格的页脚
<col>	定义用于表格列的属性
<colgroup>	定义表格列的组

【实例 5-1】（实例文件 ch05/01.html）

本实例使用表格标签在网页中创建一个 3 行 2 列的表格，并添加单元格内容。把下面的代码添加到<body>标签内：

```
<table>
        <caption>表格的标题</caption>
        <tr>
                <th>第一列标题</th>
                <th>第二列标题</th>
        </tr>
        <tr>
                <td>第一列内容</td>
                <td>第二列内容</td>
        </tr>
        <tr>
                <td>第一列内容</td>
                <td>第二列内容</td>
        </tr>
</table>
```

表格在 Dreamweaver "设计" 视图中的效果如图 5.1 所示，在浏览器中的预览效果如图 5.2 所示。

从上面的例子可以看出，用表格的基本标签创建的表格只有行和列，但是没有边框线、背景等。如果要控制表格的现实效果，需要了解表格的基本属性以及属性的设置。

5.1.3　表格的基本属性

1．<table>标签

<table>标签定义 HTML 表格。使用<table>的属性，可以控制表格在网页中的对齐方

式、表格边框线的宽度、表格的背景、表格的宽度等。目前的网页设计中更多地通过 CSS 来对表格样式进行设置。表 5.2 是<table>标签的常用属性。

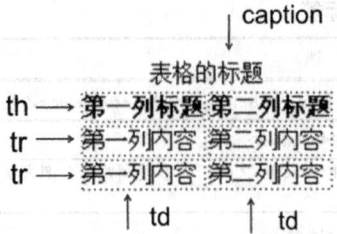

图 5.1 Dreamweaver 查看效果   图 5.2   浏览器预览效果

表 5.2   <table>标签的常用属性

属　　性	值	描　　述
align	left center right	规定表格相对于周围元素的对齐方式（左、居中、右）。不赞成使用，建议使用样式代替
bgcolor		规定表格的背景颜色。不赞成使用，建议使用样式代替
	rgb(x,x,x)	规定颜色值为 rgb 代码的背景颜色（如 "rgb(255,0,0)"）
	#xxxxxx	规定颜色值为十六进制值的背景颜色（如 "#FF0000"）
	colorname	规定颜色值为颜色名称的背景颜色（如 "red"）
border	pixels	规定表格边框的宽度
cellpadding	pixels %	规定单元边沿与其内容之间的空白
cellspacing	pixels %	规定单元格之间的空白
frame		规定外侧边框的哪个部分是可见的
	void	不显示外侧边框
	above	显示上部的外侧边框
	below	显示下部的外侧边框
	hsides	显示上部和下部的外侧边框
	lhs	显示左边的外侧边框
	rhs	显示右边的外侧边框
	vsides	显示左边和右边的外侧边框
	box	在所有 4 个边上显示外侧边框
	border	在所有 4 个边上显示外侧边框
rules		规定内侧边框的哪个部分是可见的
	none	不显示内侧边框
	groups	位于行组和列组之间的边框
	rows	位于行之间的边框
	cols	位于列之间的边框
	all	位于行和列之间的边框
summary	text	规定表格的摘要
width		规定表格的宽度
	%	设置以像素计的宽度（例如 width="50"）

属　性	值	描　述
Width	pixels	设置以包含元素的百分比计的宽度（例如 width="50%"）
background	URL	设置表格的背景图像。URL 是图像文件的路径

为图 5.2 中的<table>表格标签设置属性，表格的显示效果如图 5.3 所示。为<table>标签设置的属性代码如下：

```
<table align="center"  border="3"  bordercolor="#FF0000"  cellpadding="20"  cellspacing="10"  width=
"400" >
```

各属性在表格中的体现都很简单直观。需要注意分清 cellspacing 和 cellpadding 两个属性，cellpadding 属性规定单元格边沿与其内容之间的空白，cellspacing 属性规定单元格之间的空间，如图 5.3 所示。

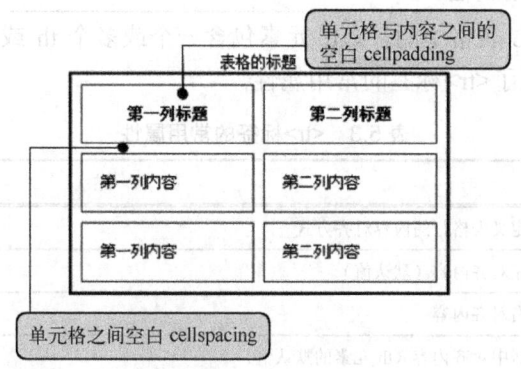

图 5.3　单元格的 cellspacing 和 cellpadding 属性

各属性的取值解释如下：

```
align="center"          （表格居中对齐）
border="3"              （表格边框线宽度是 3 像素）
bordercolor="#FF0000"   （表格颜色是红色"#FF0000"）
cellpadding="20"        （表格单元格与内容之间的空白 20 像素）
cellspacing="10"        （表格单元格之间的空白是 10 像素）
width="400"             （表格宽度是 400 像素）
```

另外，<table>标签的 frame 属性规定了表格外侧边框的显示。因为很多浏览器不支持该属性，所以从实用角度出发，最好不要规定 frame，而是使用 CSS 来添加边框样式。设置 frame="hsides"，显示上下边框的表格效果，如图 5.4 所示。设置 frame="above"，显示上边框的表格效果，如图 5.5 所示。

图 5.4　表格显示上下边框　　　　　　　　　图 5.5　表格显示上边框

<table>标签的 rules 属性规定内侧边框的哪个部分是可见的。因为很多浏览器不支持该属性，所以从实用角度出发，最好不要规定 rules，而是使用 CSS 来添加边框样式。设置 rules="rows"，显示行之间的边框线的表格效果，如图 5.6 所示。设置 rules="cols"，显示列之间的边框线效果，如图 5.7 所示（图中因为设置了 border=3，因此也显示 4 个外侧边框）。

表格的标题

第一列标题	第二列标题
第一列内容	第二列内容
第一列内容	第二列内容

图 5.6　表格显示行之间的边框线

表格的标题

第一列标题	第二列标题
第一列内容	第二列内容
第一列内容	第二列内容

图 5.7　表格显示列之间的边框线

2．行标签<tr>的常用属性

<tr>标签定义 HTML 表格中的行。tr 元素包含一个或多个 th 或 td 元素。一对<tr></tr>表示一行。表 5.3 中列出了<tr>标签的常用属性。

表 5.3　<tr>标签的常用属性

属　性	值	描　述
align		定义表格行的内容对齐方式
	left	左对齐内容（默认值）
	right	右对齐内容
	center	居中对齐内容（th 元素的默认值）
	justify	对行进行伸展，这样每行都可以有相等的长度（就像在报纸和杂志中）
	char	将内容对准指定字符
bgcolor		规定表格行的背景颜色。不赞成使用，建议使用样式取而代之
	colorname	规定颜色值为颜色名称的背景颜色（如"red"）
	#xxxxxx	规定颜色值为十六进制值的背景颜色（如 "#FF0000"）
	rgb(x,x,x)	规定颜色值为 rgb 代码的背景颜色（如 "rgb(255,0,0)"）
valign		规定表格行中内容的垂直对齐方式
	top	对内容进行上对齐
	middle	对内容进行居中对齐（默认值）
	bottom	对内容进行下对齐
	baseline	与基线对齐

3．单元格标签<th>和<td>的常用属性

<td>标签定义 HTML 表格中的标准单元格。HTML 表格有两类单元格：

➢ 表头单元格：包含头部信息（由 th 元素创建）。

➢ 标准单元格：包含数据（由 td 元素创建）。

th 元素内部的文本通常会呈现为居中的粗体文字，而 td 元素内的文本通常是左对齐的普通文字。

<th>和<td>的常用属性及取值见表 5.4。

表 5.4 <th>和<td>标签的常用属性

属　　性	值	描　　述
abbr	text	规定单元格中内容的缩写版本。abbr 属性不会在普通的 Web 浏览器中造成任何视觉效果方面的变化。屏幕阅读器可以利用该属性
align		规定单元格内容的水平对齐方式
	left	左对齐内容（默认值）
	right	右对齐内容
	center	居中对齐内容
	justify	对行进行伸展，这样每行都可以有相等的长度（就像在报纸和杂志中）
	char	将内容对准指定字符
axis	category_name	对单元进行分类。很多浏览器不支持 axis 属性
bgcolor	rgb(x,x,x) #xxxxxx colorname	规定单元格的背景颜色。不赞成使用，建议使用样式取而代之
char	character	规定根据哪个字符用来进行内容的对齐。很多浏览器不支持 char 属性
charoff	number	规定对齐字符的偏移量。很多浏览器不支持 charoff 属性
colspan	number	规定单元格可横跨的列数。注：colspan="0" 指示浏览器横跨到列组的最后一列
headers	header_cells' id	规定与单元格相关的表头。headers 属性不会在普通浏览器中产生任何视觉变化。屏幕阅读器可以利用该属性
height	pixels %	规定表格单元格的高度。不赞成使用，建议使用样式取而代之
nowrap	nowrap	规定单元格中的内容是否折行。不赞成使用，建议使用样式取而代之
rowspan	number	规定单元格可横跨的行数
scope	col	定义将表头数据与单元数据相关联的方法
	colgroup	scope 属性标明某个单元是否是列、行、列组或行组的表头
	row	scope 属性不会在普通浏览器中产生任何视觉变化
	rowgroup	屏幕阅读器可以利用该属性
valign		规定单元格内容的垂直排列方式
	top	对内容进行上对齐
	middle	对内容进行居中对齐（默认值）
	bottom	对内容进行下对齐
	baseline	与基线对齐
width		规定表格单元格的宽度。不赞成使用，建议使用样式取而代之
	pixels	以像素计的宽度值（如 "100px"）
	%	以包含元素百分比计的宽度值（如 "20%"）

<th>和<td>标签的常用属性中，特别需要注意 rowspan 和 colspan 属性。

➤ rowspan 属性：进行行合并，其值为整数值，表示垂直方向上合并的行数。

➤ colspan 属性：进行列合并，其值为整数值，表示水平方向上合并的列数。

🔔 注意：合并单元格时，只能对连续的单元格进行合并，不能对非连续的单元格进行合并。合并单元格后，原单元格中的内容将组合为一组，放在合并后的单元格中。如图 5.8 所示为使用这两个属性合并单元格的示例。

如图 5.8 所示表格的 HTML 代码如下：

```
<table width="448" border="3" cellpadding="3">
```

某品牌服装第一季度全国销售量（件）		
北京	一月	625,230
	二月	546,114
	三月	640,456
上海	一月	604,780
	二月	789,123
	三月	590,012

图 5.8　表格行合并和列合并示例

```
  <tr>
    <td colspan="3" align="center">某品牌服装第一季度全国销售量（件）</td>
  </tr>
  <tr>
<td width="100" rowspan="3">北京</td>
<td width="100">一月</td>
<td width="100">625,230</td>
  </tr>
  <tr>
    <td>二月</td>
    <td>546,114</td>
  </tr>
  <tr>
    <td width="100">三月</td>
    <td width="100">640,456</td>
  </tr>
  <tr>
    <td rowspan="3">上海</td>
    <td>一月</td>
    <td>604,780</td>
  </tr>
  <tr>
    <td>二月</td>
    <td>789,123</td>
  </tr>
  <tr>
    <td>三月</td>
    <td>590,012</td>
  </tr>
</table>
```

4. 总结

以上介绍的 5 个标签有一些相同的属性，例如，都有 align 和 bgcolor 属性，表 5.5 中对这两个属性值的取值进行比较。

表 5-5　表格<table>、<tr>、<th>、<td>标签的 align 和 bgcolor 属性比较

标　　签	align	bgcolor
<table>	规定表格相对于周围元素的对齐方式（左、居中、右）	规定表格的背景颜色
<tr>	规定表格行内容的水平对齐方式	规定表格行的背景颜色
<th>、<td>	规定单元格内容的水平对齐方式	规定单元格的背景颜色

当一个表格中的<table>、<tr>、<th>、<td>标签使用相同属性时，属性有效的优先级从高到低是单元格→行→表格。

【实例 5-2】（实例文件　ch05/02.html）

本实例中，为表格、行、单元格分别设置不同的背景颜色。表格标签<table>的 bgcolor="#CCFF00"，表格第 2 行的 bgcolor="#CCCCCC"，第 2 行的第一个单元格和最后一个单元格的 bgcolor="#CC0000"。从预览效果可以看到，最终显示的是单元格的背景颜色，如图 5.9 所示。与此类似，在其他行中，如果未设置行或者单元格的背景颜色，则显示表格的背景颜色，如第 3、4 行；否则，将显示行或者单元格的背景颜色，如第 5 行的最后 3 个单元格，以及第 6、7 行的第 1 个单元格等。当表格或者单元格中既有背景色又有背景图像时，遵循背景图像优先。在默认情况下，背景是透明的。 

图 5.9　日历网页

5.2　Dreamweaver 中有关表格的操作

Dreamweaver 提供了表格的相关操作，使得网页中的表格操作更容易，效率更高。

5.2.1　表格的创建

要使用表格组织网页元素或数据，必须先要创建表格，然后才能有效地组织网页元素或表格数据。

插入表格的具体操作步骤如下。

Step1　在"文档"窗口中，将插入点定位在要插入表格的位置。

Step2　通过以下方法打开"表格"对话框，如图 5.10 所示。

➢ 选择"插入 | 表格"命令。

➢ 单击插入面板"常用"（或"布局"）选项卡中的"表格"按钮。

➢ 使用组合键"Ctrl+Alt+T"。

➢ 单击并拖动插入面板"常用"（或"布局"）选项卡中的"表格"按钮 到文档窗口中。

Step3　设置"表格"对话框中的各选项。

行数：指定表格行的数目。

列：指定表格列的数目。

表格宽度：以像素为单位或按占浏览器窗口宽度的百分比指定表格的宽度。

边框粗细：指定表格边框的宽度（以像素为单位）。

单元格间距：指定相邻的表格单元格之间的像素数。

单元格边距：确定单元格边框与单元格内容之间的像素数。

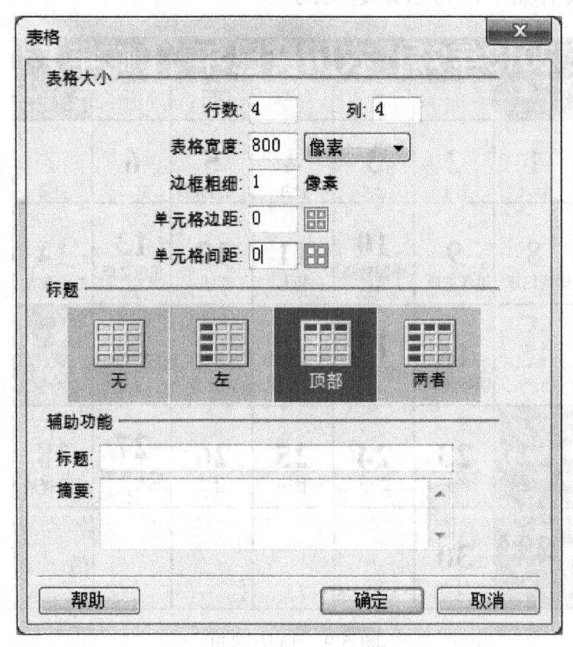

图 5.10 "表格"对话框

　　📝**提示**：如果没有明确指定"边框粗细"为 0 或者未设置，在"设计"视图中将不显示表格的边框，或者显示虚线边框，而在浏览器中不显示边框。如果没有指定单元格间距和单元格边距的值，则大多数浏览器都按"单元格边距"为 1、"单元格间距"为 2 来显示表格。要确保浏览器显示表格时不显示边距或间距，应该将"单元格边距"和"单元格间距"设置为 0。

无：对表格不启用列或行标题。

左：可以将表格的第一列作为标题列，以便为表格中的每行输入一个标题。

顶部：可以将表格的第一行作为标题行，以便为表格中的每列输入一个标题。

两者：可以在表格中输入列标题和行标题。

标题：提供一个显示在表格外的表格标题。

摘要：给出表格的说明。屏幕阅读器可以读取摘要文本，但是该文本不会显示在用户的浏览器中。

Step4　根据需要设置完"表格"对话框中的各项后，单击"确定"按钮完成表格的创建。

【**实例 5-3**】（实例文件　ch05/03.html）

本实例在网页中创建的表格如图 5.11 所示。

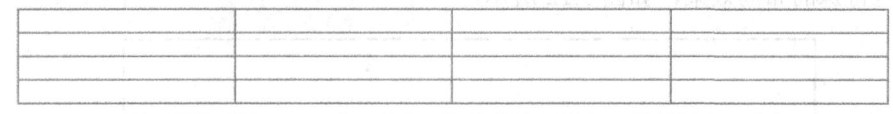

图 5.11　创建的表格

在网页的"代码"视图中增加了如下代码：

```html
<table width="800" border="1" cellspacing="0" cellpadding="0">
  <tr>
    <th scope="col"> </th>
    <th scope="col"> </th>
    <th scope="col"> </th>
    <th scope="col"> </th>
  </tr>
  <tr>
    <td> </td>
    <td> </td>
    <td> </td>
    <td> </td>
  </tr>
  <tr>
    <td> </td>
    <td> </td>
    <td> </td>
    <td> </td>
  </tr>
  <tr>
    <td> </td>
    <td> </td>
    <td> </td>
    <td> </td>
  </tr>
</table>
```

5.2.2　在表格中添加内容

创建好表格后，可以为表格添加各种网页元素，如文本、图像和表格等。使用

Dreamweaver 向表格中添加元素的操作非常简单，只要根据设计需要选定单元格，然后插入网页元素即可。

1. 输入文本

单击任意一个单元格可以直接输入文本，并且单元格大小会随文本的输入自动扩展。也可以使用"编辑 | 粘贴"命令或者"编辑 | 选择性粘贴"命令粘贴从其他文本编辑软件中复制的文本。

2. 嵌套表格

将插入点定位到任意一个单元格内并插入表格，即可实现表格嵌套。使用嵌套表格可以得到一些特殊的布局效果，如图 5.12 所示。

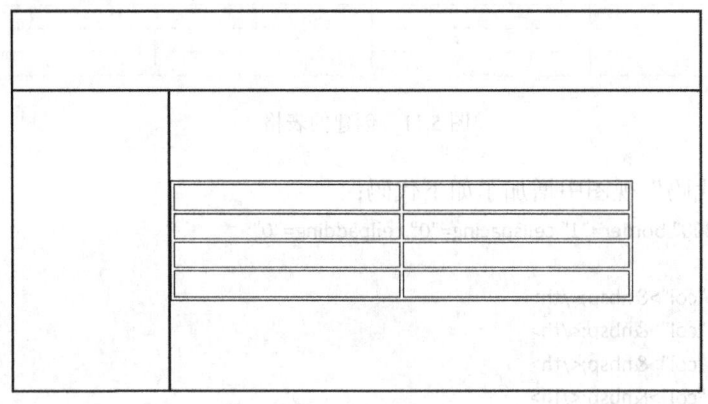

图 5.12　嵌套表格

3. 插入其他元素

表格的每个单元格就是一个小的编辑区域，所有可以插入网页中的元素，都可以插入到单元格中，比如图像、视频文件、音频文件等。插入方法与元素插入到网页中的方法相同，只需要把插入点放到单元格中后插入元素即可。

5.2.3　选择表格元素

对表格进行编辑之前是先选中表格元素，可以选择整个表格、一行或多行、一列或多列、一个单元格或多个单元格。

【实例 5-4】（实例文件 ch05/04.html）

1. 选择整个表格

只有选中了表格，在属性面板中才能设置表格的属性。选择整个表格的方法如下。

① 将插入点定位到表格中，然后选择"修改 | 表格 | 选择表格"命令。

② 在任意单元格中右击，从弹出的快捷菜单中选择"表格 | 选择表格"命令。

③ 将插入点定位到表格的任意单元格中，然后在文档窗口左下角的标签选择器中单击 <table>标签，如图 5.13 所示。

④ 将鼠标指针放到表格的四周边缘，鼠标指针右下角出现表格图标，如图 5.14 所

示，单击即可选中整个表格。

图 5.13　表格选择 1

图 5.14　表格选择 2

2．选择行或列

（1）选择单行或单列

只有选中的是整行（列），在属性面板上才显示行（列）的属性。选择单行（单列）的方法有多种。

第一种方法：单击选中行（列）中第一个单元格，按住鼠标左键拖动到本行（列）的最后一个单元格。

第二种方法：移动鼠标指针，使其指向行的左边缘或列的上边缘。当鼠标指针变成向右或向下的黑色实心箭头时单击，可选择整行或整列，如图 5.15 和图 5.16 所示。

图 5.15　选择表格列

图 5.16　选择表格行 1

第三种方法：将插入点定位到表格的任意单元格中，然后在文档窗口左下角的标签选择器中单击<tr>标签，可以选择整行如图 5.17 所示。

（2）选择多行或多列

使用上面第一种方法选择单行（列）后，按住鼠标左键向上、下（左、右）拖动，可以选择多行（多列）。

使用上面第二种方法选择单行（列）后，当鼠标指针变为实心箭头时，直接拖动鼠标或者按住 Ctrl 键的同时单击行或列，可以选择多行或多列。

3．选择单元格

若选择单个单元格，属性面板中将显示单元格属性。选择单元的方法比较简单，单击任意单元格，只要插入点在该单元格中，即选择该单元格。

另外一种方法：将插入点放到表格的任意单元格中，然后在文档窗口左下角的标签选择器中单击<td>标签，如图 5.18 所示。

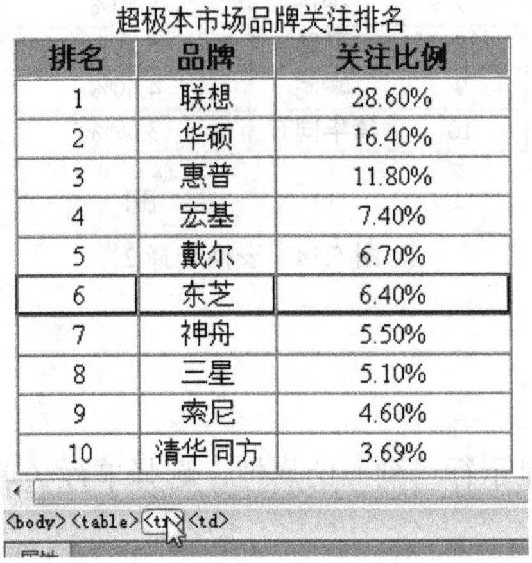

图 5.17 选择表格行 2 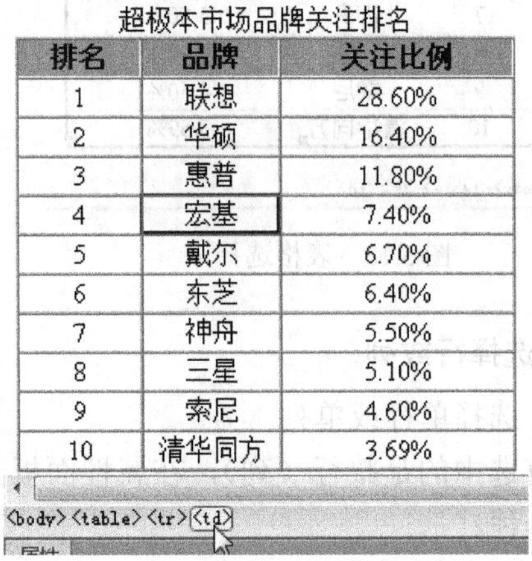	图 5.18 选择单元格

4．选择一个矩形区域

选中一个单元格后，按住鼠标左键向右上、向下、向左或向右方拖动到另一个单元格后放开，即可选中任意一个矩形区域。

选中矩形区域左上角所在位置的单元格，按住 Shift 键的同时单击矩形区域右下角所在位置对应的单元格，这两个单元格形成的矩形区域将被选中。矩形区域的左上角和右下角、左下角和右上角都可以作为矩形区域选择的起点。

5．选择不相连的单元格

按住 Ctrl 键的同时单击单元格，多次单击可以选择多个不连续的单元格。选中一个矩形区域后，按住 Ctrl 键的同时再单击区域外的单元格，也可以选择多个不连续的单元格。

5.2.4　复制、粘贴表格

在 Dreamweaver 中复制、剪切、粘贴表格的操作如同在 Word 中的操作一样。可以对表格中的矩形区域、单元格、行或列进行复制、剪切、粘贴操作，并可以保留单元格的格式，也可以对单元格的内容进行操作。

选择目标之后，使用"编辑"菜单中的剪切、复制、粘贴命令，或者使用这些命令对应的快捷键，也可以实现相应的操作。

☐注意：必须选择连续的矩形区域，否则不能进行复制和剪切操作。

关于粘贴的说明：

① 粘贴的目标位置如果在源表格之外，则默认情况下粘贴的内容作为一个新的表格出现，并且带有源表格的格式。

② 使用"编辑 | 选择性粘贴"命令，打开"选择性粘贴"对话框可以选择粘贴的形式，如图 5.19 所示。

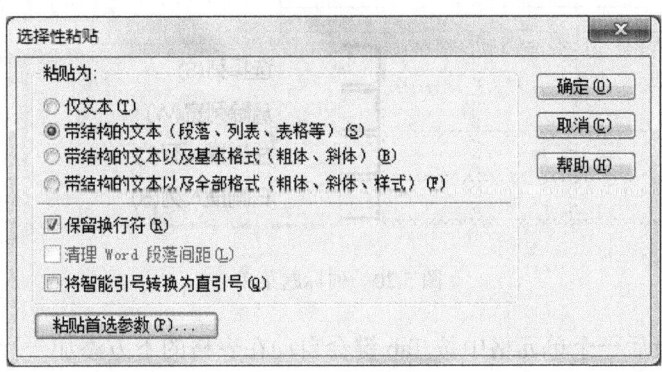

图 5.19　选择性粘贴

5.2.5　调整表格

创建表格之后，可根据需要调整表格、行和列的大小。

1. 调整表格的宽度和高度

将鼠标指针放在选定表格的右边框（或下边框）上，当鼠标指针变为左右箭头 ↔（或上下箭头 ↕）时，向左、右（或上、下）拖动边框，可以调整表格的宽度或高度。

2. 调整行或列的大小

将鼠标指针放在行的下边框（或列的右边框）上，向上、下（或左、右）拖动边框，可以改变行高（列宽）。

通过属性面板可以准确调整表格的宽度和高度，在 5.2.9 一节中详细介绍。

5.2.6　插入和删除表格行或列

插入和删除表格行或列，可以通过选择"修改 | 表格"菜单中的相应命令，或者使用列标题菜单实现。

1. 插入单行或单列

选中一个单元格后，就可以在该单元格的上、下（或左、右）插入一行（或一列）。具体的方法有以下几种。

① 在默认情况下，使用 Ctrl+M 快捷键，可以在插入点的上面插入一行。使用 Ctrl+Shift+A 快捷键，可以在插入点的左侧插入一列。

② 使用"修改 | 表格"菜单中的"插入行"（或"插入列"）命令，可以在插入点的上面插入一行（或在插入点的左边插入一列）。

③ 使用"插入 | 表格对象"菜单中的相应命令，可以在插入点的上面或下面插入行、在左边或右边插入列。

④ 右击，从弹出的快捷菜单中选择"表格"菜单中的"插入行"或"插入列"命令。

⑤ 单击该列的列标题菜单，然后选择"左侧插入列"或"右侧插入列"命令，可以实现列的插入，如图 5.20 所示。

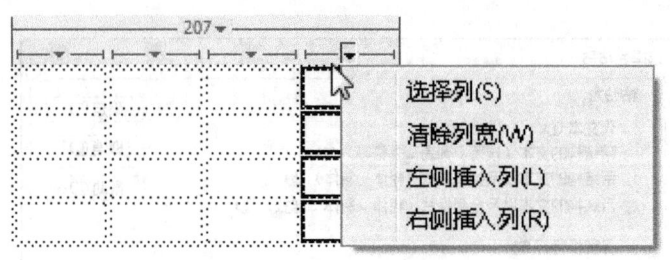

图 5.20　列标题菜单

⑥ 在表格的最后一个单元格中按 Tab 键会自动在表格的下方添加一行。

2．插入多行或多列

选中行或列中的一个单元格，选择"修改｜表格｜插入行或列"命令，弹出"插入行或列"对话框。根据需要设置对话框，可实现在当前行的上面或下面插入多行，如图 5.21 所示；或在当前列之前或之后插入多列，如图 5.22 所示。

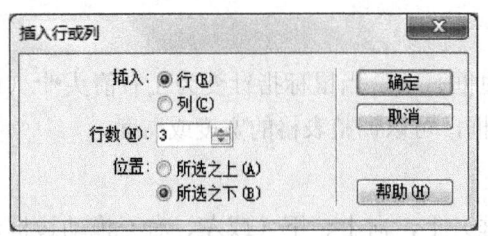
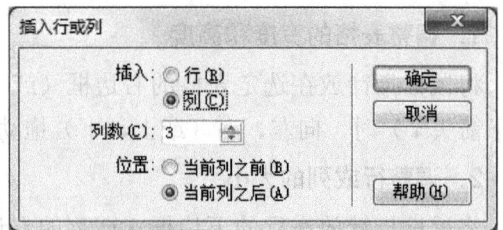

图 5.21　"插入行或列"对话框 1　　　　图 5.22　"插入行或列"对话框 2

3．删除表格行或列

选中要删除的行或列，选择"修改｜表格"菜单中的"删除行"或"删除列"命令，或者使用右键快捷菜单"表格"菜单中的"删除行"或"删除列"命令，可删除行或列。

☺注意：删除行快捷键为 Ctrl+Shift+M，删除列快捷键为 Ctrl+Shift+ "-"。

5.2.7　删除表格和清除表格内容

1．删除表格

采用以下方法，可以实现表格的删除。

● 使用删除行或列的方法，逐行或逐列删除，直到删除所有行或所有列。

● 选中表格之后，使用"编辑｜清除"命令或"编辑｜剪切"命令。

● 选中表格之后，按 Delete 键。

2．清除表格内容

选中表格中的连续区域，按 Delete 键或使用"编辑｜清除"命令清除的是表格内容。

5.2.8 合并和拆分单元格

1. 合并单元格

根据实际情况，有的表格项需要几行或几列来说明，这时需要将多个单元格合并，得到一个跨多行或多列的单元格。

选择连续的单元格，将它们合并成一个单元格，可以采用的方法如下。

- 使用“修改 | 表格 | 合并单元格”命令。
- 按 Ctrl+Alt+M 快捷键。
- 在属性面板中，单击“合并单元格”按钮。

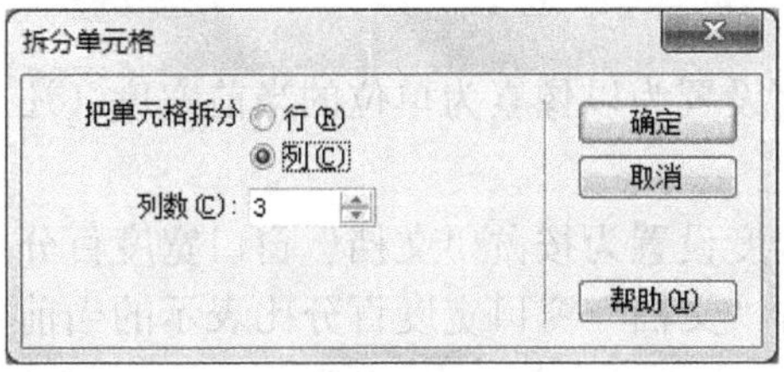

图 5.23 “拆分单元格”对话框

2. 拆分单元格

选择一个要拆分的单元格，打开“拆分单元格”对话框，如图 5.23 所示。打开该对话框的方法如下。

- 按 Ctrl+Alt+S 快捷键。
- 选择“修改 | 表格 | 拆分单元格”命令。
- 在属性面板中，单击“拆分单元格”按钮。

在“拆分单元格”对话框中，设置相应的参数，单击“确定”按钮，完成单元格的拆分。

5.2.9 表格属性的设置

在网页中插入表格后，通过选择不同的表格对象，并在属性面板中修改属性可以得到不同风格的表格。

1. 表格的属性

选中表格之后，表格四周会显示三个黑色的可拖动点，同时在属性面板中显示表格的属性，如图 5.24 所示。这些参数对应<table>标签的一些属性。

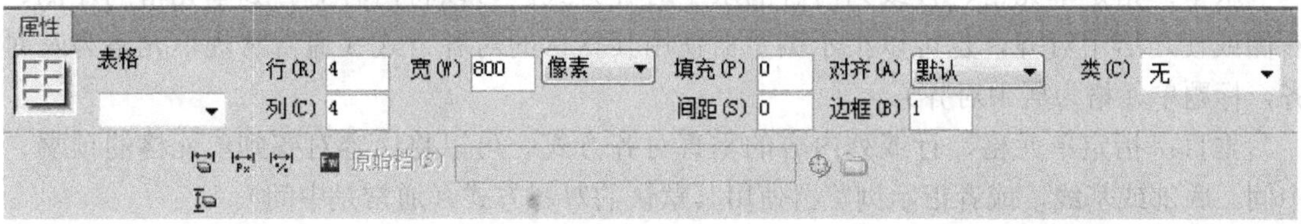

图 5.24 表格属性

表格属性面板中各属性说明如下。

表格：表格的 ID。

行和列：表格中行和列的数量。

宽：表格的宽度，以像素为单位或表示为占浏览器窗口宽度的百分比。注意：通常不需要设置表格的高度。

填充：单元格内容与单元格边框之间的像素数。

间距：相邻的表格单元格之间的像素数。

对齐：确定表格相对于同一段落中的其他元素（例如文本或图像）的显示位置。有

"默认"、"左对齐"、"居中对齐"、"右对齐"4个选项。

"左对齐"沿其他元素的左侧对齐表格（因此同一段落中的文本在表格的右侧换行）；"右对齐"沿其他元素的右侧对齐表格（文本在表格的左侧换行）；"居中对齐"将表格居中（文本显示在表格的上方和/或下方）。默认为"左对齐"，但是当将对齐方式设置为"默认"时，其他内容将不显示在表格的旁边。若要在其他内容旁边显示表格，应使用"左对齐"或"右对齐"。

边框：指定表格边框的宽度（以像素为单位）。

类：对该表格设置一个 CSS 类。

清除列宽 ：从表格中删除所有明确指定的列宽。

清除行高 ：从表格中删除所有明确指定的行高。

将表格宽度转换成像素 ：将表格中每列的宽度设置为以像素为单位的当前宽度（还将整个表格的宽度设置为以像素为单位的当前宽度）。

将表格宽度转换成百分比 ：将表格中每列的宽度设置为按占"文档"窗口宽度百分比表示的当前宽度（还将整个表格的宽度设置为按占"文档"窗口宽度百分比表示的当前宽度）。

2．单元格、行或列的属性

如果插入点在表格的任意一个单元格中，则属性面板显示单元格属性，如图 5.25 所示。

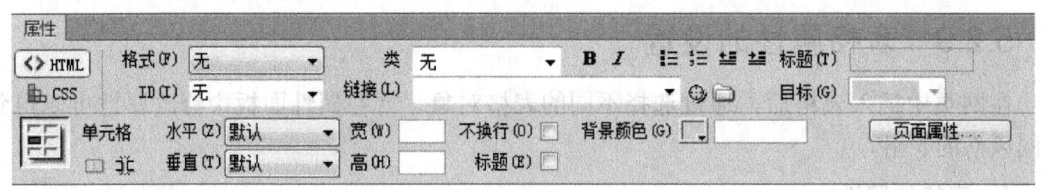

图 5.25　单元格属性

单元格属性面板中各属性说明如下。

水平：指定单元格、行或列内容的水平对齐方式。可以将内容对齐到单元格的左侧、右侧或使之居中对齐，也可以指示浏览器使用其默认的对齐方式（通常常规单元格为左对齐，标题单元格为居中对齐）。

垂直：指定单元格、行或列内容的垂直对齐方式。可以将内容对齐到单元格的顶端、中间、底部或基线，或者指示浏览器使用其默认的对齐方式（通常是中间）。

宽和高：所选单元格的宽度和高度，以像素为单位或按整个表格宽度或高度的百分比指定。若要指定百分比，应在值后面使用百分比符号（%）。若要让浏览器根据单元格的内容以及其他列和行的宽度和高度确定适当的宽度或高度，应将此域留空（默认设置）。在默认情况下，浏览器选择行高和列宽的依据是能够在列中容纳最宽的图像或最长的行。这就是为什么将内容添加到某个列中时，该列有时变得比表格中其他列宽得多的原因。

背景：单元格、列或行的背景颜色（使用颜色选择器选择）。

不换行：防止换行，从而使给定单元格中的所有文本都在一行上。如果勾选"不换行"项，则将输入数据或将数据粘贴到单元格中时，单元格会加宽来容纳所有数据（通常，单元格在水平方向上扩展以容纳单元格中最长的单词或最宽的图像，然后根据需要在垂直方向上进行扩展以容纳其他内容)。

拆分单元格：将一个单元格分成两个或更多单元格。一次只能拆分一个单元格；如果选择的单元格多于一个，则此按钮将被禁用。

合并单元格：将所选的单元格、行或列合并为一个单元格。只有当单元格形成矩形或直线（在一行中）的块时才可以合并这些单元格。

标题：将所选的单元格格式设置为表格标题单元格。在默认情况下，表格标题单元格的内容为粗体并且居中。

若选中表格的一行，则属性面板显示表格的行属性，如图 5.26 所示。

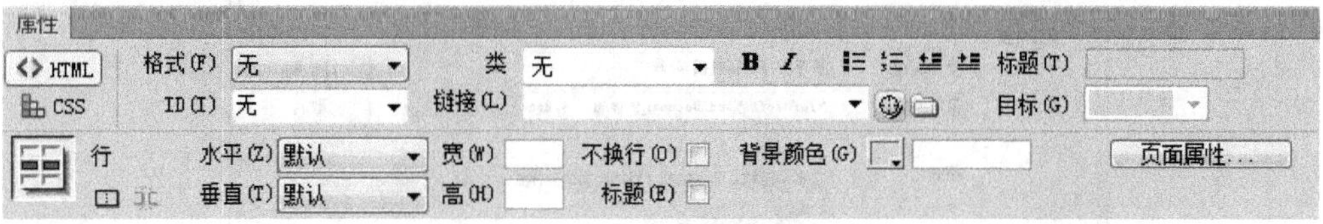

图 5.26　行属性

若选中表格的一列，则属性面板显示表格的列属性，如图 5.27 所示。

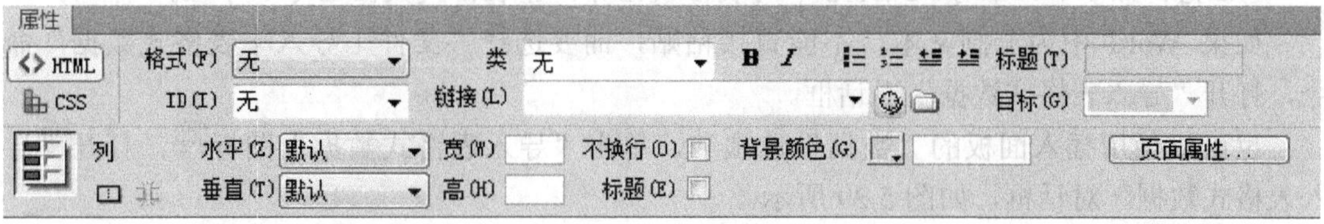

图 5.27　列属性

表格行和列的属性面板参数与表格单元格的参数基本相同，不同的是“拆分单元格”按钮无效，“合并单元格”按钮有效。

5.2.10　导入和导出表格的数据

根据实际应用，有时需要将 Word 文档中的内容或 Excel 文档中的表格数据导入到网页中进行发布，或将网页中的表格数据导出到 Word 文档或 Excel 文档中进行编辑。

Dreamweaver 提供了实现这些操作的功能。可以将在另一个应用程序（例如 Excel）中创建并以分隔文本的格式（其中的各项以制表符、逗号、冒号或分号隔开）保存的表格式数据导入到 Dreamweaver 中并形成表格；也可以将表格数据从 Dreamweaver 导出到文本文件中，相邻单元格的内容由分隔符隔开，使用逗号、冒号、分号或空格作为分隔符。当导出表格时，将导出整个表格，不能选择导出部分表格。

【实例 5-5】(实例文件 ch05/05.html)

1. 导入 Word 文档中的内容

一般，如果 Word 文档中的内容是已经编辑好的表格，则可以使用复制和粘贴操作完成，并且可以使用“选择性粘贴”命令把表格的样式和内容都粘贴到网页中。

也可以选择“文件丨导入丨Word 文档”命令，打开“导入 Word 文档”对话框，如图 5.28 所示。在该对话框选择 Word 文档，并设置格式化方式，指定导入后表格的格式。

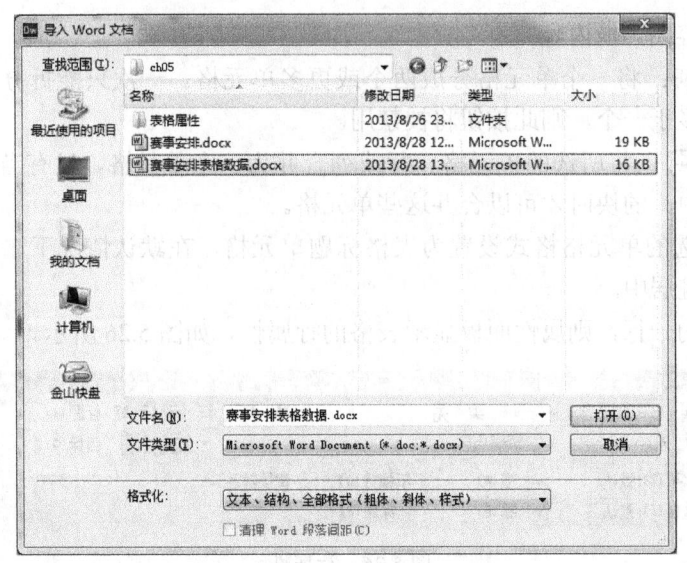

图 5.28 "导入 Word 文档"对话框

☐**注意**：除了粘贴和导入 Word 中的表格数据外，非表格式数据也可以导入。

如果 Word 中为分割文本，不能直接粘贴，而要选择"文件 | 导入 | 表格式数据"命令，打开"导入表格式数据"对话框。

也可以使用插入面板的"数据"选项卡，单击"导入表格式数据"图标，打开"导入表格式数据"对话框，如图 5.29 所示。

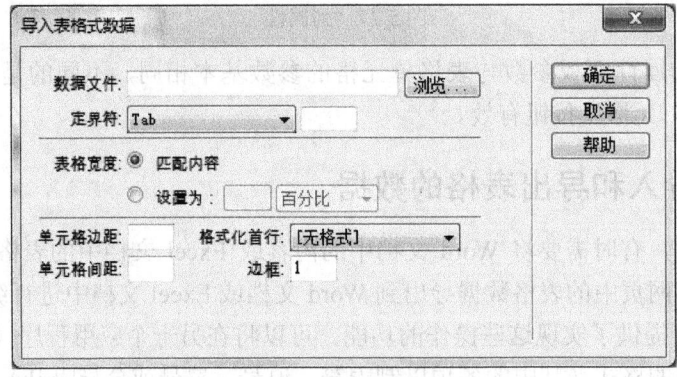

图 5.29 "导入表格式数据"对话框

"导入表格式数据"对话框中的各项含义如下。

数据文件：要导入的文件名称。单击"浏览"按钮选择文件。

定界符：选择要导入的文件中所使用的分隔符。如果下拉列表中没有，可以选择"其他"，同时在右侧文本框中输入数据文件中使用的分隔符。特别注意：必须将分隔符指定为先前保存数据文件时所使用的分隔符。如果不这样做，则无法正确地导入文件，也无法在表格中对数据进行正确的格式设置。

表格宽度：指定表格的宽度。选中"匹配内容"项，使每列足够宽，以适应该列中最长的文本字符串。选择"设置"项，以像素为单位指定固定的表格宽度，或按占浏览器窗口宽度的百分比指定表格宽度。

单元格边距：指定单元格内容与单元格边框之间的像素数。

单元格间距：指定相邻的表格单元格之间的像素数。

格式化首行：指定应用于表格首行的格式设置（如果存在）。从 4 种格式设置选项中进行选择：无格式、粗体、斜体或加粗斜体。

边框：指定表格边框的宽度（以像素为单位）。

设置好参数之后，单击"确定"按钮，完成导入表格式数据。

2．导入 Excel 文档中的表格数据

一般，Excel 文档中的内容可以使用复制和粘贴操作完成，并且可以使用"选择性粘贴"命令把表格的样式和内容都粘贴到网页中。

也可以选择"文件｜导入｜Excel 文档"命令，打开"导入 Excel 文档"对话框，如图 5.30 所示。在该对话框选择 Excel 文档，并设置格式化方式，指定导入后表格的格式。

3．导出网页中的表格数据

可以把网页中的表格数据导出到其他文档中，具体方法如下。

选择"文件｜导出｜表格"命令，弹出"导出表格"对话框，如图 5.31 所示。

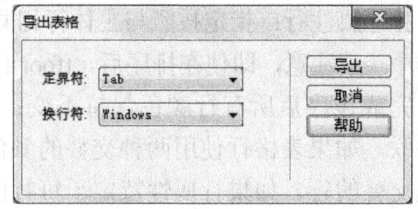

图 5.30　"导入 Excel 文档"对话框　　　　　图 5.31　"导出表格"对话框

"导出表格"对话框中的选项说明如下。

定界符：指定应该使用哪种分隔符在导出的文件中隔开各项。

换行符：指定将在哪种操作系统中打开导出的文件，Windows、Macintosh 还是 UNIX（不同的操作系统具有不同的指示文本行结尾的方式）。

根据需要设置参数，单击"导出"按钮，弹出"表格导出为"对话框，输入保存导出数据的文件名称（建议导出为文本文件），单击"保存"按钮完成导出。

5.2.11　排序表格

在 Dreamweaver 中可以根据单列的内容对表格中的行进行排序，还可以根据两列的内容执行更加复杂的表格排序，但是不能对含有 colspan 或 rowspan 属性的表格（即包含合并

单元格的表格）进行排序。

排序表格的方法如下。

将插入点定位到要排序的表格中，选
择"命令｜排序表格"命令，弹出"排序
表格"对话框，如图 5.32 所示。在"排序
表格"对话框中设置排序规则，各项说明
如下。

排序按：确定使用哪列的值对表格的
行进行排序。

顺序：确定是按字母还是按数字顺
序，以及按升序（A 到 Z，数字从小到

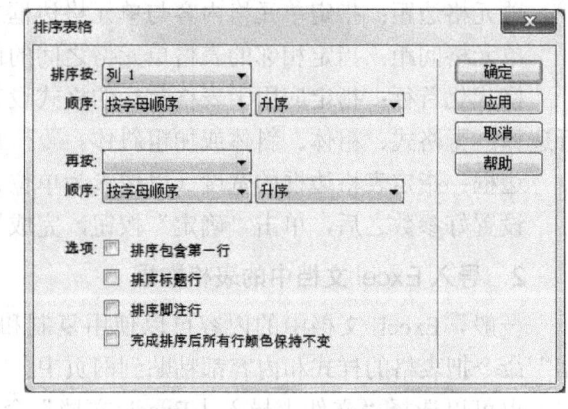

图 5.32 "排序表格"对话框

大）还是按降序对列进行排序。如果列的内容是数字，则选择"按数字顺序"。如果按字母
顺序对一组由一位或两位数组成的数字进行排序，则会将这些数字作为单词进行排序（排序
结果如 1，10，2，20，3，30），而不是将它们作为数字进行排序（排序结果如 1，2，3，
10，20，30）。

再按/顺序：确定将在另一列中应用的第二种排序方法的排序顺序。在"再按"下拉列
表中指定将应用第二种排序方法的列，并在"顺序"下拉列表中指定第二种排序方法的排序
顺序。

排序包含第一行：指定将表格的第一行包括在排序中。如果第一行是不应移动的标
题，则不选择此选项。

排序标题行：指定使用与主体行相同的条件对表格的 thead 部分（如果有）中的所有行进
行排序（请注意，即使在排序后，thead 行也将保留在 thead 部分并仍显示在表格的顶部）。

排序脚注行：指定按照与主体行相同的条件对表格的 tfoot 部分（如果有）中的所有行进
行排序（请注意，即使在排序后，tfoot 行也将保留在 tfoot 部分并仍显示在表格的底部）。

完成排序后所有行颜色保持不变：指定排序之后表格行属性（如颜色）与同一内容保
持关联。如果表格行使用两种交替的颜色，则不要选择此选项，以确保排序后的表格仍具有
颜色交替的行。如果行属性特定于每行的内容，则选择此选项，以确保这些属性保持与排序
后表格中正确的行关联在一起。

5.3　使用表格布局网页

表格是常用的页面元素，制作网页经常要借助表格进行排版。在网页布局的早期，表
格起着举足轻重的作用，通过设置表格以及单元格的属性，可以对页面中的元素进行准确定
位，有序地排列数据并对页面进行更加合理的布局，灵活地使用表格的背景、框线等属性可
以得到更加美观的效果。

5.3.1　表格布局技术的产生

在 1991 年 8 月 6 日，世界上第一个网页正式上线。这个网站由 Tim Berners-Lee（见
图 5.33）在一台 NeXT 计算机中创建，该网站基于文本，包含几个链接，它解释了万维网的

概念，如何使用网页浏览器和如何建立一个网页服务器等普及型内容。

第一个网站现在早已不存在了，也没有留下原始页面的截图。欧洲核子研究中心表示，现在这个网站只是一个 1993 年版本的副本，并在原有基础上有所更改。打开 http://info.cern.ch/hypertext/WWW/TheProject.html 可以查看网页，如图 5.34 所示。

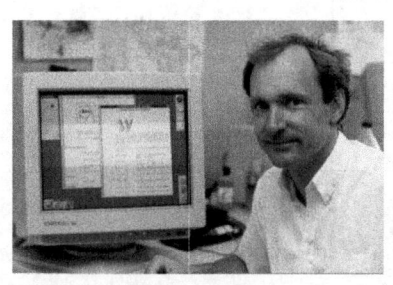

图 5.33　Tim Berners-Lee

World Wide Web

The WorldWideWeb (W3) is a wide-area hypermedia information retrieval initiative aiming to give universal access to a large universe of documents.

Everything there is online about W3 is linked directly or indirectly to this document, including an executive summary of the project, Mailing lists , Policy , November's W3 news , Frequently Asked Questions .

What's out there?
Pointers to the world's online information, subjects , W3 servers, etc.
Help
on the browser you are using
Software Products
A list of W3 project components and their current state. (e.g. Line Mode ,X11 Viola , NeXTStep , Servers , Tools , Mail robot , Library)
Technical
Details of protocols, formats, program internals etc
Bibliography
Paper documentation on W3 and references.
People
A list of some people involved in the project.
History
A summary of the history of the project.
How can I help ?
If you would like to support the web..
Getting code
Getting the code by anonymous FTP , etc.

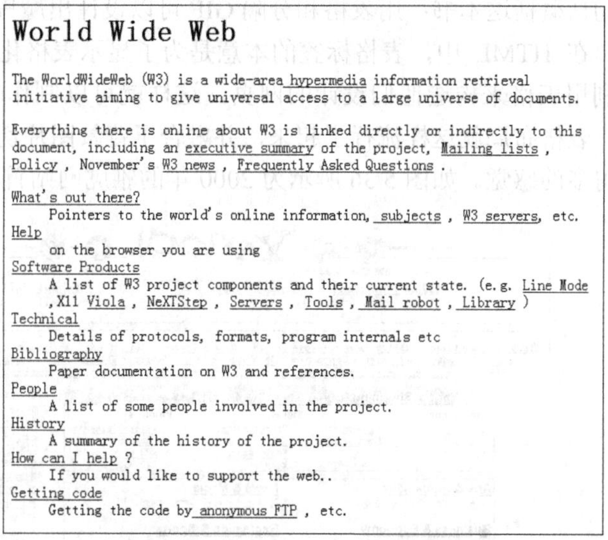

图 5.34　世界上第一个网页的副本

随后的网页都比较相似，完全基于文本，单栏设计，有一些链接等。最初版本的 HTML 只有最基本的内容结构：标题（<h1>, <h2>…），段落（<p>）和链接（<a>）。后来新版本的 HTML 开始允许在页面中添加图片（<img>），但是由于缺乏对页面进行排版布局的手段，网站页面比较简陋，网页完全由文本构成，除了一些小图片和毫无布局可言的标题与段落外，网页中只能使用最基本的一些 HTML 标签来表现内容。如图 5.35 所示是 1996 年的雅虎网站首页，体现了当时网页布局的特点。

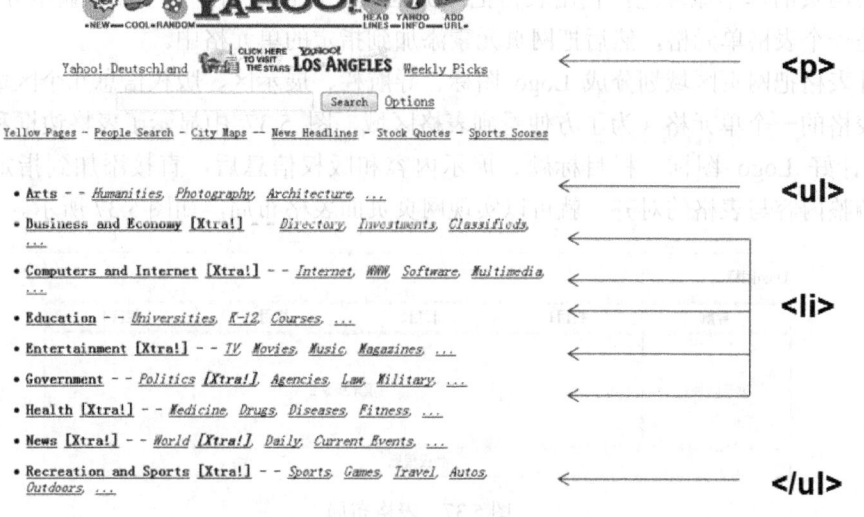

图 5.35　1996 年的雅虎网站首页

后来随着网页内容的丰富，图像、声音、动画等多媒体出现网页中，用户对网页视觉提出了更高的要求。在 1997 年，David Siegel 出版了《Creating Killer Web Sites》一书，讲述了使用表格来进行网页布局的思路和方法。它在当时有限的浏览器功能和 W3C 标准之下，设计出非常华丽的网页效果，从而使得网站页面的布局得到极大改善。网页设计者们用一句话概括这本书：用表格和分隔 GIF 可以设计出魔鬼般迷人的站点。

在 HTML 中，表格标签的本意是为了显示表格化的数据，但是设计师很快意识到，可以利用表格来构造他们设计的网页，这样就可以制作较以往作品更加复杂的、多栏目的网页。表格布局就这样流行了起来，并融合了背景图片切片技术，给人以看起来比实际布局简洁得多的感觉。如图 5.36 所示为 2000 年的雅虎网站首页，使用了表格布局技术。

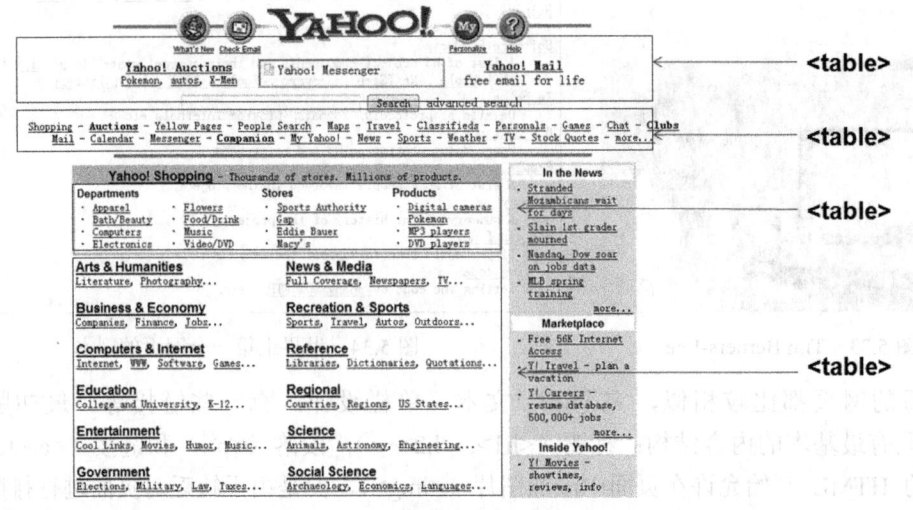

图 5.36　2000 年的雅虎网站首页

5.3.2　用表格布局网页的基本原理

表格网页的基本原理是，使用表格把网页区域进行合理划分（一般不显示分割线），每个区域是一个表格单元格，然后把网页元素添加到指定的单元格中。

设计表格把网页区域划分成 Logo 图标、导航栏、展示区、版权信息几个区域，每个区域都是表格的一个单元格（为了方便看到表格区域，图 5.37 中显示了表格边框和单元格边框）。设计好 Logo 图标、栏目标题、展示内容和版权信息后，直接添加到指定的单元格中，并调整内容与表格的对齐，就可以实现网页页面表格布局，如图 5.37 所示。

Logo图标				
导航	栏目1	栏目2	栏目3	栏目4
展示版块1	展示版块2			
版权信息				

图 5.37　表格布局

5.3.3　表格布局的优缺点

传统表格布局方式利用 HTML 的 table 元素所具有的零边框特性，即不显示边框，将网页中的各个元素按照版式划分后，分别放入表格的各个单元格中。

1．表格布局的优点

表格布局技术简单、易掌握，整体思路明了，易于操作。利用表格布局可以轻松地将整个页面划分成需要的各个区域。如果某个区域中的内容需要再划分，可以通过嵌套表格来实现。表格中的每个区域都可以单独调整，表格区域与区域之间的关系清晰直观。

几乎所有的 Web 浏览器都支持表格技术，所以用表格布局的网页浏览器兼容性好。

2．表格布局的缺点

用表格设计的网页代码相对复杂，即便是一个单元格，也需要如下代码量。如果表格复杂一些，代码会更多、更复杂。

```
<table width="100" border="0" cellspacing="0" cellpadding="0">
  <tr>
    <td> </td>
  </tr>
</table>
```

表格布局的页面维护和升级困难。例如，页面制作完成后，如果希望调整表格中各块的位置，可能需要重新制作一个页面。

表格布局容易被破坏。因为表格的宽度和高度不能限制插入元素的大小，即便设置了表格的宽度，如果插入到表格中的图像大小超过了表格的大小，表格的布局也会被破坏。

利用表格布局的页面，当嵌套层次较多时，浏览速度较慢。利用表格排版的页面，在下载时必须等整个表格的内容都下载完毕之后才会一次性显示出来。

5.3.4　使用表格布局网页的基本步骤

合理使用表格布局网页，需要掌握使用表格布局网页的基本步骤。使用表格布局网页的基本步骤如下。

1．准备素材阶段

在该阶段搜索准备创建网页所需要的素材文件，包括文本、图像、声音、视频等素材，以备后期制作阶段使用。

2．规划页面基本结构框架阶段

表格的优点是可以清晰直观地对网页进行区域划分，因此在划分之前需要规划网页的基本结构框架。可以把网页看成一张白纸，根据分析设计，划分不同的区域，明确区域中的内容，相当于打草稿。如图 5.38 所示是一个网页结构框架的规划图。查看这个规划图，可以清楚了解网页中的布局结构，每个区域中的内容也很明确，为接下来的网页制作工作做好准备。

3．插入布局表格

设计好网页结构框架的规划图后，就可以构思网页表格结构，即确定表格的个数，以及表格嵌套的方式，然后就可以插入布局表格。

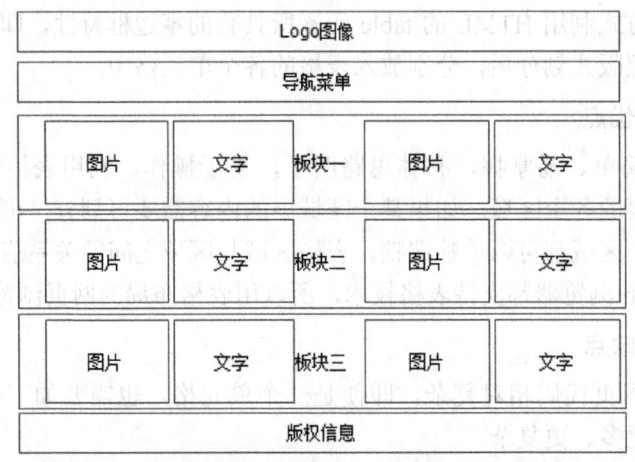

图5.38　网页基本结构框架

布局表格完成对网页中内容的约束作用，通过把布局表格放在一定的位置，从而使得其中的内容出现在期望的位置。

关于布局表格需要说明以下几方面。

① 把布局表格的 align 属性设置为 center，可以使得其中的内容在网页中居中对齐。

② 表格或单元格的宽度或高度有"像素"和"百分比"两种单位，使用时要注意区分。使用"像素"作为单位的固定宽度的网页更易于掌握。

③ 作为布局用的表格，一般设置 table 的 border=0（不显示边框线），cellpadding=0（单元边沿与其内容之间没有间隙），cellspacing=0（单元格之间没有间隙）。这样设置的目的是在浏览器窗口中不显示表格的任何边框线，同时也保证添加的切片文件能够无缝链接。当然，在特殊情况下，根据设计需求也可以不设置这些值为0。

④ 使用表格控制网页布局时尽量制小表而不制大表，这样做的原因是网页显示速度较快，另外网页各个部分相对独立，容易修改。

⑤ 布局表格的应用方式主要有两种：并列和嵌套。

并列布局表格是指，在一个表格后面继续插入一个新的表格，新的表格会自动向下排列。并列的表格应该指定相同的宽度。并列布局表格如图5.39所示。

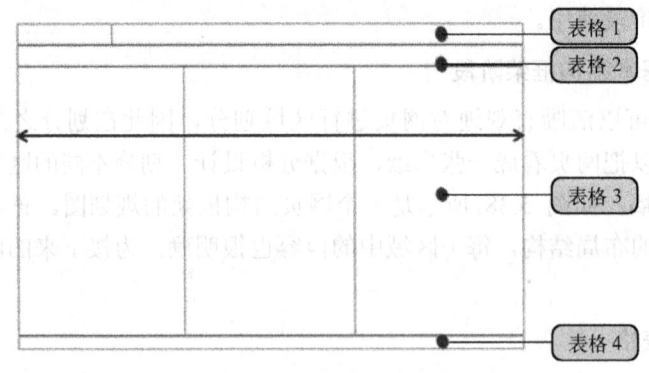

图5.39　并列布局表格

嵌套布局表格是指在一个表格内嵌套另一个表格。单元格中的表格是内嵌入式表格，通过内嵌式表格可以将一个单元格再分成许多行和列，而且可以无限制地插入内嵌入式表格。但是内嵌的表格层次越多，浏览时花费在下载页面的时间越长，因此建议一般不要使用太多层内嵌式表格。通过表格的嵌套，可以实现复杂的网页排版效果。嵌套布局表格如图 5.40 所示。

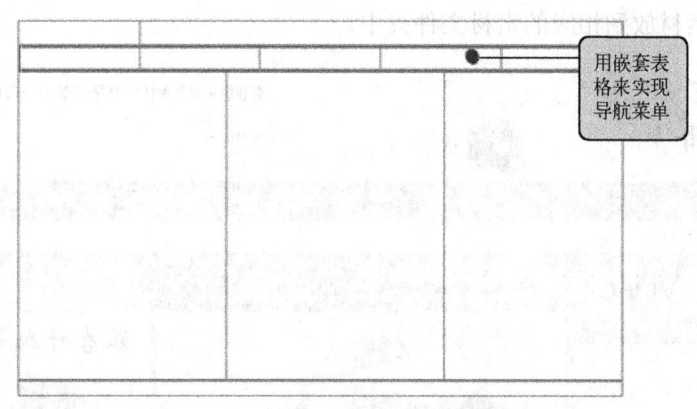

图 5.40 嵌套布局表格

4．在布局表格的单元格中插入指定的网页元素

把第一个阶段准备的素材，包括文本、图像、媒体文件等，插入到布局表格的单元格中。添加方法与插入到网页中的方法相同。添加内容到布局表格，如图 5.41 所示。

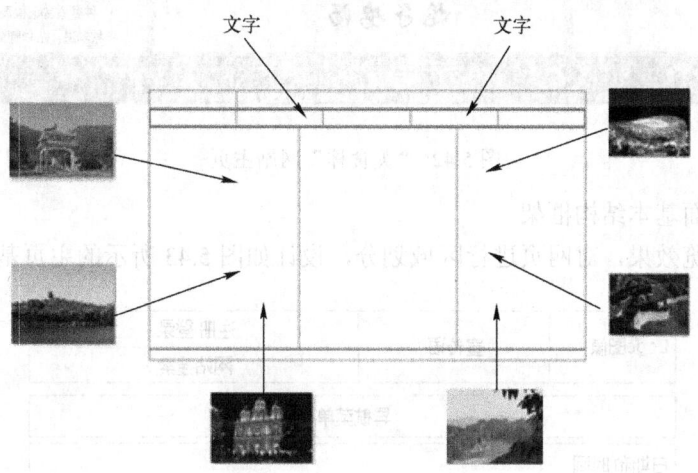

图 5.41 添加表格内容

5．调整网页元素的尺寸

调整网页元素的尺寸，以适应布局表格的尺寸，应避免破坏布局表格的结构。如果布局表格的结构被破坏，就会影响网页的预览效果。

5.3.5 表格布局应用实例

【实例 5-6】（实例文件 ch05/meishilin/index.html）

本实例使用表格布局"美食林"网站主页，网页的预览效果如图 5.42 所示。本实例所需素材在本书配套资源"素材资源\ch05\meishilin"文件夹中。

下面按照表格布局网页的基本步骤，开始"美食林"网站主页的制作。

（1）准备好制作网页需要的素材文件

在 Dreamweaver 中创建一个"美食林"站点，规划站点结构，遵循搭建网站文件目录结构的原则，把素材放到相应的素材文件夹中。

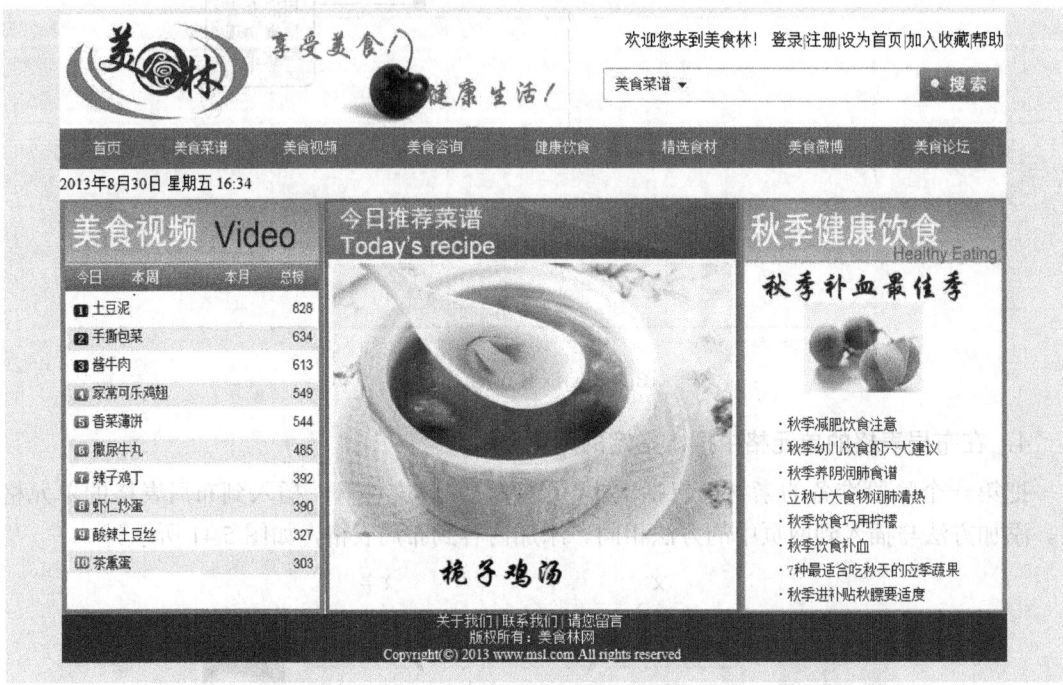

图 5.42 "美食林"网站主页

（2）规划页面基本结构框架

根据网页预览效果，对网页进行区域划分，设计如图 5.43 所示的主页基本结构框架。

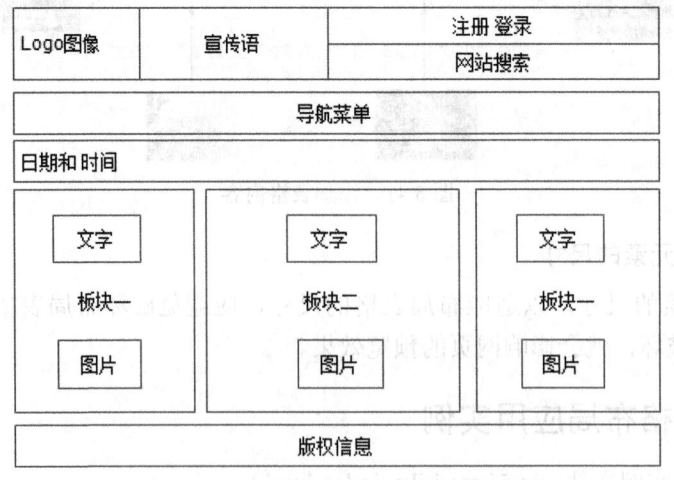

图 5.43 "美食林"主页基本结构框架

（3）插入布局表格

在网页文件中，按照网页基本结构框架，建立布局表格，参考步骤如下。

Step1 使用 Dreamweaver 在网站根目录下新建一个 HTML 文档，并保存为 index.html。

Step2 使用"插入 | 表格"命令，打开"表格"对话框，在网页中插入一个 1 行 3 列的表格。在"表格"对话框设置表格宽度为 960 像素，边框粗细为 0 像素，单元格间距为 0 像素，单击"确定"按钮，得如图 5.44 所示的表格。选中表格，使用表格属性面板，设置表格对齐方式为"居中对齐"。

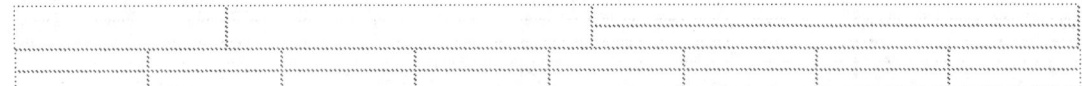

图 5.44　布局表格 1

Step3 采用同样的方法，在左数第 3 个单元格中插入一个 2 行 1 列的嵌套表格，设置表格宽度为 440 像素，边框粗细为 0 像素，单元格间距为 0 像素。选中嵌套表格，使用表格属性面板，设置嵌套表格对齐方式为"居中对齐"，结果如图 5.45 所示。

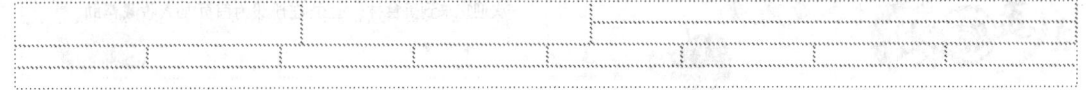

图 5.45　布局表格 2

Step4 把插入点定位在已创建表格的下方，使用"插入 | 表格"命令，在页面中再插入一个 2 行 8 列的表格，设置表格宽度为 960 像素，边框粗细为 0 像素，单元格间距为 0 像素。选中该表格，使用表格属性面板，设置该表格对齐方式为"居中对齐"，结果如图 5.46 所示。

图 5.46　布局表格 3

Step5 选中已创建表格的第 3 行，使用属性面板中的"合并单元格"按钮，把 8 个单元格并为一个单元格，结果如图 5.47 所示。

图 5.47　布局表格 4

Step6 把插入点定位在已创建表格的下方，使用"插入 | 表格"命令，在页面中再插入一个 1 行 3 列的表格，设置表格宽度为 960 像素，边框粗细为 0 像素，单元格间距为 0 像素。选中该表格，使用表格属性面板，设置该表格对齐方式为"居中对齐"，结果如图 5.48 所示。

Step7 把插入点定位在已创建表格的下方，使用"插入 | 表格"命令，在页面中再插入一个 1 行 1 列的表格，设置表格宽度为 960 像素，边框粗细为 0 像素，单元格间距为 0 像

素。选中该表格，使用表格属性面板，设置该表格对齐方式为"居中对齐"，结果如图 5.49所示。

图 5.48　布局表格 5

图 5.49　布局表格 6

（4）在布局表格的单元格中插入指定的网页元素

布局表格整体上使用的是并列布局，按从上到下的顺序，依次为布局表格添加网页元素。

① Logo 行

在 Logo 所在行的第一个单元格中，插入 Logo 图片，在第二个单元格中插入网站宣传语图片，在嵌套表格中分别添加图片和文本，结果如图 5.50 所示。

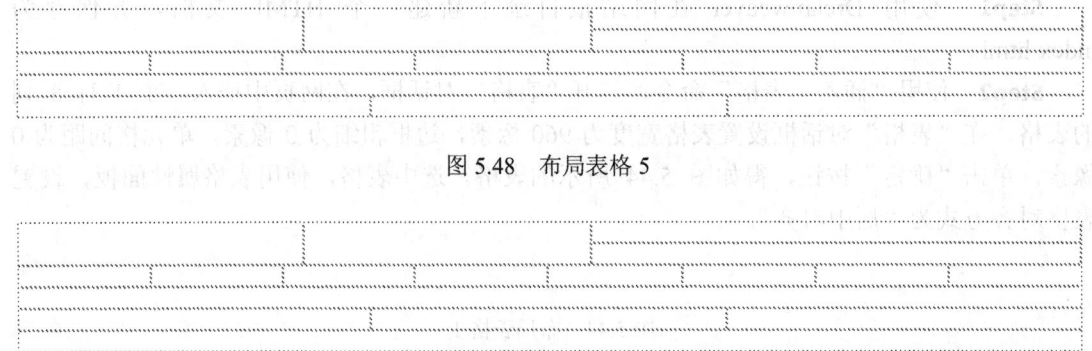

图 5.50　Logo 行

② 导航栏

把导航栏的文本添加到第二行单元格中，结果如图 5.51 所示。

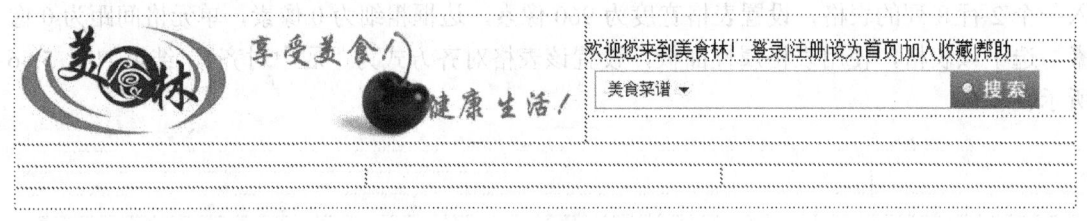

图 5.51　导航栏

③ 日期和时间行

使用"插入 | 日期"命令，打开"插入日期"对话框，按照如图 5.52 所示设置，单击"确定"按钮，结果如图 5.53 所示。

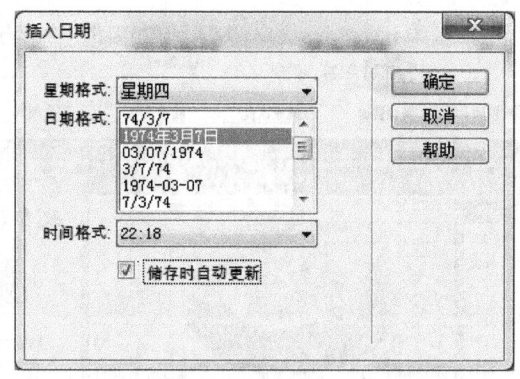

图 5.52 "插入日期"对话框

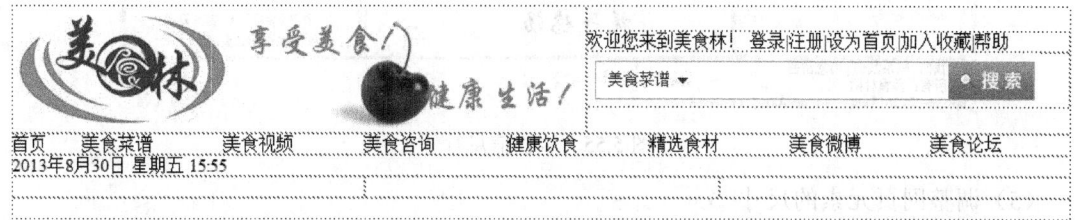

图 5.53 时间和日期行

④ 板块行

在板块行的三个单元格中分别添加网页切片文件,结果如图 5.54 所示。

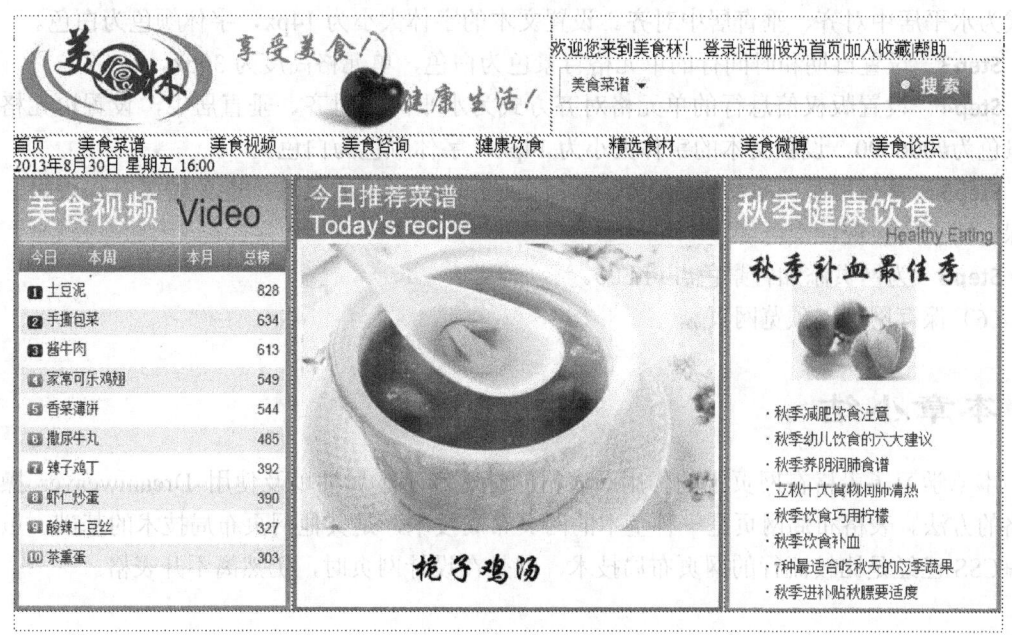

图 5.54 板块行

⑤ 版权信息行

在版权信息行中添加文本内容,结果如图 5.55 所示。

图 5.55　版权信息行

（5）调整网页元素的尺寸

调整网页中图片的尺寸、文本的字体大小，以保证不破坏表格的结构。

Step1　调整第一行右侧嵌套表格中单元格对齐方式为"左对齐"，设置文本的字体大小为 14px，设置单元格的背景色为白色。

Step2　设置导航菜单栏的单元格背景色为#FF6600，高度为 40px，设置单元格的对齐方式为水平居中对齐、垂直居中对齐。设置文本的字体大小为 14px，字体颜色为白色。

Step3　设置日期和时间行的单元格背景色为白色，单元格高度为 30px。

Step4　设置版权信息行的单元格对齐方式为水平居中对齐、垂直居中，设置单元格的背景色为#006600，设置文本的字体大小为 14px，字体颜色为白色。

Step5　整体调整网页中元素的尺寸，保证不超过表格的尺寸，避免破坏布局表格，同时保证网页的美观。

Step6　为网页添加背景色#FFFF00。

（6）保存网页，预览网页。

本章小结

本章学习了表格在网页中的作用、表格的标签和基本属性以及使用 Dreamweaver 操作表格的方法。表格布局网页是一种基本的网页布局技术，是其他网页布局技术的基础。虽然 Div+CSS 已经是比较流行的网页布局技术，但是在设计网页时，仍然离不开表格。

课后习题

一、选择题

1. 表格由（　　）标签来定义。

A．<td> B．<table> C．<hr> D．<bg>

2．（　　）标签定义表格的行。

A．<td> B．<th> C．<tr> D．<hang>

3．<table>的（　　）属性规定单元边沿与其内容之间的空白。

A．cellpadding B．cellspacing C．frame D．align

4．创建表格的组合键是（　　）。

A．Ctrl+T B．Alt+T C．Ctrl+Alt+T D．Shift+T

二、填空题

1．表格在网页中主要有两个功能：一是（　　），二是（　　）。

2．表格的行列标题数据定义在（　　）之间。

3．<table>标签的 width 属性规定表格的宽度，可使用的单位有两个，分别是（　　）和（　　）。

4．当一个表格中的<table>、<tr>、<th>、<td>标签使用相同属性时，属性有效的优先级从高到低是（　　）、（　　）、（　　）。

5．布局表格的应用方式主要有两种：（　　）和（　　）。

三、思考题

1．阐述表格布局网页的基本原理。

2．描述使用表格布局网页的基本步骤。

3．总结表格布局的优点。

第 6 章 超 链 接

学习要点：

● 掌握超链接的基本知识；

● 掌握超链接的基本标签和常用属性；

● 掌握超链接的 CSS 样式；

● 掌握 Dreamweaver 中有关超链接的操作。

建议学时：上课 4 学时，上机 4 学时。

6.1 超链接概述

6.1.1 超链接的概念

网络中的每个网页都是通过超链接的形式关联在一起的，超链接是网页中最重要、最根本的元素之一。浏览者可以通过单击网页中的某个元素，轻松实现网页之间的转换或下载文件、收发邮件等操作。

超链接是超级链接的简称。所谓超链接，是指从一个网页指向一个目标的连接关系。它包含三个部分：链接源、链接目标和链接路径。

链接源是指在一个网页中要创建链接的对象，可以是一段文本或者是一张图片等。

链接目标是要跳转到的对象。链接目标可以是另一个网页，也可以是相同网页中的不同位置，还可以是一张图片，一个电子邮件地址，一个文件，甚至是一个应用程序。

链接路径就是从链接源到链接目标的一种途径，链接路径有很多种。

当浏览者单击链接源之后，服务器按照链接路径定位链接目标，链接目标将显示在浏览器中，并且根据目标的类型来打开或运行。超链接属于网页的一种元素，这种元素使得网页之间、站点之间建立起关联。一个网站中的各个网页链接在一起后，才能真正构成一个网站。超链接把不同单位、不同地区、不同国家的网站链接起来，促使 Internet 成为信息的海洋。

6.1.2 超链接的种类

网页中的超链接形式多样，按照不同的分类规则，超链接可以划分不同的种类。

按照链接路径的不同，超链接可以划分为 3 种类型：内部链接、锚点链接、外部链接。

① 内部链接

内部链接是指在同一个网站内的页面之间相互联系的超链接。链接源和链接目标都在同一个网站内，这样的实现网站内部链接关系的超链接称为内部链接。

② 锚点链接

锚点链接是指在同一网页内或不同网页的指定位置的链接。锚点就是在一个网页中设置位置标签，并给该位置一个名称，以便引用。锚点常被用来跳转到特定的主题或文档的顶部。使访问者能够快速浏览到选定的位置，加快信息检索速度。

锚点链接的链接目标比较特殊，链接目标不是一个文件，而是网页中的一个指定位置。锚点链接目标可以与链接源在同一个网页中，也可以不在同一个网页中。

③ 外部链接

外部链接是不同站点网页之间的链接。外部链接的目标不在站点内，所以需要知道链接目标在 Internet 上的 URL。

根据超链接的链接源对象的不同，超链接可以划分为以下 3 种类型。

① 文本超链接

文本链接是以文本为链接源对象的一种常用的链接方式，是在文本对象上创建的超链接。作为链接源对象的文本一般带有标志性，它标志链接网页的主要内容和主题。

② 图像超链接

图像超链接以图像为链接对象，是在图像上创建的超级链接。访问者单击图像，将打开链接网页或文档。

③ 图像热点链接

图像热点链接是在图像对象的热点上创建的超级链接，单击图像的不同区域可以链接到不同的目标。使用网页制作工具，可以在图像上设置热点。

根据超链接的链接目标不同，超链接可以划分以下 6 种类型。

① 网页文档链接

链接目标是一个网页文档，这种是最常用的超链接。无论链接源是什么，打开的都是一个网页文件。

② 锚点链接

链接目标是当前网页或其他网页中的一个锚点。关于锚点前面已经介绍过。

③ 多媒体文件链接

该链接方法又分为链接和嵌入两种。链接是指通过链接源，打开一个多媒体文件，可以是一个图像文件、一个声音文件、一个视频文件等。嵌入是指把多媒体文件嵌入到网页文件中，通过多媒体文件的位置，与网页文件建立起链接关系，多媒体文件是网页中的元素。

④ E-mail 链接

E-mail 链接，单击链接后启动 E-mail 邮件程序，允许用户发送邮件到指定的地址。

⑤ 下载链接

下载链接是指链接的目标不是浏览器能够识别的文档，而是 EXE 文件、ZIP 文件、RAR 文件等，这种链接主要用于向用户提供下载服务。

⑥ 空链接

空链接是一个无指向的链接，通常用于为页面上的对象或文本附加行为。在制作网页过程中有时需要空链接来模拟链接，以响应鼠标事件。

6.1.3 链接路径

网站中的每个网页都有一个唯一的地址，称为 URL，而各个文件之间的链接是通过文件的路径进行定位的。网页中文件的路径分为两类：绝对路径和相对路径。

1. 绝对路径

绝对路径常用于外部链接，绝对路径提供一个完整的 URL 地址，包括协议（如HTTP、FTP、RTSP 等）、域名、路径。绝对路径包含的是精确的地址，不用考虑与链接源文件的相对位置。

例如，本地站点要添加一个连接到新浪网站的超链接，则要使用绝对路径：http://www.sina.com.cn。

绝对链接也会出现在尚未保存的网页中，如果在没有保存的网页中插入图像或添加链接，Dreamweaver 会暂时使用绝对路径。网页保存后，Dreamweaver 会自动将绝对路径转换为相对路径。

使用绝对链接的好处是，它与链接源无关。只要网站的地址不变，无论链接源文件在站点中如何移动，都可以正常实现跳转。另外，如果希望链接其他站点上的内容，则必须使用绝对路径。

使用绝对路径的缺点在于，这种方式的超链接不利于测试。如果在站点中使用绝对路径，要想测试链接是否有效，则必须通过发布到 Web 服务器的方式对超链接进行测试。

2. 相对路径

相对路径最适合网站的内部链接，它是一个文件相对于另一个文件的路径。只要属于同一个网站的文件，即使不在同一个目录下，相对路径就非常合适。

相对路径分为：文档相对路径、站点根目录相对路径。

文档相对路径是指链接目标文件相对于当前页面所在的位置的路径。文档相对路径在写法上将省略当前文档和所链接文档的相同 URL 部分，只提供不同的路径部分。

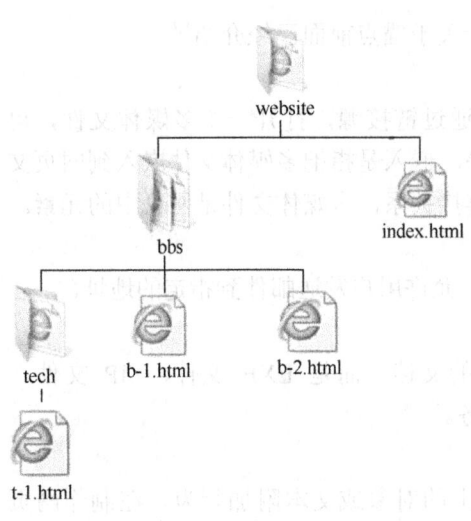

图 6.1 目录结构

如果要链接到同一个目录下，则只需要输入要链接文档的名称。如果要链接到下一级目录的文件，则先输入目录名，然后加"/"，再输入文件名。如果要链接到上一级目录的文件，则先输入"../"，再输入目录名和文件命名。

假如在 index.html 中创建一个超链接，链接目标是 bbs 目录下的 b-1.html 文件，则超链接的 URL 是"bbs/b-1.html"。

假如在 index.html 中创建一个超链接，链接目标是 tech 目录下的 t-1.html 文件，则超链接的 URL 是"bbs/tech/t-1.html"。

假如在 t-1.html 中创建一个超链接，链接目标是 index.html 文件，则超链接的 URL 是"../../index.html"。目录结构如图 6.1 所示。

站点根目录相对路径是指链接目标相对于站点根目录的链接路径，它提供从站点的根文件夹到文档的路径。站点根目录相对路径同样适用于创建内部链接，当引用网站通用文件夹下的文件时，如网站的通用图像文件，由多个设计者使用，若采用站点根目录相对路径，则不需要考虑链接源与目标的相对关系。

站点根目录相对路径以一个"/"开始，该"/"表示站点根文件夹，例如：URL 为"/bbs/b-1.html"。这种方式主要用于预览网页，需要 Web 服务器的支持。

6.2 超链接的标签及常用属性

超链接的 HTML 代码很简单。例如，要单击文本"新浪网"打开"新浪主页"，可以使用以下代码：

```
<a href="http://www.sina.com.cn/">新浪网</a>
```

这里使用了一个<a>标签创建超链接。使用<a>标签可以创建超链接，也可以创建网页中的锚点。<a>标签的属性见表 6.1。

表 6.1　<a>标签的属性

属　　性	值	描　　述
charset	字符集名称	规定目标 URL 的字符编码
coords	坐标	规定链接的坐标
href	URL	链接的目标 URL
hreflang	ISO 语言代码	规定目标 URL 的基准语言
name	section_name	规定锚的名称
rel	text	规定当前文档与目标 URL 之间的关系
rev	text	规定目标 URL 与当前文档之间的关系
shape	default rect circle poly	规定链接的形状
target	_blank _parent _self _top framename	在何处打开目标 URL
type	MIME 编码类型	规定目标 URL 的 MIME 类型

<a>标签的属性中，使用比较多的是 href、target、name 三个属性，下面重点介绍。

1．href 属性

<a>标签 href 属性的值是超链接的 URL。URL 可以是相对路径、绝对路径，也可以是一个锚点的位置路径，见表 6.2。

表 6.2　href 属性值

值	描　　述
URL	超链接的 URL。可能的值： ● 绝对路径 URL——指向另一个站点（如 href="http://www.sina.com.cn"） ● 相对路径 URL——指向站点内的某个文件（href="bbs/index.htm"） ● 锚 URL——指向页面中的锚（href="#top"）

2．target 属性

<a>标签的 target 属性规定在何处打开链接文档。target 属性取值见表 6.3。

表 6.3　target 属性值

值	描　　述
_blank	在新窗口中打开链接目标文档
_self	默认。在相同的框架中打开链接目标文档。它使得目标文档载入并显示在相同的框架或者窗口中作为源文档
_parent	在父框架集中打开链接目标文档。如果这个引用是在窗口或者在顶级框架中，那么它与目标 _self 等效
_top	在整个窗口中打开链接目标文档
framename	在指定的框架中打开链接目标文档

3．name 属性

name 属性用于指定锚（anchor）点的名称。name 属性可以创建（大型）文档内的书签。锚点链接（也叫书签链接）常常用于那些内容庞大烦琐的网页，通过单击锚点，不仅能指向网页，还能指向页面里的特定段落，成为"精准链接"的便利工具。让链接对象接近焦点，便于浏览者查看网页内容，类似于我们阅读书籍时的目录页码或章回提示。在需要指定到页面的特定部分时，标签锚点是最佳的方法。

创建锚点链接的步骤分为两步：创建锚点，创建锚点链接。

例如，在页面"第一章"的位置创建一个名称为"chapter1"的锚点，代码如下：

```
<a name="chapter1">第一章</a>
```

创建一个链接到当前网页"第一章"位置的锚点链接，代码如下：

```
<a href="#chapter1">单击链接到第一章</a>
```

需要注意的是：

① 在命名锚点时，必须遵循以下规定

➢ 锚点名称只能包含小写 ASCII 字母和数字，且不能以数字开头。

➢ 锚点名称区别英文字母的大小写。

➢ 锚点命名不支持中文。

➢ 锚点名称中不能含有空格，也不能含有特殊字符。

② 如果锚点和链接源对象不在同一个网页中，则在创建锚点超链接时，href 的属性值是"URL#锚点名称"。

6.3　超链接的 CSS 样式

6.3.1　超链接属性控制

浏览网页时，经常会发现超链接在不同情况下会发生变化。为了提醒访问者，网页设计者把访问过的超链接与没有访问过的超链接设置为不同的样式，并且当鼠标指针经过超链接时，超链接也会变化。如图 6.2 所示是"IT 数码"网页的一部分，网页中超链接以多种样式显示，当鼠标指针经过时，文本显示为红色并加下画线。

电话实名制全国施行 专家称
效果有待观察

9月1日，《电话用户真实身份信息登记
规定》正式在全…[详细]

· 手游概念公司起底："半路出家"者众
· 电话实名制实施 报刊亭购手机卡可"半实名"
· HTC高管被控窃取商业机密或影响新品发布
· 苹果公司产品以旧换新美国开启 尚未涉及中国
· 印度手机商也在崛起 中国企业可要当心了
· 联想CEO杨元庆将2000万奖金分给员工

图 6.2 "IT 数码"网页的一部分

在默认情况下，在同一个网页中创建的超链接有相同的样式，也可以用不同的方法为超链接设置样式。用于设置链接样式的 CSS 属性有很多种，例如 color、font-family、background 等。

超链接的特殊性在于能够根据它们所处的状态来设置它们的样式。超链接有 4 种状态：普通的、未被访问的链接，用户已经访问的链接，鼠标指针经过的链接（鼠标指针位于链接的上方），鼠标单击的链接（链接被单击的时刻）。CSS 对链接样式的控制是通过伪类来实现的。在 CSS 中提供了 4 个伪类，每个伪类用于控制链接在一种状态下的样式。表 6.4 给出了控制超链接的伪类。

当使用超链接的伪类设置超链接不同状态的样式时，应按照以下顺序：a:link > a:visited> a:hover > a:active。

表 6.4　控制超链接的伪类

伪　　类	描　　述
a:link	普通的、未被访问的链接
a:visited	用户已访问的链接
a:hover	鼠标指针经过的链接
a:active	鼠标单击的链接

1．a:link

这种伪类链接应用于链接未被访问过的样式，但在很多链接应用中会直接使用 a{}这样的样式。使用 a{}和 a:link{}在功能上有什么区别？下面以一个实例进行说明。

【实例 6-1】（实例文件 ch06/01.html）

本实例"科学探索"网页的 HTML 代码如下：

```
<ul>
    <li><a >罕见长尾鲨与数百条海豚同游</a></li>
    <li><a href="#">美国森林野火阻击战：野生动物公路逃离</a></li>
    <li><a href="#">探访尼泊尔古王国悬崖神秘洞穴</a></li>
    <li><a href="#">科学家利用干细胞培育迷你大脑</a></li>
    <li><a href="#">摄影师作品：喵星人的生活写真照</a></li>
  </ul>
```

CSS 样式表代码如下：

```
a:link {
    color: #0000FF;                    /*蓝色*/
```

```
        text-decoration: none;                    /*无下画线*/
    }
a {
        color:#006600;                            /*绿色*/
        text-decoration:underline;                /*有下画线*/
}
```

网页预览效果如图 6.3 所示。在预览效果中发现，仅使用<a>标签的内容显示为绿色有下画线，而使用了<a href="#">的内容显示为蓝色无下画线。由分析可知，a:link 只对代码中有 href=" "的对象产生影响，即拥有实际链接地址的对象，而对直接使用<a>标签的对象内容的显示效果不会发生实际影响。

2．a:visited

a:visited 能够设置超链接被访问后的样式。对于浏览器而言，每个链接被访问过后，在浏览器内部会做上特殊的标签。a:visited 能够对已经被访问过的链接进行样式设置，把访问过的链接设置为不同的颜色或者添加删除线等与未访问的超链接不同的样式，可以明显地提醒访问者，该链接已经被打开过。

以下超链 CSS 样式可以设置访问后链接呈现灰色：

```
a:link {
        color:#0000FF;                            /* 蓝色*/
        text-decoration: none;                    /*无下画线*/
}
a:visited {
        color: #999999;                           /*灰色*/
}
```

网页预览效果如图 6.4 所示。在预览效果中单击超链接，发现访问过的超链接文本颜色都变为灰色。

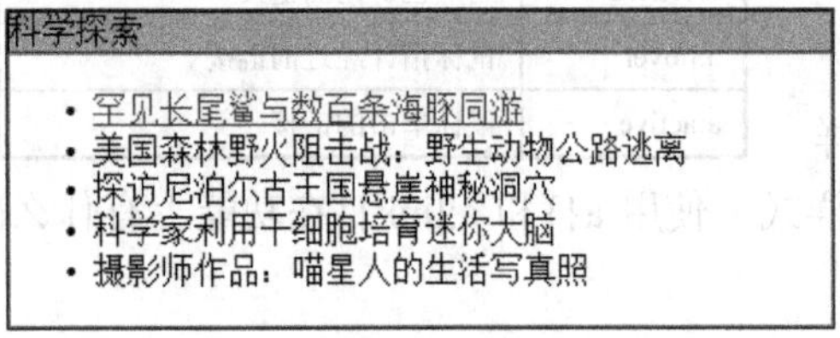

图 6.3 "科学探索"网页 1

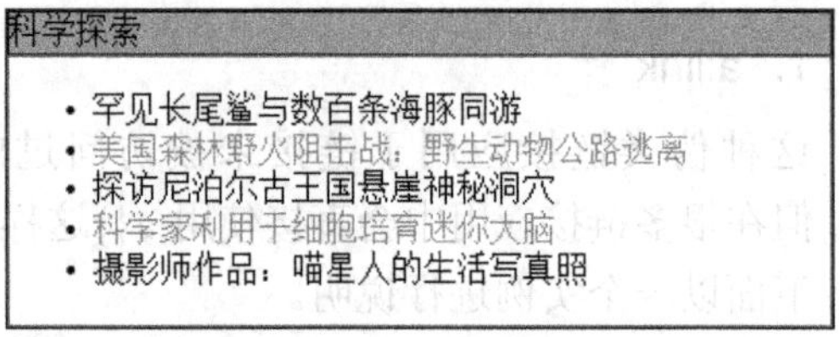

图 6.4 "科学探索"网页 2

3．a:hover

a:hover 伪类用来设置对象在鼠标指针经过或停留时的样式，该状态是非常实用的状态之一。当鼠标指针指向链接对象时，可以改变其颜色或下画线状态，或者改变字体的大小，其目的是使超链接更醒目直观。但是需要注意，在<a>标签中无 href 属性的对象上，a:hover 不发生作用。

通过超链接 CSS 样式可以设置鼠标指针经过超链接时，链接文本呈现红色，带下画线，并且字体大小设置为 24px，代码如下：

```
a:link {
```

```
        color: #0000FF;                    /*蓝色*/
        text-decoration: none;             /*无下画线*/
}


a:hover {
        font-size: 24px;                   /*字体大小 24px*/
        color: #FF0000;                    /*红色*/
        text-decoration: underline;        /*下画线*/

}
```

网页预览效果如图 6.5 所示。在预览效果中可以看到当鼠标指针经过超链接时，文本的字体大小变为 24px，颜色变为红色，带下画线。

4. a:active

a:active 伪类用于链接对象被用户激活时（按下鼠标左键不释放）的样式控制。在实际应用中，这种伪类链接很少用。对于无 href 属性的<a>对象，此伪类不发生作用。

通过超链接 CSS 样式可以控制鼠标单击链接对象时（按下鼠标左键不释放），链接呈现的文本颜色为黄色带上画线，并且字体大小为 18px，代码如下：

```
a:link {
        color: #0000FF;                    /*蓝色*/
        text-decoration: none;             /*无下画线*/
}
a:active {
        font-size: 18px;                   /*字体大小 18px*/
        color: #0000FF00;                  /* 黑色*/
        text-decoration: overline;         /*上画线*/
}
```

网页预览效果如图 6.6 所示。在预览效果中可以看到在超链接上按下鼠标左键不释放时，链接文本显示为 18px 大小的黄色带下画线样式。

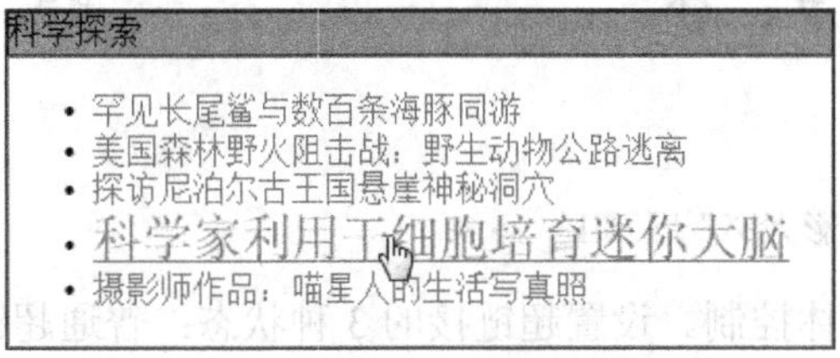

图 6.5 "科学探索"网页 3 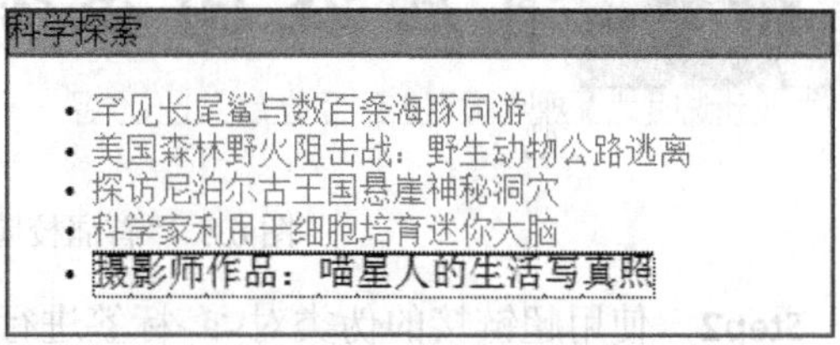　　　　　　　　图 6.6 "科学探索"网页 4

◇注意：在默认的浏览器中，超链接文本显示为蓝色，并且有下画线，被单击过的超链接为紫色，并且也有下画线。通过超链接的 CSS 样式的 text-decoration 属性可以轻松控制超链接下画线的样式以及是否显示下画线。text-decoration 属性大多用于去掉链接中的下画线。

6.3.2　超链接特效

除了可以为网页中的文字超链接设置 CSS 实现各种文字超链接的效果外，还可以通过

CSS 样式对超链接的 4 个伪类属性进行设置，从而实现网页中一些常用的特殊效果。

【**实例 6-2**】（实例文件 ch06/photograph/index.html）

1. 按钮式超链接

很多网页使用图片把网页中的超链接制作成各种按钮的效果。通过使用超链接的 CSS 样式的属性可以不使用图片，但是能模拟出按钮的效果，这就是按钮式超链接。如图 6.7 所示的"首届校园摄影大赛"网页导航菜单中就使用了按钮式超链接。

图 6.7 "首届校园摄影大赛"网页

按钮式超链接的制作过程如下。

Step1 为网页中的文本添加超链接，代码如下：

```
<div id="box">
  <a href="#">首页</a>
    <a href="#">设计说明</a>
    <a href="#">大赛规则</a>
    <a href="#">参赛作品</a>
    <a href="#">互动专区</a>
  <a href="#">上传作品</a>
</div>
```

添加完超链接之后，保存并预览网页，可以查看超链接文本效果如图 6.8 所示。

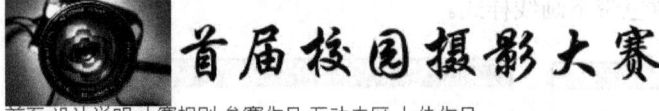

图 6.8 "首届校园摄影大赛"网页 1

Step2 使用超链接的伪类对<a>标签进行整体控制。设置超链接的 3 种状态：普通超链接和访问过的超链接采用同样的样式，对于鼠标指针经过的超链接，改变超链接的背景色。具体代码如下：

```
a {
    width: 131px;
    font-size: 16px;
    color: #FFFFFF;
    text-align: center;
    float: left;
    height: 26px;
    border: 1px solid #FFFFFF;
```

```
    }
    a:link,a:visited {
        text-decoration: none;
        background-color: #CC0000;
        padding-top: 10px;
        padding-right: 0px;
        padding-bottom: 0px;
        padding-left: 0px;
    }
    a:hover {
        text-decoration: none;
        background-color: #0099FF;
        padding-top: 10px;
        padding-right: 0px;
        padding-bottom: 0px;
        padding-left: 0px;
    }
```

Step3　保存网页，在浏览器中预览网页效果，如图 6.9 所示。

2．浮雕式超链接

除了为超链接设置"背景颜色"外，还可以将背景图片加入到超链接的伪类中，从而制作独特的效果。

在前面按钮式链接的基础上，把伪类中的背景颜色属性去掉，添加背景图片样式。代码如下：

```
    a {
        width: 131px;
        font-size: 16px;
        color: #FFFFFF;
        text-align: center;
        float: left;
        height: 26px;
        border: 1px solid #FFFFFF;
    }
    a:link,a:visited {
        text-decoration: none;
        background:url(images/bk1.jpg);
        padding-top: 10px;
        padding-right: 0px;
        padding-bottom: 0px;
        padding-left: 0px;
    }
    a:hover {
        text-decoration: none;
        background:url(images/bk3.jpg);
        padding-top: 10px;
        padding-right: 0px;
```

```
        padding-bottom: 0px;
        padding-left: 0px;
}
```

修改 CSS 样式后，保存网页文件，使用浏览器预览，效果如图 6.9 所示。当鼠标指针经过超链接时，背景图片会发生变化。在实际应用中可以根据需要设计背景图片，以达到各种浮雕效果。

图 6.9 "首届校园摄影大赛"网页 2

6.4 Dreamweaver 中有关超链接的操作

使用 Dreamweaver 可以很方便地完成各种超链接的创建和编辑，以及超链接样式的设置。

6.4.1 创建文本超链接

1. 创建文本超链接的方法

创建文本超链接的方法非常简单，主要是在链接文本的属性面板中指定链接目标文件。指定链接目标的方法有三种。

（1）直接输入要链接文件的路径和文件名

在文档窗口中选中作为链接源对象的文本，选择"窗口｜属性"命令，打开属性面板。在"链接"框中直接输入要链接文件的路径和文件名，如图 6.10 所示。

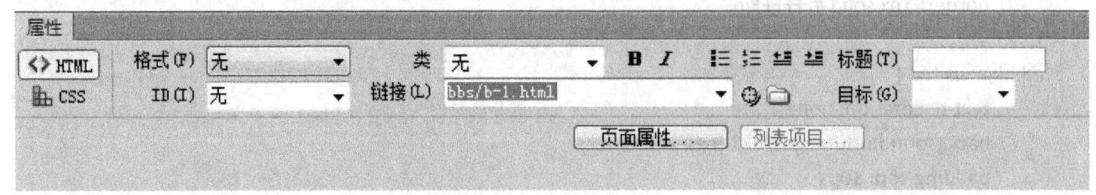

图 6.10 属性面板

注意：如果要链接到本地站点中的一个文件，则输入文档相对路径或站点根目录相对路径。如果要链接到本地站点以外的文件，则输入绝对路径。

（2）使用属性面板中的"浏览文件"按钮。

在文档窗口中选中作为链接源对象的文本，在属性面板中单击"链接"框右侧的"浏览文件"按钮，弹出"选择文件"对话框。在该对话框中选择要链接的文件，在"相对于"下拉列表中选择"文档"项，如图 6.11 所示。

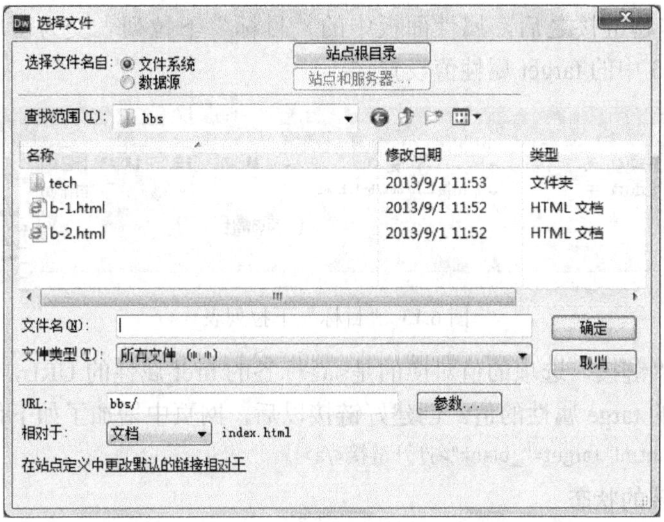

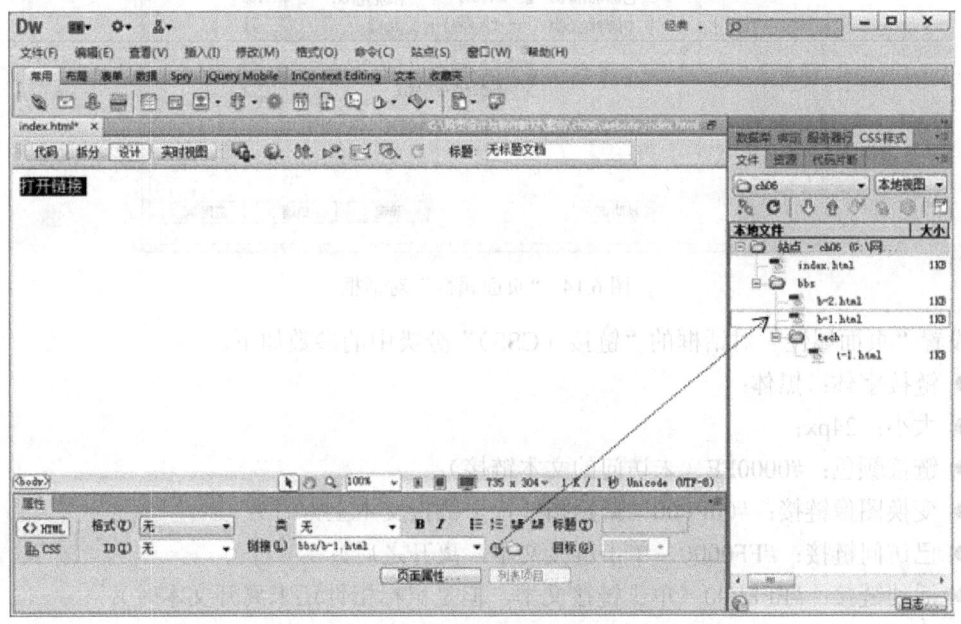

图 6.11 "选择文件"对话框

注意： 在"相对于"下拉列表中有两个选项："文档"选项，表示使用文档相对路径来链接；"站点根目录"选项，表示使用站点根目录相对路径来链接。在"URL"框中可以直接输入网页的绝对地址。

（3）使用属性面板中的"指向文件"按钮

单击属性面板"链接"框右侧的"指向文件"按钮 ⊕，可以快捷地指定站点窗口中的链接文件，或指向一个已经命名好的锚点。

在文档窗口中选中作为链接源对象的文本，在属性面板中，按住鼠标左键并拖动"链接"框右侧的"指向文件"按钮 ⊕，指向站点文档窗口中的文件，如图 6.12 所示。选中链接目标后释放鼠标左键，在属性面板的"链接"框中将显示所建立的链接。

图 6.12 "指向文件"按钮

当创建完文本超链接之后，属性面板中的"目标"下拉列表变为可用，如图 6.13 所示。可以参照表6.3中的target属性值设置。

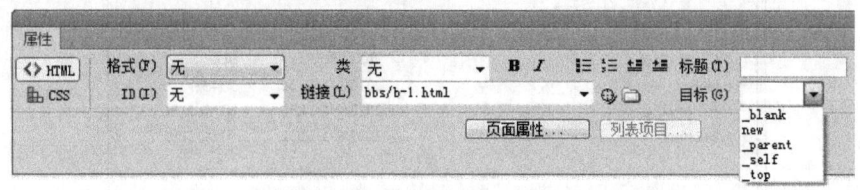

图 6.13 "目标"下拉列表

"属性"面板"链接"选项的值对应的是<a>标签的 href 属性的 URL，"目标"选项的值对应的是<a>标签的 targe 属性的值。创建好链接以后，网页中增加了如下代码：

```
<a href="bbs/b-1.html" target="_blank">打开链接</a>
```

2．文本超链接的状态

使用 Dreamweaver 创建完文本超链接之后，可以设置文本超链接的状态。如果整个页面的超链接有相同的状态改变，可以使用网页的页面属性来设置。设置方法如下。

打开网页后，单击属性面板中的"页面属性"按钮，打开"页面属性"对话框，在"分类"框中选择"链接（CSS）"样式，如图 6.14 所示，可以在对话框中设置同页面的文本超链接的链接字体、大小、链接颜色、变换图像链接、已访问链接、活动链接、下画线样式。

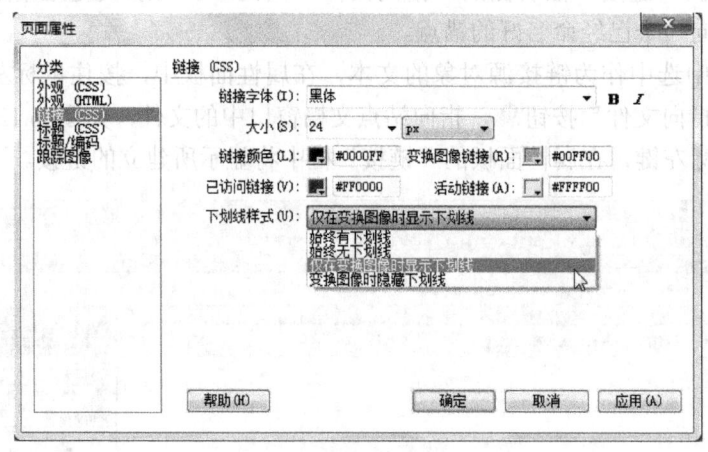

图 6.14 "页面属性"对话框

设置"页面属性"对话框的"链接（CSS）"分类中的参数如下。

● 链接字体：黑体；
● 大小：24px；
● 链接颜色：#0000FF（未访问的文本链接）；
● 变换图像链接：#00FF00（鼠标指针位于链接文本上方时）；
● 已访问链接：#FF0000（单击链接文本，离开之后）；
● 活动链接：#FFFF00（单击链接文本，但是鼠标指针还未离开文本时）；
● 下画线样式：仅在变换图像时显示下画线。

单击"确定"按钮,页面中的超链接样式会发生变化。

以上在"页面属性"对话框中设置的是,当前页面的所有超链接都使用统一的样式。如果要对不同的链接设置不同的样式,则需要通过类选择器等 CSS 选择器来分别选中进行设置。

6.4.2　创建图像超链接

使用图像的属性面板,可以建立图像超链接,如图 6.15 所示。

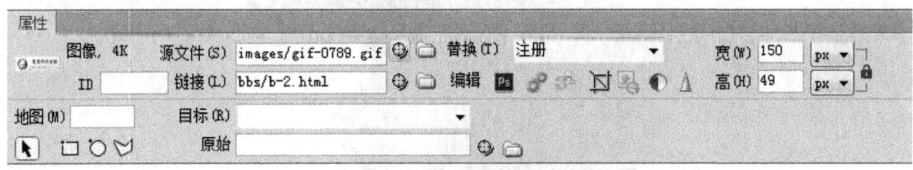

图 6.15　图像的属性面板

建立图像超链接的方法与建立文本超链接的方法相同,有以下三种。

- 直接输入要链接文件的路径和文件名。
- 使用属性面板中的"浏览文件"按钮📁。
- 使用属性面板中的"指向文件"按钮⊕。

与文本超链接一样,当创建好图像超链接之后,在属性面板的"目标"下拉列表中可以设置目标对象的打开方式。

6.4.3　创建热点超链接

使用前面的方法建立的图像超链接的链接源是整张图像,使用 Dreamweaver 还可以为图像创建热点,并建立图像热点超链接。

创建热点超链接的具体操作步骤如下。

Step1　选取一张图像,在图像属性面板的"地图"选项下方,有 4 个按钮,作用分别如下。

- 指针热点工具🖈:用于选择不同的热区。
- 矩形热点工具☐:用于创建矩形热区。
- 圆形热点工具◯:用于创建圆形热区。
- 多边形热点工具♡:用于创建多边形热区。

Step2　利用各种热点工具,在图像上建立或选择相应形状的热区。

单击热点工具,将鼠标指针移到图像上,当鼠标指针变为"+"形状时,在图像上拖画出相应形状的蓝色热区。如果图像上有多个热区,可通过"指针热点工具"🖈,选择不同的热区,并通过热区上的控制点调整热区的大小。例如,利用"多边形热点工具",在图 6.16 上建立一个多边形热区。

Step3　选中在图像中建立的热点区域"顺义",在属性面板中将显示热点属性,如图 6.17 所示。设置热点属性面板的"链接"选项,参考上面介绍的文本和图像超链接的方法建立链接目标。关于"替换"选项在第 4 章中已经介绍。

一张图像上可以设置多个热区,设计者可以在图像的任何热区上创建一个超链接,从而实现在一张图上单击不同位置将链接到不同页面的效果。

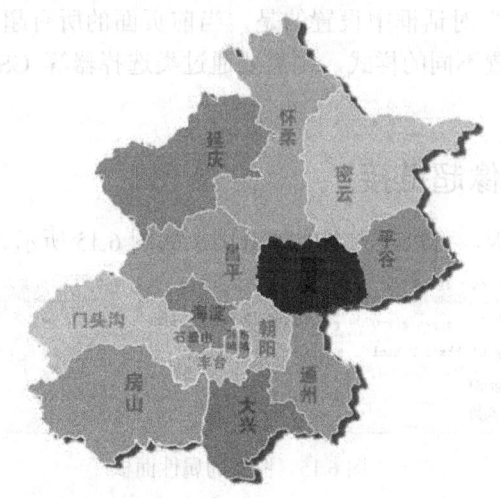

图 6.16　多边形热区

图 6.17　热点属性

如图 6.18 所示是使用热点工具创建的各种形状的热区在 HTML 中的代码。

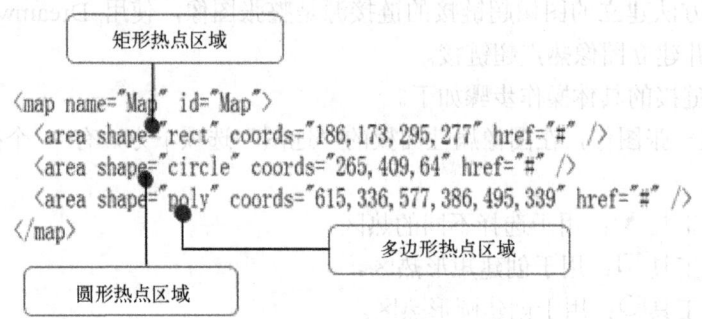

图 6.18　热区 HTML 代码

6.4.4　鼠标经过图像超链接

"鼠标经过图像"是一种常用的互动技术，当鼠标指针经过图像时，图像会随之发生变化。一般，"鼠标经过图像"效果由两张大小相等的图像组成，一张是主图像，另外一张是次图像。主图像是首次在网页中显示的图像，次图像是当鼠标指针经过时显示的另一张图像。"鼠标经过图像"效果经常应用于网页中的按钮上。

使用 Dreamweaver 建立鼠标经过图像超链接的具体步骤如下。

Step1　在网页的文档窗口中将光标定位在需要添加图像的位置。

Step2　使用以下方法打开"插入鼠标经过图像"对话框，如图 6.19 所示。

> 选择"插入 | 图像对象 | 鼠标经过图像"命令。
> 单击插入面板的"常用"选项卡中的"鼠标经过图像"按钮 。

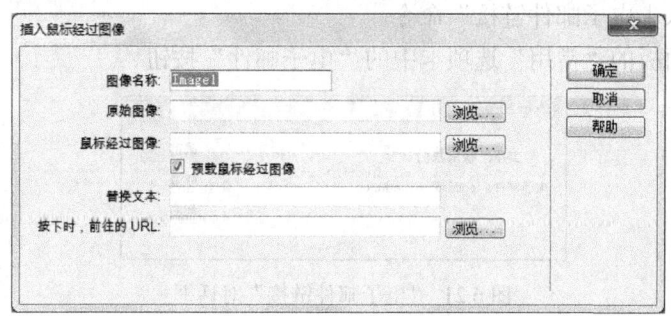

图 6.19　"插入鼠标经过图像"对话框

"插入鼠标经过图像"对话框中各项的作用说明如下。

"图像名称"：设置鼠标经过图像对象时显示的名称。

"原始图像"：设置载入网页时显示的图像文件的路径。

"鼠标经过图像"：设置在鼠标指针滑过原始图像时显示的图像文件的路径。

"预载鼠标经过图像"：选中，将图像被预先载入浏览器的缓存中，以便用户将鼠标指针滑过图像时不发生延迟。

"替换文本"：设置替换文本的内容。设置后，在浏览器中当图像不能下载时，会在图像位置上显示替代文字；当访问者将鼠标指针指向图像时，也会显示替代文字。

"按下时，前往的 URL"：设置跳转网页文件的路径，当访问者单击图像时打开此网页。

Step3　设置完"插入鼠标经过图像"对话框中各项，单击"确定"按钮完成设置。

6.4.5　电子邮件超链接

浏览者如果要给网站的建设者提供反馈信息，一种有效的方式是给网站创建者发送电子邮件。在网页制作中，使用电子邮件链接就可以很方便地实现这种功能。

浏览者单击电子邮件链接时，浏览器将调用与它相关联的邮件程序打开一个新的空白电子邮件消息窗口。在电子邮件消息窗口中，"收件人"框中自动更新为电子邮件链接中指定的地址。

创建电子邮件链接的方法有以下两种。

1．使用属性面板建立电子邮件超链接

Step1　在文档窗口中选择对象，如文本"联系我们"。

Step2　在文本属性面板的"链接"框中输入"mailto:电子邮件地址"，例如 mailto:admin@cuc.edu.cn，如图 6.20 所示。

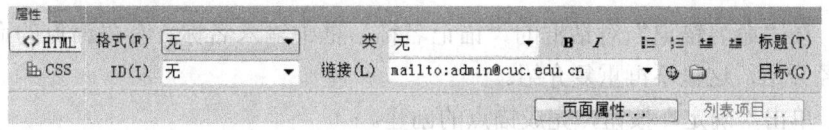

图 6.20　文本的"属性"面板

2．使用"电子邮件链接"对话框建立电子邮件链接

Step1 在文档窗口中选择需要添加电子邮件链接的网页元素。

Step2 打开"电子邮件链接"对话框，如图 6.21 所示。方法如下。

● 选择"插入｜电子邮件链接"命令。

● 单击插入面板的"常用"选项卡中的"电子邮件"按钮 🔲 。

图 6.21 "电子邮件链接"对话框

在"电子邮件链接"对话框的"文本"框中输入在网页中显示的链接文字（如果已经选中文本，这里会显示该文本），在"电子邮件"框中输入完整的电子邮件地址（注意直接输入电子邮件地址，不用输入 mailto:）。

Step3 单击"确定"按钮，完成电子邮件链接的创建。

采用以上方法创建完电子邮件链接后，在网页的 HTML 文档中会添加以下代码，实质上是设置<a>标签的 href 属性值：

`<a href="mailto:admin@cuc.edu.cn">联系我们</a>`

6.4.6 创建锚点超链接

使用 Dreamweaver 提供的锚点超链接功能，可以很方便地建立锚点和锚点超链接。建立锚点超链接要分两步实现：首先要在网页的不同主题内容处定义不同的锚点，然后在网页中建立主题导航，并为不同主题导航建立定位到相应主题处的锚点超链接。

1．创建锚点

Step1 打开要加入锚点的网页，将光标定位在要创建锚点的某个主题内容处。

Step2 打开"命名锚记"对话框（锚记即锚点），如图 6.22 所示。方法如下。

● 使用快捷键 Ctrl+Alt+A。

● 选择"插入｜命名锚记"命令。

● 单击插入面板的"常用"选项卡中的"命名锚记"按钮 ⚓ 。

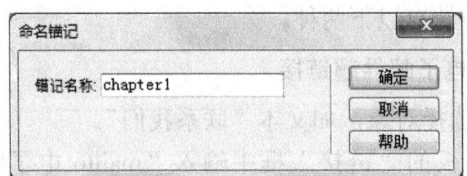

图 6.22 "命名锚记"对话框

Step3 在"命名锚记"对话框的"锚记名称"框中输入名称。有关锚点的命名规则在6.2 节中已经介绍，这里不再重复介绍。

Step4 单击"确定"按钮，完成锚点的创建。

创建完锚点之后，在 HTML 文档中会增加如下代码：

```
<a name="chapter1" id="chapter1"></a>
```

这里使用了<a>标签的 name 属性，有关<a>标签的 name 属性在 6.2 节中已经详细介绍。

2．建立锚点超链接

在网页上创建好锚点之后，可以从网页元素创建到锚点的超链接。建立锚点超链接的步骤如下。

Step1　选择需要创建锚点超链接的网页元素。

Step2　通过以下方法建立锚点超链接。

- 在属性面板的"链接"框中直接输入"#锚点名"，如："#chapter1"，如图 6.23 所示。
- 在属性面板中，按住鼠标左键拖动"链接"框右侧的"指向文件"按钮到文档窗中，指向需要超链接的锚点。
- 在文档窗口中，选中链接源对象，按住 Shift 键的同时按住鼠标左键从链接对象拖动到锚点上。

图 6.23　直接输入"#锚点名"

采用以上方法创建完锚点超链接之后，在链接源对象的位置会增加下面的代码，实质上是<a>标签的 href 属性的 URL 值的一种情况。

```
<a href="#chapter1">查看第一章</a>
```

6.4.7　创建下载文件超链接

很多网站都提供资料的下载，下载文件可以利用下载文件超链接来实现。建立下载文件超链接步骤同创建文本超链接，区别在于所链接的文件不是网页文件而是其他文件，如：.zip、.exe 等文件。

建立下载文件超链接的具体操作步骤如下。

Step1　在网页的文档窗口中选择需要添加下载文件超链接的网页链接源对象。

Step2　在属性面板的"链接"框中指定链接文件，具体操作参考 6.4.1 节。

Step3　保存网页。

6.4.8　创建空链接

空链接是未指派的链接。空链接用于向页面上的对象或文本附加行为。例如，可向空链接附加一个行为，以便在鼠标指针滑过该链接时变换图像或显示绝对定位的元素（AP 元素）。关于行为，将在第 11 章中介绍。

创建空链接的步骤如下。

Step1　在文档窗口的"设计"视图中选择文本、图像或其他链接源对象。

Step2　在属性面板"链接"框中输入"javascript:;"（javascript 后依次接一个冒号和一

个分号）或者"#"，如图 6.24 所示。

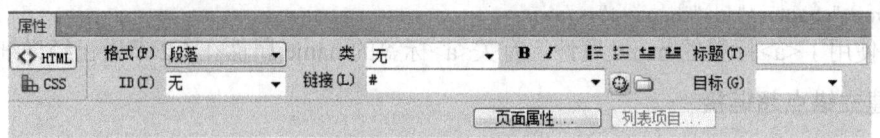

图 6.24 空链接

6.4.9 创建脚本超链接

脚本超链接执行 JavaScript 代码或调用 JavaScript 函数。脚本超链接可用于在访问者单击特定项时，计算、验证表单和完成其他处理任务。

创建脚本超链接的步骤如下。

Step1 在文档窗口的"设计"视图中选择文本、图像或其他链接源对象。

Step2 在属性面板"链接"框中输入"javascript:"，其后再输入 JavaScript 代码或函数调用（注意：在冒号与代码或调用之间不能输入空格），如图 6.25 所示。

图 6.25 脚本超链接

创建好脚本超链接之后，在网页中增加如下代码：

```
<a href="javascript:alert(&quot;确定要退出系统吗？&quot;);">退出系统</a>
```

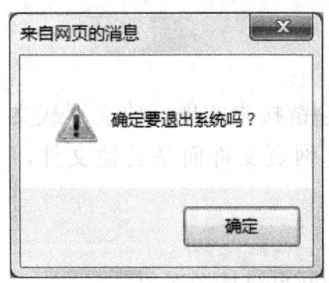

图 6.26 消息框

Step3 保存网页。

按 F12 键预览网页，单击网页中创建脚本超超链的对象，将会弹出消息框，如图 6.26 所示。

6.4.10 超链接的编辑和更新

超链接创建好之后可以更改链接目标或删除超链接，有时超链接的目标文件也会有变动，如名称更改、位置移动等。

1. 更改超链接目标

选中网页中的链接源对象，在属性面板的"链接"框中可以修改超链接目标对象，在"目标"框中可以修改目标打开方式。

2. 删除超链接

选中网页中的链接源对象，删除属性面板的"链接"框中的链接目标对象 URL。

3. 更新超链接

在本地站点内移动或重命名文档后，Dreamweaver 将自动更新起自以及指向该文档的链接。在将整个站点（或其中完全独立的一个部分）存储在本地磁盘中时，此项功能最适用。Dreamweaver 不更改远程文件夹中的文件，除非将这些本地文件放在或者存回到远程服务器中。

启用自动链接更新的步骤如下。

Step1 选择"编辑 | 首选参数"命令。

Step2 在"首选参数"对话框中，从左侧的"分类"列表框中选择"常规"项，如图 6.27 所示。

Step3 在"常规"页面的"文档选项"栏中，在"移动文件时更新链接"下拉列表中选择一个选项。

总是：每当移动或重命名选定文档时，自动更新起自和指向该文档的所有链接。

从不：在移动或重命名选定文档时，不自动更新起自和指向该义档的所有链接。

🔔提示：显示一个对话框，列出此更改影响到的所有文件。单击"更新"按钮，可更新这些文件中的链接；而单击"不更新"按钮，将保留原文件不变。

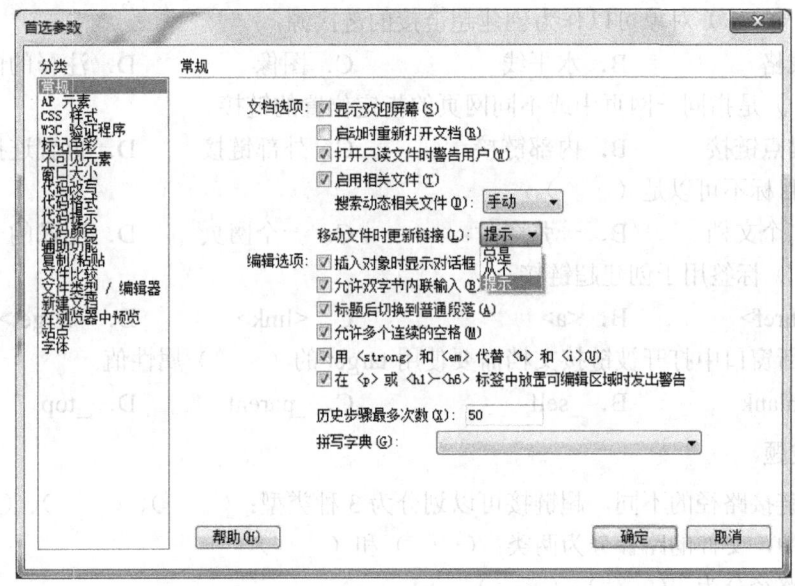

图 6.27 "首选参数"对话框

Step4 单击"确定"按钮。

设置完之后，如果网站中有超链接的目标文件发生变化，Dreamweaver 会弹出提示对话框，类似如图 6.28 所示的"更新文件"对话框。

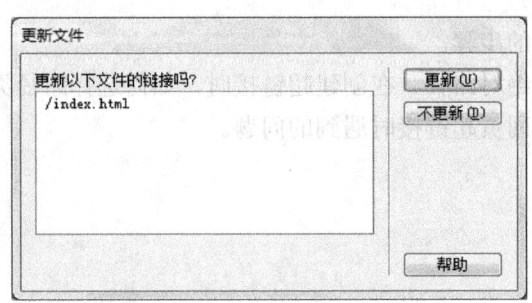

图 6.28 "更新文件"对话框

本章小结

超链接是网页中的一个重要元素，本章介绍了有关超链接的概述、超链接的基本标签及常用属性、超链接的 CSS 样式和 Dreamweaver 中有关超链接的操作。通过本章的学习，需要掌握超链接的概念、分类，熟悉超链接的<a>标签及其属性。通过使用 CSS 样式可以制作出效果独特的超链接样式。熟练掌握 Dreamweaver 中超链接的操作，为网站中各个站点文件建立起关联做好准备。

课后习题

一、选择题

1. 以下（　　）对象可以作为创建超链接的链接源。
    A．表格　　　　　　B．水平线　　　　　　C．图像　　　　　　D．注释的内容
2. （　　）是指同一网页中或不同网页的指定位置的链接。
    A．锚点链接　　　　B．内部链接　　　　　C．外部链接　　　　D．位置连接
3. 链接目标不可以是（　　）。
    A．一个文档　　　　B．一张图片　　　　　C．一个网页　　　　D．图像的一个区域
4. （　　）标签用于创建超链接。
    A．<href>　　　　　B．<a>　　　　　　　C．<link>　　　　　D．<target>
5. 要在新窗口中打开被链接文档需要使用 target 的（　　）属性值。
    A．_blank　　　　　B．_self　　　　　　C．_parent　　　　　D．_top

二、填空题

1. 按照链接路径的不同，超链接可以划分为 3 种类型：（　　）、（　　）、（　　）。
2. 网页中，文件的路径分为两类：（　　）和（　　）。
3. 相对路径分为：（　　）、（　　）。
4. <a>标签的（　　）属性用于指定锚点的名称。
5. 在 CSS 中提供了 4 个伪类：（　　）、（　　）、（　　）、（　　）用来定义超链接在 4 个状态下的样式。

三、思考题

1. 简述创建超链接的步骤。
2. 比较相对路径与绝对路径。在创建超链接时，如何选择路径类型？
3. 总结自己在创建网页超链接时遇到的问题。

第 7 章 CSS 布局基础

学习要点:

- 掌握 CSS 布局中的盒模型;
- 掌握浮动定位方式;
- 掌握清除浮动的方法;
- 掌握位置定位的 4 种方式,并能够区分 4 种方式。

建议学时: 上课 2 学时,上机 2 学时。

7.1 基础知识

7.1.1 网页中的块级元素和行内元素

浏览器在显示网页时,根据网页元素的种类按照不同的规则进行排版布局。根据网页元素在排版布局时占据空间的块类型,网页中的元素可以被分为块级元素和行内元素。

1. 块级元素

块级元素在默认显示状态下占据整行,其他元素在下一行中显示。

例如,<p>、<h1>、<div>等元素都是块级元素。

2. 行内元素

行内元素与块级元素相反,在默认显示状态下,允许下一个对象与它本身在一行中显示。

例如,<strong>、<a>、<span>等元素都是行内元素。

3. 块级元素和行内元素的相互转换

块级元素和行内元素可以相互转换。在 CSS 中,提供了 display 属性来对元素的块类型进行设置。它的一些常用属性值见表 7.1。

表 7.1 display 属性

值	描 述	举 例
none	此元素不会被显示	display:none;
block	此元素将显示为块级元素,单独占据整行	display:block;
inline	此元素会被显示为行内元素,可以与其他元素在同一行中	display:inline;
inline-block	行内块元素	display:inline-block;

【**实例 7-1**】(实例文件 ch07/01.html)

```
<body>
```

```
<div>块级元素</div>
<div>块级元素</div>
<span>行内元素</span><span>行内元素</span><span>行内元素</span>
</body>
```

按照默认的显示机制，每个 div 元素将占据一整行，多个 span 元素布局在同一行中。这种排版定位的方式也被称为常规流定位，在浏览器中显示的效果如图 7.1 所示。

通过 display 属性改变 span 元素的块类型：

```
span{
    display:block;
}
```

span 元素被转换为块级元素，并占据一整行，在浏览器中的显示效果如图 7.2 所示。

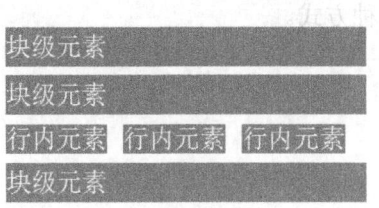

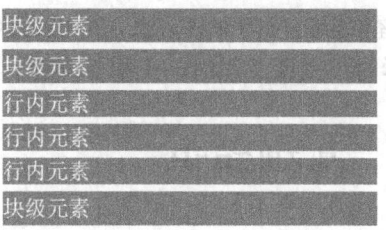

图 7.1　默认的块级元素和行内元素　　　图 7.2　改变为块级元素的行内元素

7.1.2　盒模型

CSS 盒模型是 CSS 布局的基础，每个网页元素都被抽象为一个盒子，而网页的排版布局可以看作对组成网页的盒子元素按照一定的规则进行摆放后的结果。CSS 盒模型是描述网页布局的视觉模型中网页元素的矩形盒状模型。盒模型由 margin（边界）、border（边框）、padding（填充）和 content（内容）4 部分组成，如图 7.3 所示。

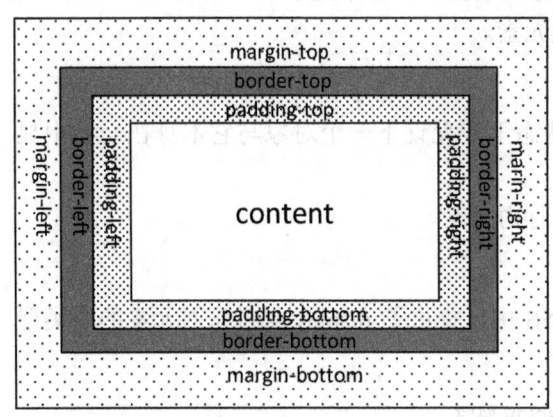

图 7.3　盒模型

1. margin

margin（边界），也被称为外边距，用来设置网页中元素和元素之间的距离，即定义元素周围的空间范围。在 CSS 中，margin 属性的语法格式如下：

```
margin: length|percentage|auto
```

其中各参数值的含义如下：

- length：设置边界为指定的固定值；
- percentage：设置元素的边界为元素所在的容器元素宽度的百分比的数值；
- auto：由浏览器根据元素内的内容自动调整。

margin 属性可以控制元素的 4 个方向的边界，但也可以通过下面 4 个子属性分别控制 4 个方向的边界：

- margin-top：设置元素的上边界；

- margin-right：设置元素的右边界；
- margin-bottom：设置元素的下边界；
- margin-left：设置元素的左边界。

如果要设置 div 元素的上、下、左、右 4 个方向的边界都为 10 像素（px），则 CSS 代码如下：

```
div{
    margin: 10px;
}
```

如果要设置 div 元素的上、下、左、右 4 个方向的边界分别为 10px,10px,20px,20px，则 CSS 代码如下：

```
div{
    margin-top: 10px;
    margin-right: 10px;
    margin-bottom: 10px;
    margin-left: 10px;
}
```

在 CSS 中，提供了 margin 属性值的几种简写形式，上面的例子可以简写为：

```
div{
    margin: 10px 20px 10px 10px;              /* 上、右、下、左简写形式*/
}
```

其中，4 个参数值是按照顺时针的方向进行排列，即上、右、下、左。

如果上边界和下边界相同，左边界和右边界相同，CSS 代码可以进一步简写为：

```
div{
    margin: 10px 20px;                        /* 上下、左右简写形式*/
}
```

其中，第一个值表示上、下边界，第二个值表示左、右边界。

如果元素的上边界和下边界不相同，左边界和右边界相同，CSS 代码可以简写为：

```
div{
    margin: 10px 0px 20px;                    /* 上、左右、下简写形式*/
}
```

2. border

border（边框）用来设置网页中元素边框的宽度、颜色和样式。在 CSS 中，border 属性的语法格式如下：

```
border: [ <border-width> || <border-style> || <border-top-color> ] | inherit
```

其中，inherit 的含义是，元素的边框属性从父元素继承获得。

下面分别解释 border-width、border-style、border-color 的使用。

（1）border-width

border-width 用来设置元素的边框区域的宽度。它的语法格式如下：

```
border-width：thin | medium | thick | length
```

thin：设置元素的边框为窄边框；

medium：设置元素的边框为中等宽度边框；

thick：设置元素的边框为粗边框；

length：设置元素的边框宽度为指定的数值。

用 border-width 属性控制 4 个方向的边框宽度，也可以通过 border-top-width、border-right-width、border-bottom-width、border-left-width 这 4 个子属性分别控制 4 个方向的边框宽度。

（2）border-style

border-style 用来设置元素的边框的样式。它的取值为：none、hidden、dotted、dashed、solid、double、groove、ridge、inset、outset。

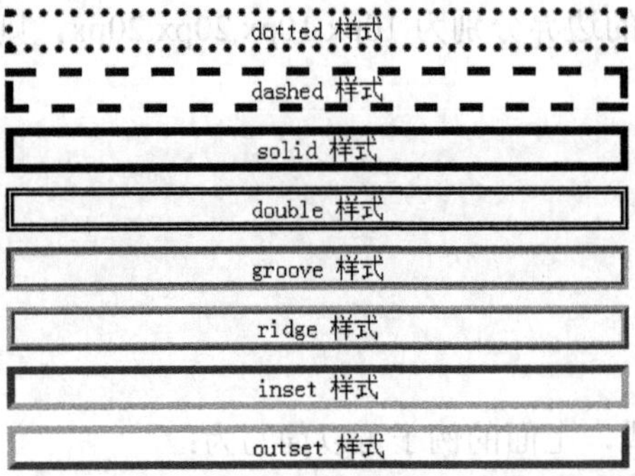

图 7.4 border-style 属性

【实例 7-2】（实例文件 ch07/02.html）

本实例演示不同边框样式的效果，如图 7.4 所示。

可以用 border-style 属性控制 4 个方向的边框样式，也可以通过 border-top-style、border-right-style、border-bottom-style、border-left-style 4 个子属性分别控制 4 个方向的边框样式。

（3）border-color

border-color 用来设置元素的边框颜色。它的语法格式如下：

```
border-color: color | transparent | inherit
```

color：设置元素的边框颜色为指定的颜色，如#000；

transparent：设置元素的边框颜色为透明；

inherit：设置元素的边框颜色为从父元素继承的颜色。

可以用 border-color 属性控制 4 个方向的边框颜色，也可以通过 border-top-color、border-right-color、border-bottom- color、border-left- color 4 个子属性分别控制 4 个方向的边框颜色。

（4）border 的简写

可以通过 border 属性控制元素 4 个方向的边框，也可以通过 border-top、border-right、border-bottom、border-left 分别控制元素 4 个方向的边框。

如果要设置 div 元素的上、右、下、左 4 个方向的边框都为 1px 宽、实线、蓝色，则 CSS 代码如下：

```
div{
    border:1px solid #00F;                          /* 元素 4 个方向的边框*/
}
```

【实例 7-3】（实例文件 ch07/03.html）

如果要设置 div 元素的上、左、右 3 个方向的边框都为 1px 宽、实线、蓝色，单独设置左边框为 25px 宽、实线、蓝色，则 CSS 代码如下：

```
div{
    border:1px solid #00F;                          /* 元素 3 个方向的边框*/
    border-left:25px solid #00F;                    /* 左边框*/
}
```

在浏览器中的显示如图 7.5 所示。

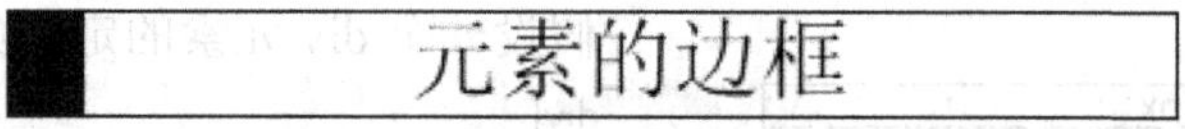

图 7.5　border 边框

在 CSS3 中，增加了 border-radius 属性，可以实现元素的圆角边框或椭圆边框，还可以被拆分为 border-top-left-radius、border-top-right-radius、border-bottom-right-radius 及 border-bottom-left-radius 来分别对元素的 4 个角进行设置。

【实例 7-4】（实例文件 ch07/04.html）

```
div{
    border:1px solid #00F;          /* 元素 4 个方向的边框*/
    border-radius: 10px;            /* 元素 4 个角的圆角边框的半径是 10px*/
}
```

上述代码设置元素的 4 个角的边框为圆角，并且半径为 10px，如图 7.6 所示。

元素的圆角边框

图 7.6　圆角边框

3．padding

padding（填充），也称为内边距，用来设置元素的内容与边框之间的距离。在 CSS 中，padding 属性的语法格式如下：

```
padding: length | percentage
```

length：设置内边距为指定的固定值。

percentage：设置元素的内边距为元素所在的容器元素宽度的百分比数值。

可以用 padding 属性控制 4 个方向的内边距，也可以通过 padding-top、padding-right、padding-bottom、padding-left 4 个子属性分别控制 4 个方向的内边距。

如果要设置 div 元素的上、右、下、左 4 个方向的内边距都为 10px，则 CSS 代码如下：

```
div{
    padding:10px;                   /* 元素 4 个方向的内边距*/
}
```

如果要设置 div 元素的上、左、右 3 个方向的内边距都为 10px，单独设置左内边距为 25px，则 CSS 代码如下：

```
div{
    padding:10px;                   /* 元素 3 个方向的边框*/
    padding-left: 25px;             /* 左内边距*/
}
```

4．content

content（内容）是元素的真正内容部分，用来容纳和显示内容。通过 width 属性设置的宽度是盒模型中内容的宽度。

在盒模型中，一个元素的实际宽度的计算方法如下：

元素的实际宽度=左边界+左边框+左内边距+内容宽度+右内边距+右边框+右边界

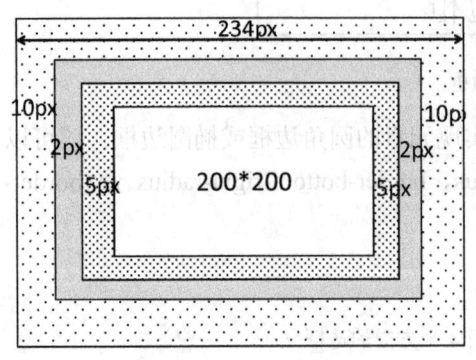

图 7.7　元素的实际宽度

假设一个 div 元素的定义如下：

```
div{
        margin:10px;
        border:2px;
        padding:5px;
        width:200px;
}
```

它的实际宽度为 10+2+5+200+5+2+10= 234px，如图 7.7 所示。

7.1.3　外边距的叠加

当一个元素出现在另一个元素上面时，上面元素的底外边距与下面元素的顶外边距发生叠加，如图 7.8 所示。

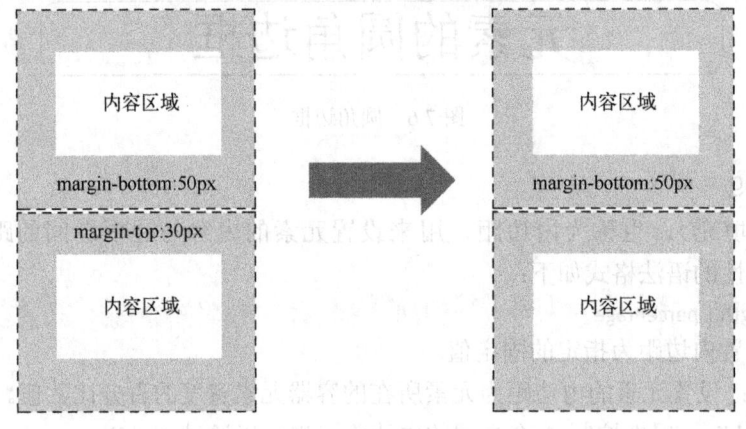

图 7.8　垂直外边距的叠加

在图 7.8 中，上面元素的下外边距为 50px，下面元素的上外边距为 30px。当发生重叠后，两者之间的距离并不是两者之和，而是两者中的较大者，即 50px。当两个元素在同一行中时，水平方向的外边距并不会发生重叠。

【实例 7-5】（实例文件 ch07/05.html）

在本实例中，相邻的两个元素的右外边距和左外边距分别为 50px 和 30px，最后两个元素之间的距离为 80px，如图 7.9 所示。

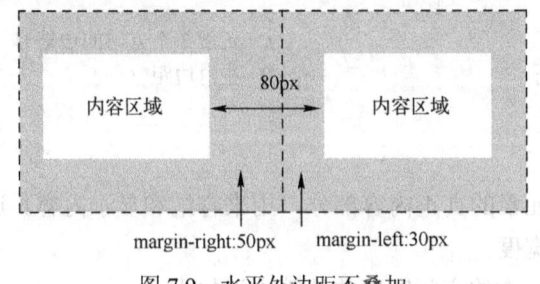

图 7.9　水平外边距不叠加

7.1.4 元素的内容溢出

当元素被设置宽度和高度后，如果元素的区域大小不能容纳元素中的内容，在 CSS 中需要通过 overflow（溢出）属性来控制应该如何显示。overflow 可以取以下 4 个值。

- visible：如果元素中的内容超出了元素的大小，则允许内容从元素中溢出。
- hidden：任何溢出的内容将会被隐藏，不会显示出来。
- scroll：元素中会出现水平和垂直的滚动条，可以滚动显示元素中的内容。需要注意的是，即使内容没有溢出元素，元素中仍然会显示水平和垂直滚动条。
- auto：浏览器会根据内容溢出的情况，在需要时才显示水平或垂直滚动条。

【实例 7-6】（实例文件 ch07/06.html）

```
<div id="container">
<img src="images/1.jpg" width="851" height="566" />
</div>
```

本实例中在一个 div 元素中插入一幅宽度为 851px，高度为 566px 的图像，如图 7.10 所示。

图 7.10　在 div 元素中插入的图像

如果设置为如下的 CSS 样式：

```
#container{
        width:400px;
        height:400px;
        overflow:hidden;
}
```

将隐藏超出 div 元素大小的图像部分，如图 7.11 所示。

如果把其中的 overflow 属性改为 scroll：

```
#container{
        overflow:scroll;
}
```

浏览器将在元素中显示水平和垂直滚动条，从而允许用户通过滚动条来查看元素中的内容，如图 7.12 所示。

图 7.11 overflow 属性为 hidden　　　　　　图 7.12 overflow 属性为 scroll

7.2 浮动定位

7.2.1 设置浮动

浮动定位是 CSS 布局中非常重要的手段。在前面提到的常规流定位中，网页中的元素按照它们在 HTML 结构中的顺序及块类型在浏览器中显示。浮动定位可以打破常规流定位，使得元素从常规流中脱离出来，从而实现灵活的布局效果。被设置为浮动的元素可以向左或向右移动，直到它的外边缘碰到包围元素的边缘或其他浮动元素的边缘。

在 CSS 中，通过 float 属性控制元素的浮动，它的属性值见表 7.2。

表 7.2　float 属性

值	描　　述	举　　例
none	此元素不浮动	float:none;
left	此元素将向左浮动	float:left;
right	此元素将向右浮动	float:right;

【实例 7-7】（实例文件 ch07/07.html）

```
<body>
<div id="container">
<div id="div1">元素 1</div>
<div id="div2">元素 2</div>
<div id="div3">元素 3</div>
</div>
</body>
```

本实例中，div 元素 container 包含了 3 个元素。不设置浮动，按照默认的常规流来显示，效果如图 7.13 所示。

当设置元素 1 向左浮动后，它脱离文档流并向左浮动，直到它的左边缘碰到包含元素的左边缘。因为它不再处于文档流中，所以不再占据空间，元素 2 将占据元素 1 原来的位置，从而被元素 1 遮盖，如图 7.14 所示。

当设置元素 1 向右浮动后，它脱离文档流并向右浮动，直到它的右边缘碰到包含元素的右边缘，元素 2 将占据元素 1 原来的位置，如图 7.15 所示。

如果设置所有 3 个元素都向左浮动，那么元素 1 向左浮动直到碰到包含元素的框，另外两个元素向左浮动直到碰到前一个浮动元素，如图 7.16 所示。

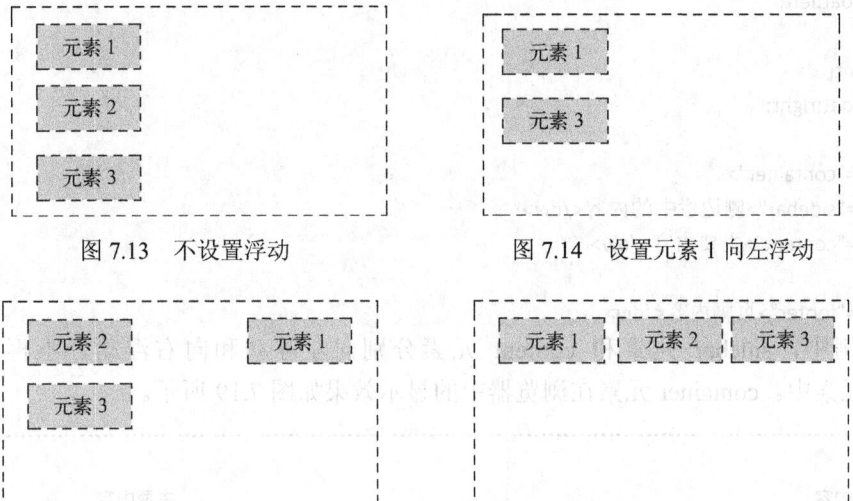

图 7.13　不设置浮动　　　　　　　　　图 7.14　设置元素 1 向左浮动

图 7.15　设置元素 1 向右浮动　　　　　　图 7.16　所有元素都向左浮动

如果包含元素的宽度不足以容纳水平排列的 3 个浮动元素，那么其他浮动元素向下移动，直到有足够空间为止，如图 7.17 所示。

如果浮动元素的高度不同，那么当它们向下移动时可能会被其他元素"卡住"，从而不能够浮动到包围元素的左边缘，如图 7.18 所示。

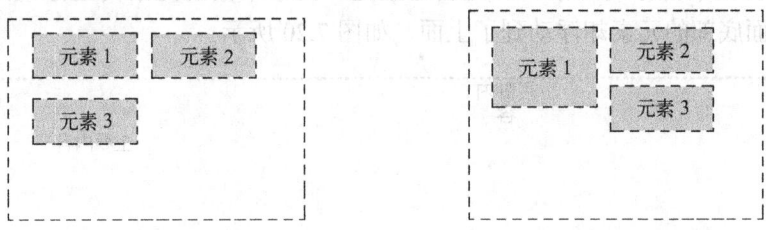

图 7.17　包含元素没有足够的水平空间　　　图 7.18　不同高度的浮动元素

在网站中使用的双栏布局效果主要是通过如上所述的浮动定位的原理来完成的。更进一步，浮动定位还可以创建多栏布局的效果，在后面的章节中会用实际案例来说明。

7.2.2　浮动的清除

设置为浮动的元素不在常规文档流中，因此不再被包含在 HTML 文档结构中的父元素之内，会对后面元素的网页布局产生破坏性影响。例如，在设置包围元素的所有子元素为浮动元素后，包围元素将在不再包含普通文档流中的元素，会造成包围元素的高度为 0 的现象。在 CSS 布局机制中，提供了浮动的清除机制来消除这种影响。

【实例 7-8】（实例文件 ch07/08.html）

```
#container{
    border:1px dashed #00F;
    background-color:#CCC;
}
```

```
#sidebar{
    float:left;
}
#content{
    float:right;
}
<div id="container">
<div id="sidebar">侧边栏中的内容</div>
<div id="content">主要内容</div>
</div>
<div id="footer">页脚内容</div>
```

本实例中，sidebar 元素和 content 元素分别向左浮动和向右浮动，不再被包含在 container 元素中。container 元素在浏览器中的显示效果如图 7.19 所示。

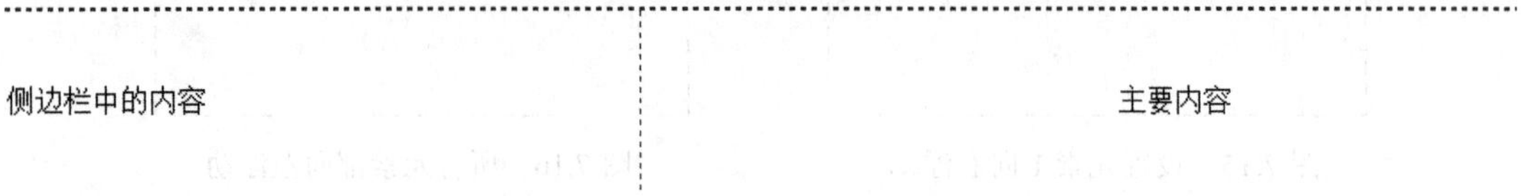

侧边栏中的内容　　　　　　　　　　　　　　　　　　　　　　　　　　主要内容

图 7.19　设置浮动后造成包围元素高度为 0

container 这一包围元素由于不包含 sidebar 元素和 content 元素，因此高度变为 0，从而使得它的边框变成了一条线，并且无法显示背景。

另外，设置元素为浮动元素后，还会造成这一元素下面的元素向上浮动，例如，原本希望出现在页面底部的元素却浮动到了上面，如图 7.20 所示。

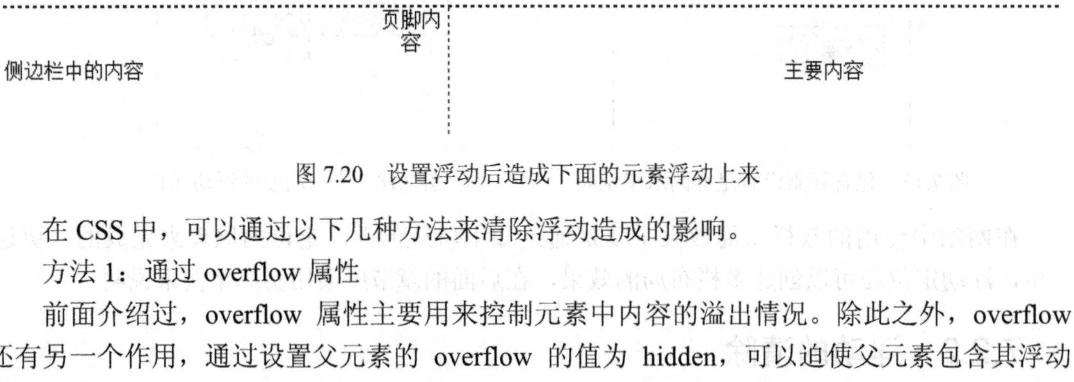

页脚内容

侧边栏中的内容　　　　　　　　　　　　　　　　　　　　　　　　　　主要内容

图 7.20　设置浮动后造成下面的元素浮动上来

在 CSS 中，可以通过以下几种方法来清除浮动造成的影响。

方法 1：通过 overflow 属性

前面介绍过，overflow 属性主要用来控制元素中内容的溢出情况。除此之外，overflow 还有另一个作用，通过设置父元素的 overflow 的值为 hidden，可以迫使父元素包含其浮动的子元素。

【实例 7-9】（实例文件 ch07/09.html）

本实例中，给#container 增加如下的 CSS 样式：

```
#container{
    overflow:hidden;
}
```

完成后，#container 将重新包括 sidebar 和 content 两个子元素，从而具有相应的高度，边框及背景也被显示出来。同时，footer 部分不再受到上面浮动元素的影响，不会浮动到上面，如图 7.21 所示。

侧边栏中的内容	主要内容
页脚内容	

图 7.21 通过 overflow 属性清除浮动

这种方法的局限性在于，在 container 元素中如果有超出 container 元素面积的元素，元素超出的部分将会被隐藏起来。

方法 2：通过 clear 属性

在目前的网页设计中，人们更多地通过 CSS 中的 clear 属性来清除浮动对后面元素的影响。clear 属性的取值见表 7.3。

通过在父元素的最后一个子元素后增加一个空元素来清除浮动，可以使得父元素恢复原有的高度，同时也会使得浮动元素后面的元素不会再向上浮动。

表 7.3 clear 属性

值	描述	举例
none	允许浮动元素出现在两侧	clear:none;
left	在左侧不允许浮动元素	clear:left;
right	在右侧不允许浮动元素	clear:right;
both	在左、右两侧均不允许浮动元素	clear: both;

【实例 7-10】（实例文件 ch07/10.html）

在前面实例中增加用来清除浮动效果的子元素，将能够达到和方法 1 同样的效果。

```
.clear{
    clear:both;
}
<div id="container">
<div id="sidebar">侧边栏中的内容</div>
<div id="content">主要内容</div>
<div class="clear"></div>
</div>
```

方法 3：通过伪元素选择器

如果不希望通过添加多余的元素，还可以通过伪元素选择器来达到清除浮动的效果。

【实例 7-11】（实例文件 ch07/11.html）

```
#container:after{
    content:".";
    display:block;
    height:0;
    visibility:hidden;
    clear:both;
}
```

其中，content 用来形成一个内容是"."的元素，通过"height:0"使得元素的高度为 0，通过"visibility:hidden"使得元素在页面中不可见，并且设置这个元素的 clear 属性为 both，从而清除两侧浮动的影响。

【实例 7-12】（实例文件 ch07/12.html）

在本实例中，如果不清除浮动造成的影响，则在浏览器中显示的效果如图 7.22（a）所示；通过方法 3 清除了浮动后，在浏览器中显示的效果如图 7.22（b）所示。

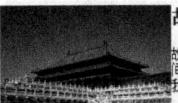

(a)   (b)

图 7.22　通过伪元素选择器清除浮动

7.3　位置定位

在 CSS 中，通过 position 属性控制元素的位置定位，它的属性值见表 7.4。

7.3.1　静态定位

所有元素的默认定位都是静态定位，即 position 设置为 static，在文档中出现在默认排版情况下的位置。一般来说，不用指定 position: static，除非想要覆盖之前设置的定位。

表 7.4　position 属性

值	描　述	举　例
static	静态定位	position: static;
relative	相对定位	position:relative;
absolute	绝对定位	position:absolute;
fixed	固定定位	position: fixed

7.3.2　相对定位

对一个元素进行相对定位，即 position 设置为 relative 后，可以让这个元素相对于它原来的位置进行移动。相对定位的元素仍然在常规流中，后面的元素在定位时按照相对定位的元素仍然在原来的位置来计算。

在把元素设置为相对定位后，通过 left、right、top、bottom 4 个属性来指定偏移量。其中，水平方向通过 left 属性或 right 属性来设置，垂直方向通过 top 属性和 bottom 属性来设置，如图 7.23 所示。

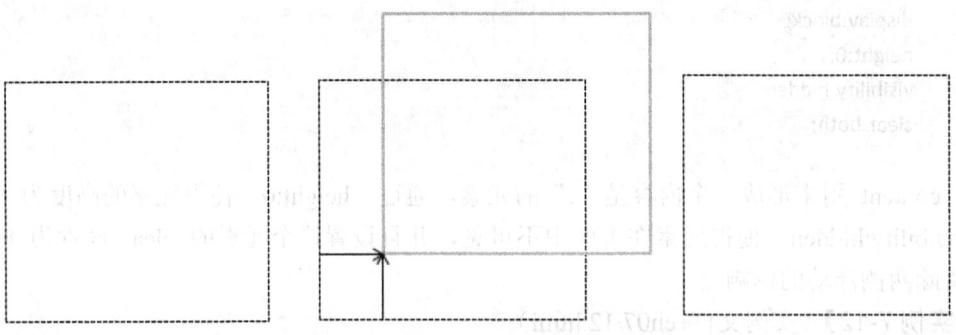

图 7.23　相对定位示意图

【实例 7-13】（实例文件 ch07/13.html）

#div1{

```
        float:left;
    }
#div2{
        float:left;
        position:relative;
        bottom:30px;
        left:10px;
    }
#div3{
        float:left;
    }
```

本实例在浏览器中的显示效果如图 7.24 所示。

div1元素内容   div2元素内容   div3元素内容

图 7.24 相对定位

3 个元素都设置为浮动，应该处于水平排列的布局状态。但由于 div2 元素设置为相对定位，并且 bottom 为 30px，left 为 10px，因此它将相对于它原来的位置向上移动 30px，向右移动 10px。

【实例 7-14】（实例文件 ch07/14.html）

在本实例中，通过图像的相对定位及背景颜色的配合，实现阴影的效果，如图 7.25 所示。

图 7.25 相对定位实例

7.3.3 绝对定位

对一个元素进行绝对定位，即 position 设置为 absolute 后，元素将以"最近"的一个"已经定位"的祖先元素为基准进行定位。如果没有已经定位的祖先元素，那么绝对定位的元素会以浏览器窗口为基准进行定位。

与相对定位相同，在把元素设置为绝对定位后，通过 left、right、top、bottom 4 个属性来指定偏移量。

【实例 7-15】（实例文件 ch07/15.html）

```
#div1{
    position:absolute;
    left:20px;
    top:20px;
}
<div id="div1">div1 元素内容</div>
```

本实例把 div1 元素定位在距离浏览器左上角右侧 20px，下方 20px 的位置。在浏览器中的显示效果如图 7.26 所示。

如果绝对定位的元素有祖先元素被设置为非静态定位的方式，则绝对定位的元素将以这一祖先元素为基准进行定位。

【实例 7-16】（实例文件 ch07/16.html）

```
#container{
    position:relative;
    height:260px;
    width: 260px;
}
#div1{
    position:absolute;
    left:20px;
    top:20px;
}
<div id="container">
<div id="div1">div1 元素内容</div>
</div>
```

其中，div1 被设置为绝对定位。但与实例 7-15 不同的是，div1 元素是 container 元素的子元素，并且 container 元素被设置为相对定位，因此，div1 元素将以 container 元素作为定位的基准，从而把 div1 元素定位在祖先元素 container 中距右侧 20px，距下方 20px 的位置。在浏览器中的显示效果如图 7.27 所示。

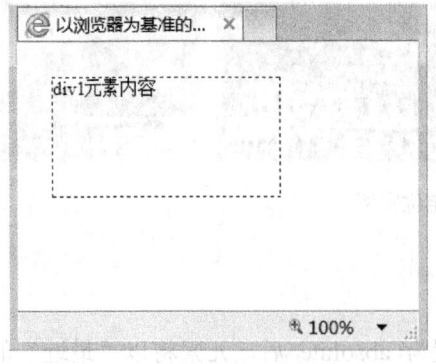

图 7.26　以浏览器窗口为基准的绝对定位

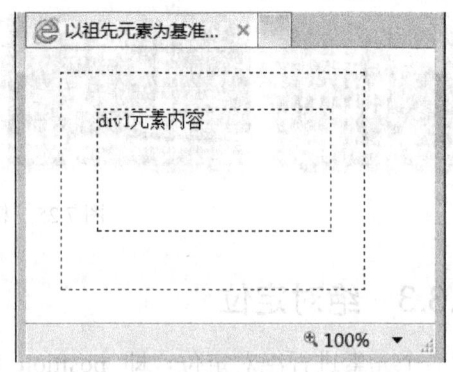

图 7.27　以祖先元素为基准的绝对定位

【实例 7-17】（实例文件 ch07/17.html）

在本实例中，图像标题为绝对定位，并且定位的基准是它的父 div 元素，因此图像标题将显示在每幅图像的底部，如图 7.28 所示。

图 7.28　绝对定位实例

7.3.4　固定定位

固定定位是绝对定位的子类型。对一个元素进行固定定位，即 position 设置为 fixed 后，元素将以浏览器窗口或其他显示设备的窗口为基准进行定位，并且不会随着窗口的滚动而滚动。

【实例 7-18】（实例文件 ch07/18.html）

```
#div1{
    position:fixed;
    right:0;
    bottom:0;
}
<div id="div1">div1 元素内容</div>
```

本实例把 div1 元素固定定位在浏览器右下角的位置，并且不会随着浏览器的滚动而滚动，如图 7.29 所示。

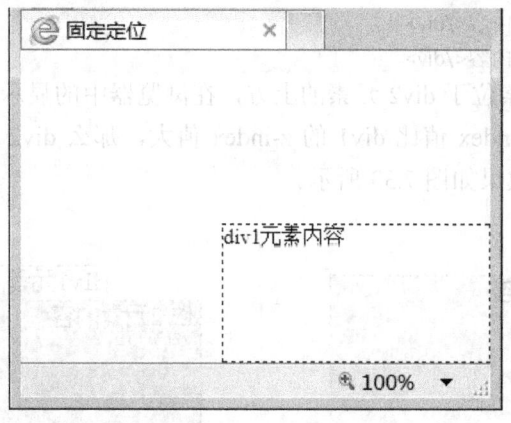

图 7.29　固定定位

在网站的实际运用中，经常用固定定位来布局导航菜单，使得导航菜单始终位于页面的最上方，如图 7.30 所示。

图 7.30　固定定位实例

7.3.5　z-index

对于非静态定位的元素，每个元素都可以看作网页中一个单独的图层，不会对其他元素的定位产生影响。在 CSS 中，通过 z-index 属性设置元素的堆叠顺序，从而决定哪个元素在上，哪个元素在下。拥有更高堆叠顺序的元素总是处于堆叠顺序较低的元素的前面。

通过 z-index 属性，网页将从仅有 *X* 轴和 *Y* 轴的平面转变为同时具有 *Z* 轴的三维空间，如图 7.31 所示。

图 7.31　具有 *Z* 轴的网页空间

【实例 7-19】（实例文件 ch07/19.html）

```
#div1{
    position:absolute;
    z-index:2;
}
#div2{
    position:absolute;
    z-index:1;
}
<div id="div1">div1 元素内容</div>
<div id="div2">div2 元素内容</div>
```

本实例使得 div1 元素位于 div2 元素的上方，在浏览器中的显示效果如图 7.32 所示。

如果设置 div2 的 z-index 值比 div1 的 z-index 值大，那么 div2 元素位于 div1 元素的上方，在浏览器中的显示效果如图 7.33 所示。

图 7.32　div1 元素的 z-index 值大

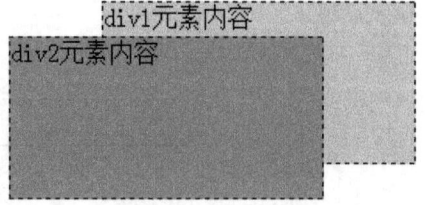

图 7.33　div2 元素的 z-index 值大

本章小结

本章介绍网页元素的两种重要类型：块级元素和行内元素，以及它们在网页中显示时的区别。本章接着讲述了 CSS 布局的最基本模型——盒模型，详细讲解了盒模型的外边距、边框、内边距、内容等几个重要组成部分。浮动定位和位置定位是 CSS 布局的重要定位方式，本章讲解了浮动定位在不同情况下的规律以及清除浮动的常见方法，并讲解了位置定位的 4 种类型以及每种定位方式的含义和适用的具体场景。

课后习题

一、选择题

1. CSS 盒模型中的组成部分不包括（　　）。

    A．margin   B．box   C．border   D．padding

2. 以下（　　）语句可以使得 nav 元素浮动到左侧。

    A．#nav{left: float}   B．#nav{float: left}

    C．#nav{float-left: 200px}   D．以上都不对

3. 浏览器默认的排版定位方式为（　　）。

    A．HTML 流   B．浏览器流   C．常规流   D．网页流

4. 为了使得网页元素相对于自身的位置进行位置的改变，应该使用的定位方式是（　　）。

    A．相对定位   B．浮动定位   C．固定定位   D．绝对定位

5. 以下（　　）将使得 nav 元素位于 z-index 值为 3 的元素的顶部。

    A．#nav{z-index: high}   B．#nav{z-index: 1}

    C．#nav{z-index: 4 }   D．以上都不对

二、判断题

1. 当一个元素出现在另一个元素上面时，两个元素之间的距离是它们的外边距之和。（　　）

2. 当元素的 CSS 属性 overflow 设置为 scroll 时，会出现水平和垂直的滚动条。（　　）

3. 浮动的元素会对后面元素的网页布局产生破坏性影响。（　　）

4. 通过 CSS 属性 clear 来清除浮动是网页设计中经常使用的方法。（　　）

5. 绝对定位的元素将以浏览器为基准进行定位。（　　）

三、思考题

1. 如何通过盒模型计算一个网页元素的宽度？

2. 浮动定位的元素会对后面的元素造成什么影响？

3. 清除浮动的几种方法各有什么利弊？

4. 网页元素的几种定位方式各自有什么样的特点？

5. 如何使得某一网页元素位于所有元素的最上层？

第 8 章　CSS 布局及应用

学习要点：

- 掌握网页整体布局的基本方法；
- 掌握一列固定宽度、两列固定宽度布局的基本方法；
- 掌握垂直导航、水平导航的实现方法；
- 了解首字下沉的实现方法；
- 掌握自定义符号列表的实现方法；
- 掌握图文混排的实现方法；
- 了解 Spry 组件的使用方法。

建议学时： 上课 2 学时，上机 2 学时。

8.1　网页整体布局

网页整体布局有 3 种基本的实现方案：固定宽度布局、流动布局和弹性布局。

① 固定宽度布局：固定宽度布局的网页大小不会随用户调整浏览器窗口大小而变化。随着用户计算机分辨率的提高，固定宽度布局的网页的流行宽度也在不断发生变化，如 950 像素、960 像素、1000 像素等。这种布局方式一般通过像素来规划各栏的宽度。

② 流动布局：也称为液态布局，网页宽度会随着用户调整浏览器窗口宽度而发生变化，这种布局能够更好地适应大屏幕。这种布局方式一般通过百分比来规划各栏的宽度。

③ 弹性布局：弹性布局通过以 em 为单位设置宽度，可以确保在字号增大时整个布局随之扩大。

下面重点讲解固定宽度布局和流动布局。

8.1.1　固定宽度布局

1．一列固定宽度居中

一列布局是所有布局的基础，也是最简单的布局形式。在 CSS 布局中，通过把具有一定宽度的元素的左、右外边距设置为 auto，可以使得元素在浏览器中水平居中。

【实例 8-1】（实例文件 ch08/01.html）

本实例中，首先定义页面的不同部分的元素：

```
<div id="header"> header 的内容</div>
<div id="container">container 的内容</div>
<div id="footer"> footer 的内容</div>
```

使用 CSS 设置元素的宽度以及外边距，从而使得元素在浏览器中水平居中。

```
#header, #container, #footer {
```

```
        width: 960px;
        margin:0 auto;
}
```
在浏览器中的显示效果如图 8.1 所示。

2．两列固定宽度居中

在两列固定宽度居中的布局中，使用一个居中的 div 元素作为容器，将两列分栏的两个 div 元素放置在容器中，从而实现两列的水平居中显示。

【实例 8-2】（实例文件 ch08/02.html）

首先建立如下的网页结构：

```
<div id="header">header 的内容</div>
<div id="container">
    <div id="sidebar">sidebar 的内容</div>
    <div id="maincontent">maincontent 的内容</div>
</div>
<div id="footer">footer 的内容</div>
```

然后使用 CSS 设置 container 容器水平居中：

```
#container {
        width: 960px;
        margin: 0 auto;
}
```

设置 sidebar 元素的宽度并通过 float 属性让元素向左浮动：

```
#sidebar {
        width: 300px;
        float: left;
}
```

设置 maincontent 元素的宽度并通过 float 属性让元素向右浮动：

```
#maincontent{
        width: 640px;
        float: right;
}
```

这时，两个 div 元素之间的分隔区域的宽度等于容器的宽度减去 sidebar 元素的宽度再减去 maincontent 元素的宽度，即 960-200-640=20 像素。

在浏览器中的显示效果如图 8.2 所示。

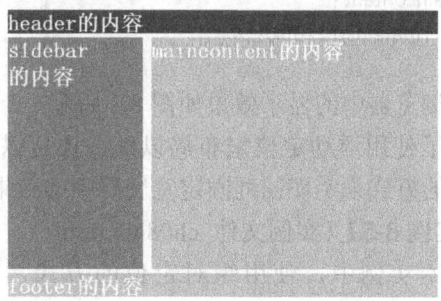

图 8.1　一列固定宽度居中　　　　　　　　图 8.2　两列固定宽度居中

对于两列分栏的两个 div 元素，也可以采用设置外边距的方式进行定位。

【实例 8-3】（实例文件 ch08/03.html）

在实例中，对第一个分栏的 sidebar 元素设置 float: left 属性后，第 2 个分栏 maincontent 元素将浮动到 sidebar 元素的下面，通过设置 maincontent 元素的左外边距为 sidebar 元素加上中间分隔区域的宽度，使得 maincontent 元素定位在外层容器的右侧。其中，maincontent 元素的 CSS 设置为：

```
#maincontent {
    width: 640px;
    margin: 0 0 0 320px
}
```

将获得和第一种方法相同的布局效果。

3. 三列固定宽度居中

三列固定宽度居中可以通过浮动定位或绝对定位的方式来实现。

【实例 8-4】（实例文件 ch08/04.html）

首先建立如下的网页结构：

```
<div id="container">
    <div id="sidebar1">sidebar1 的内容</div>
    <div id="sidebar2">sidebar2 的内容</div>
    <div id="maincontent">maincontent 的内容</div>
</div>
```

在使用浮动定位的方式中，设置 sidebar1 元素在容器中向左浮动，设置 sidebar2 元素在容器中向右浮动：

```
#sidebar1 {
    width: 200px;
    float: left;
}
#sidebar2 {
    width: 200px;
    float: right;
}
```

设置 maincontent 的左、右外边距分别为 sidebar1 元素和 sidebar2 元素加上中间分隔区域的宽度：

```
#maincontent {
    margin: 0 220px;
}
```

在浏览器中的显示效果如图 8.3 所示。

除了使用浮动定位来布局以外，还可以使用绝对定位的方式来实现三列固定宽度居中的效果。

【实例 8-5】（实例文件 ch08/05.html）

在本实例中，使用绝对定位的方式，首先把 container 元素的定位方式设置为相对定位，以使得绝对定位的元素以它为基准：

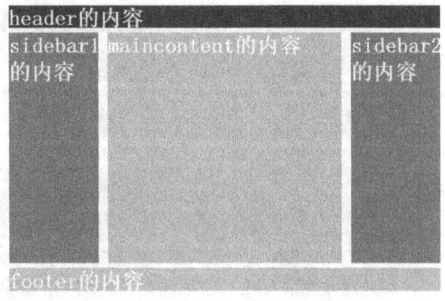

图 8.3　浮动定位方式的三列固定宽度居中

```
#container {
    position:relative;
}
```

然后设置 sidebar1 元素绝对定位在 container 元素的左边，设置 sidebar2 元素绝对定位在 container 元素的右边：

```
#sidebar1 {
    position: absolute;
    top: 0;
    left: 0;
}
#sidebar2 {
    position: absolute;
    top: 0;
    right: 0;
}
```

最后获得与浮动定位方式相同的布局效果。

8.1.2 流动布局

1．一列流动居中

在 CSS 布局中，通过百分比来设置每栏的宽度，而不是具体的像素，可以创建流动布局的网页。把元素的左、右外边距设置为 auto，可以使得元素在浏览器中水平居中。

【实例 8-6】（实例文件 ch08/06.html）

在本实例中，首先定义页面的不同部分的元素：

```
<div id="header"> header 的内容</div>
<div id="container">container 的内容</div>
<div id="footer"> footer 的内容</div>
```

使用 CSS 设置元素的宽度及外边距，从而使得元素在浏览器中水平居中：

```
#header,#container, #footer {
    width: 80%;
    margin:0 auto;
}
```

2．两列流动居中

与创建两列固定宽度居中的网页方式相同，只是在这种情况下，栏目的宽度是通过百分比来进行设置的。

【实例 8-7】（实例文件 ch08/07.html）

在本实例中，对于 container、sidebar、maincontent 这三个部分的 CSS 设置如下：

```
#container {
    width: 80%;
    margin: 0 auto;
}
#sidebar {
    width: 20%;
    float: left;
```

```
}
#maincontent {
    width: 80%;
    float: right;
}
```

8.2 网站中的导航

网站导航是网站中非常重要的元素，从形式上看，网站导航主要分为：垂直导航、水平导航、下拉导航、多级弹出导航等常见形式。例如，如图 8.4 所示的当当网页面中，综合运用了垂直导航、水平导航、多级弹出导航等多种导航形式。

图 8.4 当当网站中的导航

在 CSS 布局实现中，导航的结构由无序列表<ul><li>完成，依靠 CSS 控制无序列表的样式从而形成导航元素。

例如，以下代码结构构成了导航的内容：

```
<div id="nav">
    <ul>
        <li><a href="#">首页</a></li>
        <li><a href="#">新闻</a></li>
        <li><a href="#">国内</a></li>
        <li><a href="#">国际</a></li>
        <li><a href="#">科技</a></li>
        ......
    </ul>
</div>
```

下面分别介绍垂直导航、水平导航及下拉菜单的制作方法。

8.2.1　垂直导航

在垂直导航中，利用无序列表从上到下的排列方式形成垂直排列的形式。

【实例8-8】（实例文件 ch08/08.html）

首先，需要取消无序列表默认的项目符号：

```
#nav ul {
        list-style-type:none;                      /* 不显示项目符号 */
}
```

对于导航中的 a 超链接元素，在默认情况下，它是行级元素，因此会收缩并包住其中的内容。为了使得它能够形成一个块状区域以便于用户操作，需要设置 display 属性为 block，从而把 a 超链接元素变为块级元素。

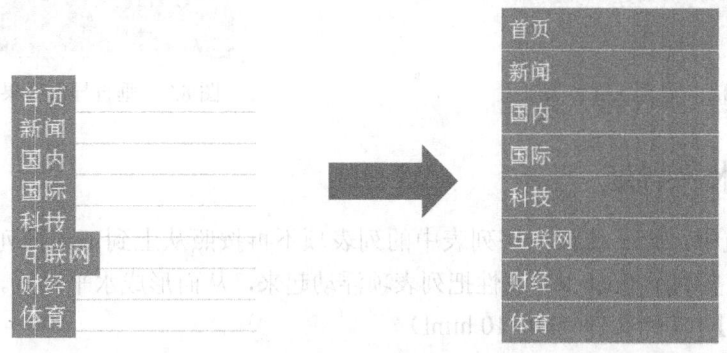

图 8.5　设置 a 元素为块级元素

```
#nav li a:link{
        display:block;                             /* 区块显示 */
        padding:5px ;
        text-decoration:none;
        background-color:#c11136;
        color:#FFFFFF;
}
```

同时，为了使得 a 超链接元素带有交互反馈的效果，需要通过虚类选择器设置它在不同状态下的样式：

```
#nav li a:hover{                                   /* 鼠标经过时 */
        background-color:#990020;                  /* 改变背景色 */
        color:#FFFF00;                             /* 改变文字颜色 */
}
```

当鼠标指针悬停在导航栏上时，浏览器将使用 a:hover 伪类中定义的颜色改变鼠标指针所在处导航栏的背景颜色。在浏览器中的显示效果如图 8.6 所示。

通过对 CSS 样式的灵活设置，也可以创建其他交互效果的垂直导航。

【实例8-9】（实例文件 ch08/09.html）

在本实例中，设置 a 超链接元素左侧边框的颜色，当鼠标指针悬停在某一菜单栏上时，左侧边框的颜色发生变化，从而提示用户当前的选择。

```
#nav li a:link{
        border-left: 15px solid #666;             /* 设置左边框 */
```

```
}
#nav li a:hover {
    border-left: 15px solid #F90;                    /* 设置鼠标指针悬停时的左边框 */
}
```

在浏览器中的显示效果如图 8.7 所示。

图 8.6　垂直导航效果 1

图 8.7　垂直导航效果 2

8.2.2　水平导航

在水平导航中，为了使得无序列表中的列表项不再按照从上到下的排列方式，而是呈水平的排列，需要利用 float: left 属性把列表项浮动起来，从而形成水平导航。

【实例 8-10】（实例文件 ch08/10.html）

本实例中最显著的变化是对无序列表中列表项的浮动设置：

```
#nav li {
    float:left;                                      /* 向左浮动 */
}
```

对于 a 超链接元素占据的宽度，可以通过导航区域的宽度÷导航菜单的个数获得。例如，对于 960 像素宽的导航区域，包含 8 个导航菜单，则每个导航菜单的总宽度为 120 像素。如果为了使导航菜单之间有一定的分隔区域，可以通过 margin-right 形成导航菜单右侧的外边距，那么

导航菜单的宽度=导航菜单的总宽度÷导航菜单个数−分隔区域的宽度

```
#nav li a:link{
    display:block;                                   /* 区块显示 */
    width:119px;                                     /* 宽度 119px */
    margin-right:1px;                                /* 右边距 1px */
    text-align:center;                               /* 文字水平居中 */
}
```

其中，导航菜单的宽度为 960/8−1=120−1=119px。

在浏览器中的显示效果如图 8.8 所示。

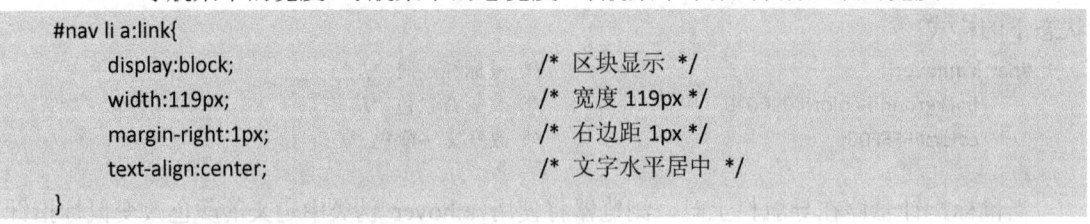

图 8.8　水平导航

同样，通过对 CSS 样式的灵活设置，也可以创建其他交互效果的水平导航。

【**实例 8-11**】（实例文件 ch08/11.html）

本实例设置 a 超链接元素下边框颜色的边框颜色，并且，当鼠标指针悬停在某一菜单栏上时，下边框的颜色发生变化，同时文字颜色也发生变化的效果。

```
#nav li a:link{
        display:block;                          /* 区块显示 */
        width:120px;                            /* 宽度 120px */
        text-align:center;                      /* 文字水平居中 */
        border-bottom: 4px solid #DEDEDE;       /* 下边框 */
}
#nav ll a:hover {
        border-bottom: 4px solid #6184A6;       /* 鼠标悬停时的下边框 */
        color: #336699;                         /* 文字颜色 */
}
```

在浏览器中的显示效果如图 8.9 所示。

首页	热点	国内	国际	科技	互联网	财经	体育

图 8.9　水平导航

还可以通过背景图像的变换，来创建与用户交互的效果。

【**实例 8-12**】（实例文件 ch08/12.html）

利用图像制作软件制作如下两个相同尺寸的图像，如图 8.10 所示。

nav01.gif
宽度：120px
高度：45px

nav02.gif
宽度：120px
高度：45px

图 8.10　导航背景图像

使用 CSS 中设置 a 超链接元素的背景图像，创建出用户鼠标指针悬停在某一菜单栏上时的交互效果：

```
#nav a:link {
        width:120px;
        height:45px;
        background-image: url(images/nav01.gif);
}
#nav a:hover{
        background-image:url(images/nav02.gif);
}
```

完成后网页效果如图 8.11 所示。

图 8.11　水平导航

8.2.3　下拉菜单

如果网站的导航部分内容比较丰富，则可以通过下拉菜单或多级弹出菜单来实现更多导航信息的展示。

【实例 8-13】（实例文件 ch08/13.html）

在本实例中，首先通过无序列表构造导航元素：

```
<div id="nav">
<ul>
<li><a href="#">首页</a></li>
<li><a href="#">电影</a>
  <ul>
  <li><a href="#">新上映</a></li>
  <li><a href="#">华语</a></li>
  <li><a href="#">欧美</a></li>
  <li><a href="#">日韩</a></li>
  <li><a href="#">电影排行榜</a></li>
  </ul>
</li>
…
</ul>
</div>
```

其中，为了形成"电影"菜单项的二级下拉菜单，在"电影"这一 li 元素中嵌套了一级由 ul 元素和 li 元素组成的无序列表。

为了使得一级菜单成为一行，仍然通过浮动方式来进行 CSS 设置：

```
ul li{
    float:left;                    /*向左浮动从而水平排列*/
    position:relative;             /*相对定位*/
}
```

为了使得二级下拉菜单默认不显示，需要设置 display 属性来隐藏二级下拉菜单；为了使得二级下拉菜单能够在显示时不影响网页中的其他元素，并定位在父元素的下面，需要设置二级下拉菜单的定位方式为绝对定位：

```
ul li ul{
    position:absolute;             /* 绝对定位 */
    display:none;                  /* 不显示 */
    left:0;                        /* 距离父元素左边 0 像素 */
}
```

其中，通过"ul li ul"这一选择器，能够选择一级无序列表中嵌套的二级无序列表，即二级下拉菜单。

为了使得当鼠标指针悬停在一级菜单上时，相应的二级下拉菜单能够显示，需要设置二级下拉菜单的 display 属性恢复显示：

```
ul li:hover ul{
    display:block;                 /* 在浏览器中显示 */
}
```

完成后页面效果如图 8.12 所示。

首页
电影
音乐
科技
财经
新歌首播
华语
欧美
日韩
音乐排行榜

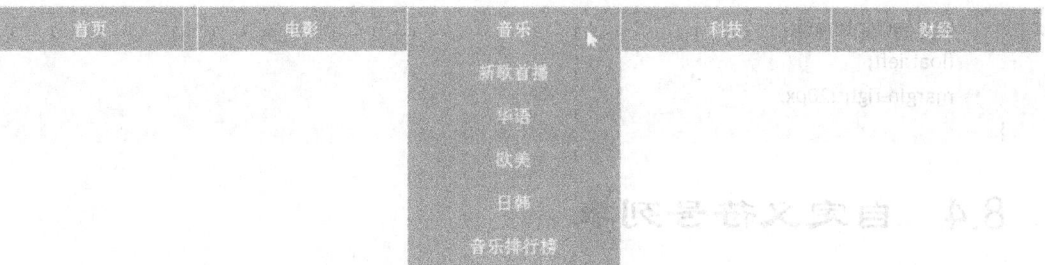

图 8.12　下拉菜单

8.3　首字下沉效果

在一些网页排版中，运用了首字下沉的排版样式，即文章第一个段落的首字变大，并且向下一定的距离，占据 2 行或多行的高度，同时与后面的文字也有一定的距离。

在 CSS 布局中，通过设置首字的大小并向左浮动，从而使得首字与其他字符区别；通过右边距控制首字与其他字符的距离。

【实例 8-14】（实例文件 ch08/14.html）

在本实例中，使用 span 元素把首字区隔开来，并设置 span 元素的特殊 CSS 样式：

```
<style type="text/css">
#ft{
    font-size:3em;                /* 文字大小为普通文字的 3 倍 */
    font-weight:bold;             /* 文字加粗 */
    float:left;                   /* 向左浮动 */
    margin-right:20px;            /* 右边距为 20 像素，空出与普通文字之间的距离 */
}
</style>
<div id="container">
<p><span id="first">云</span>计算（英语：Cloud Computing），是……（文字略）</p>
</div>
```

其中，首字的字体大小通过 em 这一相对单位来指定，从而具有更大的灵活性。不管用户如何调节浏览器的字体大小，首字大小始终是普通大小的 3 倍。

完成后的效果如图 8.13 所示。

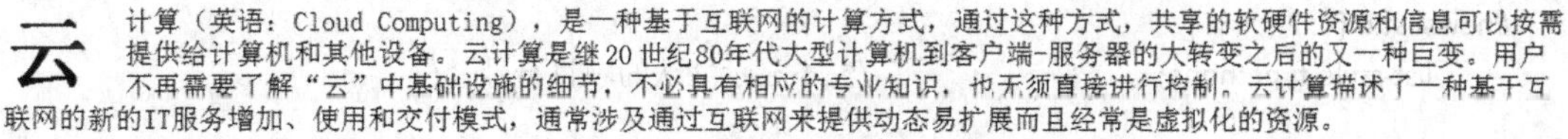

云
计算（英语：Cloud Computing），是一种基于互联网的计算方式，通过这种方式，共享的软硬件资源和信息可以按需提供给计算机和其他设备。云计算是继 20 世纪80年代大型计算机到客户端-服务器的大转变之后的又一种巨变。用户不再需要了解“云”中基础设施的细节，不必具有相应的专业知识，也无须直接进行控制。云计算描述了一种基于互联网的新的IT服务增加、使用和交付模式，通常涉及通过互联网来提供动态易扩展而且经常是虚拟化的资源。

图 8.13　首字下沉效果

如果不通过 span 元素来对段落中的首字进行区隔，可以通过伪类 first-letter 来完成对段落中首字的选择，也可以完成同样的效果。

【实例 8-15】（实例文件 ch08/15.html）

本实例通过伪类进行首字的样式设置，能够实现和实例 8-14 同样的效果。

```
#container p:first-letter{
    font-size:3em;
```

```
        font-weight:bold;
        float:left;
        margin-right:20px;
}
```

8.4 自定义符号列表

在网页中，人们也经常通过无序列表或有序列表来形成页面中的元素。默认的无序列表或有序列表的符号较为单一，通过 CSS 可以形成丰富的自定义符号的列表内容。

【实例 8-16】（实例文件 ch08/16.html）

在本实例中，首先构造网页元素，形成新闻列表：

```
<ul id="newslist">
    <li><a href="#">基于地理位置的应用已成云计算关注方向</a><span>2013-07-15</span></li>
    <li><a href="#">云计算推动视频监控发展</a><span>2013-07-15</span></li>
    <li><a href="#">云计算环境下的深度安全趋势</a><span>2013-07-15</span></li>
    <li><a href="#">云计算的总体架构、应用及模式探讨</a><span>2013-07-15</span></li>
    <li><a href="#">新的基于云计算环境的数据容灾策略</a><span>2013-07-15</span></li>
    <li><a href="#">未来三年云计算和大数据将成为投资热点</a><span>2013-07-11</span></li>
</ul>
```

其中，新闻列表由 ul 元素形成最外围的元素，每个新闻条目由超链接 a 元素形成的新闻标题和 span 元素形成的新闻日期组成。

为了使得新闻标题和新闻日期分别左对齐和右对齐，设置它们分别向左浮动和向右浮动，并设置新闻日期的文字大小和文字颜色，使之与新闻标题有一定的区别：

```
#newslist a{
    float:left;                        /* 向左浮动 */
}
#newslist span{
    font-size:12px;                    /* 文字大小为 12 像素 */
    color:#999;                        /* 文字颜色 */
    float:right;                       /* 向右浮动 */
}
```

为了使得新闻条目使用自定义的符号，设置 ul 元素的 list-style-type 为 none，并为 li 元素指定 list-style-image：

```
#newslist ul{
    list-style-type:none;              /* 不显示默认的项目符号 */
}
#newslist li{
    height:28px;                       /* 高度 */
    line-height:28px;                  /* 行高 */
    list-style-image: url(images/arrow.jpg);  /* 项目图像符号 */
    margin-bottom:2px;                 /* 下边距为 2px，使得每行之间有一定的间隔 */
}
```

另外一种被普遍使用的方法是设置 li 元素的背景图像，这种方法可以精确指定自定义符号出现的位置。

【实例 8-17】（实例文件 ch08/17.html）

```
#newslist li{
        height:28px;                              /* 高度 */
        line-height:28px;                         /* 行高 */
        background-image: url(images/arrow.jpg);  /* 背景图像 */
        background-repeat: no-repeat;             /* 背景图像不重复 */
        padding-left:30px;                        /* 左内边距为 30px，使得文字向后缩进 */
}
```

在这种情况下，需要设置 li 元素的 padding-left，使得文字向后缩进，从而显示出背景图像。完成后的网页效果如图 8.14 所示。

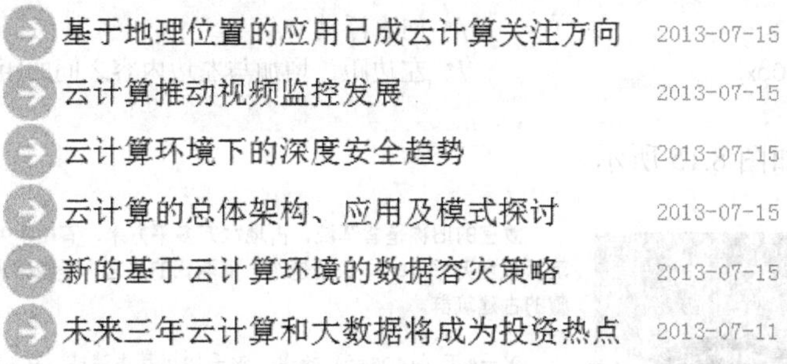

基于地理位置的应用已成云计算关注方向　　2013-07-15

云计算推动视频监控发展　　2013-07-15

云计算环境下的深度安全趋势　　2013-07-15

云计算的总体架构、应用及模式探讨　　2013-07-15

新的基于云计算环境的数据容灾策略　　2013-07-15

未来三年云计算和大数据将成为投资热点　　2013-07-11

图 8.14　自定义符号列表

8.5　图文混排

通过图像和文字的组合，可以形成丰富多彩的图文混排效果。在 CSS 布局中，图文混排的实现原理与首字下沉的实现原理相同，通过设置图像向左或向右浮动，使得文字环绕在图像周围。

【实例 8-18】（实例文件 ch08/18.html）

在本实例中，首先构造网页元素，形成关于故宫和悉尼歌剧院的两个区块 div 元素：

```
<div class="building">
<img src="images/gugong.jpg" width="303" height="187" class="fl"/>
<p>故宫的旧称是紫禁城，占地 72 万多平方米，有楼宇 9000 余间……（文字略）</p>
</div>
<div class="building">
<img src="images/sydney.jpg" width="303" height="187" class="fr"/>
<p>悉尼歌剧院位于澳人利亚悉尼，是 20 世纪最具特色的建筑之一……（文字略）</p>
</div>
```

其中，设置 div 元素类样式为 building，第 1 幅图像类样式为 fl，第 2 幅图像类样式为 fr。

通过设置 building 样式，使得每个区块下方显示 1 像素宽、颜色为#666 的虚线：

```
.building{
        border-bottom:1px dashed #666;          /* 下边框 */
}
```

通过设置.building img 样式，使得图像周围显示 1 像素的边框，图像与边框之间的距离为 10 像素：

```
.building img{
    border:1px solid #CCC;              /* 图像的四周边框 */
    padding:10px;                       /* 图像与边框之间的距离 */
}
```

通过设置 fl 和 fr 样式，使得应用样式的图像向左浮动或向右浮动，与周围文字的距离为 10 像素：

```
.fl{
    float:left;                         /* 向左浮动 */
    margin-right:10px;                  /* 右边距，增加与右边内容之间的距离 */
}
.fr{
    float:right;                        /* 向右浮动 */
    margin-left:10px;                   /* 左边距，增加与左边内容之间的距离*/
}
```

完成后的效果如图 8.15 所示。

故宫的旧称是紫禁城，占地72万多平方米，有楼宇9000余间，建筑面积15万平方米。故宫是明、清两代的皇宫，是我国现存最大最完整的古建筑群。

永乐4年（1406年）始建，永乐18年基本建成，在500年历史中有24位皇帝曾居住于此。虽经明清两代多次重修和扩建，故宫仍然保持了原来的布局。故宫被誉为世界五大宫之一（北京故宫、法国凡尔赛宫、英国白金汉宫、美国白宫、俄罗斯克里姆林宫），并被联合国科教文组织列为"世界文化遗产"。故宫四面环有高10米的城墙，南北长960米，东西宽753米，面积达到72万平方米，为世界之最；故宫的整个建筑被两道坚固的防线围在中间，外围是一条宽52米、深6米、长3800米的护城河环绕。

悉尼歌剧院位于澳大利亚悉尼，是20世纪最具特色的建筑之一，也是世界著名的表演艺术中心，已成为悉尼市的标志性建筑。该歌剧院1973年正式落成，2007年6月28日被联合国教科文组织评为世界文化遗产，该剧院设计者为丹麦设计师约恩·乌松。悉尼歌剧院坐落在悉尼港的便利朗角（Bennelong Point），其特有的帆造型，加上悉尼港湾大桥，与周围景物相映成趣。

每年在悉尼歌剧院举行的表演大约3000场，约二百万观众前往共襄盛举，是全界最大的表演艺术中心之一。歌剧院白色屋顶是由一百多片瑞典陶瓦铺成，并经过特殊处理，因此不怕海风的侵袭，屋顶下方就是悉尼歌剧院的两大表演场所——音乐厅(Concert Hall)和歌剧院(Opera Theater)。音乐厅是悉尼歌剧院最大的厅堂，共可容纳2679名观众，通常用於举办交响乐、室内乐、歌剧、舞蹈、合唱、流行乐、爵士乐等多种表演。此音乐厅最特别之处，就是位於音乐厅正前方，忠实呈现澳州自有的风格。

图 8.15　图文混排效果

8.6　全图排版

在许多图片展示型的网站中，经常通过全图排版来展现丰富的图像。在 CSS 布局中，可以通过浮动布局来完成这一效果。通过设置图像区块的内边距、边框、外边距，并使得图像区块浮动起来，形成图像的并排效果。当浮动的图像整体宽度达到外围容器区块的宽度时，下一图像区块将在另一排中显示。通过控制图像区块的宽度，可以灵活地控制同一排中图像的个数。

【实例 8-19】（实例文件 ch08/19.html）

在本实例中，首先构造网页元素，在一个容器区块中形成 8 个图像区块：

```
<div id="container">
<div class="pic"><img src="images/1.jpg" /></div>
<div class="pic"><img src="images/2.jpg" /></div>
...
<div style="clear:both"></div>
</div>
```

通过设置 container 的样式，使得所有的图像区块位于一个 960 像素宽的容器中：

```
#container{
    width:960px;                        /* 容器宽度 */
    margin:0 auto;                      /* 外边距设置，使得容器水平居中*/
    background-color:#F3F2F3;           /* 背景颜色*/
}
```

通过设置图像的 CSS 样式，使得图像浮动起来并设置内边距、边框、外边距：

```
.pic img{
    float: left;                       /* 向左浮动 */
    height: 208px;                     /* 高度 */
    width: 208px;                      /* 宽度 */
    padding: 10px;                     /* 内边距 */
    border: 1px solid #B2B2B2;         /* 边框 */
     margin: 0 5px 5px;                /* 外边距 */
    background-color:#FFF;             /* 背景颜色*/
}
```

当图像全部浮动之后，container 这一 div 元素将变得没有高度，从而无法显示背景颜色。最后，通过在 container 这一 div 容器中加入用来清除浮动的 div 元素，使得 container 这一 div 元素能够把所有的图像包围在其中，从而显示出背景颜色。这里，为了使得同一行能显示 4 幅图像，图像的各个参数的计算过程如下：

图像的整体宽度为：960/4=240 像素，如果左、右内边距各为 10 像素，左、右边框各为 1 像素，左、右外边距各为 5 像素，则图像的宽度为：240-20-2-10=208 像素。

完成后的网页效果如图 8.16 所示。

如果希望使得同一行能显示更多的图像，如 8 幅图像，则图像的宽度为：960/8-20-2-10=88 像素。完成后的网页效果如图 8.17 所示。

如果希望当用户的鼠标指针移动到某一幅图像上时能够有交互效果，可以通过 hover 伪类来完成。

【实例 8-20】（实例文件 ch08/20.html）

在本实例中，增加了如下的样式：

```
.pic img:hover{
    border: 1px solid #0F0;
    background-color:#0F0;
}
```

当用户的鼠标指针移动到某一幅图像上时，图像的边框和背景颜色都将变为绿色。

图 8.16　全图排版

图 8.17　全图排版

8.7　Dreamweaver 中的页面组件

为了帮助网页开发者快速开发网页，Dreamweaver 内置了一些常用的页面组件，网页开发者可以便捷地使用这些组件来建立网页。其中，组件也被称为"widget"。在 Dreamweaver 工具栏中，提供了 Spry 菜单栏、Spry 选项卡式面板、Spry 折叠式面板等组件，如图 8.18 所示。

图 8.18　Spry 工具栏

在 Dreamweaver 工具栏的"Spry"标签中，除了进行页面布局的这些组件以外，还有用来对表单进行验证的 Spry 组件，相关内容将在第 10 章中讲解。

Spry 组件由以下三个部分组成：

组件结构：用来定义 Widget 结构组成的 HTML 代码块。

组件行为：用来控制 Widget 如何响应用户启动事件的 JavaScript。

组件样式：用来指定 Widget 外观的 CSS。

其中，JavaScript 在网页中主要起到与用户交互的作用，将在第 12 章中讲解。在 Dreamweaver 中插入 Spry 组件时，Dreamweaver 会自动在站点中创建 SpryAssets 文件夹，把组件涉及的 JavaScript 文件和 CSS 文件放入其中，并自动将这些文件与网页文件进行链接，从而使得网页具有相应组件的功能和样式。如果对默认的功能和样式不满意，可以自行修改相应的文件。

下面分别讲解 Spry 菜单栏、Spry 选项卡式面板、Spry 折叠式面板的使用。

8.7.1　Spry 菜单栏

Spry 菜单栏是一组用于导航的菜单栏，每个菜单栏可以根据需要设置二级菜单、三级菜单。

【实例 8-21】（实例文件　ch08/spry/01.html）

Step1　把光标定位在网页中需要插入 Spry 菜单栏的位置，单击"插入"面板|"布局"选项卡|"Spry 菜单栏"按钮，弹出"Spry 菜单栏"对话框，如图 8.19 所示。在其中选择创建"水平"或"垂直"类型的菜单栏，单击"确定"按钮，Dreamweaver 会在光标处插入 Spry 菜单栏，如图 8.20 所示。

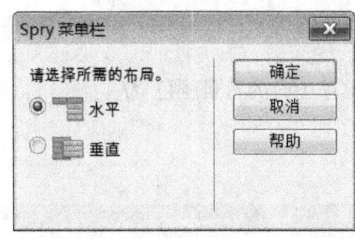

图 8.19　"Spry 菜单栏"对话框　　　　　图 8.20　插入网页中的 Spry 菜单栏

Step2　选中插入的 Spry 菜单栏，在属性面板中对相关属性进行设置，如菜单栏的文本、链接目标、二级菜单、三级菜单等。通过面板中的"+"、"-"按钮可以添加新菜单或删除已有菜单，通过面板中的"▲"、"▼"按钮可以调节菜单的上、下顺序，如图 8.21 所示。

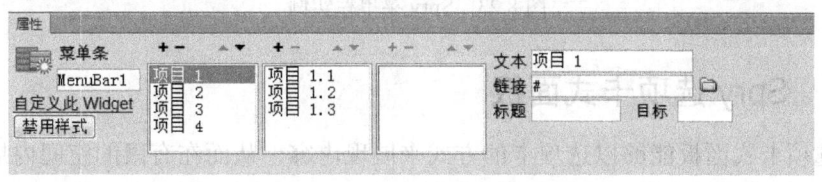

图 8.21　Spry 菜单栏属性面板

Step3　选择"文件 | 保存"命令，弹出"复制相关文件"对话框，提示把相应的文件保存在本地站点中，如图 8.22 所示。

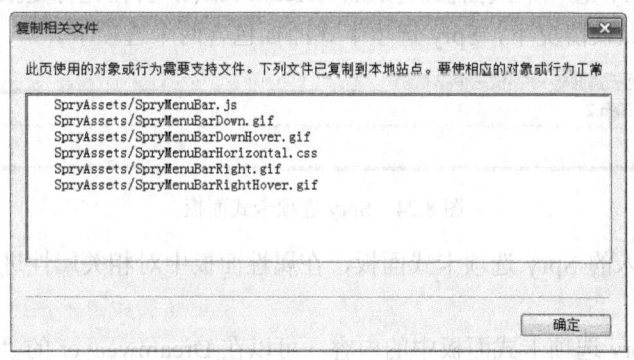

图 8.22　复制 Spry 菜单栏相关文件

Step4 根据需要修改涉及的 CSS 样式。

这里按照实例 8-13 的下拉菜单设置各菜单项后，默认的效果是：灰色的背景色，黑色的文字，鼠标指针悬停时变为蓝色的背景色。通过修改 SpryMenuBarHorizontal.css 文件中相应选择器的样式，可以对默认效果进行改造和定制。

```
ul.MenuBarHorizontal li{
    width: 192px;                          /* 菜单项的宽度 */
}


ul.MenuBarHorizontal a{
    background-color: #c11136;             /* 菜单项背景颜色 */
    color: #FFF;                           /* 菜单项文字颜色 */
}
ul.MenuBarHorizontal a.MenuBarItemHover, ul.MenuBarHorizontal a.MenuBarItemSubmenuHover,
    ul.MenuBarHorizontal a.MenuBarSubmenuVisible
{
    background-color: #F00;                /* 鼠标指针悬停在菜单项上时的背景颜色 */
}
```

完成后的效果如图 8.23 所示。

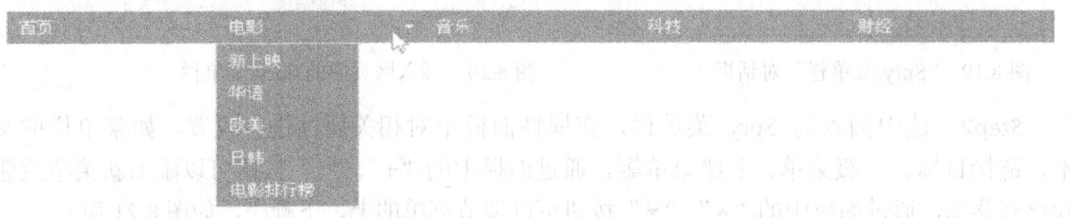

图 8.23　Spry 菜单栏实例

8.7.2　Spry 选项卡式面板

Spry 选项卡式面板能够以选项卡的方式来展现内容，从而在有限的空间内展示更多的内容。这一展现形式被大量地使用在门户网站中。

【实例 8-22】（实例文件 ch08/spry/02.html）

Step1　把光标定位在网页中需要插入 Spry 选项卡式面板的位置，单击"插入"面板|"布局"选项卡|"Spry 选项卡式面板"按钮，Dreamweaver 会在光标处插入选项卡式面板，如图 8.24 所示。在默认情况下，Spry 选项卡式面板包含两个选项卡。

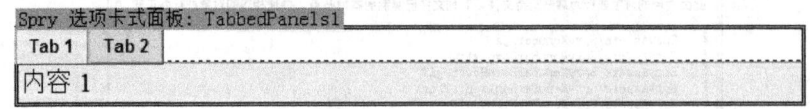

图 8.24　Spry 选项卡式面板

Step2　选中插入的 Spry 选项卡式面板，在属性面板中对相关属性进行设置，如图 8.25 所示。

Step3　编辑 Spry 选项卡式面板中的内容。可以在 Dreamweaver 的"设计"视图中进行修改选项卡的标签名、切换当前的选项卡、编辑选项卡中的内容等操作。

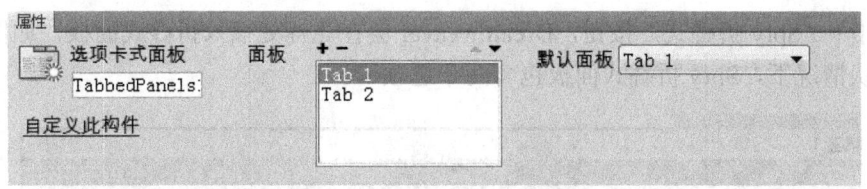

图 8.25 Spry 选项卡式面板属性

Step4 选择"文件 | 保存"命令，弹出"复制相关文件"对话框，提示把相应的文件保存在本地站点中，如图 8.26 所示。

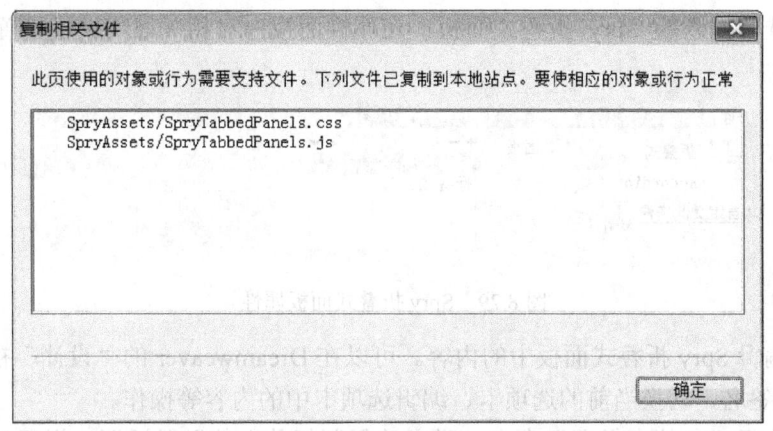

图 8.26 复制 Spry 选项卡式面板相关文件

Step5 根据需要修改涉及的 CSS 样式如下：

```
.TabbedPanelsContentGroup {
    background-color: #FFF;                    /* 选项卡背景设置为白色 */
}
```

完成后的效果如图 8.27 所示。

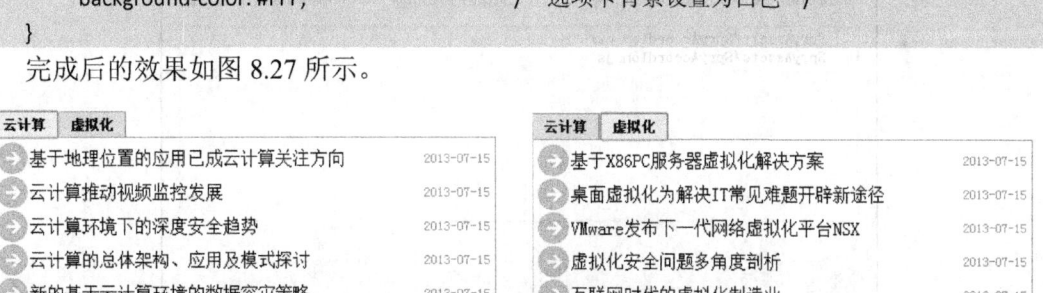

图 8.27 Spry 选项卡式面板实例

8.7.3 Spry 折叠式面板

Spry 折叠式面板与 Spry 选项卡式面板类似，也可以在有限的空间内展示较为丰富的内容。当浏览者单击不同的选项卡面板时，相应的面板会展开，而其他面板会收缩。Spry 折叠式面板采用了垂直的布局方式，这一点与 Spry 选项卡式面板不同。

【实例 8-23】（实例文件 ch08/spry/03.html）

Step1 把光标定位在网页中要插入 Spry 折叠式面板的位置，单击"插入"面板 | "布

局"选项卡 | "Spry 折叠式"按钮，Dreamweaver 会在光标处插入折叠式面板，如图 8.28 所示。在默认情况下，Spry 折叠式面板包含两个选项卡。

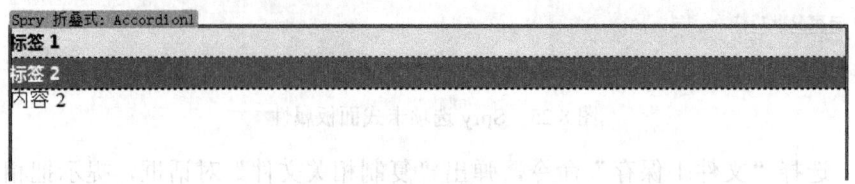

图 8.28　Spry 折叠式面板

Step2　选中插入的 Spry 折叠式面板，在属性面板中对相关属性进行设置，如图 8.29 所示。

图 8.29　Spry 折叠式面板属性

Step3　编辑 Spry 折叠式面板中的内容。可以在 Dreamweaver 的"设计"视图中进行修改选项卡的标签名、切换当前的选项卡、编辑选项卡中的内容等操作。

Step4　选择"文件 | 保存"命令，弹出"复制相关文件"对话框，提示把相应的文件保存在本地站点中，如图 8.30 所示。

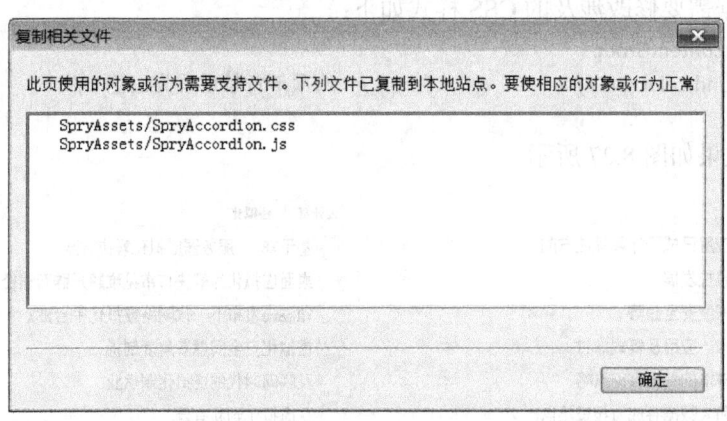

图 8.30　复制 Spry 折叠式面板相关文件

Step5　根据需要修改涉及的 CSS 样式如下：

```css
.Accordion {
    height: 448px;
}
.AccordionPanelOpen .AccordionPanelTab {
    height: 20px;
}
.AccordionPanelContent {
    height: 377px;
```

}

完成后的效果如图 8.31 所示。

图 8.31　Spry 折叠式面板实例

本章小结

本章首先介绍网页整体布局的基本方法，包括常见的固定宽度布局和流动布局。本章接着介绍网页中的基本组件和效果的编辑方法，包括网页中的垂直导航、水平导航、下拉菜单等，还包括首字下沉、自定义符号列表、图文混排等排版布局方式。对于 Dreamweaver 软件提供的方便网页设计者制作网页的 Spry 组件，以实例的形式讲解了较有代表性的 Spry 菜单栏、Spry 选项卡式面板、Spry 折叠式面板的使用方法。

课后习题

实践题

1．编写固定宽度布局的网页，整体宽度为 1000 像素，其中的主体内容分为两栏。

2．编写水平导航的菜单，整体宽度为 1000 像素，各菜单项均匀水平分布，并通过伪类设置超链接在不同状态下的样式。

3．编写图文混排的网页，使得图像浮动在文字左侧或右侧。

4．编写使用列表元素的网页，其中列表元素的项目符号使用图像来完成。

5．使用 Dreamweaver 提供的选项卡式面板组件设计网页。

第9章　模板和库项目

学习要点：

- 理解模板和库的作用；
- 掌握模板的创建与应用；
- 掌握库项目的创建与应用；
- 了解模板和库项目的 HTML 代码。

建议学时： 上课 2 学时，上机 2 学时。

在制作网站的过程中，为了统一风格，很多页面会用到相同的布局、图片和文字元素，如果每次都重新制作这些相同的部分，会浪费很多时间，使用 Dreamweaver 提供的模板和库可以轻松地解决这个问题。另外，使用模板和库还有助于批量修改网页，减少网页维护、更新的工作量。

9.1　模板的概念

模板是一种特殊类型的文档，也可以说是一种用来制作相同风格网页的"模子"，用户利用模板可以在短时间内制作大量风格相同但内容不同的网页。在后期维护中，通过修改模板，可以快速地更新整个站点中所有使用了模板的网页。模板的功能实质上就是把网页布局和内容分离，在布局设计好之后将其存储为模板，这样相同布局的页面可以通过模板创建，从而极大地提高工作效率。

9.2　模板的创建和使用

9.2.1　创建模板

创建模板的方法有两种，一种是将现有文档保存为模板，另一种是基于新文档创建模板。

1. 将现有文档保存为模板

【实例 9-1】（实例文件 ch09/index.html）

将现有文档保存为模板的操作步骤如下。

Step1　打开要另存为模板的文档 ch09/index.html。

Step2　执行下列操作之一，将打开"另存模板"对话框。

- 选择"文件 | 另存为模板"命令。
- 在插入面板的"常用"类别中，单击"模板"按钮，然后从下拉列表中选择"创建

194

模板"项。

Step3 从"站点"下拉列表中选择一个用来保存模板的站点，然后在"另存为"框中为模板输入一个唯一的名称，如图9.1所示。

Step4 单击"保存"按钮，弹出提示框，询问是否需要更新链接，如图9.2所示。

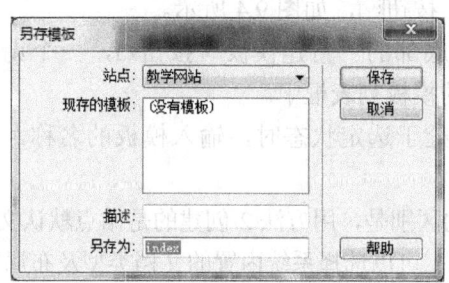

图9.1 "另存模板"对话框

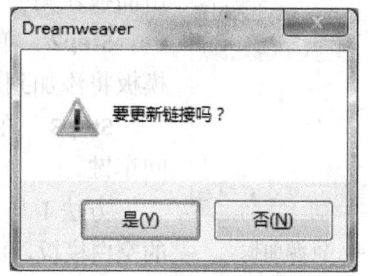

图9.2 提示是否更新链接

若选择"是"，则原文档中的图像、超链接等路径会根据模板文档保存的位置做相应更新。若选择"否"，则不做更新，此时，模板中的图像和超链接依然保持原来的路径，因此，基于该模板建立的新文档，就会出现链接出错、图像不能正常显示的现象。如无特殊需求，一般选择"是"。

注：Dreamweaver 模板文件的扩展名为.dwt，默认保存在站点本地根目录的 Templates 文件夹中。如果该 Templates 文件夹在站点中尚不存在，Dreamweaver 将在保存模板时自动创建该文件夹。不要将模板移动到 Templates 文件夹之外或者将任何非模板文件放在 Templates 文件夹中，不然会导致模板在引用时路径出现错误。

2．基于新文档创建模板

方法1：用"文件"菜单创建模板

Step1 选择"文件|新建"命令，弹出"新建文档"对话框，如图9.3所示。

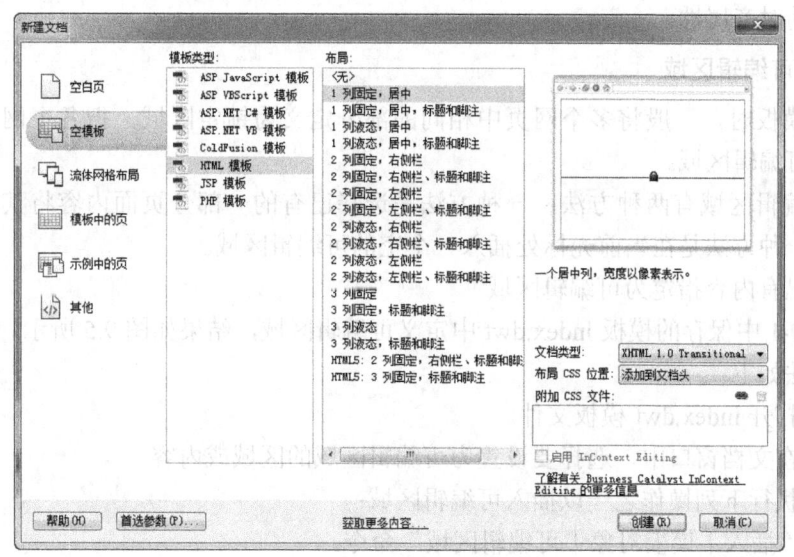

图9.3 新建空白模板

图 9.4 资源面板

Step2 选择"空模板"及相应的"模板类型"和"布局"方式，单击"创建"按钮即可。

方法 2：用"资源"面板创建模板

Step1 在"资源"面板（选择"窗口｜资源"命令）中，单击面板左侧的"模板"按钮 ，如图 9.4 所示。

Step2 单击面板底部的"新建模板"按钮 ，一个无标题新模板将添加到面板中的模板列表框中。

Step3 在模板仍处于选定状态时，输入模板的名称，然后按回车键。

方法 1 与方法 2 的区别是，用方法 2 创建的是站点默认文档类型的空白模板，而用方法 1 可以选择系统内置的文档类型及布局方式。

9.2.2　创建模板的区域

将文档另存为模板后，文档的大部分区域是被锁定的。要使用模板制作新的网页，需要为模板定义可编辑区域或可编辑参数。

Dreamweaver 模板中共有 4 种类型的模板区域。

① 可编辑区域：基于模板的网页中未锁定的区域。与之相对应，基于模板的网页中不可以编辑的区域为锁定区域。可以将模板的任何区域指定为可编辑区域。要使模板生效，其中至少应该包含一个可编辑区域，否则基于该模板的页面是不可编辑的。

② 重复区域：重复区域是指在基于模板的网页中可以重制多次的区域。模板中可以插入的重复区域有两种：重复区域和重复表格。

③ 可选区域：该区域根据相关设置，在基于模板的网页上可以出现也可以不出现。

④ 可编辑标签属性：用于对模板中的标签属性解除锁定，这样可以在基于模板的页面中编辑相应的属性。例如，可以将模板文件中的图像设置为"锁定"，但允许基于模板的网页编辑图像的对齐属性。

1．创建可编辑区域

在制作模板时，一般将多个网页中相同的部分定义为锁定区域，把各个网页中不同的部分定义为可编辑区域。

定义可编辑区域有两种方法：一种方法是选择已有的一部分页面内容将其指定为可编辑区域，另一种方法是在当前光标处插入一个空的可编辑区域。

（1）将已有内容指定为可编辑区域

在实例 9-1 中保存的模板 index.dwt 中定义可编辑区域，结果如图 9.5 所示。

操作方法如下：

Step1 打开 index.dwt 模板文件。

Step2 在文档窗口中，选择要设置为可编辑区域的区域或内容。

Step3 执行下列操作之一以插入可编辑区域：

● 选择"插入｜模板对象｜可编辑区域"命令。

● 右击，从快捷菜单中选择"模板｜新建可编辑区域"命令。

可编辑区域名称 ——→ leftSider

图 9.5 可编辑区域

- 在插入面板的"常用"类别中，单击"模板"按钮，然后从下拉列表中选择"可编辑区域"项。

Step4   在"名称"框中为该区域输入唯一的名称。

注：不能对同一模板中的多个可编辑区域使用相同的名称；不要在"名称"框中输入特殊字符。

Step5   单击"确定"按钮。

（2）插入空的可编辑区域

插入空的可编辑区域的方法与上述将已有内容指定为可编辑区域的方法基本相同，只是在插入可编辑区域时，不需要选定任何内容，只需要将插入点定位在想要插入可编辑区域的位置即可。

可以将页面的任意区域定义为可编辑区域，在定义可编辑区域时需要考虑以下几点：

- 可以将整个表格或单独的表格单元格定义为可编辑区域，但不能将多个表格单元格定义为单个可编辑区域。
- 将 Div（包括 AP-Div）元素与 Div（包括 AP-Div）元素内容定义为可编辑区域是不同的。如果将 Div 元素设置为可编辑，则可以更改 Div 元素的位置和该元素的内容；如果只将 Div 元素的内容设为可编辑，则只能更改 Div 元素的内容，而不能更改该元素的位置。

可编辑区域在模板文档的设计视图中由高亮显示的矩形边框围绕，区域左上角的选项卡中会显示该区域的名称，如图 9.5 中的 leftSider 和 content。

Dreamweaver 使用以下代码定义 HTML 中的可编辑区域：

```
<!--TemplateBeginEditable name="***" -->和<!-- TemplateEndEditable -->
```

（3）选择可编辑区域

在模板文档和基于模板的文档中，都可以方便地选择可编辑区域。在文档窗口中，单击可编辑区域左上角的选项卡即可选中该可编辑区域，如图 9.6 所示。

（4）删除可编辑区域

如果需要将模板中已定义为可编辑区域的部分，改为锁定区域，可以通过删除模板标记实现。

单击此处 → leftSider

图 9.6　可编辑区域

选中需要删除的可编辑区域，执行下列操作之一：

- 选择"修改｜模板｜删除模板标记"命令。
- 右击，从快捷菜单中选择"模板｜删除模板标记"命令。

删除模板标记后，原来的可编辑区域变为锁定区域，原区域中的内容不会改变。如果不仅要更改区域的可编辑性，还需要删除区域中原有的内容，则选中可编辑区域然后按Delete 键即可。

（5）更改可编辑区域的名称

选中可编辑区域，在属性面板中，输入一个新名称，如图 9.7 所示。

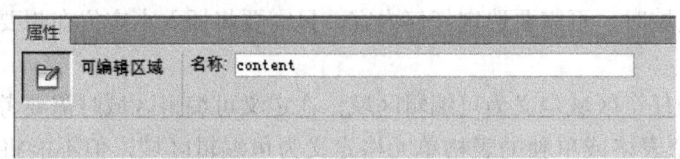

图 9.7　可编辑区域属性面板

2．创建重复区域

创建重复区域可以实现在模板中复制任意次数的指定区域。创建重复区域方法如下。

Step1　在文档窗口中执行下列操作之一：

- 选择想要设置为重复区域的文本或内容。
- 将插入点定位在文档中要插入重复区域的位置。

Step2　执行下列操作之一：

- 选择"插入｜模板对象｜重复区域"命令。
- 右击，从快捷菜单中选择"模板｜新建重复区域"命令。
- 在插入面板的"常用"类别中，单击"模板"按钮，然后从下拉列表中选择"重复区域"项。

Step3　在"名称"框中为该模板区域输入唯一的名称。

重复区域不是可编辑区域，如果要使重复区域中的内容可编辑，必须在重复区域中插入可编辑区域。单独使用重复区域没有实际意义，只有将其与可编辑区域或重复表格一起使用才能发挥其作用。

可以使用重复表格创建包含重复行的表格格式的可编辑区域，还可以定义表格属性并设置其中的某些单元格可编辑。

【实例9-2】（实例文件 ch09/Templates/courseWare.dwt）

打开 index.dwt 模板文件，将其另存为模板文件 courseWare.dwt，删除可编辑区域 content 及其中的内容。按下面的方法插入重复表格。

Step1 在文档窗口中，将插入点定位在文档中要插入重复表格的位置，如：main_right 容器中。

Step2 执行下列操作之一，打开"插入重复表格"对话框，如图9.8所示。

● 选择"插入｜模板对象｜重复表格"命令。

● 在插入面板的"常用"类别中，单击"模板"按钮，然后从下拉列表中选择"重复表格"项。

Step3 设置各选项后，单击"确定"按钮。

其中，"重复表格行"栏指定表格中的哪些行包括在重复区域中，包括以下选项。

● 起始行：重复区域中的第一行。

● 结束行：重复区域中的最后一行。

● 区域名称：重复区域的名称。

指定的重复表格行默认为可编辑区域。

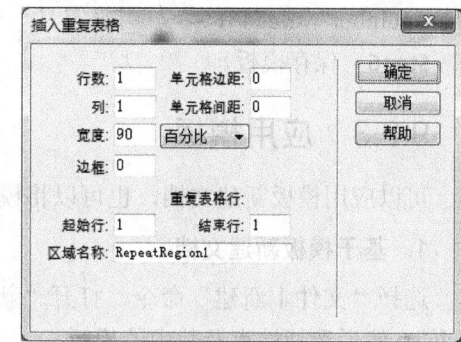

图9.8 "插入重复表格"对话框

3．创建可选区域

可选区域是指在基于模板的网页中可以设置为显示或隐藏的区域。可选区域默认是不可编辑的，也可以创建可编辑的可选区域。

【实例9-3】（实例文件 ch09/Templates/index1.dwt）

打开 ch09\templates\index.dwt 文件，并将其另存为 index1.dwt。在模板文件的最下方添加一个 bottom_link 容器，并在其中放入一些链接信息，内容如图9.9所示。

网站首页｜课程资讯｜班级活动｜最新消息｜课程QQ群｜联系我们

图9.9 bottom_link 容器内容

操作步骤如下。

Step1 在模板文件中，选择需要设置为可编辑的可选区域的内容。这里选中 bottom_link 容器。

Step2 执行下列操作之一：

● 选择"插入｜模板对象｜可编辑的可选区域"命令。

● 在插入面板的"常用"类别中，单击"模板"按钮，然后从下拉列表中选择"可编辑的可选区域"项，打开如图9.10所示的对话框。

Step3 在"名称"框中为该模板区域输入唯一的名称。

Step4 打开"高级"选项卡，选择"输入表达式"单选按钮，在下面的编辑框中输入表达式，如：userType==1，然后单击"确定"按钮，如图9.10所示。

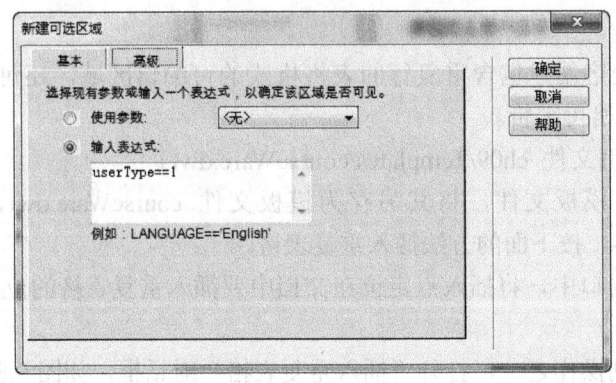

图 9.10 "新建可选区域"对话框

Step5 进入代码视图，在\<body>标签之后追加语句\<!--TemplateParam name="userType" type="number" value="1"-->，用来定义一个模板参数 userType。

Step6 保存模板。

9.2.3 应用模板

可以应用模板新建文档，也可以将模板应用于已有文档。

1. 基于模板新建文档

选择"文件 | 新建"命令，打开"新建文档"对话框，如图 9.11 所示。选择"模板中的页"，然后选择站点及其中的模板。

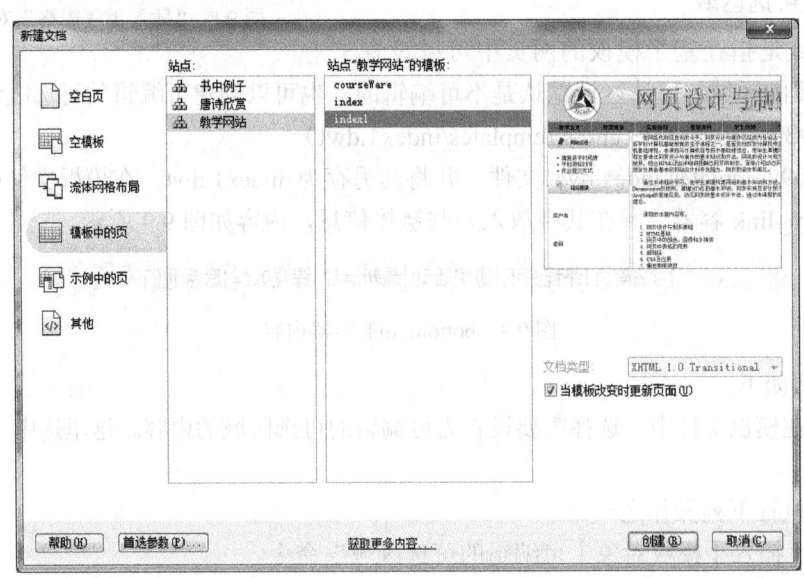

图 9.11 基于模板新建文件

（1）包含可选区域模板的使用

下面利用实例 9-3 完成的 index1.dwt 模板新建网页，操作步骤如下。

Step1 选择"文件 | 新建"命令，打开如图 9.11 所示的对话框，在其中选择"模板中的页"，然后选择相应站点和站点中的模板，如教学网站中的 index1 模板。

Step2　保存文件为 ifIndex.html，浏览网页，可以看到 bottom_link 容器中的内容。

Step3　打开 ifIndex.html 网页，选择"修改 | 模板属性"命令，打开"模板属性"对话框，修改 userType 的值为 2，如图 9.11 所示。这样可以关闭网页中可编辑的可选区域。

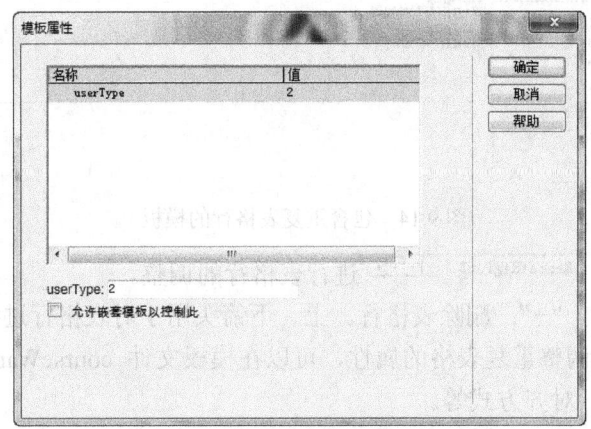

图 9.12　"模板属性"对话框

Step4　预览网页，可以看到，页面中的可编辑的可选区域不再显示。

（2）包含重复表格模板的使用

基于 courseWare.dwt 新建网页，效果如图 9.13 所示。

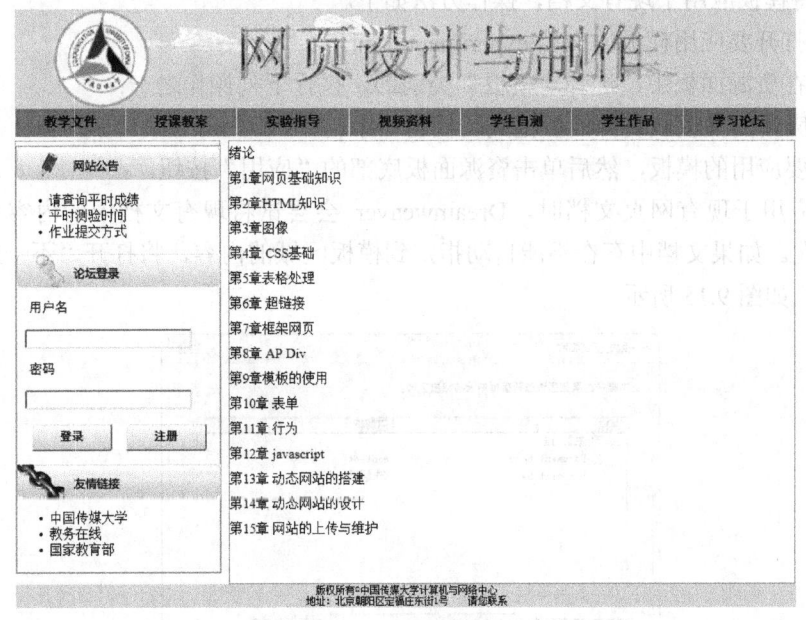

图 9.13　页面效果

主要操作步骤如下：

Step1　选择"文件 | 新建"命令，在打开的对话框中选择"模板中的页"，然后选择 courseWare 模板，将文件保存为 ch09\courseWare\courseWare.html。

Step2　添加重复表格行，如图 9.14 所示。

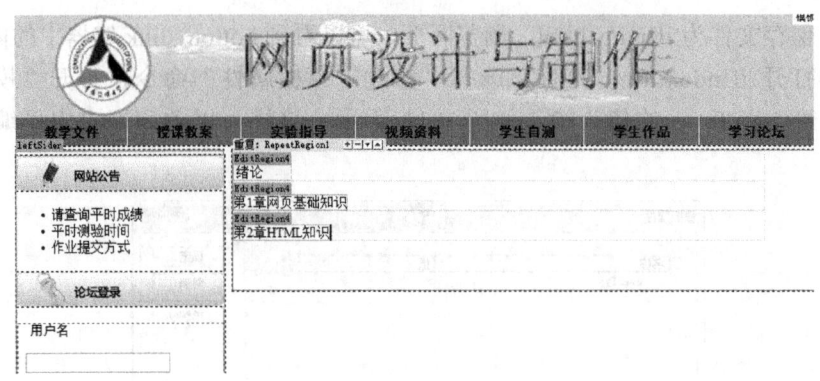

图 9.14 包含重复表格行的模板

可以利用按钮 重复: RepeatRegion1 ±-▼▲ 进行表格行的调整。

"+"：添加表格行。"-"：删除表格行。上、下箭头用于对表格行进行上、下调整。

Step3 如果需要调整重复表格的属性，可以在模板文件 courseWare.dwt 中设置重复表格行的属性，如行高、对齐方式等。

2. 将模板应用于现有文档

利用资源面板或文档窗口可以将模板应用于现有文档。

（1）使用资源面板将模板应用于现有文档

【实例 9-4】（实例文件 ch09/experiment/experiment.html）

本实例将模板应用于现有文档，操作方法如下。

Step1 打开要应用模板的文档 experiment.html。

Step2 在资源面板中，选择"模板"类别 ，执行下列操作之一：

● 将要应用的模板从资源面板拖到文档窗口中。

● 选择要应用的模板，然后单击资源面板底部的"应用"按钮。

将模板应用于现有网页文档时，Dreamweaver 会尝试将现有文档中的内容与模板中的区域进行匹配。如果文档中存在不能自动指定到模板区域的内容，将打开"不一致的区域名称"对话框，如图 9.15 所示。

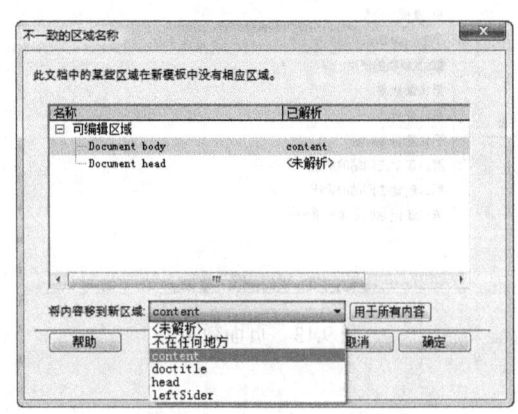

图 9.15 "不一致的区域名称"对话框

在"将内容移到新区域"下拉列表中显示模板中的区域，选择其中一项，将文档中的内容与其相对应。如果选择"不在任何地方",可将该内容从文档中删除。另外,doctitle 和 head 为创建模板时两个默认的可编辑区域,doctitle 可以用来定义文档的标题。

若要将所有未解析的内容移到选定的区域,则单击"用于所有内容"按钮。

Step3 单击"确定"按钮应用模板,或单击"取消"按钮取消模板的应用。

(2) 通过文档窗口将模板应用于现有文档

操作方法如下。

Step1 打开要应用模板的文档。

Step2 选择"修改 | 模板 | 应用模板到页"命令,打开"选择模板"对话框,如图 9.16 所示。

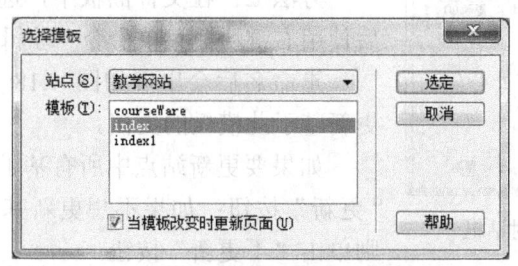

图 9.16 "选择模板"对话框

Step3 从列表框中选择一个模板并单击"选定"按钮。

3. 识别基于模板的文档

(1) 在"设计"视图中识别基于模板的文档

在基于模板的文档中,文档窗口的"设计"视图中的可编辑区域周围会显示预设高亮颜色的矩形外框。每个区域的左上角都会出现一个小的标签,其中显示该区域的名称。除可编辑区域的外框之外,整个页面周围也会显示其他颜色的外框,右上角的标签中给出该文档的基础模板的名称,如图 9.17 所示。

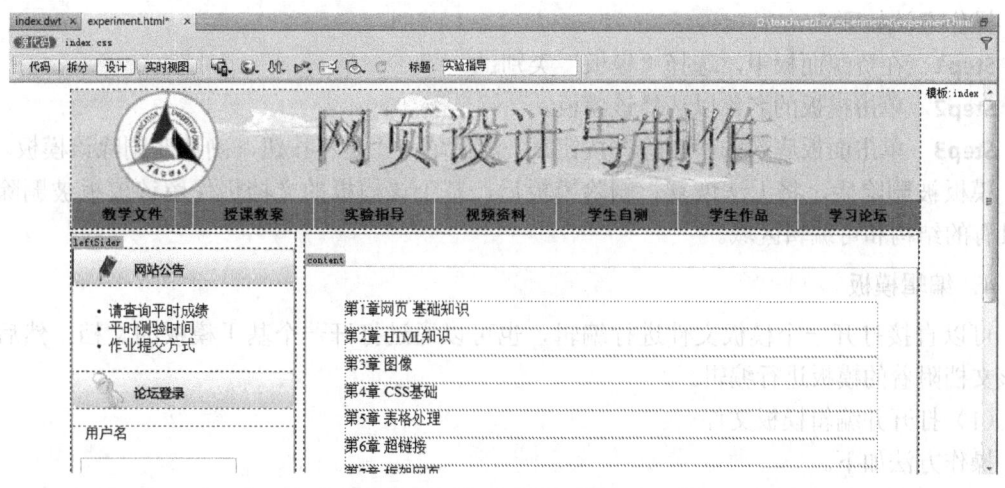

图 9.17 模板识别

(2) 在"代码"视图中识别基于模板的文档

在代码视图中,基于模板的文档的可编辑区域使用与锁定区域不同的颜色显示代码。

在默认情况下，锁定区域中的内容是灰色的。可以在"首选参数"对话框中为可编辑区域和锁定区域内容设置不同的颜色。在 HTML 中使用以下 Dreamweaver 注释说明可编辑内容：

<!--InstanceBeginEditable name="***" -->和<!-- InstanceEndEditable -->

9.2.4 管理模板

1．重命名模板

方法 1：在资源面板中，选择要重命名的模板，再次单击模板的名称以便使文本可选，然后输入一个新名称。

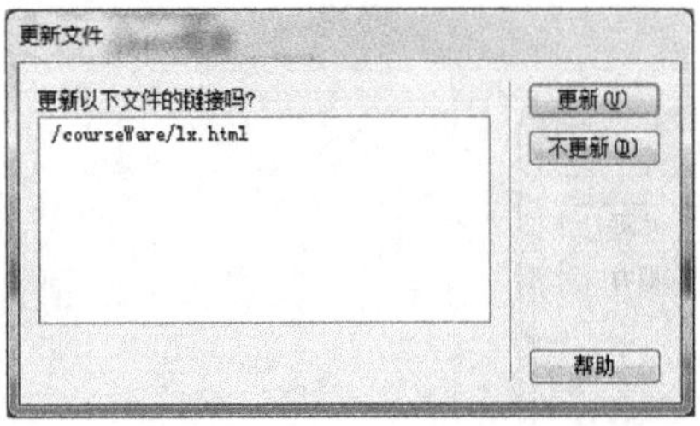

方法 2：在文件面板中，选择要重命名的模板，然后使用右键快捷菜单命令"编辑｜重命名"。

重命名后会出现如图 9.18 所示对话框，询问是否更新基于此模板的文档。

如果要更新站点中所有基于此模板的文档，则单击"更新"按钮；如果不想更新基于此模板的任何文档，则单击"不更新"按钮。

图 9.18 "更新文件"对话框

2．将文档与模板分离

要更改基于模板的文档的锁定区域时，需要将文档与模板分离。分离之后，整个文档都将变为可编辑的，而且模板的更新将不会影响到文档。

操作方法如下。

Step1 打开要分离的基于模板的文档。

Step2 选择"修改｜模板｜从模板中分离"命令。

文档被从模板中分离出来，所有与模板相关的代码都被删除。

3．删除模板

操作方法如下。

Step1 在资源面板中，选择"模板"类别。

Step2 单击模板的名称以选择该模板。

Step3 单击面板底部的"删除"按钮，然后单击"是"按钮，确认要删除该模板。

模板被删除后，将无法恢复。删除模板后，基于该模板的文档仍保留该模板被删除前所具有的结构和可编辑区域。

4．编辑模板

可以直接打开一个模板文件进行编辑，也可以通过打开一个基于模板的文档，然后打开该文档附着的模板进行编辑。

（1）打开并编辑模板文件

操作方法如下。

Step1 在资源面板中，选择要编辑的模板。执行下列操作之一打开模板文件：

● 双击要编辑的模板名称。

● 选择要编辑的模板，然后单击资源面板底部的"编辑"按钮。

Step2 修改模板的内容。

Step3 保存该模板。

（2）打开并修改附加到当前文档中的模板

Step1 在文档窗口中打开基于该模板的文档。执行下列操作之一：

● 选择"修改｜模板｜打开附加模板"命令。

● 在"设计"视图中，右击，然后从快捷菜单中选择"模板｜打开附加模板"命令。

Step2 修改模板的内容。

Step3 保存该模板。

模板编辑完成后，Dreamweaver 会提示是否需要更新基于该模板的网页。单击"更新"按钮以更新基于修改后的模板的所有文档；如果不希望更新基于修改后的模板的文档，则单击"不更新"按钮。

5. 利用模板更新网页

修改模板后，Dreamweaver 会自动提示更新基于该模板的文档，也可以根据需要手动更新当前文档或整个站点。

（1）更新当前文档

操作方法如下。

Step1 在文档窗口中打开要更新的文档。

Step2 选择"修改｜模板｜更新当前页"命令。

Dreamweaver 将基于所有的模板更改来更新该文档。

（2）更新整个站点或使用指定模板的所有文档

可以更新站点中的所有页面，也可以只更新使用特定模板的页面。操作方法如下。

Step1 选择"修改｜模板｜更新页面"命令，打开如图 9.19 所示的对话框。

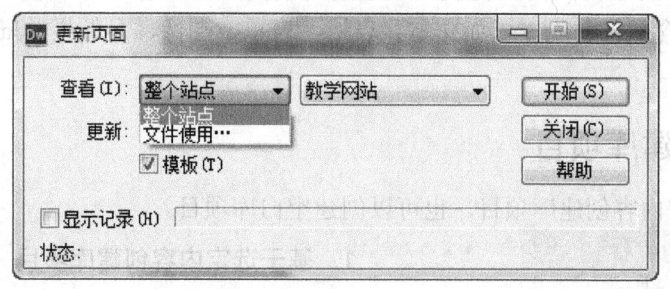

图 9.19 "更新页面"对话框

Step2 在"查看"栏中，指定要更新的内容。

● 整个站点：更新所选站点中的所有文件。

● 文件使用：针对使用特定模板的文件进行更新。

Step3 在"更新"栏中选定"模板"项。

Step4 显示记录：选中此项，显示更新文件的记录，否则不显示更新文件的记录。

Step5 单击"开始"按钮进行页面更新。

9.2.5　创建嵌套模板

嵌套模板是指其设计和可编辑区域都基于另一个模板的模板。基本模板中的可编辑区域被传递到嵌套模板中，并在基于嵌套模板创建的页面中保持可编辑，除非在这些区域中插入了新的模板区域。对基本模板所做的更改在基于基本模板的嵌套模板中自动更新，并在所有基于基本模板和嵌套模板的文档中自动更新。

通过嵌套模板可以实现更加精确的布局。下面以 index2.dwt 的建立为例说明嵌套模板的创建方法。

Step1　基于模板 index.dwt 新建文档，并将其另存为模板 index2.dwt。

Step2　根据实际需要，修改可编辑区域及内容，然后保存。

模板 index2.dwt 即为基于 index.dwt 的嵌套模板。

9.3　库项目的创建和使用

在 Dreamweaver 中，除了可以通过模板从整体上控制网站中网页的风格及布局外，还可以借助库项目局部维护网页的风格。

9.3.1　关于库项目

在网站中，除了许多网页具有相同的布局外，还有一些需要在多个页面中重复应用的元素，例如版权声明、站点导航条等，这些内容与模板不同，只是页面中的一小部分，在各个页面中的摆放位置也可能不同，但内容却是一致的。这样的内容，可以将其保存为库项目，在需要的地方插入。需要更新时，只要更新库项目，所有应用该库项目的页面都会随着更新。

通常将在整个网站范围内重复使用或经常更新的元素保存为库项目。库项目可以包含 body 标签允许包含的任何元素，如文本、表格、表单、图像、导航栏、Java 小程序、插件和 ActiveX 控件等。

9.3.2　创建库项目

可以基于选定内容创建库项目，也可以创建空白库项目。

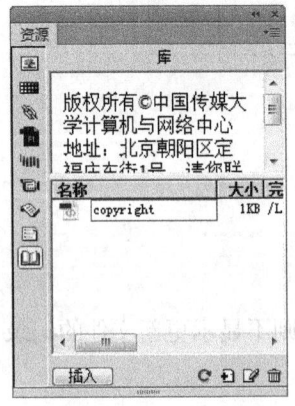

图 9.20　拖入资源面板中的"库"类别中

1．基于选定内容创建库项目

下面以 ch09/index.html 中的版权信息为例，说明创建库项目的方法，操作步骤如下。

Step1　在文档窗口中，选择要保存为库项目的文档部分。

Step2　执行下列操作之一：

● 将选定内容拖入资源面板的"库"类别中，如图 9.20 所示。

● 单击面板底部的"新建库项目"按钮 。

● 选择"修改｜库｜增加对象到库"命令。

Step3 为新的库项目输入一个名称，然后按回车键。

Dreamweaver 将每个库项目作为一个单独的文件（文件扩展名为 .lbi）保存在站点本地根目录下的 Library 文件夹中。

注：创建库项目后，Dreamweaver 会自动在站点根目录下创建一个 Library 文件夹，并将库项目存在其中。不要移动该文件夹，否则会导致库项目引用错误。

2．创建空白库项目

Step1 确保在文档窗口中没有选择任何内容。如果选择了某些内容，它们将被放入新的库项目中。

Step2 在资源面板中，选择"库"类别，单击面板底部的"新建库项目"按钮 🔁。

Step3 在项目仍然处于选定状态时，为该项目输入一个名称，然后按回车键。

9.3.3 应用库项目

当向页面添加库项目时，实际内容将随该库项目的引用一起插入到文档中。应用库项目的方法如下。

Step1 在文档窗口中将插入点设置在需要插入库项目的地方。

Step2 在资源面板中，选择"库"类别。

Step3 执行下列操作之一：

● 将一个库项目从资源面板拖动到文档窗口中。

如果在拖动库项目的同时按住 Ctrl 键，则在文档中只插入库项目的内容而不包括对该项目的引用。如果用这种方法插入库项目，当库项目更新时，应用了库项目的文档不会随之更新。

● 选择一个库项目，然后单击"插入"按钮。

9.3.4 管理库项目

1．重命名库项目

Step1 在资源面板中，选择"库"类别。

Step2 执行下列操作之一：

● 选择库项目，然后再次单击（不要双击库项目，双击操作将打开库项目进行编辑），在框中输入新的名称。

● 单击右键，从快捷菜单中选择"重命名"命令。

Step3 在弹出的"更新文件"对话框中，根据需要选择"更新"或"不更新"，以指定是否更新使用该项目的文档。

2．删除库项目

删除一个库项目后，将无法使用"撤销"命令来恢复，但可以重新创建。库项目被删除后，不会更改任何使用该项目的文档的内容。

操作方法如下。

Step1 在资源面板中，选择"库"类别。

Step2 选择库项目。

Step3　单击"删除"按钮 🗑 或按 Delete 键，然后确认删除操作。

3. 编辑库项目属性

可以使用属性面板编辑库项目的属性。操作方法如下。

Step1　在文档中选择库项目，如选择 ch09/index.html 中的库项目。

Step2　在属性面板中选择相应操作，如图 9.21 所示。

图 9.21　库项目属性面板

- 打开：打开库项目的源文件进行编辑。该操作等同于在资源面板中选择项目并单击"编辑"按钮。
- 从源文件中分离：断开所选库项目与其源文件之间的链接。从源文件中分离后，更改源文件后不会对该文档进行更新。
- 重新创建：用当前选定内容覆盖原始库项目。此操作可以在丢失或意外删除原始库项目时重新创建库项目。

4. 更新应用库项目的文档

（1）更新当前网页

选择"修改 | 库 | 更新当前页"命令，使用库项目更新当前打开的网页。

（2）更新整个站点或所有使用特定库项目的文档

更新整个站点中所有应用了库项目的文档，或者更新应用了某一库项目的文档，操作方法如下。

Step1　选择"修改 | 库 | 更新页面"命令，打开"更新页面"对话框。

Step2　在"查看"栏中，指定要更新的内容。

Step3　在"更新"栏中选中"库项目"项。若要同时更新模板，也可以同时选中"模板"项。

Step4　单击"开始"按钮。

本 章 小 结

模板和库项目都是 Dreamweaver 中功能强大的网页制作和维护工具。模板侧重于保持网页布局的一致性，而库项目侧重于网页重用元素的管理。本章主要学习模板和库项目的创建和应用。通过本章的学习，应理解模板和库项目的功能，能根据实际需要灵活选择应用模板还是库项目。本章重点在于利用模板创建和更新网页，难点在于模板中各种区域的定义和应用，以及理解模板与库项目在功能上的区别。

课 后 习 题

一、选择题

1. 模板文件默认的扩展名是（　　　）。

A．dwt   B．doc   C．txt   D．dow

2．在创建模板时，关于可编辑区域的说法正确的是（   ）。

A．只有定义了可编辑区域才能把它应用到网页上

B．在编辑模板时，可编辑区域是可以编辑的，锁定区域是不可以编辑的

C．一般把共同部分定义为可编辑区域

D．以上说法都错误

3．在模板编辑时不可以定义的是（   ）。

A．可编辑区域   B．可选区域   C．重复区域   D．设置框架

4．在将模板应用于文档之后，下列说法中正确的是（   ）。

A．模板将不能被修改   B．文档将不能被修改

C．文档可以被修改但模板不能被修改   D．模板和文档都可以被修改

5．下列说法错误的是（   ）。

A．可以把网站中需要经常更新的页面元素保存为库项目

B．可以通过更新库项目，更新所有应用该库项目的网页

C．库项目可以包含外部样式表

D．模板本质上就是创建其他文档的基础文档

6．关于模板的说法不正确的一项是（   ）。

A．使用 Dreameaver 模板有利于制作风格统一的网页

B．使用中文命名模板中的可编辑区域有更好的可读性

C．模板可以由用户自己创建

D．Dreamweaver 模板是一种特殊类型的文档，它可以一次更新多个页面

7．关于库项目的说法不正确的一项是（   ）。

A．库项目可以是 E-mail 地址，表格或版权信息等

B．在 Dreamweaver 中，只有文字可以保存为库项目，图像不能保存为库项目

C．库项目实际上是一段 HTML 源代码

D．库项目是一种用来存储想要在整个网站上被重复使用或经常更新的页面元素

8．对模板和库的管理主要是通过（   ）。

A．"资源"面板   B．"文件"面板

C．"行为"面板   D．"AP 元素"面板

9．在 Dreamweaver 中保存库项目时，库项目默认的存放位置是站点根目录下的
（   ）文件夹。

A．images   B．Templates

C．Library   D．Samples

二、思考题

1．简述模板和库项目的区别。

2．将 ex09/index.html 保存为模板，并利用该模板制作如图 9.22 所示的网页。网页中的文字素材在 goodSentence.txt 文件中，图像素材在 images 文件夹中，并将 index.html 中的"佳句欣赏"链接到新制作的网页中。

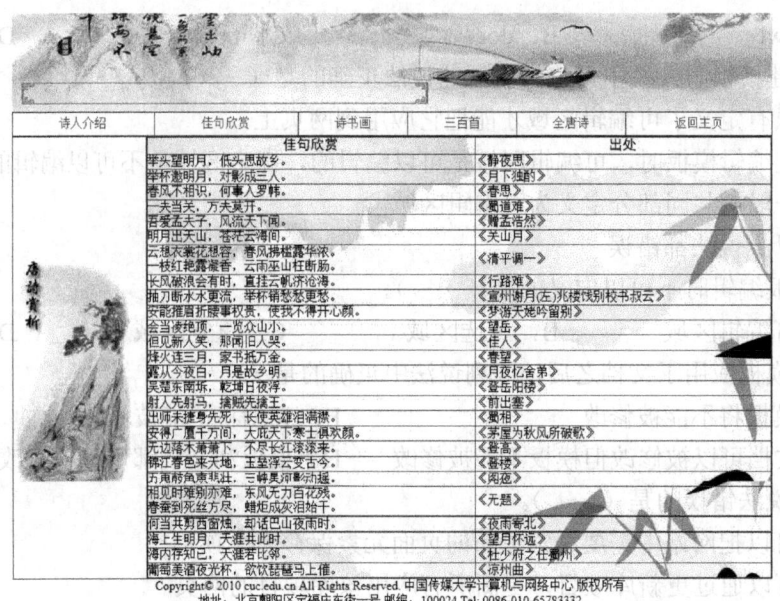

图 9.22　网页示例

第 10 章　表　　单

学习要点：
- 了解表单的功能；
- 掌握各表单元素的使用；
- 了解 Spry 表单的制作。

建议学时：上课 2 学时，上机 2 学时。

10.1　表单

在上网过程中，我们经常会遇到用户注册、用户登录、在线调查等需要填写信息的页面。此类交互网页主要使用表单技术来制作完成。

10.1.1　表单基本概念

表单是用于实现网页浏览者与服务器之间信息交互的一种页面元素，被广泛用于各种信息的收集和反馈。

表单的工作流程图如图 10.1 所示。访问者在浏览有表单的网页时，首先填写必需的信息，然后单击"提交"按钮。用户的请求会自动从客户端浏览器传送到服务器中，服务器接收到用户信息以后，由服务器端的脚本或应用程序对这些数据进行处理，最后把服务器端的响应以 HTML 文档的形式发送给客户端的浏览器。

表单就像一个容器，可以容纳各种表单元素，例如，用于输入文本的文本域，用于选择的单选按钮、复选框，用于发送命令的按钮等。

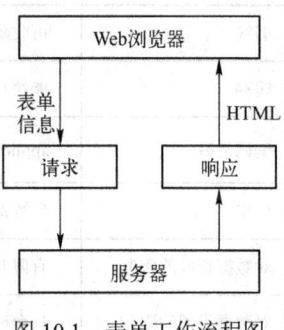

图 10.1　表单工作流程图

10.1.2　创建表单

表单使用表单标签 form 定义。form 元素是块级元素，其前后会产生折行。form 标签的常用属性见表 10.1。

表 10.1　form 标签常用属性

属　　性	值	描　　述
action	URL	指定提交表单时，向何处发送表单数据
enctype	MIME_type	规定表单数据在发送给服务器之前应该如何编码
method	get post	指定发送表单数据的方式

属　性	值	描　述
name	name	指定表单的名称
target	_blank _parent _self _top framename	指定在何处打开目标 URL

例如：

```
<form action="success.asp" method="post" name="regfrm" target="_blank">
…
</form>
```

上述代码创建名称为 regfrm 的表单，表单提交以后，将数据发送给 success.asp 页面。这里采用的发送数据的方法是 post 方法，目标网页将在一个新的空白页中打开。

get 方法与 post 方法均可以发送表单数据，但在使用方面有一些区别。get 方法将值附加到请求该页面的 URL 中。get 方法发送的数据长度有限制，如果发送的数据量太大，数据将被截断，从而会导致意外的或失败的处理结果。post 方法将数据隐含在 HTTP 请求中，没有长度限制。二者更详细的区别见表 10.2。

表 10.2　get 方法与 post 方法的区别

	get 方法	post 方法
后退/刷新	无害	数据会被重新提交（浏览器会警告用户，数据将被重新提交）
书签	可收藏为书签	不可收藏为书签
缓存	能缓存	不能缓存
编码类型	application/x-www-form-urlencoded	application/x-www-form-urlencoded 或 multipart/form-data。
历史	参数保留在浏览器历史中	参数不会保存在浏览器历史中
对数据长度的限制	有限制	无限制
对数据类型的限制	只允许 ASCII 字符	没有限制，也允许二进制数据
安全性	与 post 方法相比，get 方法的安全性较差，因为所发送的数据是 URL 的一部分。因而在发送密码或其他敏感信息时不要使用 get 方法	post 方法比 get 方法更安全，因为其参数不会被保存浏览器历史或 Web 服务器日志中
可见性	数据在 URL 中对所有人都是可见的	数据不会显示在 URL 中

10.2　表单元素

要实现用户与服务器之间的交互，必须在表单中添加表单元素。表单元素是允许用户输入数据的机制。常用的表单元素有文本域、单选按钮、复选框、列表/菜单、按钮等，如图 10.2 所示是一个用户注册页面。

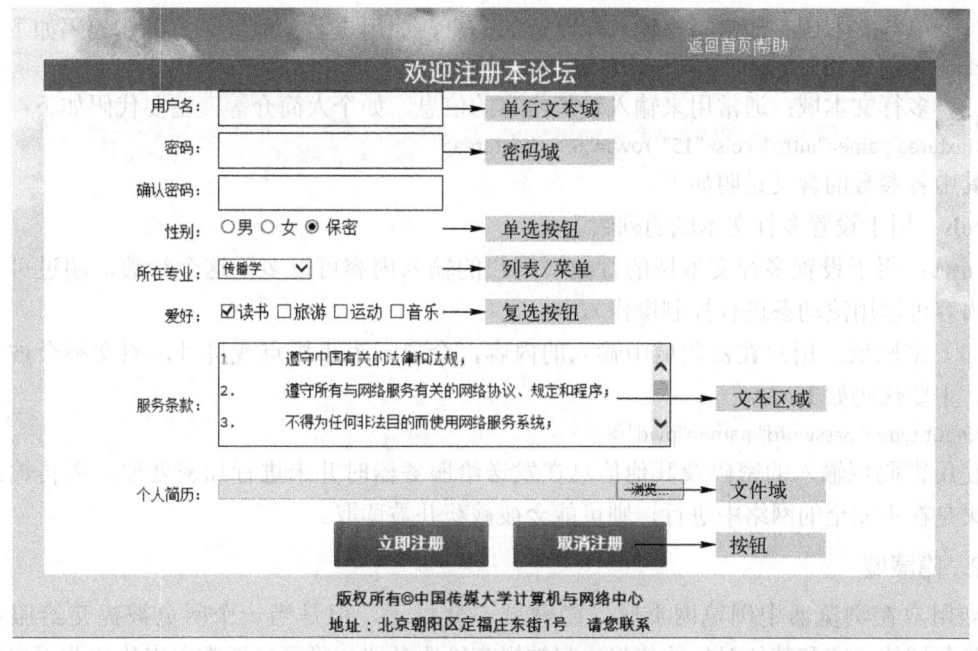

图 10.2　包含常见表单元素的网页

不同的表单元素使用不同的标签来定义。常用的定义表单元素的标签见表 10.3。

表 10.3　常用表单元素的标签

标　　签	描　　述	标　　签	描　　述
<input>	定义输入域	<optgroup>	定义选项组
<textarea>	定义多行文本输入区域	<option>	定义下拉列表中的选项
<label>	为表单元素定义标签	<button>	定义一个按钮
<select>	定义一个选择列表		

大多数表单元素可以用 input 标签实现。input 标签不同的 type 属性值，可以实现不同的表单元素。下面介绍常用表单元素的创建方法。

1. 文本域（单行、多行、密码）

文本域可以接收任何类型的字母、数字、文本输入内容。可以创建一个单行或多行文本域，也可以创建一个隐藏用户输入内容的密码域，如图 10.3 所示。

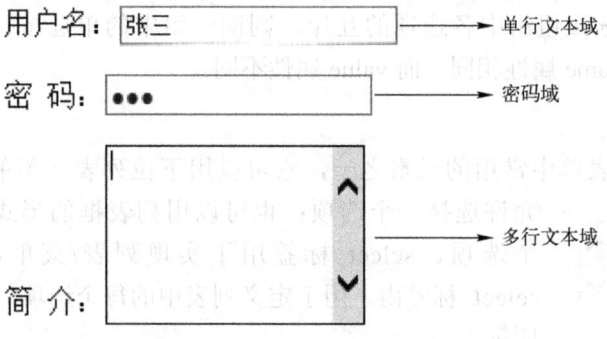

图 10.3　三种类型的文本域

（1）单行文本域：通常用来输入较简短的信息，如用户名、地址等。主要代码如下：

```
<input type="text" name="username"/>
```

（2）多行文本域：通常用来输入较长内容的信息，如个人简介等。主要代码如下：

```
<textarea name="intro" cols="15" rows="6"></textarea>
```

其中各参数的含义说明如下。

cols：用于设置多行文本域的列数。

rows：用于设置多行文本域的行数（用户的输入内容可以多于这个行数，超过可视区域的内容可以用滚动条进行控制操作）。

（3）密码域：用户在密码域中输入的内容，会显示为小黑点或星号，原文不会被显示出来。主要代码如下：

```
<input type="password" name="pwd"/>
```

使用密码域输入的密码及其他信息在发送给服务器时并未进行加密处理，所传输的数据如果是在不安全的网络中进行，则可能会被截获并被读取。

2．隐藏域

当用户在浏览器中浏览网页时，隐藏域不会显示。但是当一个网页被提交给服务器时，隐藏域的内容和其他对象的值将一起被提交给服务器。隐藏域通常用来传递非用户输入信息，如身份验证、注册时间等。主要代码如下：

```
<input type="hidden" name="regtime"/>
```

3．复选框

复选框一般成组使用，允许在一组选项中选择多个选项，如图 10.4 所示。

主要代码如下：

```
<input type="checkbox" name="hobby" value="travel"/>
```

4．单选按钮

单选按钮一般成组使用，代表一组互相排斥的选项，一组中只能选择一个选项，如图 10.5 所示。

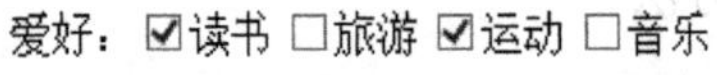

爱好：☑读书 □旅游 ☑运动 □音乐   性别：○男 ◉女

图 10.4　复选框 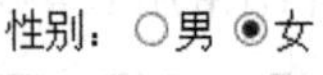   图 10.5　单选按钮

主要代码如下：

```
<input type="radio" name="gender" value="male"/>
```

如果要实现单选按钮组中各选项的互斥，则同一组中的单选按钮必须具有相同的名字，不同的值，即 name 属性相同，而 value 属性不同。

5．列表/菜单

列表/菜单也是表单中常用的元素之一，它可以用下拉列表（菜单）的形式显示，只允许选择一个选项；也可以用列表框的形式显示，允许选择多个选项。select 标签用于实现列表/菜单，option 标签位于 select 标签内，用于定义列表中的每个选项。列表/菜单如图 10.6 所示。

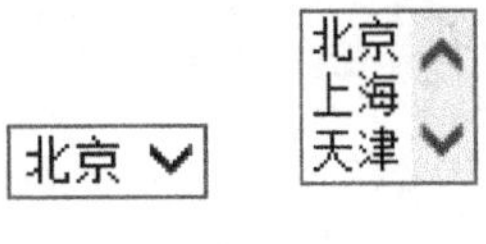

图 10.6　列表/菜单

主要代码如下：

```
<select name="address" >
        <option value="01">北京</option>
        <option value="02">上海</option>
        <option value="03">天津</option>
        <option value="04">长沙</option>
        <option value="05">大连</option>
</select>
```

select 标签常用属性见表 10.4。

表 10.4 select 标签常用属性

属　　性	值	描　　述
multiple	multiple	指定可选择多个选项
name	name	指定列表/菜单的名称
size	number	指定列表中可见选项的数目

当 size 设置为 1 时，显示为下拉列表形式。当设置 size 的值大于 1 时，显示为列表框形式，size 的值就是列表框的高度，以列表框显示时可以设置是否允许多选。

6．按钮

按钮是单击时可以执行某种操作的表单元素。可以定义"提交"按钮、"重置"按钮及一般按钮三种不同功能的按钮，如图 10.7 所示。

"提交"按钮主要代码如下：

```
<input type="submit" name="button" value="提交" />
```

其中，value 属性定义按钮上显示的文字，type 属性定义按钮的类型。

● type 值为 submit 实现"提交"按钮，单击该按钮将表单数据提交给处理表单的应用程序或脚本。
● type 值为 reset 实现"重置"按钮，单击该按钮将所有表单元素重置为其初始值。
● type 值为 button 实现一般按钮，单击该按钮将执行某个程序，可以通过 onClick 等属性调用相应的 JavaScript 程序。

7．文件域

用户可以通过文件域浏览计算机中的某个文件，并将该文件作为表单数据上传。文件域的外观与文本域类似，但是文件域还包含一个"浏览"按钮。用户可以手动输入要上传的文件的路径，也可以使用"浏览"按钮定位并选择该文件，如图 10.8 所示。

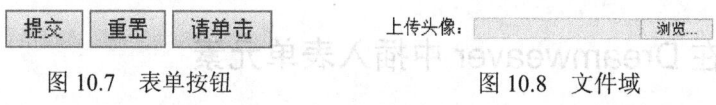

图 10.7　表单按钮　　　　　　　　　　　　图 10.8　文件域

主要代码如下：

```
<input type="file" name="fileField" />
```

要将所选择文件真正上传到服务器中，必须要有服务器端脚本或能够处理文件提交操作的页面才可以。文件域要求使用 post 方法将文件从浏览器传输到服务器中。因此，若表单中有文件域，则表单提交方法只能选择 post 方法。

8. 图像域

图像域用于定义图像形式的"提交"按钮，单击图像域可以提交表单，如图 10.9 所示。

.主要代码如下：

```
<input type="image" name="imageField" src="images/button.gif" />
```

图 10.9　图像域

其中，type="image"表示图像域元素，src 用于指定该图像域图像的源地址。

10.3　使用 Dreamweaver 编辑表单网页

除了可以用 HTML 标签实现表单网页以外，也可以借助 Dreamweaver 工具制作表单网页。

10.3.1　在 Dreamweaver 中创建表单

在 Dreamweaver 中创建表单及表单元素，有两种方法：一种方法是选择"插入/表单"下的相关命令；另一种方法是利用插入面板"表单"选项卡中的相关内容，如图 10.10 所示。

图 10.10　"表单"选项卡

创建 HTML 表单的方法如下：

Step1　打开一个页面，将插入点放在希望表单出现的位置。

Step2　选择"插入｜表单｜表单"命令，或者在插入面板的"表单"选项卡中，单击"表单"图标▢。

在"设计"视图中，表单以红色的虚线轮廓指示。如果看不到这个轮廓线，可以选择"查看｜可视化助理｜不可见元素"命令。在属性面板中可以设置表单的属性，包括表单的动作（action）、方法（method）、目标（target）等属性，如图 10.11 所示。

图 10.11　表单属性面板

10.3.2　在 Dreamweaver 中插入表单元素

对于表单中不同的表单元素，插入方法基本相同，基本步骤如下。

Step1　将插入点置于表单中要显示该表单元素的位置。

Step2　选择"插入｜表单"命令，在弹出的子菜单中选择相应的表单元素命令，或者在插入面板的"表单"类别中选择需要插入的表单元素。

Step3　设置"输入标签辅助功能属性"对话框中的选项，如图 10.12 所示。

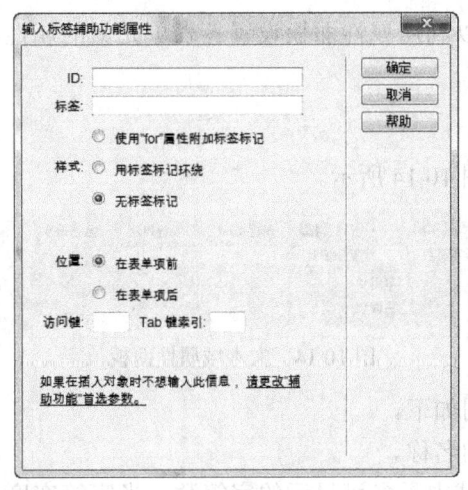

图 10.12 "输入标签辅助功能属性"对话框

对话框中各选项的含义说明如下。

标签：设置相关表单元素的提示性信息，如：用户名、密码、确认密码等。

样式：包含 3 个单选按钮。

- 使用 for 属性附加标签标记：选中此项，将在表单项前添加一个<label for="***">***</label>标记，当用户单击表单元素或单击与表单元素相关的文本时，均可选中该表单元素。
- 用标签标记环绕：将<label>标签及</label>标签环绕在表单元素的两边。这样，无论用户单击表单元素前的文本还是表单元素，都可以选中该表单元素。
- 无标签标记：不使用标签标记，用户只有精确地单击，才能选中该表单元素。

访问键：设置选择表单元素的按键。

Tab 键索引：输入一个数字以指定表单元素的 Tab 键顺序。

如果不希望打开"输入标签辅助功能属性"对话框，可选择"编辑｜首选参数"命令，在弹出的对话框中选择"辅助功能"选项，取消选中"表单对象"复选框即可，如图 10.13 所示。

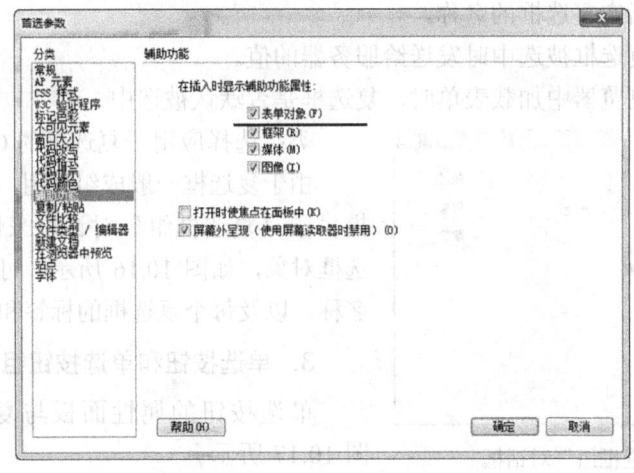

图 10.13 "首选参数"对话框

插入表单元素后，可以利用属性面板设置各表单元素的属性。下面介绍各表单元素的属性设置。

1. 文本域

文本域的属性面板如图 10.14 所示。

图 10.14　文本域属性面板

其中各参数的含义说明如下。

文本域：指定文本域的名称。

字符宽度：指定文本域中最多可显示的字符数。当字符宽度小于最多字符数时，超过字符宽度的内容虽然在该域中无法看到，但域对象可以识别它们，在提交表单数据时，也会将其发送到服务器中进行处理。

最多字符数：指定文本域中最多可输入的字符数。

类型：指定是单行文本域、多行文本域还是密码域。

初始值：指定文本域中默认显示的值。

类：选择应用于对象的 CSS 规则。

禁用：禁用文本域。

只读：使文本域成为只读区域。

2. 复选框和复选框组

复选框的属性面板如图 10.15 所示。

图 10.15　复选框属性面板

其中各参数的含义说明如下。

复选框名称：指定复选框的名称。

选定值：指定复选框被选中时发送给服务器的值。

初始状态：在浏览器中加载表单时，复选框是否默认被选中。

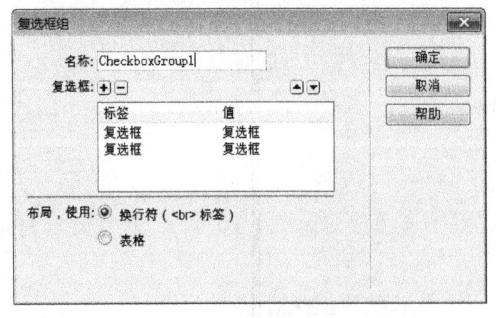

图 10.16　"复选框组"对话框

类：选择应用于复选框的 CSS 规则。

由于复选框一般成组使用，因此 Dreamweaver 提供了"复选框组"对话框来快速地生成多个复选框对象，如图 10.16 所示，可以设置复选框组的名称，以及每个复选框的标签和选定值。

3. 单选按钮和单选按钮组

单选按钮的属性面板与复选框的类似，如图 10.17 所示。

图 10.17　单选按钮属性面板

Dreamweaver 也提供了"单选按钮组"对话框来快速地生成多个单选按钮对象，如图 10.18 所示。

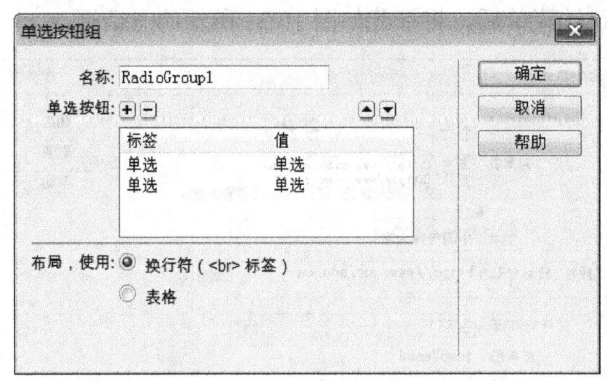

图 10.18　"单选框组"对话框

4．列表/菜单

列表/菜单的属性面板如图 10.19 所示。

图 10.19　列表/菜单属性面板

其中各参数的含义说明如下。

选择：指定列表/菜单的名称。

类型：选择"菜单"或"列表"类型。当选择类型为列表时，可以设置列表的高度，如果高度设为 1，则显示为菜单（下拉列表）形式。

列表值：打开一个对话框，通过它可添加列表/菜单中的选项，如图 10.20 所示。

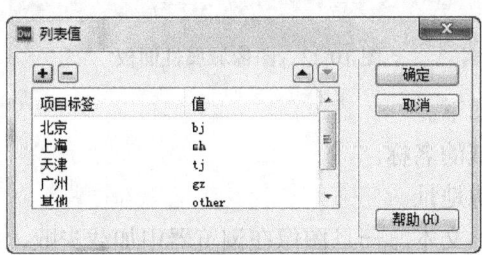

图 10.20　"列表值"对话框

在"列表值"对话框中，可以通过加号（+）和减号（-）按钮添加或删除列表中的项。其中，"项目标签"是在列表中显示的文本，"值"是选中该项时发送给应用程序的值。向上和向下箭头按钮可以调整列表中各项的位置。

初始化时选定：设置默认选定的列表项。

当选择"列表"类型时，还可设置下列两个属性。

高度：设置列表中显示的项数。

选定范围：指定用户是否可以从列表中选择多项。

5．跳转菜单

跳转菜单中的每个选项都链接到某个文档或文件上，其实质是添加了行为的"列表/菜单"表单元素。插入跳转菜单后，将打开如图 10.21 所示的对话框。

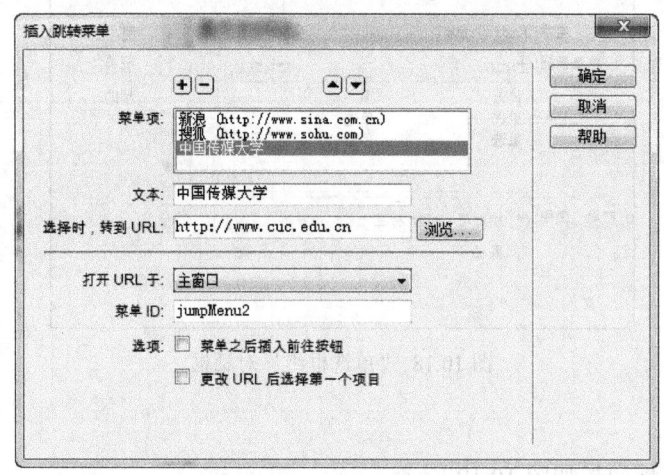

图 10.21　"插入跳转菜单"对话框

其中各参数的含义说明如下。

文本：指定跳转菜单中显示的菜单项的内容。

选择时，转到 URL：单击菜单项时，要跳转到的目标 URL。

6．图像域

图像域的属性面板如图 10.22 所示。

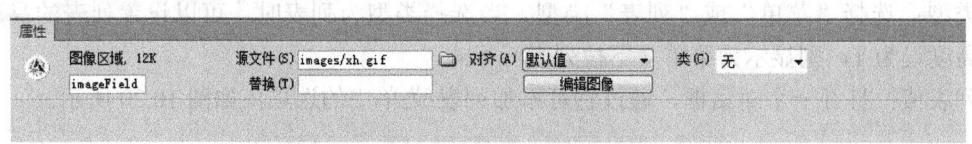

图 10.22　图像域属性面板

其中各参数含义说明如下。

图像区域：指定图像域的名称。

源文件：指定图像的源地址。

替换：用于输入描述性文本，一旦图像在浏览器中加载失败，将显示这些文本。

对齐：设置对象的对齐属性。

编辑图像：单击此按钮，将启动默认的图像编辑器，并打开该图像文件以进行编辑。

类：选择应用于对象的 CSS 规则。

7．文件域

文件域的属性面板如图 10.23 所示。

图 10.23　文件域属性面板

其中各参数的含义说明如下：

文件域名称：指定文件域的名称。

字符宽度：指定文件域中最多可显示的字符数。

最多字符数：指定文件域中最多可容纳的字符数。如果用户通过浏览来定位文件，则文件名和路径可以超过指定的"最多字符数"的值。如果用户手动输入文件名和路径，则文件域最多仅允许输入"最多字符数"所指定的字符数。

类：选择应用于对象的 CSS 规则。

8．按钮

按钮的属性面板如图 10.24 所示。

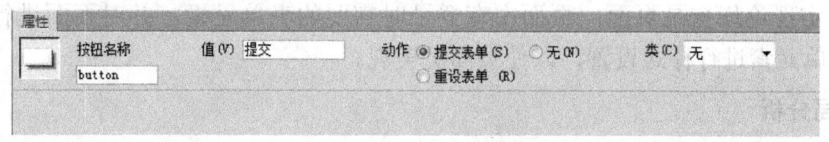

图 10.24　按钮属性面板

其中各参数含义说明如下。

按钮名称：指定按钮的名称。

值：指定按钮上显示的文本。

动作：指定单击该按钮时发生的动作。

● 提交表单：单击该按钮，将提交表单数据以进行处理。该数据将被提交到在表单的"动作"属性中指定的页面或脚本。

● 重置表单：单击该按钮，将所有表单元素重置为其初始值。

● 无：没有默认动作，如果需要执行某个操作，可以通过属性指定单击该按钮时要执行的动作。

类：选择应用于该按钮的 CSS 规则。

10.4　表单网页的页面布局

表单网页常用的布局方法有：表格布局和 Div+CSS 布局。下面通过两个例子说明表单网页的布局方法。

10.4.1　案例1：利用 Div+CSS 布局实现论坛登录页面

案例文件　ch10/ login/login.html。

通过本案例可以了解，如何布局表单网页，如何在表单网页中插入表单元素，以及如何利用 CSS 规则修饰页面，以使网页更精美，并与网站风格统一。本案例的网页最终效果如图 10.25 所示。

图 10.25　login.html 页面效果

1．设计分析

本案例实现论坛登录页面，页面中有登录时需要的表单元素，并对页面进行合理的布局，对各表单元素进行样式设置，以使页面更美观。

2．布局分析

本案例采用 Div+CSS 布局，在 header 部分放置"返回首页"、"中国传媒大学"等信息，在 mainContent 部分放置表单的主要内容，在 footer 部分放置网站的页脚信息，整个页面居中显示。网页布局结构如图 10.26 所示。

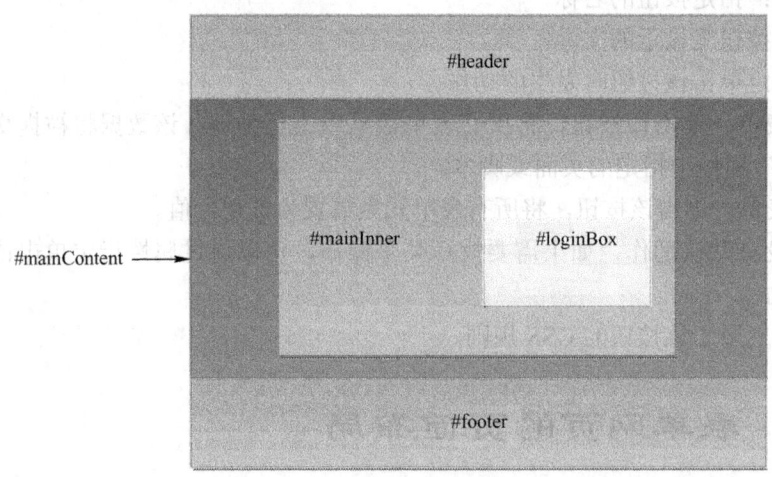

图 10.26　login.html 布局结构

3．制作流程

在案例的制作过程中，先对页面进行整体布局，然后再插入表单，完成表单及表单元素的制作，最后对各表单元素进行样式设置，从而完成整个页面的制作。

4．主要制作步骤

（1）布局实现

整个页面分为：header、mainContent、footer 三部分。header 部分的背景使用 topbg.gif

平铺，高度为 150px，宽度为 100%，外边距和内边距为 0，通过如下的 CSS 进行设置：

```
#header{
    background: url(../images/topbg.gif) repeat scroll 0px 0px;      /* 背景平铺 */
    height: 150px;                                                   /* 高度为 150px */
    width: 100%;                                                     /* 宽度为 100% */
    margin: 0px;                                                     /* 外边距为 0 */
    padding: 0px;                                                    /* 内边距为 0 */
}
```

mainContent 部分的高度为 480px，宽度为 100%，外边距和内边距为 0，通过如下的
CSS 对样式进行设置：

```
#mainContent {
    height: 480px;                                                   /* 高度为 480px */
    width: 100%;                                                     /* 宽度为 100% */
    margin: 0px;                                                     /* 外边距为 0 */
    padding: 0px;                                                    /* 外边距为 0 */
}
```

footer 部分的背景使用 bottom.gif 平铺，高度为 54px，宽度为 100%，外边距和内边距
为 0，文字水平居中对齐，通过如下的 CSS 进行设置：

```
#footer{
    background: url(../images/bottom.gif) repeat scroll 0px 0px;     /* 背景平铺 */
    height: 54px;                                                    /* 高度为 54px */
    width: 100%;                                                     /* 宽度为 100% */
    margin: 0px;                                                     /* 外边距为 0 */
    padding: 0px;                                                    /* 内边距为 0 */
    font-family:"Arial Unicode MS", "宋体";                          /* 文字字体 */
    line-height: 25px;                                               /* 行高 25px */
    text-align: center;                                              /* 内容水平居中对齐 */
}
```

定义好各部分的大小及位置后，再为各部分添加内容。

（2）各部分具体内容布局实现

① 在 header 部分放置"返回网站首页/中国传媒大学"内容，位于 header 容器的右下
角。实现方法如下。

Step1　在 header 容器中添加 headerLink 容器，输入相关内容。

Step2　设置 headerLink 容器的样式为：宽度 400px，右浮动，距上边 38px，距右边 8px，
文字居中对齐。具体代码如下：

```
#headerLink {
    color: #FFF;                                                     /* 文字颜色*/
    text-align: center;                                              /* 内容水平居中对齐*/
    margin: 38px 8px 0px    0px;                                     /* 上、右、下、左外边距*/
    float: right;                                                    /* 向右浮动*/
    width: 400px;                                                    /* 宽度 400px*/
}
```

② mainContent 部分放置登录表单。实现方法如下。

Step1　插入容器 mainInner，并设置容器的大小、位置和背景。其中通过设置左、右外

边距为 auto 使得 mainInner 在 mainContent 中居中显示。

```
#mainInner{
    height: 480px;                                    /* 高度 480px */
    width:900px;                                      /* 宽度 900px */
    margin:0 auto;                                    /* 外边距 */
    padding-top:30px;                                 /* 上内边距 */
    background:url(../images/innerbg.jpg) no-repeat;  /* 背景不平铺 */
}
```

Step2 插入放置表单的容器 loginBox，用于布局登录表单元素。通过 float 属性使得 loginBox 浮动到 mainInner 的右侧，并且通过 border-radius 属性设置 loginBox 的 4 个角为圆角。

```
#loginBox{
    width:334px;                                      /* 宽度 334px */
    float:right;                                      /* 向右浮动 */
    border-radius:5px 5px 5px 5px;                    /* 圆角边框 */
    background-color:#FFF;                            /* 背景颜色 */
    border:1px solid #B5B5B5;                         /* 边框 */
    margin-top:50px;                                  /* 上外边距 */
    margin-right:50px;                                /* 右外边距 */
}
```

（3）插入表单

在 loginBox 容器中插入表单及表单元素。这里，通过把每个表单元素放在一个类样式为 formLine 的 Div 中，达到布局的目的。其中 formLine 的 CSS 规则如下：

```
.formLine{
    height:42px;                                      /* 高度 42px */
    width:245px;                                      /* 宽度 245px */
    margin:0 0 20px 25px;                             /* 上、右、下、左外边距*/
}
```

（4）表单元素的样式设置

通过 CSS 改变表单元素的默认样式。定义名称为 formInput 的类样式，并将其应用于页面中的文本域：

```
.formInput{
    font-family:Verdana, Geneva, sans-serif;          /* 文字字体 */
    font-size:16px;                                   /* 文字大小 */
    font-weight:600;                                  /* 文字粗细 */
    padding:9px 0 10px;                               /* 上、左右、下内边距 */
    with:202px;                                       /* 宽度 202px */
}
```

定义名称为 formbtn 的类样式，并将其应用于页面中的按钮：

```
.formbtn{
    height: 34px;                                     /* 高度 34px */
    width: 120px;                                     /* 宽度 120x */
    font: bold 14px "黑体";                            /* 字体样式*/
    color: #FFF;                                      /* 文字颜色 */
    cursor: pointer;                                  /* 鼠标样式*/
    background: url(../images/btnbg.jpg) no-repeat;   /* 背景图像 */
    text-align: center;                               /* 内容水平对齐方式 */
}
```

10.4.2　案例 2：用表格布局实现论坛注册页面

案例文件 ch10/register/register.html。

1. 设计分析

本案例实现论坛注册页面，注册时需要的各表单元素，并对页面进行合理的布局，对各表单元素进行样式设置，使表单更美观。最终效果如图 10.27 所示。

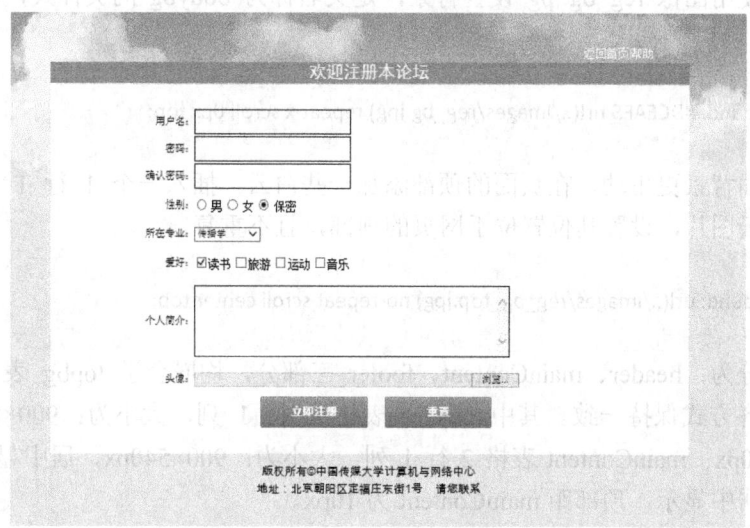

图 10.27　register.html 页面效果图

2. 布局分析

本案例采用表格布局，在 header 表格中放置返回首页、帮助等信息，在 mainContent 表格中放置表单，在 footer 表格中放置网站的页脚信息。页面结构如图 10.28 所示。

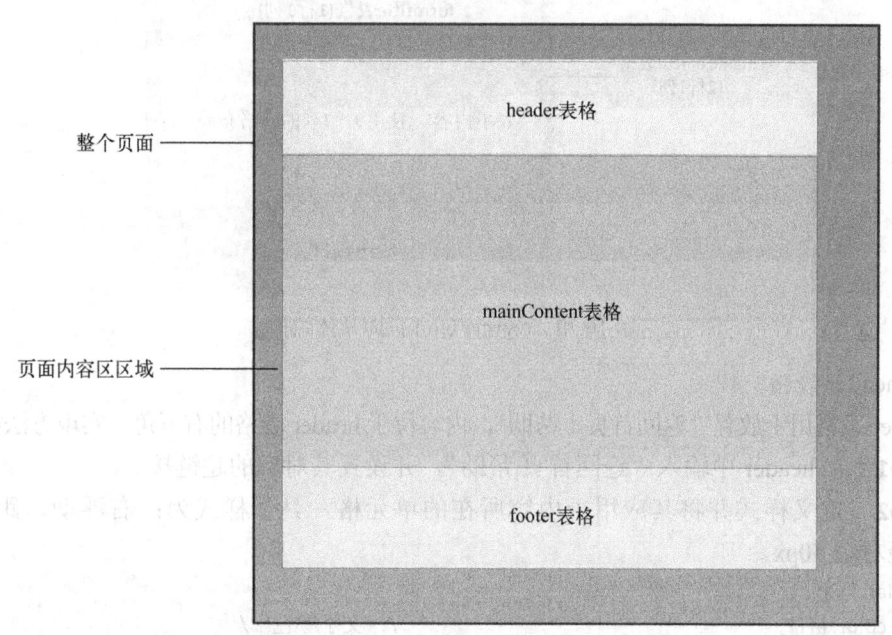

图 10.28　register.html 页面结构

225

3．制作流程

在案例的制作过程中，根据页面的特点，先对页面进行整体布局，再插入表单，完成表单及表单元素的制作，最后对各表单元素进行样式设置，从而完成整个页面的制作。

4．主要制作步骤

（1）布局实现

整个页面使用图像 reg_bg.jpg 设置背景，定义名称为 bodybg 的类样式，并将其应用于 body 元素：

```
.bodybg {
    background: #DCEAF5 url(../images/reg_bg.jpg) repeat-x scroll 0px top;
}
```

为了让页面背景更生动，在页面的顶部添加一些白云。插入一个 1 行 1 列的表格，表格的背景为白云图片，设置其位置位于网页的顶部，且不重复。

```
#topbg{
    background: url(../images/reg_bg_top.jpg) no-repeat scroll center top;
}
```

整个页面分为：header、mainContent、footer 三部分，均嵌套于 topbg 表格中。三个表格的宽度及对齐方式保持一致。其中 header 表格 1 行 1 列，大小为：900×80px，居中显示，距离顶部 0px；mainContent 表格 2 行 1 列，大小为：900×540px，居中显示；footer 表格 1 行 1 列，居中显示，顶部距 mainContent 为 10px。

（2）各表格具体内容实现

各部分的具体内容及布局如图 10.29 所示。

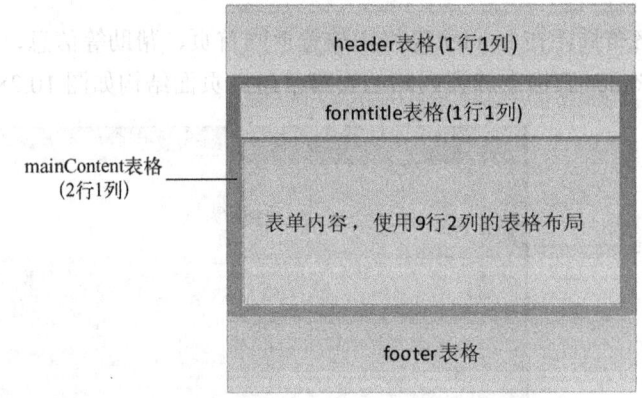

图 10.29　register.html 页面具体结构

① header 表格

header 表格用于放置"返回首页 | 帮助"，内容位于 header 表格的右下角。实现方法如下。

Step1　在 header 中输入"返回首页|帮助"，并设置其对应的超链接。

Step2　定义样式并将其应用于内容所在的单元格，具体样式为：右浮动，距离上边 58px，距右边 50px。

```
.headerLink{
    color: #FFF;                          /* 文字颜色 */
    float:right;                          /* 向右浮动 */
```

```
        margin: 58px 50px 0px 0px;                    /* 上、右、下、左外边距*/
    }
```

② mainContent 表格

mainContent 部分用于放置表单内容。实现方法如下。

Step1　在表格第一行中添加"欢迎注册本论坛"内容。

Step2　定义单元格及文字样式 form_title，具体样式为：大小 870×30px，居中显示，蓝色背景。文字样式为：黑体，白色，24px，水平居中。

```
#form_title {
    color: #FFF;                                  /* 文字颜色 */
    background: #61A4DA;                           /* 背景颜色 */
    height: 30px;                                  /* 高度 30px */
    width: 870px;                                  /* 宽度 870px */
    font-size: 24px;                               /* 文字大小 */
    font-family: "黑体";                           /* 文字字体 */
    text-align: center;                            /* 内容水平居中对齐 */
}
```

Step3　在表格第 2 行单元格中插入表单，并设置单元格样式，样式定义如下。

```
#reg_info {
    background:  url(../images/reg_info_bg.jpg) repeat scroll;
}
```

（3）插入表单对象

本案例中利用表格进行各表单对象的布局。

实现方法如下。

Step1　在已插入的表单中，插入 9 行 2 列的表格，表格大小为 90%，居中显示。

Step2　参照图 10.27，插入各行内容。最后一行，合并单元格后，插入两个按钮。并设置各表单对象的属性。

Step3　定义行样式 info_input，并将其应用于除"个人简介"及按钮所在行之外的其他行。

```
.info_input{
    height:40px;                                   /* 高度 40px */
    margin-bottom:10px;                            /* 下外边距 10px */
}
```

Step4　定义行样式 info_textarea，并将其应用于"个人简介"所在的行。

```
.info_textarea{
    height:120px;                                  /* 高度 120px */
    margin-bottom: 10px;                           /* 下外边距 10px*/
}
```

Step5　定义行样式 info_btn，并将其应用于按钮所在的行。

```
.info_btn{
    height: 50px;                                  /* 高度 50px */
    text-align: center;                            /* 内容水平居中对齐*/
}
```

（4）格式化页面

① 定义超链接样式

定义超链接未访问和已访问状态的样式为：白色，无下画线；定义超链接鼠标悬停时的样式为有下画线。

```
a:link,a:visited{
    color:#FFF;                          /* 超链接文字颜色 */
    text-decoration:none;                /* 无下画线 */
}
a:hover
{
    text-decoration:underline;           /* 下画线 */
}
```

② 定义提示标签的样式 ptag，并应用于表单中第一列的标签。

```
.ptag{
    font-size: 14px;                     /* 文字大小 */
    line-height: 30px;                   /* 行高 30px */
    text-align: right;                   /* 内容水平方右对齐 */
    vertical-align:middle;               /* 内容垂直方向居中对齐 */
    width:160px;                         /* 宽度 160px */
}
```

③ 定义文本域的样式 inputstyle，并应用于本实例中的"用户名"、"密码"、"确认密码"对应的表单元素。

```
.inputstyle{
    font-size: 14px;                     /* 文字大小*/
    line-height: 30px;                   /* 行高 30px*/
    text-align: center;                  /* 内容水平居中对齐*/
    vertical-align: middle;              /* 内容垂直方向居中对齐*/
    height: 30px;                        /* 高度 30px*/
    width: 215px;                        /* 宽度 215px*/
    border: 1px solid #009;              /* 边框*/
}
```

④ 定义多行文本区域的样式 textareastyle，并应用于"个人简介"对应的表单域。

```
.textareastyle{
    font-size: 14px;                     /* 文字大小*/
    line-height: 30px;                   /* 行高 30px*/
    vertical-align: middle;              /* 内容垂直方向居中对齐*/
    border: 1px solid #009;              /* 边框 */

}
```

⑤ 定义按钮的样式，并应用于页面中的按钮。

```
.info_btn .btnstyle{
    margin-left: 20px;                   /* 左外左边距 20px*/
    background: #0C3 url(../images/reg_btn.gif);   /* 背景图像 */
    height: 43px;                        /* 高度 43px*/
    width: 150px;                        /* 宽度 150px */
    border:0 none;                       /* 无边框 */
    font: bold 16px "黑体";              /* 字体样式*/
    color: #FFF;                         /* 文字颜色*/
    cursor:pointer;                      /* 鼠标样式*/
}
```

228

10.5 Spry 表单元素

在 10.4 节制作的表单页面中，在用户名和密码对应的表单元素中无论输入什么信息，网页都不会报错。但在实际应用中，在注册用户时，如果两次输入的密码不一致或者在表单中输入不合法的字符，通常会显示错误提示且不能正常提交。这就需要带有校验功能的表单。我们可以先制作好表单后，再编写相应的 JavaScript 程序进行校验或利用行为中的"检查表单"行为进行校验。用 JavaScript 程序进行校验需要自己编写程序，这对于不熟悉代码的初学者来说无疑是很困难的。用行为进行表单校验，只能验证表单元素是否为空，以及电子邮件地址和数字范围这样几种，实现的功能较简单，不能满足实际需求。Dreamweaver 提供的 Spry 框架内置了表单验证的功能，利用 Spry 表单元素可以制作带有校验功能的表单。

Spry 表单元素就是在普通表单元素上添加了验证功能，可以通过属性面板进行验证方式的设置。

插入 Spry 表单元素的方法有如下几种。

方法 1：选择"插入 | 表单"命令，在弹出的级联菜单中选择需要的 Spry 表单元素。

方法 2：选择"插入 | Spry"命令，在弹出的级联菜单中选择需要的 Spry 表单元素。

方法 3：选择插入面板的"表单"选项卡中的 Spry 表单元素，如图 10.30 所示。

方法 4：选中已有的普通表单元素，执行插入 Spry 表单元素的操作，为其叠加 Spry 验证。

Spry 表单元素由浅蓝色线条包围，如图 10.31 所示。当单击蓝色选项卡时，打开 Spry 验证属性面板；当单击普通表单元素时，打开相应表单元素的属性面板。

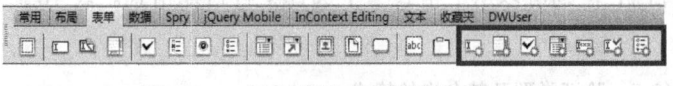

图 10.30　插入面板"表单"选项卡　　　　　　　图 10.31　Spry 表单元素

在包含 Spry 验证域的表单网页中，如果输入不符合要求，会出现提示信息，如图 10.32 所示。

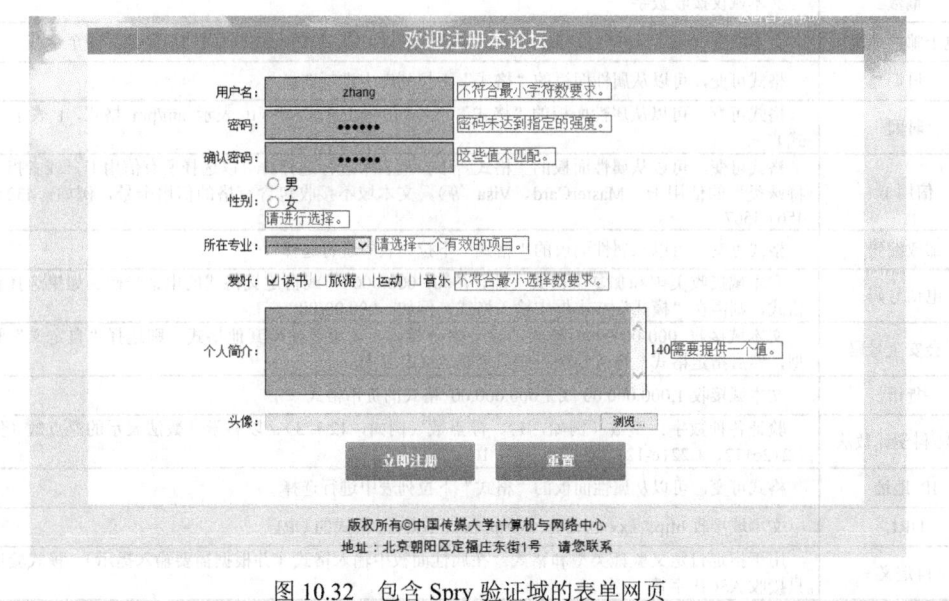

图 10.32　包含 Spry 验证域的表单网页

Spry 表单元素实际上是由普通表单元素以及与表单元素对应的行为（控制表单元素如何响应用户事件的 JavaScript）和样式（控制表单元素外观的 CSS）组成的。在保存包含有 Spry 表单元素的网页时，Dreamweaver 会自动在站点中创建一个 SpryAssets 文件夹，并将相应的 JavaScript 和 CSS 文件保存到其中。如果需要修改表单元素默认的样式和行为，可以修改 SpryAssets 文件夹中的相应文件。

10.5.1 Spry 验证文本域

Spry 验证文本域是一个文本域，该域用于在站点访问者输入文本时对文本域进行验证。Spry 文本域的属性面板如图 10.33 所示。

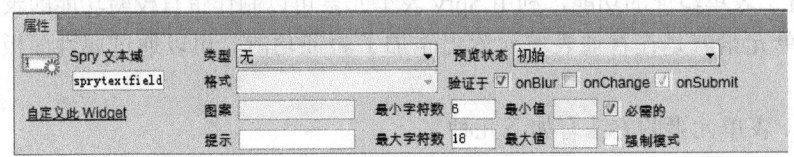

图 10.33 Spry 文本域属性面板

其中各参数的含义说明如下。

类型：指定一种验证类型。例如，若文本域用于接收邮政编码，则可以指定验证类型为"邮政编码"。

格式：大多数验证类型都会使文本域采用标准格式。但是，某些验证类型允许选择文本域的格式。如果选择验证类型为"日期"，则可以从"格式"中选择某种日期格式。表 10.5 中列出了验证类型及其允许的格式。

表 10.5 验证类型及其允许的格式

验 证 类 型	格 式
无	无须特殊格式
整数	文本域仅接收数字
电子邮件地址	文本域接收包含@和句点（.）的电子邮件地址，而且@和句点的前面和后面都必须至少有一个字母
日期	格式可变，可以从属性面板的"格式"下拉列表中进行选择
时间	格式可变，可以从属性面板的"格式"下拉列表中进行选择（tt 表示 am/pm 格式，t 表示 a/p 格式）
信用卡	格式可变，可以从属性面板的"格式"下拉列表中进行选择。可以选择所有信用卡，或者指定某种特殊类型的信用卡（MasterCard、Visa 等）。文本域不接收包含空格的信用卡号，例如：4321 3456 4567 4567
邮政编码	格式可变，可以从属性面板的"格式"下拉列表中进行选择
电话号码	文本域接收美国和加拿大格式（即，(000) 000-0000）或自定义格式的电话号码。如果选择自定义格式，则需在"模式"文本框中输入格式，例如：000.00(00)
社会安全号码	文本域接收 000-00-0000 格式的社会安全号码。如果要使用其他格式，则选择"自定义"验证类型，然后指定格式。模式验证机制只接收 ASCII 字符
货币	文本域接收 1,000,000.00 或 1.000.000,00 格式的货币格式
实数/科学计数法	验证各种数字：整数（例如，1）、浮点数（例如，12.123）、以科学计数法表示的浮点数（例如，1.212e+12、1.221e-12，其中 e 用作 10 的幂）
IP 地址	格式可变，可以从属性面板的"格式"下拉列表中进行选择
URL	文本域接收 http://xxx.xxx.xxx 或 ftp://xxx.xxx.xxx 格式的 URL
自定义	用于指定自定义验证类型和格式。在属性面板中输入格式（并根据需要输入提示）。模式验证机制只接收 ASCII 字符

预览状态：在 Dreamweaver "设计" 视图中显示的 Spry 验证文本域状态。选择哪种状态不会影响最后在浏览器中的浏览结果。

● 初始：在浏览器加载页面或用户重置表单时构件的状态。
● 必填：当用户在文本域中没有输入必需的文本时构件的状态。
● 无效格式：当用户输入无效格式的文本时构件的状态。
● 有效：当用户正确地输入信息且表单可以提交时构件的状态。

验证于：指定验证发生的时间。

● onBlur：当用户在文本域的外部单击时进行验证。
● onChange：当用户更改文本域中的文本时进行验证。
● onSubmit：当用户提交表单时进行验证。提交选项是默认选中的，无法取消选中。

最小字符数/最大字符数：此选项仅适用于 "无"、"整数"、"电子邮件地址" 和 "URL" 验证类型。

最小值/最大值：此选项仅适用于 "整数"、"时间"、"货币" 和 "实数/科学计数法" 验证类型。

必需的：设置该表单元素是否必填。

提示：由于文本域有很多不同格式，因此可以在此处给出一个示例性的提示。

强制模式：禁止用户在验证文本域中输入无效字符，如果输入无效字符将不显示。

注：Spry 对象的属性面板设置的是验证方面的内容，不涉及表单元素的属性设置，如果要设置表单元素的属性仍需要选择表单元素进行操作。

10.5.2　Spry 验证文本区域

Spry 验证文本区域与验证文本域的功能相似，其属性面板如图 10.34 所示。

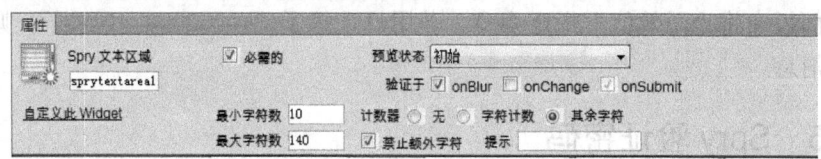

图 10.34　Spry 文本区域属性面板

其中部分参数的含义说明如下。

计数器：用户在文本区域中输入文本时，用于显示已输入了多少个字符或者还剩多少个字符。在默认情况下，如果添加了计数器，计数器会出现在构件右下角的外部。

禁止额外字符：防止用户在验证文本区域中输入的文本超过所允许的最大字符数。

10.5.3　Spry 验证复选框

Spry 验证复选框是 HTML 表单中的一个或一组复选框，该复选框在用户选择（或没有选择）复选框时会显示构件的状态。其属性面板如图 10.35 所示。

其中部分参数的含义说明如下。

实施范围（多个）：在默认情况下，验证复选框构件设置为 "必需（单个）"。如果页面需要进行多个选择，可以指定该属性。

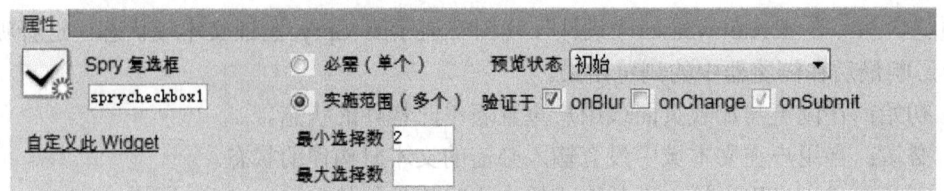

图 10.35　Spry 复选框属性面板

最小选择数/最大选择数：指定要求选择的最小复选框数或最大复选框数。

10.5.4　Spry 验证选择

Spry 验证选择构件是一个下拉列表，该列表在用户进行选择时会显示构件的状态（有效或无效）。其属性面板如图 10.36 所示。

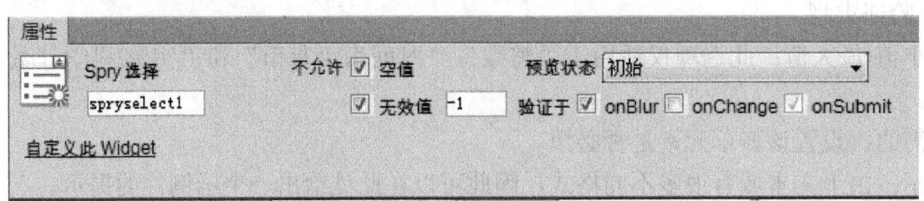

图 10.36　Spry 选择属性面板

在"不允许"栏中，如果选择"空值"或"无效值"，则表示不允许选择空值或无效值项。空值：列表项中没有值的项，即没有指定 value 值的项。例如：<option>地区</option>，如果选择了这一项，即表示选择了空值。

无效值：可以指定一个值，当用户选择列表项的值为该值时，表示选择无效。例如：

```
<option value="-1">----------------------</option>
```

然后在属性面板中将"无效值"指定为-1，若用户选择了"----------------------"，则该构件返回一条错误消息。

10.5.5　Spry 验证密码

Spry 验证密码构件是一个密码域，可用于强制执行密码规则，根据用户的输入提示警告或错误消息。为文本字段叠加 Spry 密码验证时要确保文本域已经被设置为密码域，否则会出现脚本错误，其属性面板如图 10.37 所示。

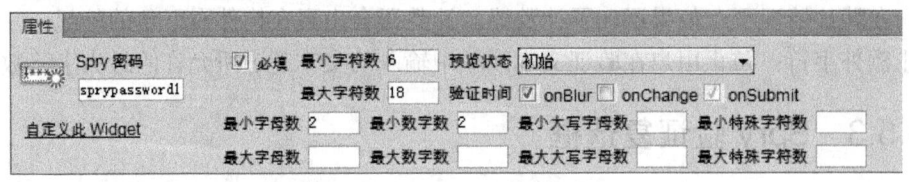

图 10.37　Spry 密码属性面板

其中部分参数的含义说明如下。

最小字符数/最大字符数：指定有效密码所需的最小和最大字符数。

最小字母数/最大字母数：指定有效密码所需的最小和最大字母（a、b、c 等）数。

最小数字数/最大数字数：指定有效密码所需的最小和最大数字（1、2、3 等）数。

最小大写字母数/最大大写字母数：指定有效密码所需的最小和最大大写字母（A、B、C 等）数。

最小特殊字符数/最大特殊字符数：指定有效密码所需的最小和最大特殊字符（!、@、# 等）数。

若上述任一选项未设置，则构件将不验证是否满足该条件。例如，如果最小数字数/最大数字数选项未设置，构件将不查找密码字符串中的数字。

10.5.6 Spry 验证确认

Spry 验证确认构件是一个文本域或密码域，当用户输入的值与同一表单中类似域的值不匹配时，该构件将显示有效或无效状态。其属性面板如图 10.38 所示。

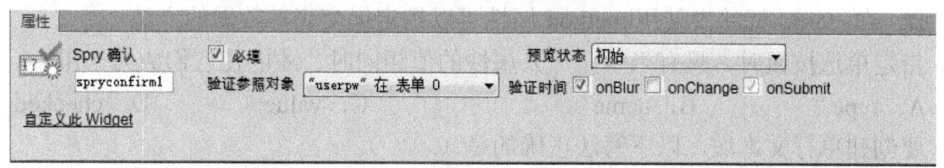

图 10.38　Spry 确认属性面板

其中，"验证参照对象"提供将用作验证依据的文本域选项。

10.5.7 Spry 验证单选按钮组

验证单选按钮组是一组单选按钮，支持对所选内容进行验证，可以强制从组中选择一个单选按钮。该构件不能在普通单选按钮组对象上叠加。其属性面板如图 10.39 所示。

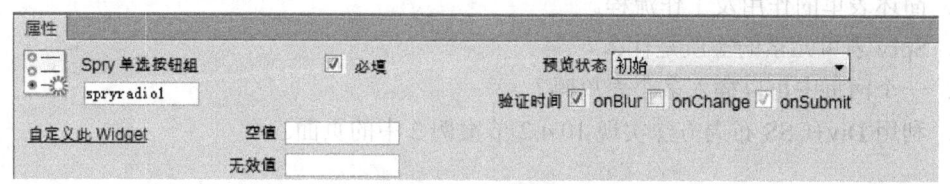

图 10.39　Spry 单选按钮组属性面板

在属性面板中可以指定空值或无效值，如指定空值为 empty，无效值为 invalid。当选择的选项 value= "empty"时，浏览器将返回"请进行选择"错误消息。当选择的选项 value="invalid"时，浏览器将返回"请选择一个有效值"错误消息。

本 章 小 结

表单是 Web 用户和 Web 服务器之间进行沟通的桥梁，是网站信息搜集的主要途径。本章主要介绍表单的基础知识、表单元素以及 Spry 表单元素的应用。通过本章的学习，要理解并掌握各种表单元素的作用，掌握表单网页的制作方法，并能够灵活运用布局方法对表单网页进行布局，学会利用 Spry 表单元素制作带有校验功能的表单网页。

课 后 习 题

一、选择题

1．以下应用不属于利用表单功能设计的有（　　　）。

  A．用户注册   B．浏览数据库记录   C．网上订购 D．用户登录

2．在表单元素"列表"的属性中，（　　　）用来设置列表显示的行数。

  A．类型   B．高度   C．允许多选 D．列表值

3．以下有关表单的说法中，错误的是（　　　）。

  A．表单通常用于收集用户信息

  B．在<form>标签中使用 action 属性可以指定表单处理程序的位置

  C．在表单中只能包含表单元素，而不能包含其他诸如图像之类的内容

  D．在<form>标签中使用 method 属性可以指定提交表单数据的方法

4．指定单选按钮时，只有当（　　　）属性的值相同时，才能使它们成为一组。

  A．type   B．name   C．value   D．checked

5．要创建单行文本域，以下写法正确的是（　　　）。

  A．<input type="text" />   B．<input type="password" />

  C．<input type="checkbox" />   D．<input type="radio" />

6．制作表单页面时，可以通过设置 type=（　　　）来插入"重置"按钮。

  A．reset   B．radio   C．button   D．submit

7．<select>标签必须与（　　　）标签配套使用。

  A．input   B．textarea   C．file   D．option

二、简答题

1．简述表单的作用及工作流程。

2．Spry 表单元素的实质是什么？

3．一个网页中可以插入多个表单吗？

4．利用 Div+CSS 布局方法实现 10.4.2 节案例 2 中的页面。

第 11 章 行为和 CSS 过渡效果

学习要点：

● 理解行为的实质；
● 掌握 Dreamweaver 中内置行为的应用；
● 了解如何使用第三方行为；
● 掌握 CSS 过渡效果的应用。

建议学时： 上课 2 学时，上机 2 学时。

11.1 行为

行为是 Dreamweaver 中颇具特色的功能，使用 Dreamweaver 中的行为可以不用编写程序，就能实现浏览者与网页的简单交互。例如，可以设置 AP Div 显示或隐藏，也可以对表单进行简单的校验等。

11.1.1 行为的概念

1．行为的概念

行为是用来动态响应用户操作、改变当前页面效果或执行特定任务的一种方法。行为由某个事件和该事件触发的动作组成。当访问者与页面进行交互时，浏览器会生成事件，如：onClick、onLoad 等。动作也称为事件处理器，是对事件做出的响应，通常是一段 JavaScript 代码，通过执行这些代码，在页面中可以实现指定的任务，例如：打开浏览器窗口、显示/隐藏元素、播放声音等。

事件由浏览器生成，可以绑定到各种页面元素上。一个事件可以与多个动作关联，即当事件发生时，会导致多个动作被执行。在 Dreamweaver 中，可以指定这些动作发生的顺序，从而实现需要的结果。不是所有的动作都需要用户的干涉才会发生。各类浏览器所支持的事件数量和种类各不相同，通常高版本的浏览器支持更多的事件。

2．常见事件

（1）与窗口有关的事件

onAbort：在浏览器窗口中停止加载网页时触发该事件。

onMove：当移动窗口或框架时触发该事件。

onLoad：当浏览器加载完一个窗口或一组框架之后触发该事件。

onResize：当用户改变窗口或框架的大小时触发该事件。

onUnload：当用户退出网页时触发该事件。

（2）与鼠标有关的事件

onClick：当单击选定元素时触发该事件。

onDblClick：当双击选定元素时触发该事件。

onMouseDown：当按下鼠标键而未释放时触发该事件。

onMouseUp：当松开按下的鼠标键时触发该事件。

onMouseOver：当鼠标指针从指定元素之外移动到指定元素之上时触发该事件。

onMouseOut：当鼠标指针移出了指定元素时触发该事件。

onMouseMove：在指定元素内移动鼠标指针时触发该事件。

（3）与键盘有关的事件

onKeyDown：在键盘上按下按键时触发该事件。

onKeyUp：在键盘上松开按键时触发该事件。

onKeyPress：在键盘上按特定键时触发该事件。

（4）与表单有关的事件

onChange：当表单元素内容发生变化时触发该事件。

onBlur：当某个表单元素失去焦点时触发该事件。

onFocus：当某个表单元素获得焦点时触发该事件。

onSelect：当单行文本域或文本区域中的内容被选中时触发该事件。

onSubmit：当单击"提交"按钮时触发该事件。

onReset：当单击"重置"按钮时触发该事件。

（5）其他事件

onError：在加载网页的过程中发生错误时触发该事件。

onHelp：当用户单击浏览器的"帮助"按钮或从浏览器菜单中选择"帮助"命令时触发该事件。

11.1.2 添加行为

1. 行为面板

在 Dreamweaver 中对行为的添加和控制主要通过行为面板来实现。选择"窗口｜行为"命令或按"Shift+F4"快捷键，即可打开行为面板，如图 11.1 所示。

如果已经为某个页面元素添加了行为，则添加的行为将显示在行为列表中，按字母顺序排列。如果同一个事件有多个动作，则将按列表中出现的顺序执行这些动作。

行为面板中各选项说明如下。

显示设置事件▦：仅显示附加到当前文档中的那些事件。显示设置事件为默认的视图。

显示所有事件▦：按字母顺序显示属于特定类别的所有事件。

添加行为 +.：为选定元素添加行为。

删除事件 —：从行为列表中删除所选的事件和动作。

向上箭头▲和向下箭头▼：在行为列表中上、下移动特定事件的选定行为。通过向上箭头和向下箭头，可以改变选中行为在行为列表中的顺序，从而改变其执行顺序。

事件：在行为列表中，如果单击所选事件名称旁边的箭头按钮，将显示如图 11.2 所示的下拉列表，其中包含可以触发该行为的所有事件。根据所选对象的不同，显示的事件也有所不同。

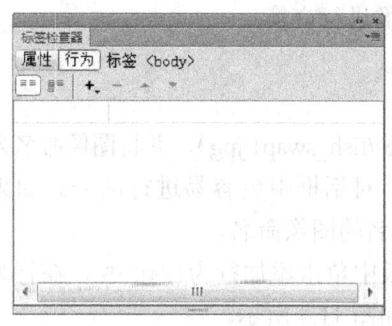

图 11.1　行为面板

图 11.2　事件

2．绑定行为

用户可以将行为绑定到整个文档，即绑定到 body 元素，也可以绑定到超链接、图像、表单元素或其他 HTML 元素中的任何一种。

为页面元素绑定行为一般分为 3 个步骤：选择对象、添加行为、调整事件。操作方法如下。

Step1　在"设计"视图中选择要应用行为的对象。如果要将行为绑定到整个页面，则单击文档窗口左下角标签选择器中的 body 标签。

Step2　在行为面板中单击 + 按钮，弹出如图 11.3 所示的行为菜单，选择需要绑定的行为项。显示为灰色的菜单项说明当前对象不支持该行为。

Step3　根据所选择的行为，将出现相应的对话框，显示该行为的参数设置选项，在对话框中输入行为的参数后单击"确定"按钮，就会将所选行为绑定到对象上。

Step4　该行为的默认事件将出现在"事件"列表中。如果该事件不符合要求，则可以单击事件名称旁边的下拉按钮，从下拉列表中选择其他事件。

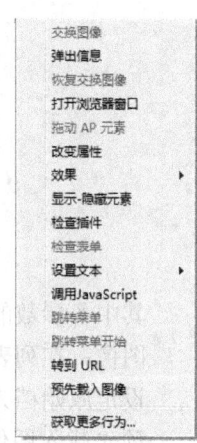

图 11.3　行为菜单

11.1.3　修改或删除行为

在添加行为之后，用户可以在行为面板中对已添加的行为进行修改或删除、修改触发行为的事件以及修改行为的参数等操作。

● 如果要删除某个行为，选中并单击 − 按钮或按 Delete 键即可删除该行为。

● 如果要改变行为的参数，双击行为或选中后按回车键，在出现的对话框中改变其参数。

● 如果要改变给定事件的动作顺序，选中行为后单击 ▲ 或 ▼ 按钮。

11.2　使用 Dreamweaver 内置行为

11.2.1　交换图像

交换图像是指当鼠标指针经过图像时，原图像会变成另外一幅图像。一幅交换图像其实是由两幅图像组成的，即原始图像和交换图像。两幅图像应当具有相同的尺寸，如果两幅图像的尺寸不相同，交换图像的大小会以原始图像为标准进行调整。交换图像行为实质是更改 img 标签的 src 属性将一幅图像和另一幅图像进行交换。

【实例 11-1】（实例文件 ch11/swap.html）

本实例添加交换图像行为。

Step1 在网页中插入一幅图像（如：images/fish_swap1.jpg），并将图像命名为 goldfish1。

为图像命名的目的是为了在"交换图像"对话框中更容易进行区分。如果没有为图像命名，在添加交换图像行为时，将自动为未命名的图像命名。

Step2 选择上面插入的图像，在行为面板中单击添加行为按钮 ，在行为菜单中选择"交换图像"项，打开"交换图像"对话框，如图 11.4 所示。

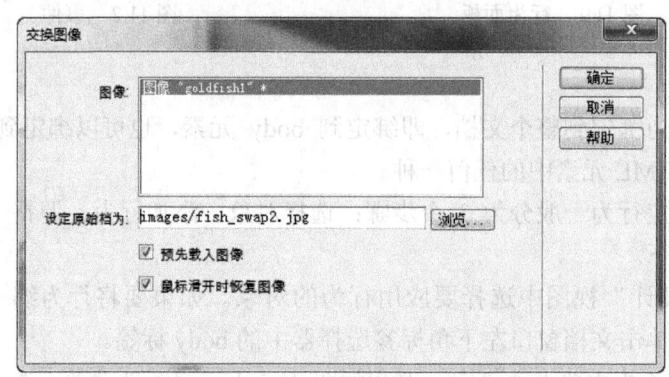

图 11.4 "交换图像"对话框

其中各参数的含义说明如下。

图像：在列表框中选择要进行交换的原始图像。

设定原始档为：选择交换的目标图像。

预先载入图像：选中该复选框，在载入网页时，新图像将载入浏览器的缓冲中，防止当该图像出现时由于下载而导致的延迟。

鼠标滑开时恢复图像：选中该复选框，当鼠标指针滑开时，会恢复显示原始图像。

Step3 单击"确定"按钮，保存文档。

11.2.2 弹出信息

弹出信息行为显示一个带有指定信息的警告对话框，因为该对话框只有一个"确定"按钮，所以使用此行为可以提供信息，但不能为用户提供选择，如图 11.5 所示。

【实例 11-2】（实例文件 ch11/popmessage.html）

本实例添加弹出信息行为。

Step1 选中要添加弹出信息行为的对象，如通过标签选择器选择 body 元素。

Step2 在行为面板中单击添加行为按钮 ，在行为中选择"弹出信息"项，打开"弹出信息"对话框，如图 11.6 所示。

Step3 在文本框中输入需要弹出的信息。

Step4 单击"确定"按钮。

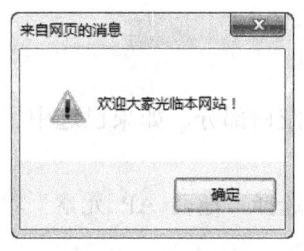

图 11.5 弹出信息示例

图 11.6 "弹出信息"对话框

11.2.3 打开浏览器窗口

在许多网站中打开网页时，有时会自动弹出一个小浏览器窗口，显示一些广告、公告及最新消息等，这可以通过打开浏览器窗口行为实现。打开浏览器窗口行为可以在一个新的窗口中打开一个 URL。用户可以指定新窗口的名称、宽度和高度，是否可以调整大小，是否具有菜单栏等属性。

【实例 11-3】（实例文件 ch11/openwindow/cuc/index.html）

本实例添加打开浏览器窗口行为。

Step1 选中要添加打开浏览器窗口行为的对象。

Step2 在行为面板中单击添加行为按钮 ➕，在行为菜单中选择"打开浏览器窗口"项，弹出"打开浏览器窗口"对话框，如图 11.7 所示。

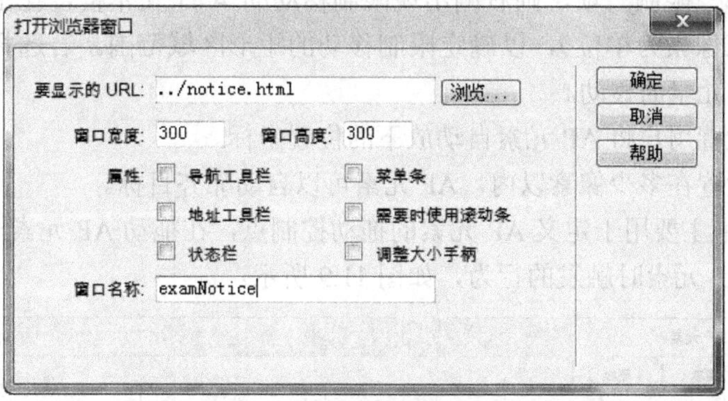

图 11.7 "打开浏览器窗口"对话框

其中各参数的含义说明如下。

窗口宽度/窗口高度：设置新打开的浏览器窗口的宽度和高度。

属性：选中各选项前的复选框，则说明新打开的浏览器窗口具有该项内容。在使用打开浏览器窗口行为时，建议简化浏览器窗口，不显示导航工具栏、地址工具栏等。

窗口名称：设置新打开的浏览器窗口的名称。在 JavaScript 的编辑中需要使用窗口的名称。

Step3 设置完成后，单击"确定"按钮。

11.2.4 拖动 AP 元素

拖动 AP 元素行为可以允许网页浏览者自由移动页面上的 AP 元素，以实现拼图、自定义页面布局等功能。

添加拖动 AP 元素行为的操作步骤如下。

Step1 在网页中插入需要拖动的 AP 元素。

Step2 通过标签选择器选择 body 元素，或单击页面的空白部分。如果已选中了某个 AP 元素，那么拖动 AP 元素行为处于灰色状态，不能被使用。

Step3 行为面板中单击添加行为按钮 ，在行为菜单中选择"拖动 AP 元素"项，弹出"拖动 AP 元素"对话框，如图 11.8 所示。

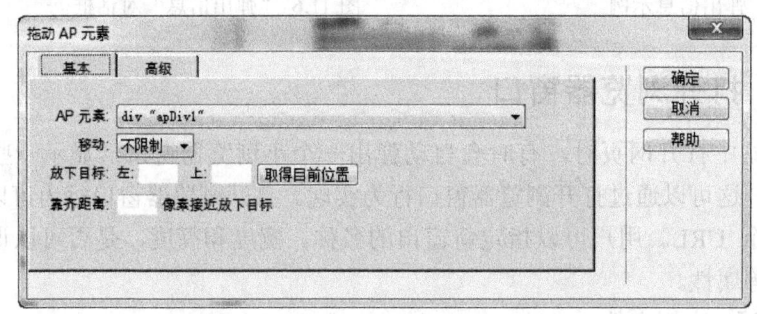

图 11.8 "拖动 AP 元素"对话框

该对话框分为"基本"和"高级"两个选项卡。其中，"基本"选项卡的各参数含义说明如下。

AP 元素：选择需要拖动的 AP 元素。

移动：若选择"限制"项，则右侧出现限制移动的 4 个文本框，在上、下、左、右文本框中输入值（以像素为单位），以确定限制移动的矩形区域范围。若选择"不限制"项，则表示不限制 AP 元素的移动。

放下目标：设置用户将 AP 元素自动放下的位置坐标。

靠齐距离：设置在多少像素以内，AP 元素可以自动靠齐目标。

"高级"选项卡主要用于定义 AP 元素的拖动控制点，在拖动 AP 元素时跟踪 AP 元素的移动以及当放下 AP 元素时触发的行为，如图 11.9 所示。

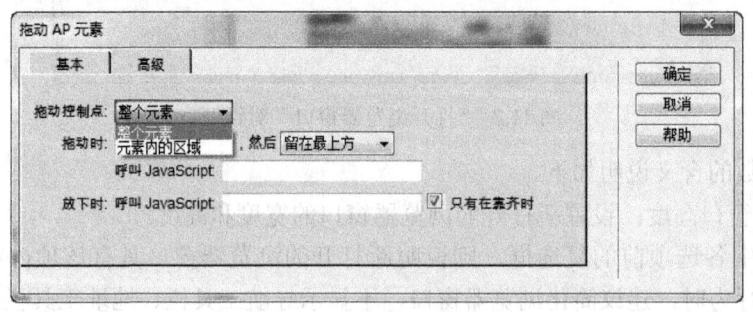

图 11.9 "高级"选项卡

其中各参数的含义说明如下。

拖动控制点：设置浏览者可以拖动的区域。

拖动时：设置 AP 元素拖动后的层叠顺序。

放下时：在"呼叫 JavaScript"框中设置在放下时调用的 JavaScript 代码或函数名称。如果只有在 AP 元素到达目标时才呼叫 JavaScript，则勾选"只有在靠齐时"复选框。

Step4 设置完成后，单击"确定"按钮。

【实例 11-4】（实例文件 ch11/movelayer/index.html）

本实例制作拼图游戏，效果如图 11.10 所示。将彩色图像块拼成一个完整的熊猫。

图 11.10 拼图游戏

制作步骤如下。

Step1 准备素材：一张熊猫黑白图片 panda.jpg，以及该熊猫图片的 4 部分切片 panda_01.gif、panda_02.gif、panda_03.gif、panda_04.gif。

Step2 新建网页，插入一个 AP Div（命名为 layer0），AP Div 大小为：500×375px，在 AP 层内插入黑白图像 panda.jpg。

Step3 再插入 4 个 AP Div（分别命名为 layer1 至 layer4），在 AP Div 层内分别插入分割后的 4 张图片 panda_01.jpg、panda_02.jpg、panda_03.jpg、panda_04.jpg，并调整 AP Div 大小与图像一样。

Step4 拖动 layer1 至原图中正确位置，不用选中任何元素或者选择<body>标签，添加"拖动 AP 元素"行为。注意，选择该行为时，不能选中任何 AP 元素。参照图 11.11 设置相应内容。

图 11.11 拼图游戏"基本"选项卡设置

Step5 如果在拖动 AP Div 时，有其他要求，可在"高级"选项卡中进行设置，如图 11.12 所示。

Step6 调整事件为 onMouseDown。

Step7 layer2 至 layer3 的设置参照 Step4 至 Step6 完成。

Step8 设置完毕后，将 layer1 至 layer4 打乱顺序，从 layer0 上拖出即可。

Step9 保存文档，预览网页，就可以玩拼图游戏了。

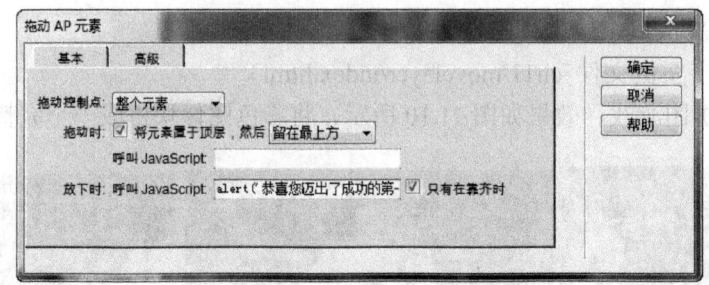

图 11.12　拼图游戏"高级"选项卡设置

11.2.5　改变属性

在用户与浏览器进行交互时，如果需要修改网页中某些元素的属性，如图像来源、网页元素的背景、颜色等样式属性，可以使用改变属性行为。

添加改变属性行为的操作步骤如下。

Step1　选中要添加改变属性行为的对象。

Step2　在行为面板中单击添加行为按钮 **+.**，在行为菜单中选择"改变属性"项，弹出"改变属性"对话框，如图 11.13 所示。

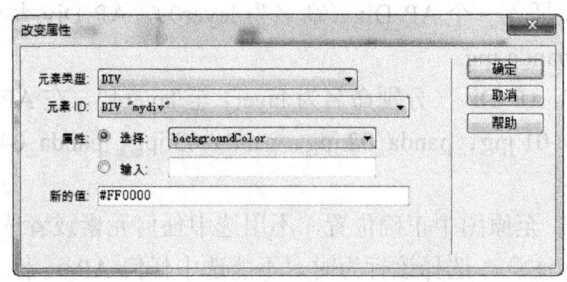

图 11.13　"改变属性"对话框

其中各参数的含义说明如下。

元素类型：要添加行为的元素类型，如：DIV、IMG 等。

元素 ID：选择要添加行为的元素 ID，如：DIV "mydiv"，表示选择的是 ID 为 mydiv 的 Div 元素。

属性：选择或输入要改变的属性，如 backgroundcolor。

新的值：给属性赋新值。

Step3　设置完成后，单击"确定"按钮。

【实例 11-5】（实例文件 ch11/changeproperty/chproperty.html）

本实例通过改变属性实现内容的展开与收缩，效果如图 11.14 所示。

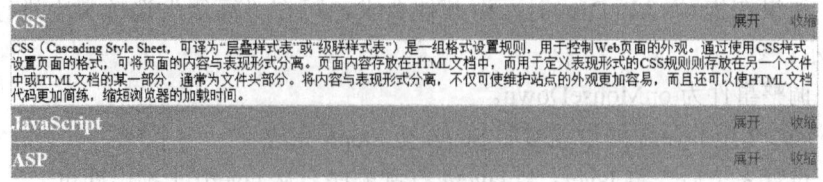

图 11.14　内容展开与隐藏

思路：利用改变属性行为，控制 Div 元素的显示或隐藏。

第一个 Div 元素放入导航信息，第二个 Div 元素中放入需要动态展开和隐藏的信息。第二个 Div 元素默认隐藏。通过第一个 Div 元素中的内容，动态地控制第二个 Div 元素的显示和隐藏。

操作步骤：

Step1   插入放置第 1 行内容的 Div 元素。设置 ID 为 CSS，并设置其样式为：宽度 960，水平居中，并定义背景颜色及边框样式。

```
.title {
        width: 960px;
        margin:0    auto;
        background:    #F90;
        border: 1px solid #D6D6D6;
}
```

Step2   在上面的 Div 元素中输入相应的内容，并为"展开"、"收缩"文本添加空超链接。

Step3   插入放置第 2 行内容的 Div 元素。设置其 ID 为 CSS1，在其中输入如下内容，然后设置它的大小、边框等样式，并设置它为隐藏，即 display:none。

CSS（Cascading Style Sheet，可译为"层叠样式表"或"级联样式表"）是一组格式设置规则，用于控制 Web 页面的外观。通过使用 CSS 样式设置页面的格式，可将页面的内容与表现形式分离。页面内容存放在 HTML 文档中，而用于定义表现形式的 CSS 规则存放在另一个文件中或 HTML 文档的某一部分，通常为文档头部。将内容与表现形式分离，不仅可使维护站点的外观更加容易，而且还可以使 HTML 文档代码更加简练，缩短浏览器的加载时间。

```
.content {
        width: 960px;
        margin:0 auto;
        border: 1px solid #D6D6D6;
        display:none;
}
```

Step4   选中"展开"文本，添加行为"改变属性"，display:block。

Step5   选中"收缩"文本，添加行为"改变属性"，display:none。

Step6   定义文字样式，包括：文字大小、颜色、行高等，并将其应用于第一个 Div 元素中的 CSS，具体样式如下：

```
.titlecss{
        font-size: 24px;
        font-weight: bold;
        color: #FFF;
        lineheight:40px;
}
```

Step7   参照上述步骤完成其他行内容。

其他行的内容如下：

JavaScript 是一种由 Netscape 的 LiveScript 发展而来，原型化继承的，面向对象的，动态类型的，区分大小写的客户端脚本语言，主要目的是解决服务器端语言，如 Perl 语言遗留的速度问题，为客户提供更流畅的浏览效果。当时，服务端需要对数据进行验证，由于网络速度相当缓慢，只有 28.8kbps，因此验证步骤浪费的时间太多。于是，Netscape 的浏览器 Navigator 中加入了 JavaScript，提供数据验证的基本功能。

ASP 是 Active Server Page 的缩写，意为"动态服务器页面"。ASP 是微软公司开发的代替 CGI 脚本程序的一种应用，它可以与数据库和其他程序进行交互，是一种简单、方便的编程工具。ASP 的网页文件的格式是.asp，现在常用于各种动态网站中。

11.2.6　效果

可以通过效果行为对页面上的元素设置放大、缩小、滑动、遮帘等动态效果。添加"效果"行为的操作步骤如下。

Step1　选中要添加"效果"行为的网页元素。

Step2　在行为面板中单击添加行为按钮 ，在行为菜单中选择"效果"项，在弹出的子菜单中选择一种效果，并进行相应的设置。

Step3　设置完成后，单击"确定"按钮。

11.2.7　显示-隐藏元素

显示-隐藏元素行为就是改变网页元素的可见性状态，即修改元素的 visibility 属性。添加显示-隐藏元素行为的操作步骤如下。

Step1　选中要添加显示-隐藏元素行为的网页元素。

Step2　在行为面板中单击添加行为按钮 ，在行为菜单中选择"显示-隐藏元素"项，弹出"显示-隐藏元素"对话框，如图 11.15 所示。

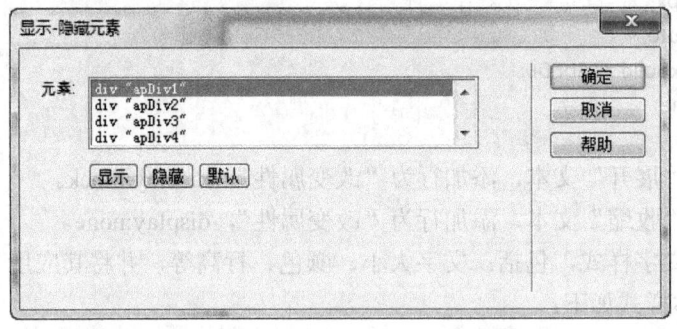

图 11.15　"显示-隐藏元素"对话框

Step3　在"元素"列表框中选择元素，并单击"显示"、"隐藏"或"默认"按钮修改其可见性。

Step4　设置完成后，单击"确定"按钮。

【实例 11-6】（实例文件 ch11/shLayer/shLayer.html）

本实例利用显示-隐藏元素的行为，实现如图 11.16（a）所示效果。当鼠标指针移动到左侧的书名上时，右侧会显示该书的简介。其中文字素材在"素材.docx"中。

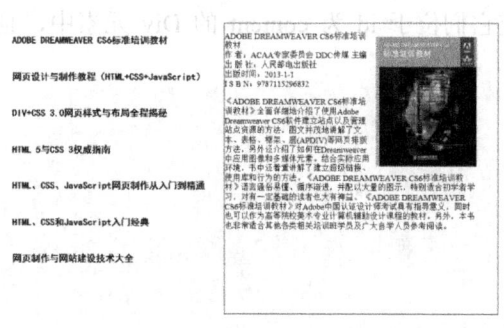
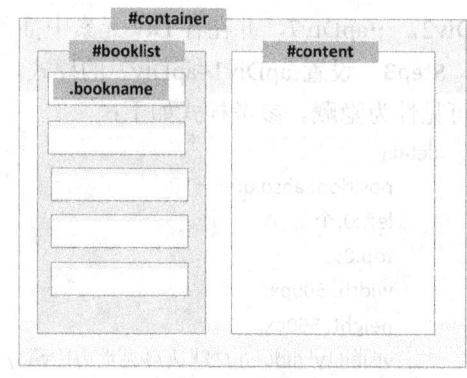

	(a) 实现效果	(b) 布局

图 11.16　shLayer.html 效果图

操作步骤如下。

Step1　按照如图 11.6（b）所示布局，在 Dreamweaver 中建立各 Div。设置#content 的定位方式为 relative。

相关 CSS 定义参考如下：

```
#container{
    width:960px;
    margin-right:auto;
    margin-left:auto;
    margin-top:40px;
}
#booklist{
    width:400px;
    margin:0;
    padding:0;
    float:left;
}
.bookname {      font-family: "黑体";
    font-size: 18px;
    font-weight: bold;
    height:70px;
    line-height:70px;
    width:400px;

}
#content{
    width:540px;
    height:560px;
    margin:0;
    float:right;
    position:relative;
    border:solid 1px #0000FF;
}
```

Step2　在 id 为 content 的 Div 元素中插入 7 个 Div 元素，分别设置其 id 为 apDiv1， apDiv2，…apDiv7，并在各 Div 元素中插入左侧各书名对应的书籍内容简介及封面图片。

Step3 设置 apDiv1~apDiv7 的样式，以使它们位于 id 为 content 的 Div 元素中，且默认可见性为隐藏。参考样式如下：

```
.detail{
    position: absolute;
    left:0;个
    top:0;
    width: 500px;
    height: 560px;
    visibility: hidden;/*默认可见性为隐藏*/
}
```

Step4 设置文字样式及图像对齐方式。

Step5 选中"ADOBE DREAMWEAVER CS6 标准培训教材"所在的 Div 元素，为其添加两个行为。

● 显示-隐藏元素，事件为 OnMouseOver，行为为显示 apDiv1，隐藏其他 apDiv。

● 显示-隐藏元素，事件为 OnMouserOut，行为为隐藏所有 apDiv。

Step6 参照 Step5 依次为其他书名所在的 Div 元素添加行为。

11.2.8 检查插件

检查插件行为用来检查浏览器中是否安装了特定的插件，以便为安装插件和未安装插件的用户显示不同的页面。

添加检查插件行为的操作步骤如下。

Step1 选中要添加检查插件行为的对象。

Step2 在行为面板中单击添加行为按钮 ，在行为菜单中选择"检查插件"项，然后打开"检查插件"对话框，如图 11.17 所示。

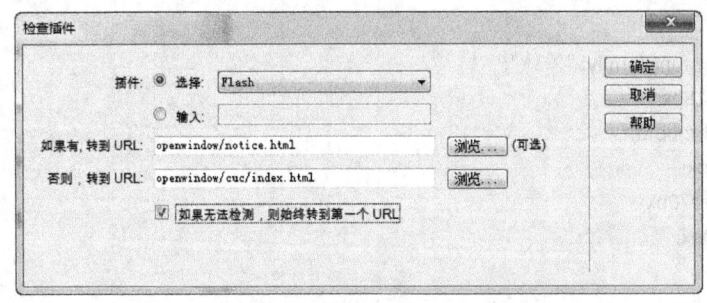

图 11.17 "检查插件"对话框

Step3 在对话框中，分别设置网站浏览者使用的浏览器中存在某一插件和不存在这一插件时应该转向的网页地址。

Step4 设置完成后，单击"确定"按钮。

11.2.9 检查表单

在登录页面或注册页面提交信息时，我们要确保所提交的用户名、密码等不能为空或者必须包含某些指定字符。这样的校验可以用检查表单行为实现。检查表单行为主要检查指定表单域的内容，以确保用户输入正确的数据。如图 11.18 所示的注册页面，在提交时要确保姓名及密码不能为空，并且密码与确认密码一致等。

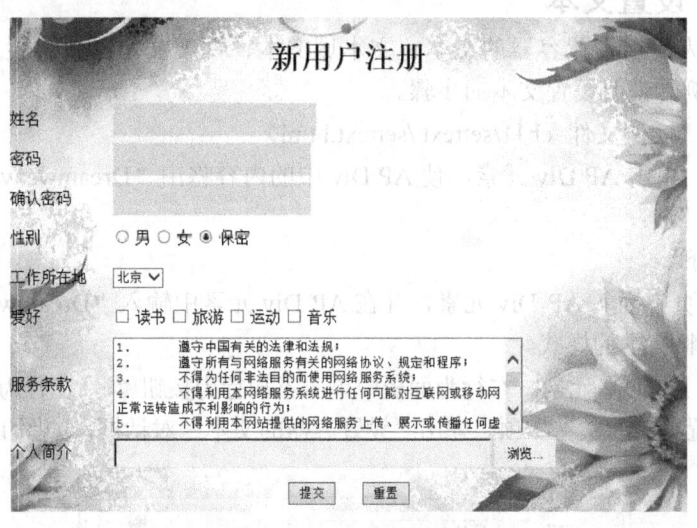

图 11.18　注册页面效果图

【实例 11-7】（实例文件　ch11/checkform/register.html）

使用检查表单行为的操作步骤如下。

Step1　在 Dreamweaver 中打开表单页面。

Step2　按下列方法之一进行。

● 若要在用户填写表单时分别检查各个表单元素，则选择相应表单元素并打开行为面板。

● 若要在用户提交表单时检查表单元素，则在文档窗口左下角的标签选择器中单击 <form>标签并打开行为面板。

Step3　在行为面板中单击添加行为按钮 **+,**，在行为菜单中选择"检查表单"项，弹出"检查表单"对话框，如图 11.19 所示。

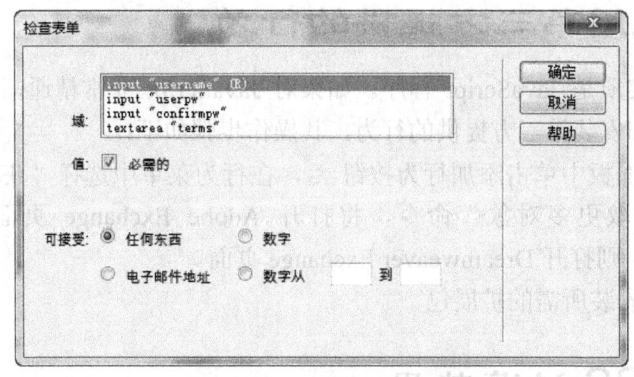

图 11.19　"检查表单"对话框

其中各参数的含义说明如下。

域：在列表框中选择需要进行检查的表单元素。

值：用来设置这个字段是不是必填的。

可接受：选择这个表单元素可以接受的内容。

Step4　设置完成后，单击"确定"按钮。

11.2.10　设置文本

设置文本行为用于设置容器的文本、文本域文本、框架文本、状态栏文本。下面以设置容器的文本为例，说明设置文本的步骤。

【**实例 11-8**】（实例文件　ch11/settext /settext.html）

在本实例中，单击 AP Div 元素，使 AP Div 中的内容将由"Dreamweaver 学习"改变为"网页设计与制作"。

操作步骤如下。

Step1　在网页中插入 AP Div 元素，并在 AP Div 元素中输入"Dreamweaver 学习"，并设置 CSS 规则调整文本的样式。

Step2　选中 AP Div 元素。在行为面板中单击添加行为按钮 ，在行为菜单中选择"设置文本"中"设置容器的文本"项，弹出"设置容器的文本"对话框，如图 11.20 所示。

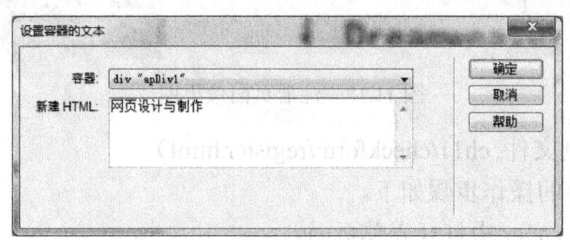

图 11.20　"设置容器的文本"对话框

其中各参数的含义说明如下。

容器：选择需要设置文本的容器。

新建 HTML：可以输入文字或相应的 HTML 代码。本例中输入"网页设计与制作"。

Step3　设置完成后，单击"确定"按钮。

11.3　使用第三方提供的行为

行为中动作的实质是 JavaScript 程序。如果对 JavaScript 非常精通，就可以自己编写新行为，也可以下载和安装第三方提供的行为，其操作步骤如下：

Step1　在行为面板中单击添加行为按钮 ，在行为菜单中选择"获取更行为"项，或者选择"插入 | 获取更多对象"命令，将打开 Adobe Exchange 页面，选择页面中的"Dreamweaver"项，则打开 Dreamweaver Exchange 页面。

Step2　下载并安装所需的扩展包。

11.4　CSS 过渡效果

前面学过的 CSS 中，网页中的元素在不同的状态下可以有不同的显示效果，如超链接在鼠标悬停和单击时，可以显示不同的样式。前面例子中的变化是瞬时的，有时会显得比较突兀。如果要实现平滑变化，可以使用 Dreamweaver 提供的 CSS 过渡效果。

11.4.1 创建 CSS 过渡效果

下面以为超链接创建 CSS 过渡效果为例，说明创建 CSS 过渡效果的操作步骤如下。

【实例 11-9】（实例文件 ch11/transition /transition.html）

Step1 选择想要应用过渡效果的元素（段落、标题等），也可以先创建过渡效果然后再将其应用到指定元素上。

Step2 选择"窗口｜CSS 过渡效果"命令，打开如图 11.21 所示面板。

Step3 单击 ➕ 按钮，打开"新建过渡效果"对话框，如图 11.22 所示，设置自己需要的过渡效果即可。

图 11.21 CSS 过渡效果

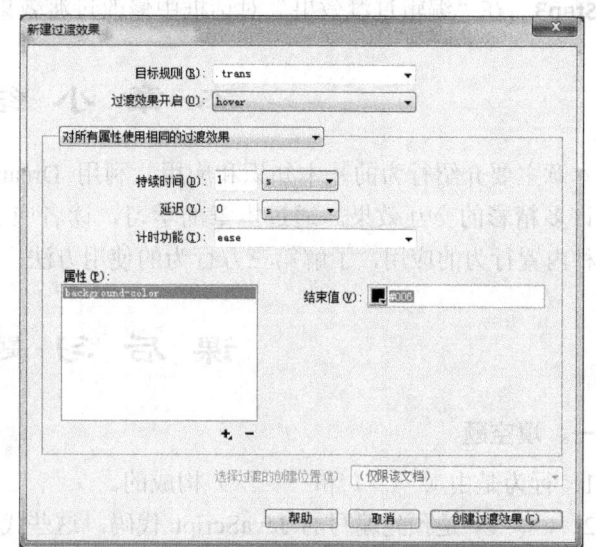

图 11.22 "新建过渡效果"对话框

其中各参数的含义说明如下。

目标规则：输入选择器名称。选择器可以是任意 CSS 选择器，如标签、规则、ID 或复合选择器。本例选择类选择器.trans。

过渡效果开启：选择要应用过渡效果的状态。例如，如果想要在鼠标指针移到元素上时应用过渡效果，则选择"hover"项。

对所有属性使用相同的过渡效果：若选择此项，则为要过渡的所有 CSS 属性指定相同的"持续时间"、"延迟"和"计时功能"。

对每个属性使用不同的过渡效果：若选择此项，则为要过渡的每个 CSS 属性指定不同的"持续时间"、"延迟"和"计时功能"。

属性：单击 ➕ 按钮可以向过渡效果添加 CSS 属性。

持续时间：以秒 (s) 或毫秒 (ms) 为单位设置过渡效果的持续时间。

延迟：以秒或毫秒为单位，设置在过渡效果开始之前的延迟时间。

计时功能：从下拉列表中选择过渡效果样式。

结束值：设置过渡效果的结果值。例如，若要将背景颜色在过渡效果的结尾变为 #006，则将 background-color 属性指定为#006。

选择过渡的创建位置：若要在当前文档中嵌入样式，则选择（仅限该文档）项。如果希望创建外部样式表，则选择"新建样式表文件"项，单击"创建过渡效果"按钮后，系统会提示需要一个位置来保存新的 CSS 文件。

Step4　单击"创建过渡效果"按钮完成创建。

11.4.2　编辑 CSS 过渡效果

操作步骤如下。

Step1　在 CSS 过渡效果面板中，选择想要编辑的过渡效果。

Step2　单击 ✎ 按钮。

Step3　在"编辑过渡效果"对话框中修改过渡效果设置。

本 章 小 结

本章主要介绍行为的基本知识和应用，利用 Dreamweaver 的行为可以不用写代码就能实现许多精彩的交互效果。通过本章的学习，读者应了解什么是行为，掌握 Dreamweaver 中各种内置行为的应用，了解第三方行为的使用方法，以及 CSS 过渡效果的应用。

课 后 习 题

一、填空题

1．行为是由（　　　）和（　　　）构成的。

2．（　　　）是预先编写的 JavaScript 代码，这些代码可以执行特定的任务，如打开浏览器窗口、弹出消息等。

3．交换图像行为可将一幅图像替换为另一幅图像，实质是通过更改（　　　）属性来实现的。

4．鼠标单击时产生的事件是（　　　）。

5．要使用表单验证功能，在行为面板中应选择的行为是（　　　）。

二、操作题

1．参考实例 11-6，利用显示-隐藏元素行为，完成如图 11.23 所示下拉菜单，并思考用这种方法实现下拉菜单的优缺点（提示：水平导航项放置在表格中，下拉菜单项放置在 APDiv 中）。

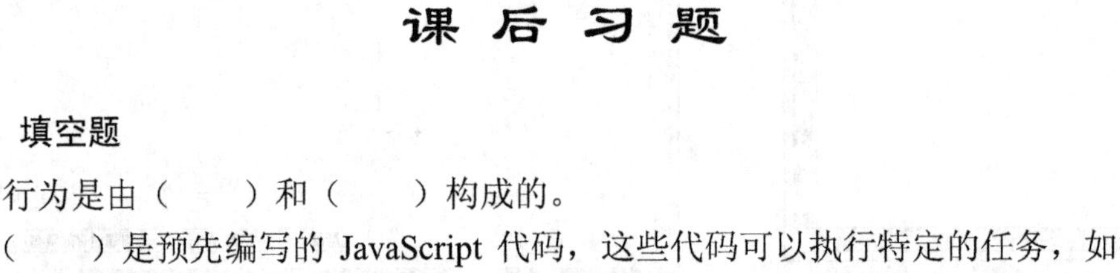

新闻焦点	休闲空间	娱乐天地	音乐听吧	影视动态	软件下载
社会					
体育					
财经					
科技					
天气					

图 11.23　下拉菜单

2．参考实例 11-8，利用设置容器的文本行为，单击 1，2，3，4 分别显示不同的图像。

3．利用检查表单行为，对 10.4.1 节与 10.4.2 节案例中的表单进行必要的校验。

第12章 JavaScript 语言

学习要点：

● 掌握 JavaScript 的语言基础；
● 掌握 JavaScript 中的对象；
● 会利用 JavaScript 实现网页上的常见效果。

建议学时：上课 2 学时，上机 2 学时。

12.1 JavaScript 语言概述

JavaScript 是网页中广泛使用的一种脚本语言。JavaScript 在网页中经常被用来改进设计、验证表单数据有效性、动态显示内容等。JavaScript 以其小巧简单而备受用户的欢迎。

12.1.1 JavaScript 语言简介

JavaScript 是一种由 Netscape 的 LiveScript 发展而来的脚本语言，后将其改名为 JavaScript。随着 Ajax（Asynchronous JavaScript and XML，异步 JavaScript 和 XML）技术的大量普及，JavaScript 更是成为开发网页必不可少的语言。

JavaScript 是一种基于对象（Object）和事件驱动（Event Driven）并具有相对安全性的脚本语言。

1. JavaScript 是一种脚本语言

JavaScript 是一种脚本语言，可以用"记事本"等文本编辑器直接对其进行编辑。JavaScript 是一种解释性语言，其源代码在发往客户端执行之前不需要编译，而是将文本格式的字符代码发送给客户端，即 JavaScript 语句本身随 Web 页面一起下载，由浏览器解释执行。而使用 C、C++、Java 等语言编写的程序则必须经过编译，将源代码转换为二进制代码之后才可以执行。

2. 基于对象

JavaScript 中的所有事物都是对象，字符串、数值、数组、函数等都是对象。另外，JavaScript 允许自定义对象。

3. 基于事件驱动

当某事件发生时，JavaScript 通过调用相应的事件处理程序来实现某种效果。事件是指用户与网页交互时产生的操作。例如，单击按钮或超链接、拖动鼠标等都会产生事件。事件可以由用户引发，也可以是页面发生改变，甚至还可以是用户看不见的事件，如 Ajax 中的交互进度改变。

4. 具有安全性

JavaScript 是在浏览器端运行的脚本，它不能将数据存储在 Web 服务器或用户的计算机中，更不能对用户文件进行修改或删除操作，因而具有相对安全性。

12.1.2 在网页中使用 JavaScript

JavaScript 与 HTML 结合可以在客户端实现多种效果。任何可以编辑 HTML 文档的文本编辑器或专门的网页编辑器（FrontPage、Sharepoint Designer、Dreamweaver、记事本、EditPlus、UltraEdit 等）都可以用来编辑 JavaScript 程序。在 HTML 页面中插入 JavaScript 脚本有以下几种方式。

1．使用 script 标签嵌入脚本程序

使用 script 标签将 JavaScript 的脚本程序包含在 HTML 中，使之成为 HTML 文档的一部分。其格式为：

```
<script language ="JavaScript">
  JavaScript 语言代码;
  ……
  </script>
```

HTML 中的 JavaScript 脚本必须位于<script>与</script>标签之间。脚本可被放置在 HTML 文档的<body>或<head>部分中。通常的做法是，把函数放入<head>部分中，或者放在页面底部。这样就可以把它们放在同一位置，不会干扰页面的内容。

language 属性指定程序使用的是 JavaScript 语言。这个属性可以省略，因为目前大部分浏览器将其设为默认值。

2．链接外部脚本

如果同一段脚本要在若干个网页中使用，则可以将脚本放在一个扩展名为.js 的文件中，在需要的网页中调用该文件即可。外部脚本不能包含<script>标签。

要引用外部脚本文件，应使用 script 标签的 src 属性指定外部脚本文件的 URL。例如：

```
<script src="hello.js"></script>
```

3．在标签内添加脚本

可以在 HTML 表单的输入标签内添加脚本，以响应输入元素的事件。下面的代码可以使当用户单击按钮时，弹出提示信息对话框，如图 12.1 所示。

```
<input type="submit" name="button" id="button" value="单击试试" onClick="javascript:alert('您好！欢迎光临本网站')"/>
```

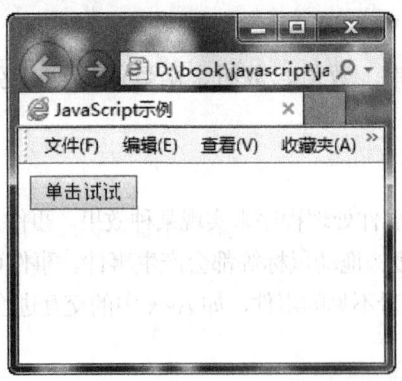 

图 12.1　JavaScript 简单例子

12.2　JavaScript 中的对象

JavaScript 是一种面向对象（Object）和事件驱动（Event Driven）并具有相对安全性的脚本语言。因此，在 JavaScript 中必须要理解对象的概念。

12.2.1　对象的基础知识

在 JavaScript 中，对象由属性和方法两个基本元素组成。属性是对象所具有的特征，方法表示对象能做什么。例如，汽车就是现实生活中的对象，汽车的名称、型号、重量、颜色就是汽车的属性，启动、驾驶、刹车就是汽车的方法，再如，学生也是现实生活中的对象，身高、体重就是学生的属性，摄影、绘画、跳高等就是学生的方法。在 JavaScript 中，任何一个对象都有属性和方法。

访问对象属性的语法如下：

对象.属性名

例如，使用 String 对象的 length 属性获取字符串的长度，代码如下：

```
var str="网页设计与制作";
var m=str.length;
```

通过 String 对象的 length 属性获取字符串 str 的长度为 7。

访问对象方法的语法如下：

对象.方法名()

例如，使用 String 对象的 indexOf( )方法来定位字符中某一指定的字符首次出现的位置，代码如下：

```
var str="网页设计与制作";
var x=str.indexOf("设");
```

输出的结果是：2（字符串的定位从 0 开始）。

JavaScript 可以使用的对象有内置对象（如 String、Date、Array 等）、自定义对象、浏览器对象（BOM）和 HTML DOM 对象。

12.2.2　常用 JavaScript 的内置对象

1. 字符串对象（String）

String 对象用来处理文本。.

主要属性：length，用来获取字符串的长度。

常用方法：

substr(start,length)：提取字符串中从指定的起始位置开始的指定长度的字符串。

indexOf(str)：在当前字符串中检索 str 字符串，返回 str 在字符串中第一次出现的位置。如果找不到，则返回-1。

【实例 12-1】（实例文件 ch12/String.html）

本实例求字符串的长度并取子串。

```
<script type="text/javascript">
```

```
var mText="网页设计与制作"; //定义字符串
document.write("原字符串的长度为：  "+mText.length);
var mSubText=mText.substr(2,5);//取子串
document.write("<p>" +"原字符串内容：  "+ mText + "</p>")
document.write("结果字符串内容：  "+mSubText)
</script>
```

2. 日期对象（Date）

Date 对象用于处理日期和时间。Date 对象自动把当前的日期和时间保存为其初始值。Date 对象的主要方法见表 12.1。

表 12.1 Date 对象的主要方法

方 法	描 述
Date( )	返回当前的日期和时间
getDate()	从 Date 对象返回一个月中的某一天（1~31）
getDay()	从 Date 对象返回一周中的某一天（0~6）
getMonth()	从 Date 对象返回月份（0~11）
getFullYear()	从 Date 对象以 4 位数字返回年份
getHours()	返回 Date 对象的小时（0~23）
getMinutes()	返回 Date 对象的分钟（0~59）
getSeconds()	返回 Date 对象的秒数（0~59）
setDate()	设置 Date 对象中月的某一天（1~31）
setMonth()	设置 Date 对象中月份（0~11）
setFullYear()	设置 Date 对象中的年份（4 位数字）
setHours()	设置 Date 对象中的小时（0~23）
setMinutes()	设置 Date 对象中的分钟（0~59）
setSeconds()	设置 Date 对象中的秒钟（0~59）
toString()	把 Date 对象转换为字符串

【实例 12-2】（实例文件 ch12/Date.html）

本实例通过 Date 对象获得计算机的当前时间并显示在网页中，如图 12.2 所示。

```
<script language="javascript">
today=new Date();
document.write(
        today.getFullYear(),"年",
        today.getMonth()+1,"月",
        today.getDate(),"日",
        today.getHours(),":",
        today.getMinutes(),"分",
        "<br>"
);
</script>
```

2013年9月9日22:21分

图 12.2 显示系统当前时间

3．数学对象（Math）

Math 对象用于执行数学任务。在 Math 对象中，既定义了一些常用的计算方法，也包含一些数学常量。Math 对象是静态对象，不能用 new 关键字创建对象的实例。

Math 对象的主要方法见表 12.2。

表 12.2　Math 对象的主要方法

方　　法	描　　述
abs(x)	返回数的绝对值
log(x)	返回数的自然对数（底为 e）
max(x,y)	返回 x 和 y 中的最高值
min(x,y)	返回 x 和 y 中的最低值
pow(x,y)	返回 x 的 y 次幂
random()	返回 0～1 之间的随机数
round(x)	把数四舍五入为最接近的整数

4．数组对象（Array）

数组对象 Array 用于在一个变量中存储多个值。

定义数组有两种方法。一种方法是在新建数组对象的同时，对每个数组元素赋值。例如：

```
var colors=new Array("red","blue","black","white");
```

另一种方法是在新建对象时不对其中的元素赋值，在需要时再赋值。例如，上面的数组也可以用下面的方法创建：

```
var colors=new Array(4);    或    var colors=new Array();
```

数组中的元素类型可以是数字、字符或其他对象。并且，同一数组中的元素也不必是同种数据类型的，甚至数组中的元素可以是另一个数组。

JavaScript 数组元素的访问是通过数组下标实现的，下标从 0 开始。例如，上面的数组中的元素及对应的值分别为：

```
colors[0]="red"
colors[1] ="blue"
colors[2] ="black"
colors[3] ="white"
```

Array 对象常用的属性 length，用于设置或返回数组中元素的数目。

Array 对象的主要方法如表 12.3 所示。

表 12.3　Array 对象的主要方法

方　　法	描　　述
concat()	连接两个或更多的数组，并返回结果
reverse()	颠倒数组中元素的顺序

12.2.3　自定义对象

在 JavaScript 中可以使用内置对象，也可以自定义对象，但必须为该对象创建一个实例。这个实例就是一个新对象，它具有对象定义中的基本特征。自定义对象的方法有两种：

一是定义并创建对象的实例；二是使用函数定义对象，然后创建对象的实例。

1．定义并创建对象的实例

定义一个 user 对象，并定义其 name、age、gender 属性：

```
user=new Object();
person.name="user01";
person.age="20";
person.gender="male";
```

也可以用下面的方法实现：

```
user={name:"user01",age:20,gender:"male"};
```

2．使用对象构造器

（1）使用函数构造对象

```
function user(name,age,gender)
{
    this.name=name;
    this.age=age;
    this.gender=gender;
}
```

（2）创建对象实例

```
var stu1=new user("user01",20,"male");
var stu2=new user("user02",19,"female");
```

12.2.4 BOM 和 DOM

一个完整的 JavaScript 实现是由核心（ECMAScript）、文档对象模型（DOM）、浏览器对象模型（BOM）3 个不同部分组成的。JavaScript 的核心 ECMAScript 描述了该语言的语法和基本对象。DOM 描述处理网页内容的方法和接口。BOM 描述与浏览器进行交互的方法和接口。

1．BOM

BOM（Browser Object Model）即浏览器对象模型，它描述了与浏览器进行交互的属性和方法。使用 BOM，开发者可以移动窗口、改变状态栏中的文本以及执行其他与页面内容不直接相关的动作。BOM 只是 JavaScript 的一个部分，没有相关的标准。JavaScript 将浏览器本身、网页文档以及网页文档中的 HTML 元素都用相应的内置对象来表示，各种对象有明确的从属关系，这些对象与对象之间的层次关系统称为 BOM。

在 BOM 模型中，window 对象默认为最高级别对象，其他对象都直接或间接地从属于window 对象，如图 12.3 所示。

在从属关系中，window 对象的从属地位最高，它表示浏览器窗口。window 对象的下级包括 document、location、history、screen、frames 等对象。对任意一个对象的访问，都要加上它的所有上层对象。例如：B 对象的上级对象是 A，则 B 对象的访问形式为 A.B。因为window 对象默认为最高级别对象，任何对象的使用最终都追溯到对 window 对象的访问，因此在使用各种对象时，window 前缀可以省略。

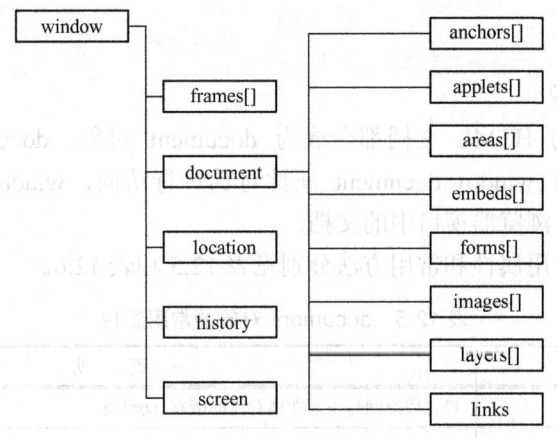

图 12.3 BOM 模型

（1）window 对象

window 对象指打开页面的浏览器窗口（不包含页面的内容），是最高级别的对象，所有 JavaScript 全局对象、函数以及变量均自动成为 window 对象的成员。全局变量是 window 对象的属性。全局函数是 window 对象的方法。甚至 HTML DOM 的 document 也是 window 对象的属性之一。window 对象常用的方法见表 12.4。

表 12.4 window 对象的常用方法

方 法 名	说　　明	参数和返回值
open(URL,name,features,replace)	打开一个新的浏览器窗口或查找一个已命名的窗口	URL：可选，要在新窗口中显示的文档 URL name：新窗口的名字，用于查找该子窗口 features：可选，新窗口要显示的标准浏览器的特征 replace：可选，规定了装载到窗口的 URL 是在窗口的浏览历史中创建一个新条目，还是替换浏览历史中的当前条目。true 表示 URL 替换浏览历史中的当前条目
close( )	关闭当前窗口	
alert(message)	创建一个带有提示消息和确认按钮的警告框	message：提示文本信息
confirm(message)	创建一个带有提示消息及确认按钮和取消按钮的对话框	message：提示文本信息
prompt(message,defaultText)	创建一个可提示用户输入的对话框	message：提示文本信息 defaultText：默认值

【实例 12-3】（实例文件 ch12/window.html）

在本实例中，调用了 window 对象的 prompt、confirm、alert 等方法。

```
<script>
var stuNo;
stuNo=prompt("请输入您的学号",stuNo);
message="您的学号是"+stuNo+",请确认";
if(confirm(message))
{
    alert("请准备好，马上开始考试");
}
else
{
    alert("请重新输入");
```

```
}
</script>
```
（2）document 对象

每个载入浏览器的 HTML 文档都会成为 document 对象。document 对象是 window 对象的一部分，可通过 window.document 属性对其进行访问。window 对象表示浏览器窗口，document 对象表示浏览器窗口中的文档。

document 对象的常用属性和常用方法分别见表 12.5 和表 12.6。

表 12.5　document 对象的常用属性

属　性	说　明
cookie	设置或返回与当前文档有关的所有 cookie
lastModified	返回文档被最后修改的日期和时间
referrer	返回载入当前文档的 URL
title	返回当前文档的标题
URL	返回当前文档的 URL

表 12.6　document 对象的常用方法

方　法　名	说　明
close()	关闭用 document.open()方法打开的输出流，并显示选定的数据
getElementById()	返回对拥有指定 ID 的第一个对象的引用
getElementsByName()	返回带有指定名称的对象集合
getElementsByTagName()	返回带有指定标签名的对象集合
open()	打开一个流，以收集来自任何 document.write()或 document.writeln()方法的输出
write()	向网页文档中输出内容

【实例 12-4】（实例文件 ch12/document.html）

当单击按钮时，将改变 Div 容器中的内容。

主要代码如下：

```
<script>
function changeDive()
{
    var div=document.getElementById("div1");
    div.innerHTML="JavaScript 简介 ";
}
</script>
```

（3）location 对象

用于获得当前页面的地址（URL），并可以把浏览器重定向到新的页面。

location 对象的常用属性和常用方法分别见表 12.7 和表 12.8。

表 12.7　location 对象的常用属性

属　性　名	说　明
hash	设置或返回从井号（#）开始的 URL（锚）
host	设置或返回主机名和当前 URL 的端口号

属 性 名	说 明
hostname	设置或返回当前 URL 的主机名
href	设置或返回完整的 URL
pathname	设置或返回当前 URL 的路径部分
port	设置或返回当前 URL 的端口号
protocol	设置或返回当前 URL 的协议
search	设置或返回从问号（?）开始的 URL（查询部分）

表 12.8　location 对象的常用方法

方 法 名	说 明	参 数
assign (URL)	加载新的文档	URL：待加载的页面地址
reload(boolean)	重新加载当前文档	boolean：是否强制加载远程数据。true 表示强制加载，false 表示不加载。默认为 false
replace(newURL)	用新的文档替换当前文档	newURL：新加载的页面地址

（4）history 对象

history 对象记录浏览器的浏览历史，并提供一组方法访问曾经访问过的历史页面。

history 对象的常用属性和常用方法分别见表 12.9 和表 12.10。

表 12.9　history 对象的常用属性

属 性 名	说 明
length	返回浏览器历史列表中的 URL 数量

表 12.10　history 对象的常用方法

方 法 名	说 明	参 数
back()	加载 history 列表中的前一个 URL	
forward()	加载 history 列表中的下一个 URL	
go(int)	加载 history 列表中的某个具体页面	int：数值，若 int<0，则后退 int 个地址；若 int>0，则前进 int 个地址；若 int=0，则刷新当前页面

【实例 12-5】（实例文件 ch12/history/history.html）

在本实例中，如果先访问的网页是 first.html，则显示 history.html 网页后，可以通过单击 "上一页" 按钮返回 first.html 页面，如图 12.4 所示。

主要代码如下：

```javascript
<script language="javascript">
function goback()
{
    window.history.back();
}
function goforward()
{
    window.history.forward();
}
</script>
```

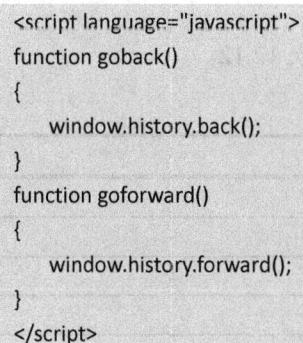

图 12.4　history 对象

（5）navigator 对象

navigator 对象包含有关用户浏览器的各种信息，如浏览器的名称、版本号、运行浏览器的操作系统平台等属性。navigator 对象的常用属性见表 12.11。

表 12.11   navigator 对象的常用属性

属　　性	描　　述
appName	返回浏览器的名称
appVersion	返回浏览器的平台和版本信息
browserLanguage	返回当前浏览器的语言
cookieEnabled	返回指明浏览器中是否启用 cookie 的布尔值
cpuClass	返回浏览器系统的 CPU 等级
onLine	返回指明系统是否处于脱机模式的布尔值
platform	返回运行浏览器的操作系统平台
systemLanguage	返回操作系统使用的默认语言

【实例 12-6】（实例文件 ch12/navigator.html）

在本实例中，用 navigator 对象获得浏览器的各种信息，并显示出来，如图 12.5 所示。

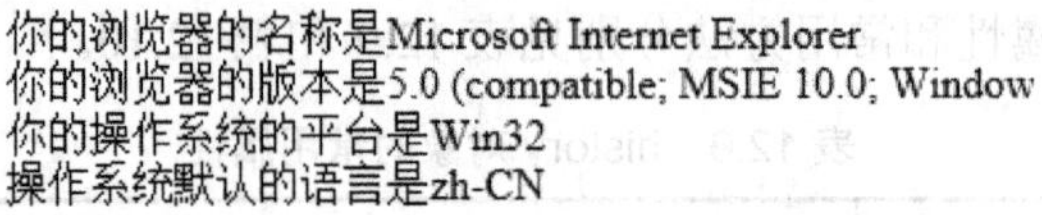

你的浏览器的名称是Microsoft Internet Explorer
你的浏览器的版本是5.0 (compatible; MSIE 10.0; Window
你的操作系统的平台是Win32
操作系统默认的语言是zh-CN

图 12.5   获得浏览器信息

主要代码如下：

```
<script>
var browserName,browserVer,OSName,OSLanguage;
browserName=navigator.appName;
browserVer=navigator.appVersion;
OSName=navigator.platform;
OSLanguage=navigator.systemLanguage;
document.write("你的浏览器的名称是"+browserName+"<br/>");
document.write("你的浏览器的版本是"+browserVer+"<br/>");
document.write("你的操作系统的平台是"+OSName+"<br/>");
document.write("操作系统默认的语言是"+OSLanguage);
</script>
```

（6）screen 对象

screen 对象包含有关客户端显示屏幕的信息。常用属性见表 12.12。

表 12.12   screen 对象常用属性

属　　性	描　　述
availHeight	返回显示器屏幕的高度（除 Windows 任务栏之外）
availWidth	返回显示器屏幕的宽度（除 Windows 任务栏之外）
colorDepth	返回目标设备或缓冲器的调色板的比特深度
height	返回显示器屏幕的高度
width	返回显示器屏幕的宽度

2. DOM

DOM（Document Object Model），即文档对象模型，是 HTML 和 XML 的应用程序接口（API）。DOM 将把整个页面规划成由节点层级构成的文档。HTML 或 XML 页面的每个部分都是一个节点的衍生物。

HTML DOM（HTML Document Object Model，HTML 文档对象模型）描述了处理网页内容的方法和接口。HTML DOM 接口对 DOM 接口进行了扩展，定义 HTML 专用的属性和方法。

DOM 可以看作一个节点的集合，HTML 文档中的每个标签都是一个节点，规定如下：

● 整个文档是一个文档节点；
● 每个 HTML 标签是一个元素节点；
● 包含在 HTML 元素中的文本是文本节点；
● 每个 HTML 属性是一个属性节点；
● 注释是注释节点。

HTML 文档中的所有节点组成了一个文档树（或节点树），节点彼此都有层次关系。例如，下面的 HTML 代码，对应的 DOM 模型如图 12.6 所示。

```
<html xmlns="http://www.w3.org/1999/xhtml">
<head>
<meta http-equiv="Content-Type" content="text/html; charset=utf-8" />
<title>DOM 模型</title>
</head>


<body>
<h1> JavaScript 脚本语言</h1>
<a href="http://baike.baidu.com/view/16168.htm">简介</a>
</body>
</html>
```

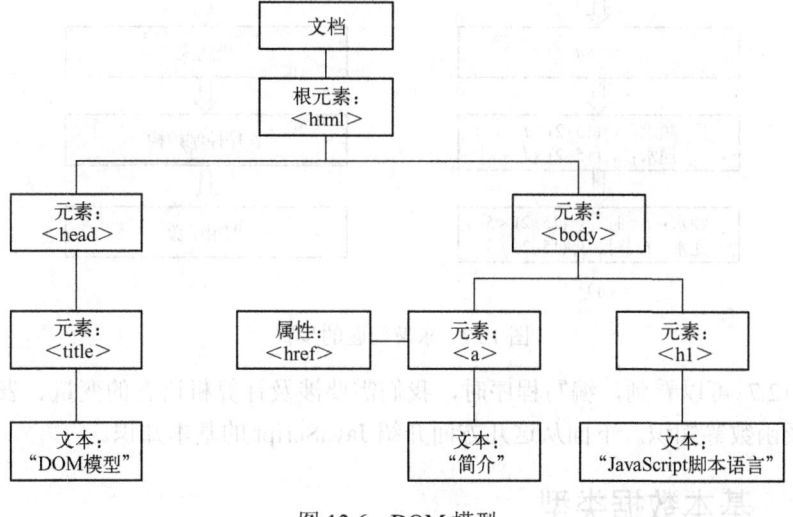

图 12.6 DOM 模型

在如图 12.6 所示的 DOM 模型中，文档（document）对象是树状结构的根节点，也是唯一的根节点。元素节点是一个闭合的标签，如：<head></head>，<h1></h1>等。文本节点是一段文本，如："JavaScript 脚本语言"这样的字符串。元素的属性构成属性节点，如：href。

通过 DOM，可以访问 HTML 文档中的每个节点。通过可编程的对象模型，JavaScript 能够改变页面中的 HTML 元素、HTML 属性、CSS 样式，对页面中的所有事件做出响应。

12.3　JavaScript 语言基础

在计算机领域，程序是为实现特定目标或解决特定问题而用计算机语言编写的命令序列的集合，是人们求解问题的逻辑思维活动的代码化描述。计算机语言是人与计算机之间传递信息的媒介。用计算机求解问题的过程就是将人的逻辑思维通过计算机语言表达出来，即写成程序，然后用计算机执行的过程。

任何一门语言都有自己的语法要求，JavaScript 同其他计算机语言一样，有它自身的基本数据类型、运算符和表达式。利用这些我们可以编写 JavaScript 程序。计算机程序是人的逻辑思维的代码化描述，因而通过编程求解问题与我们在数学中利用方程式解应用题的过程类似。以解决下列问题为例：

一艘轮船在静水中的速度为 15km/h，水流速度为 2km/h，求：

顺水时 1 小时轮船行驶多少 km？逆水时 1 小时行驶多少 km？

顺水行驶 5 小时的行驶距离是多少？

逆水行驶 3 小时的行驶距离是多少？

图 12.7 分别表示了利用数学方法和利用计算机编程解决问题的步骤。

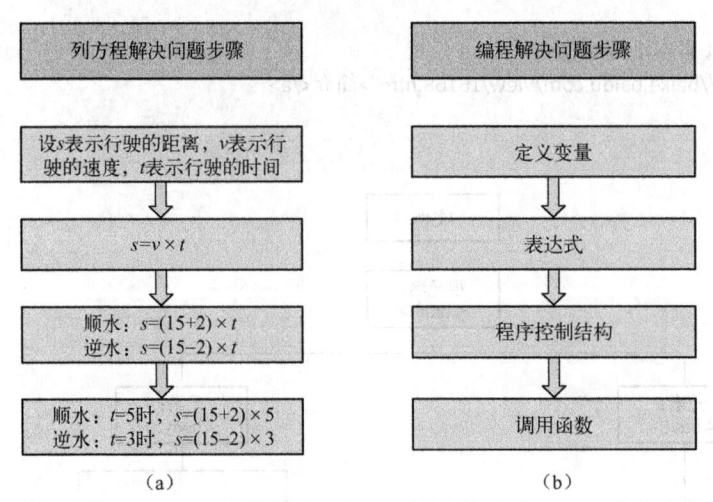

图 12.7　求解问题的步骤

通过图 12.7 可以看到，编写程序时，我们需要涉及计算机语言的变量、表达式、程序控制结构以及函数等知识。下面从这几方面介绍 JavaScript 的基本知识。

12.3.1　基本数据类型

JavaScript 中的基本数据类型有：数值型、字符串型、布尔型、Null、Undefined。

（1）数值型：包括整数和浮点数。例如，12.98、6e8、2.6e5。

（2）字符串型：用双引号""或单引号'括起来的任意文本，0 个字符也可以。例如，"123"、"abc123"、"This is a book"。

（3）布尔型：只有两个值，true 或 false。

（4）Null：只有一个值 null，用于表示尚未存在的对象。如果函数或方法要返回的是对象，那么找不到该对象时，返回的通常是 null。

（5）Undefined：只有一个值 undefined。当声明的变量未初始化时，该变量的默认值是 undefined。

12.3.2　常量和变量

常量是保持不变的量。根据常量的数据类型划分，常量有整型常量、字符串常量、布尔型常量等。例如，3、"网页设计与制作"、true。

变量是存储信息的容器。对于变量，必须明确变量的命名、变量的类型、变量的声明及变量的作用域。

1．变量的命名

变量的命名要注意以下几点：

- 变量必须以字母、"$"或下画线 "_" 符号开头；
- 变量名称对大小写敏感（y 和 Y 是不同的变量）；
- 不能使用 JavaScript 中的关键字作为变量；
- 变量在所说明的范围内必须是唯一的。

在 JavaScript 中定义了 40 多个关键字，这些关键字是 JavaScript 内部使用的，不能作为变量的名称。例如，var、int、double、true 等不能作为变量的名称。表 12.13 列出了 JavaScript 中的保留关键字。

表 12.13　JavaScript 中的关键字

abstract	default	If	private	this
Boolean	do	implements	protected	throw
break	double	import	public	throws
byte	else	insteadof	return	transient
case	extends	int	short	try
catch	final	interface	static	void
char	finally	long	strictfp	volatile
class	float	native	super	while
const	for	new	switch	
continue	goto	package	synchronized	

2．变量的类型

变量的类型是在变量赋值时根据所赋数据的类型来确定的，变量的类型有字符型、数值型、布尔型。例如：

x=100　　（x 为数值型）

y="125"　（y 为字符串）

result=true（result 为布尔型）

m=19.5　　（m 为数值型）

3．变量的声明

在 JavaScript 中，变量用关键字 var 声明。其基本格式如下：

```
var 变量名称 1[＝初始值 1],变量名称 2[＝初始值 2]…;
```

● 一条语句可以声明多个变量，各变量之间用"，"分隔。例如：

```
var s,v1,v2,t;
```

上述语句声明了 4 个变量 s,v1,v2,t。

● 可以先定义变量再赋值，也可以在定义变量的同时赋值。例如：

```
var mytest;
```

上述语句定义了一个 mytest 变量，但没有赋值。

```
var mytest="This is a book";
```

上述语句定义了一个 mytest 变量，同时赋值。

4．变量的作用域

变量的作用域就是变量在程序中的作用范围。根据作用域，变量可分为全局变量和局部变量。

全局变量是在函数之外声明的变量，网页上的所有脚本和函数都能访问它，在页面关闭以后被删除。局部变量是定义在函数体内部的变量，只能在创建它们的函数中使用，因而可以在不同的函数中使用相同的局部变量。函数运行完毕，局部变量就会被删除。

12.3.3　运算符和表达式

运算符是完成操作的一系列符号，也称操作符。JavaScript 中运算符介绍如下。

1．算术运算符

算术运算符用于执行变量之间或变量与值之间的算术运算，包括：+、-、*、/、%（取模）、++（加 1）、--（减 1）。

2．字符串运算符

字符串运算符（+）用于连接两个字符串。

例如：

```
str1="网页";
str2="设计与制作";
str=str1+str2;
document.write(str);
```

上述语句的输出结果是："网页设计与制作"。

如果把数字与字符串相加，结果将成为字符串：

```
x=5;
y="5";
z=x+y;
document.write(z);
```

上述语句的输出结果是："55"，而不是"10"。

3．位运算符

位运算符用来对操作数进行二进制位运算，包括：&（按位与运算）、｜（按位或运算）、^（按位异或）、~（按位取反）、<<（左移运算）、>>（带符号位右移）、>>>（零填充右移）。

4．比较运算符

比较运算符对操作数进行比较，结果为一个布尔值 true 或 false，包括：==（等于）、!=（不等于）、>（大于）、<（小于）、>=（大于等于）、<=（小于等于）。

5．逻辑运算符

操作数进行逻辑运算，结果为一个布尔值 true 或 false，包括：&&（逻辑与）、||（逻辑或）、!（逻辑非）等。

6．条件运算符

格式为：条件?结果 1:结果 2

若条件为真，则表达式的值为"结果 1"，否则为"结果 2"。

例如：

```
x=5,y=3,z=(x>y)?1:0
```

结果为：z=1。

7．表达式

表达式是变量、常量及运算符的集合。表达式可以分为算术表述式、字符串表达式、赋值表达式以及布尔表达式等。

例如，2+3、"网页"+"设计与制作"。

当一个表达式中同时包含多种运算符时，应按优先级计算。图 12.8 列出了各类运算符的优先级，对于同一级的运算符，按照从左至右出现的顺序计算。

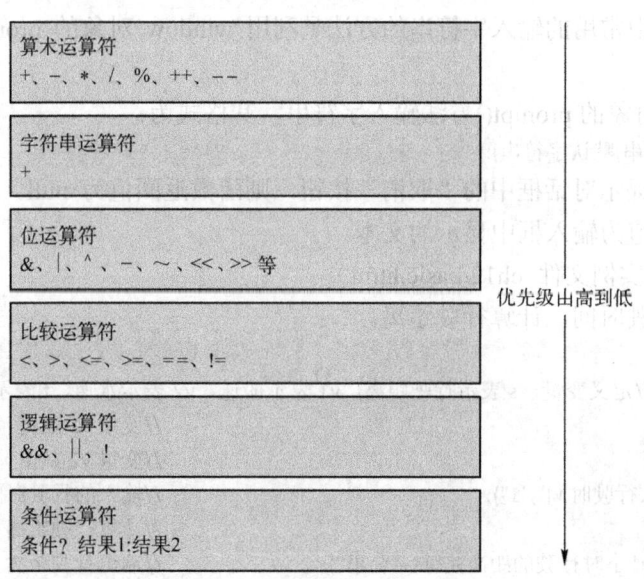

图 12.8　运算符优先级

12.3.4 基本语句

JavaScript 语句的作用是告诉浏览器该做什么。JavaScript 基本的语法要求如下：

● JavaScript 对大小写敏感。

● 通常在每条可执行的语句结尾加分号（这个分号是可选的）。

● 若需要将几行代码放在一行中，应使用分号将它们分开。

● 在 JavaScript 中，注释标签为 "/**/"（多行注释）或 "//"（单行注释）。

JavaScript 中的基本语句有：赋值语句、注释语句、输入语句、输出语句等。

1．赋值语句

格式为：变量名＝表达式;

功能：把右边的表达式赋值给左边的变量。

例如，x=3;

2．注释语句

注释语句不执行，合理的注释有利于提高程序的可读性，并便于程序的维护。用 "//"
进行单行注释，用 "/* */" 进行多行注释。

3．输出字符串

在 JavaScript 中常用的输出字符串的方法是利用 document 对象的 write()方法或 window
对象的 alert()方法。

（1）document 对象的 write()方法

格式：document.write(字符串 1，字符串 2,…);

（2）window 对象的 alert()方法

格式：alert(字符串);

4．输入字符串

在 JavaScript 中常用的输入字符串的方法是利用 window 对象的 prompt()方法或表单的
文本域。

利用 window 对象的 prompt()方法输入字符串，其格式为：

```
prompt(提示字符串,默认字符串);
```

如果用户单击提示对话框中的"取消"按钮，则函数返回值为 null。如果单击"确认"
按钮，则函数返回值为输入框中显示的文本。

【实例 12-7】（实例文件 ch12/basic.html）

本实例根据行驶时间，计算行驶距离。

```
<script>
var s,v1,v2,t;      //定义变量，s 表示行驶距离，v1 表示船速，v2 表示水速，t 表示行驶时间
v1=15;                                        //变量 v1 赋值
v2=2;                                         //变量 v2 赋值
t=prompt("请输入行驶时间","1");                //输入的行驶时间
s=(15+2)*t;                                    //计算行驶距离
document.write(t+"小时行驶的距离是"+s+"公里");   //输出行驶距离
</script>
```

当用户访问网页时，将弹出如图 12.9 所示的输入信息提示框，然后根据用户的输入计算结果，并显示在网页中。

图 12.9　prompt 输入字符串

12.3.5　程序控制语句

JavaScript 常用的程序控制流程有顺序结构、条件结构和循环结构。

顺序结构就是按照语句编写的顺序执行每条语句。

条件结构是指可以根据不同的条件执行不同的语句或语句块。JavaScript 中用来实现条件结构的语句有：if、if…else、if…else if…else、switch。

循环结构是指满足条件时可以重复多次执行相同的代码或代码块。JavaScript 中用来实现循环结构的语句有：for、while、do while 等。

1．条件语句

（1）if 条件语句

if 条件语句有如下几种结构。

● if 语句

```
if（表述式）{
    语句段；
}
```

只有当表达式的结果为 true 时，语句段才会执行。

● if…else 语句

```
if（表述式）{
    语句段 1;
}
else{
    语句段 2;
}
```

若表达式的结果为 true，则执行语句段 1；否则执行语句段 2。其流程图如图 12.10 所示。

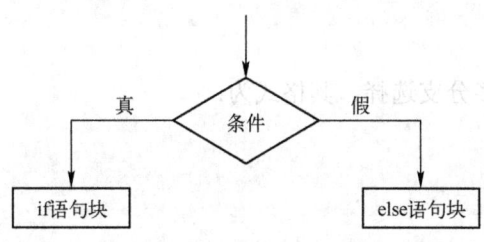

图 12.10　if…else 流程图

表达式的结果是作为一个布尔值来估算的。如果表达式的结果为数字，则将零和非零的数分别转化成 false 和 true。如果 if 后的语句有多行，则必须使用花括号将其括起来。

● if…else if…else 语句

这种结构实质上相当于 else 语句中再嵌套 if…else 条件语句。使用此结构对 if…else 实现的二分支结构做了扩展，可以选择多个代码块之一执行。

【实例 12-8】（实例文件 ch12/if.html）

本实例用 if 条件结构求解问题。

一艘轮船在静水中的速度为 15km/h，水流速度为 2km/h，根据用户输入的行驶时间和水流方向计算轮船的行驶距离。

思路：顺水时，行驶距离=(船速+水流速度)×行驶时间。逆水时，行驶距离=(船速-水流速度)×行驶时间。用 s 表示行驶距离，v1 表示静水中的船速，v2 表示水流速度，t 表示行驶时间，用 flag 表示是顺水还是逆水（true 表示顺水，false 表示逆水）。程序流程图如图 12.11 所示。

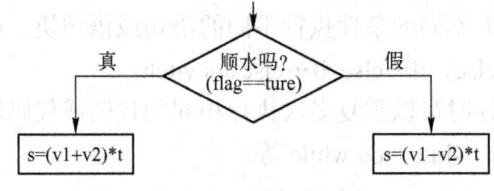

图 12.11　程序流程图

程序代码如下：

```
<script>
var s,v1,v2,t,flag; //定义变量
v1=15;//为变量赋值
v2=2;
var t=parseInt(prompt("请输入行驶时间"));
var flag=prompt("请输入顺水还是逆水，true 为顺水，false 为逆水");

if(flag)
{
    s=(15+2)*t;
}
else
{
    s=(15-2)*t;
}
document.write(t+"小时行驶的距离是"+s);

</script>
```

（2）switch 选择语句

switch 语句可以进行多分支选择，其格式为：

```
switch(表达式) {
    case 值 1:
        执行代码块 1
        break;
    case 值 2:
```

```
        执行代码块 2
        break;
    ...
    case  值 n:
        执行代码块 n
        break;
    default:
        语句
}
```

程序执行时，将表达式的值与 case 中的值相比较，如果与某个 case 的值相等，则执行该 case 后面的语句，直到遇到 break 语句或者 switch 结束语句时才结束。如果所有的 case 的值与表达式的值均不相等，则执行 default 后面的语句。switch 语句的执行过程如图 12.12 所示。

【实例 12-9】（实例文件 ch12/switchcolor.html）

在本实例中，网页中提示用户选择喜欢的车的颜色，根据用户的选择，输出选择结果。

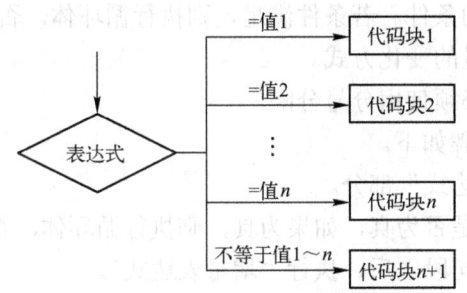

图 12.12   switch 语句的执行过程

主要代码如下：

```
color=document.form1.choice.value;          //获取页面的选项
switch(color)
{
    case "01":                              //如果选项值为 1
        alert("你选择的颜色是红色");          //显示选择的是红色
        break;
    case "02":
        alert("你选择的颜色是黄色");
        break;
    case "03":
        alert("你选择的颜色是蓝色");
        break;
    case "04":
        alert("你选择的颜色是白色");
        break;
    case "05":
        alert("你选择的颜色是黑色");
```

```
        break;
    case "06":
        alert("你选择的颜色是银灰色");
        break;
}
```

思考：可以尝试去掉程序中的 break 语句，看看其运行结果是什么。

2．循环语句

JavaScript 中提供了多种循环结构，有 for、while 和 do while 语句等。

（1）for 循环

for 循环实现条件循环，当条件成立时，执行语句段，否则跳出循环体。基本格式如下：

```
for（初始表达式;条件;增量表达式）
{
    语句段;
}
```

初始表达式：循环的开始条件。

条件：循环得以进行的条件。若条件满足，则执行循环体，否则跳出循环。

增量表达式：循环变量的变化方式。

以上三条语句之间，必须使用分号分隔。

for 循环语句的执行步骤如下。

Step1　执行"初始表达式"部分。

Step2　判断"条件"是否为真，如果为真，则执行循环体，否则退出循环体。

Step3　执行循环体语句段之后，执行"增量表达式"。

Step4　重复 Step2 和 Step3，直到退出循环。

【**实例 12-10**】（实例文件 ch12/for.html）

本实例利用 for 循环输出 1～10 之间的所有数。

主要代码如下：

```
for(i=1;i<=10;i++){
    document.write("The number is <b>"+i+"</b><br/>")
}
```

（2）while 循环

while 循环语句与 for 语句一样，当循环条件表达式为真时，重复循环，否则退出循环。基本格式如下：

```
while(循环条件表达式){
    语句段;
}
```

while 循环语句流程结构如图 12.13 所示。

【**实例 12-11**】（实例文件 ch12/while.html）

本实例利用 while 循环输出 1～10 之间的所有数。

```
var i=1;
while(i<=10)
```

```
{
    document.write("The number is <b>"+i+"</b><br/>")
    i++
}
```

（3）do…while 循环

do…while 语句与 while 语句类似，所不同的是 do…while 语句首先执行循环体，然后再判别条件。do…while 循环中即使条件表达式为 false，也至少执行一遍循环体，因为其中的代码执行后才会进行条件验证。其基本格式如下：

```
do{
    语句段;
}
while(条件表达式)
```

do…while 循环流程结构如图 12.14 所示。

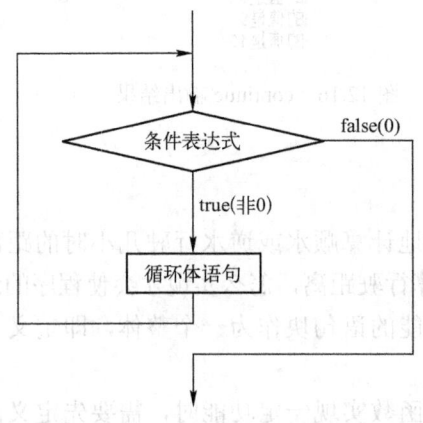

图 12.13 while 循环语句流程结构图

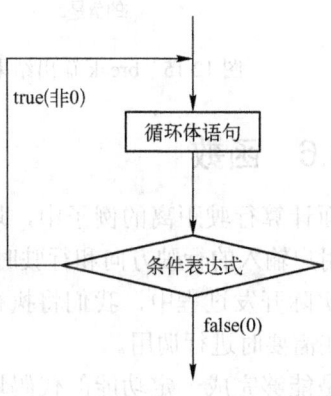

图 12.14 do…while 语句流程图

【实例 12-12】（实例文件 ch12/dowhile.html）

本实例利用 do…while 循环输出 1～10 之间的所有数。

```
var i=1;
do
{
    document.write("The number is"+i)
    document.write("<br>")
    i=i+1;
}while(i<=10)
```

3．brcak 语句和 continue 语句

（1）break

break 语句的作用除了前面介绍的跳出 switch 结构外，还可以用来跳出循环体，终止循环的运行，然后继续执行循环之后的代码（如果循环之后有代码）。

（2）continue

continue 语句会终止本次循环，接着开始下一次循环。

【实例 12-13】（实例文件 ch12/breakContinue.html）

本实例演示 break 和 continue 语句的作用。

```
for(i=1;i<=10;i++)
{
    if(i==3)
    {break;}
    document.write("i 的值是"+i)
    document.write("<br>")
}
```

输出结果如图 12.15 所示。

如果把实例 12-13 中的 break 改为 continue，则输出结果如图 12.16 所示。

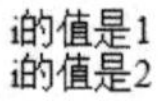

```
i的值是1
i的值是2
i的值是4
i的值是5
i的值是6
i的值是7
i的值是8
i的值是9
i的值是10
```

```
i的值是1
i的值是2
```

图 12.15　break 输出结果 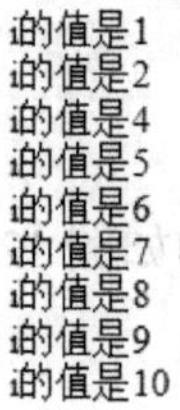　　　　　图 12.16　continue 输出结果

12.3.6　函数

在前面计算行驶距离的例子中，均是固定地计算顺水或逆水行驶几小时的距离。如果需要根据用户输入的行驶方向和行驶时间来计算行驶距离，怎么实现才会使程序的运行效率更高？在实际开发过程中，我们将执行一定功能的语句块作为一个整体，即定义为一个函数，然后在需要时进行调用。

函数是能够完成一定功能的代码块。应用函数实现一定功能时，需要先定义函数，然后调用函数。函数定义通常放在 HTML 文档的 head 标签中，也可以放在其他位置。JavaScript 中定义函数的基本格式如下：

```
function 函数名(参数 1,参数 2,…)
{
    函数体
}
```

函数名：调用函数时引用的名称。函数名对大小写是敏感的。

参数表：调用函数时接收传入数值的变量名。可以没有参数，但( )不能省略。

函数体：将要执行的语句放在一对花括号{}中，这些语句构成函数体。

如果需要返回值，可以使用 return 语句，将需要返回的值放在 return 之后。如果 return 后没有指明数值或没有使用 return 语句，则函数返回值为不确定值。

函数定义后不能直接实现程序中的效果，需要调用函数后才能运行，调用格式如下：

函数名（传递给函数的参数 1,传递给函数的参数 2,…）

【实例 12-14】（实例文件 ch12/function.html）

本实例根据用户输入的行驶时间和行驶方向，计算行驶距离。网页界面如图 12.17 所示。

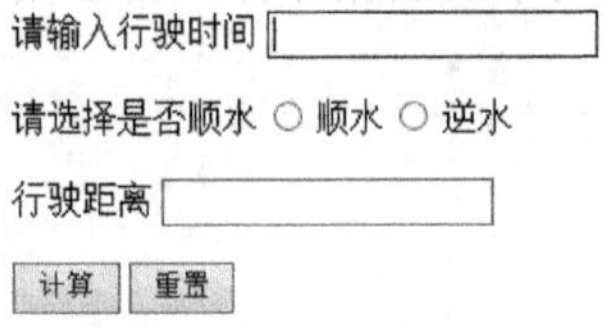

首先在 head 标签中定义函数：

请输入行驶时间 [　　　　　　　]

请选择是否顺水 ○ 顺水 ○ 逆水

行驶距离 [　　　　　　　]

[计算] [重置]

图 12.17　计算行驶距离

```
<script>
function compute()
{
        var s,v1,v2,t,flag,opt;              //定义变量 flag 表示顺水还是逆水（true 为顺水、false 为逆水）
        v1=15;                               //为变量赋值
        v2=2;
        t=form1.drivetime.value;             //获取输入的行驶时间
        opt=form1.driveflag;                 //获取行驶方向：顺水还是逆水
        for(i=0;i<opt.length;i++)
        {   if(opt[i].checked==true)
            { flag=opt[i].value;
            break;
            }
            /*根据顺水与否选择不同的表达式进行计算*/
            if(flag=="true")
            {
                s=(v1+v2)*t;
            }
            else
            {
                s=(v1-v2)*t;
            }
            document.getElementById("distance").value=s;
}
</script>
```

当单击"计算"按钮时，调用函数计算行驶距离，函数的调用如下：

```
<input type="button" name="button" id="button" value="计算"    onClick="compute()" />
```

其中，onClick 表示单击事件。

12.4 案例

12.4.1 案例 1：表单校验

本案例文件为 ch12/checkform/register.html。

前面几章学习过用检查表单行为及 Spry 表单对象实现表单校验。二者的实质是在表单中调用 Dreamweaver 中的 JavaScript 程序。用检查表单行为校验表单，虽然不用编写程序，但只能实现简单的校验。用 Spry 表单对象实现的校验生成的代码很多，如果需要进行个性化修改，则需要花费很多时间去研究 Dreamweaver 生成的代码。我们可以自己编写 JavaScript 程序，实现简单高效的表单校验。如图 12.18 所示，以注册表单的校验为例，说明如何用 JavaScript 实现表单校验。

1. 功能分析

（1）要求用户名和密码不能为空，否则提示"用户名或密码不能为空"。

（2）若"密码"和"确认密码"不一致，则提示"两次输入的密码不一致，请重新输入"。

（3）若所有输入符合要求，则页面转到 success.html 页面。

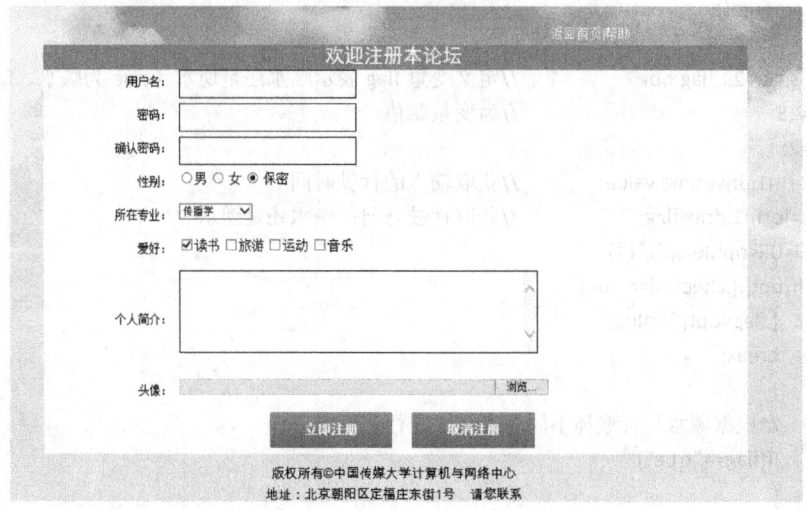

图 12.18　注册页面

2．实现思路

实现思路如图 12.19 所示，可见，在实现过程中需要用到 if 分支结构来控制程序。

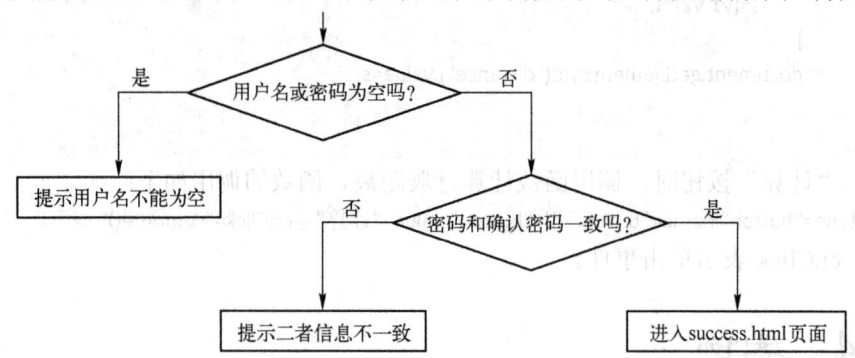

图 12.19　表单校验实现思路

3．实现步骤

（1）为了后面编程方便，应为页面中的各表单元素命名，例如，将表单命名为 reg_form，将用户名、密码、确认密码对应的文本域分别命名为 userName、userPw、confirmPw。

（2）定义函数，在函数中实现对表单的校验。

```javascript
function checkform()
{
    var userName,userPw,confirmPw;            //用于保存页面上的用户名、密码及确认密码
    userName=reg_form.userName.value;         //取得页面上输入的用户名
    userPw=reg_form.userPw.value;             //取得页面上输入的密码
    confirmPw=reg_form.confirmPw.value;       //取得页面上输入的确认密码
    if(userName==""||userPw=="")              //判断用户名或密码是否为空
    {
        alert("用户名或密码不能为空");
    }
```

```
        else if(userPw!=confirmPw)                    //判断密码和再次输入密码是否不一致
        {
                alert("两次输入的密码不一致");
                reg_form.userPw.focus();               //将插入点移至密码框中
        }
        else
        {//如果一切正常，页面跳转
                reg_form.action="success.html";        //页面跳转到 success.html
                reg_form.submit();
        }

}
</script>
```

（3）调用函数。当单击"注册"按钮时，对表单进行校验：

```
<input name="submitbtn" type="submit" class="btnstyle" id="button" value="立即注册" onClick="checkform()" />
```

12.4.2 案例 2：联动菜单

本案例文件为 ch12/conMenu/conMenu.html。

所谓联动菜单，就是后一个下拉菜单的选项由前一个下拉菜单被选中的值来决定。例如，选择省，后面的菜单中会自动出现本省的市，如图 12.20 所示。

请选择地址： 山西 ▽ 请选择城市 ▽

图 12.20 二级联动下拉菜单

1．功能分析

二级下拉菜单中的选项根据一级菜单确定。

2．实现思路

（1）在页面中插入两个下拉菜单。

（2）为了操作方便，可以创建一个对象。该对象的属性包括一级菜单中选定项的值，以及二级菜单项的值和显示文本。例如：

```
function obj(pData,aValue,aText){
        this.data=pData;                               //一级菜单的值
        this.value=aValue;                             //二级菜单的值
        this.text=aText;                               //二级菜单的显示文本
}
```

（3）将二级菜单中的各项存放在数组中，数组中各项的形式采用前面创建的对象，例如：

```
var cityArray=new Array(
                new obj('北京','东城区','东城区'),
                new obj('北京','西城区','西城区'),
                new obj('北京','海淀区','海淀区'),
                new obj('山西','太原','太原'),
                new obj('山西','运城','运城'),
```

```
                new obj('河北','石家庄','石家庄'),
                new obj('河北','保定','保定'),
                new obj('河北','邢台','邢台')
                );
```

（4）根据一级菜单选中的项，确定二级菜单中要显示的内容。

3. 实现步骤

（1）页面设计

在页面中插入两个下拉菜单，在第一个下拉菜单中输入省份及直辖市名称。为了使显示更人性化，在各下拉菜单中加入一项"请选择省份"（或请选择城市），该项的值为空。代码如下：

```
<form   name="frmMenu" method="post" action="">
    请选择地址：
        <select name="province" id="province" >
        <option>请选择省份</option>
        <option value="北京">北京</option>
        <option value="山西">山西</option>
        <option value="河北">河北</option>
    </select>
    <select name="city" id="city">
        <option selected="selected">请选择城市</option>
    </select>
</form>
```

（2）联动菜单实现

函数 chg，实现根据选定的一级菜单项，改变二级子菜单项：

```
function chg(parent,child)
{
        /*parent：一级菜单对象;child：二级菜单对象*/
        chgComitem(parent.options[parent.selectedIndex].value,child,cityArray);
        /*chgComitem 的功能是根据选定的一级菜单值，清除原来的二级菜单，显示新的二级菜单；
parent.selectedIndex 为选中的一级菜单中被选项目的索引号*/
}
```

chgComitem 函数定义：

```
function chgComitem(parentValue,child,objs)
{   /*parentValue 为选定的一级菜单值
    Child 为原有的二级菜单值
    objs 为将要显示的二级菜单的对象*/
        DelAllComitem(child);                        //清除原来显示的子菜单
        for(i=0;i<objs.length;i++){
            if(objs[i].data==parentValue)
            //如果当前对象的 data 值与父菜单选中的值相同，则调用添加子菜单的函数
            AddComitem(child,objs[i].value,objs[i].text);
        }//for 结束
}
```

函数 DelAllComitem 实现清除子菜单：

```
function DelAllComitem(childList){

    for(i=childList.options.length;i>0;i--)
    childList.options[i]=null;
}
```

函数 AddComitem 实现添加子菜单选项：

```
function AddComitem(childList,aValue,aText){
    var aOption=new Option(aText,aValue);        //用传入的文本和值来创建 Option 对象
    childList.options[childList.length]=aOption; //将新建的对象加入二级菜单中
}
```

（3）函数调用

当一级菜单选项变化时，调用 JavaScript 程序：

```
<select name="province" id="province" onChange="chg(document.frmMenu.province,document.frmMenu.city)">
```

本 章 小 结

本章主要介绍 JavaScript 的基本语法，通过实例介绍 JavaScript 的具体应用。JavaScript 在实际制作网页时应用很广，灵活应用 JavaScript 可以在网页中实现很多生动效果。

课 后 习 题

一、选择题

1．下列对象中不属于浏览器对象的是（　　　）。

    A．location 对象　　　　　　　　　　B．window 对象

    C．string 对象　　　　　　　　　　　D．navigator 对象

2．以下表达式（　　　）产生一个 0～7 之间（包含 0 和 7）的随机整数。

    A．Math.floor(Math.random()*6)　　　B．Math.floor(Math.random()*7)

    C．Math.floor(Math.random()*8)　　　D．Math.ceil(Math.random()*6)

3．在 JavaScript 中，可以使用 Date 对象的（　　　）方法返回一个月中的某一天。

    A．getDate　　　　B．getYear　　　　C．getMonth　　　　D．getTime

4．（　　　）标签用来在 HTML 中嵌入 JavaScript。

    A．script　　　　B．style　　　　C．object　　　　D．link

5．在网页中有一个 name 属性为 form1 的表单，其中有一个 name 属性为 text1 的文本域。在 DOM 中表示该文本域，应该是（　　　）。

    A．window.form1.text1　　　　　　　B．document.form1.text1

    C．form1.text1　　　　　　　　　　　D．document.text1

二、填空题

1．Window 对象中的 alert()方法用于弹出带有一段指定消息和一个（　　　）的警告框。

2．产生当前日期的方法是（　　　）。

3．JavaScript 使用（　　　）关键字声明变量。

4．JavaScript 中的对象由（　　　）和（　　　）两个基本元素构成。

5．在网页上单击鼠标，发生（　　　）事件。

三、操作题

1．用 JavaScript 函数对 10.4.1 节中的登录页面（ch10/login/login.html）进行校验，要求：

（1）用户名及密码不能为空，如果为空，则提示"用户名及密码不能为空"。

（2）用户名和密码必须为某个指定值，如用户名为"张三"，密码为"123"。如果输入不正确，则提示"用户名或密码不正确，请重新输入"。

（3）验证成功提交表单。

2．用 JavaScript 函数，根据系统不同的时间，显示不同的问候。早上 6:00～12:00 时，问候"早上好"；中午 12:00～18:00 时，问候"下午好"；其他时间问候"晚上好"。

本章小结

课后习题

第 13 章　jQuery 框架

学习要点：

- 了解 JavaScript 框架的作用；
- 了解 jQuery 框架的主要功能；
- 掌握在网页中使用 jQuery 的基本方式；
- 掌握 jQuery 中的选择器和事件；
- 掌握使用 jQuery 操作网页元素的方法；
- 了解 jQuery 的动画函数；
- 了解 jQuery 常用插件的使用方式。

建议学时： 上课 2 学时，上机 2 学时。

13.1　jQuery 框架基础

13.1.1　JavaScript 框架

JavaScript 的出现使得网站和访问者之间实现了实时的、动态的和交互的关系，但由于不同的浏览器对 JavaScript 的支持和实现程度不同，导致为了使得网页中的 JavaScript 代码兼容所有的浏览器，开发人员要做大量的工作。为了简化 JavaScript 的开发，许多 JavaScript 框架涌现了出来，比较有代表性的包括 YUI、ExtJS、jQuery 等。

- YUI：The Yahoo! User Interface Library 是由 Yahoo 公司开发的一套开源的 JavaScript 和 CSS 库，帮助开发者开发具有良好交互功能的网站。它包括网页上的常用组件、拖拽组件、CSS 网格布局组件、图像组件等非常丰富的功能。

- ExtJS：是一种主要用于创建前端用户界面的前端框架。最初的 ExtJS 只是 YUI 的一个扩展包，从 1.1 版开始独立发布。它包括多种控件，如滚动条、树形控件、标签页等。2010 年 6 月，Ext JS 更名为 Sencha，并且集成 Sencha Touch 库。Sencha Touch 是专门用于移动应用开发的 JavaScript 框架，也是第一个基于 HTML5 的移动应用框架，开发者可以构建在 iPhone、Android 和 BlackBerry 等设备上运行的移动 Web 应用，其效果看起来如同本地应用一样。

- jQuery：jQuery 在 2006 年 1 月由 John Resig 在纽约发布。如今，jQuery 已经成为最流行的 JavaScript 库。jQuery 是一个兼容多浏览器的 JavaScript 库，其核心理念是 write less,do more（写得更少，做得更多），代码非常简洁。

13.1.2　jQuery 框架的功能

jQuery 提供的主要功能包括：

- 取得网页中的元素。如果不使用 JavaScript 库，而是通过文档对象模型 DOM 查找 HTML 网页中某个特殊的部分，必须编写很多代码。jQuery 为准确地获取并操纵网页元素，提供了可靠而富有效率的选择器机制。
- 修改页面的外观。CSS 为网页呈现的方式提供了一种强大的手段，但当浏览器不完全支持相同的标准时，单纯使用 CSS 在某些浏览器中不能得到预期的效果。jQuery 可以弥补这一不足，提供了跨浏览器的解决方案。而且，在网页已经呈现之后，jQuery 能够动态改变网页中某个部分的类样式或者个别的样式属性。
- 改变页面的内容。jQuery 能够影响的范围并不局限于简单的外观改变。使用少量的代码，jQuery 就能改变页面的内容，可以改变文本、插入或反转图像、对列表重新排序等。
- 响应用户的交互操作。jQuery 提供了捕获各种页面事件的适当方式，可以避免与 HTML 的混杂，事件处理 API 也消除了不同浏览器的不一致性。
- 为页面添加动态效果。为了实现某种交互式行为，设计者必须向用户提供视觉上的反馈。jQuery 中内置的一批淡入、擦除之类的效果为此提供了便利。
- 无须刷新页面从服务器获取信息。在许多网站中使用的 Ajax（Asynchronous JavaScript and XML，异步的 JavaScript 和 XML 技术）能够创建出反应灵敏、功能丰富的网站。jQuery 通过消除这一过程中浏览器特定的复杂性，使得开发人员可以专注于服务器端的功能设计。
- 简化常见的 JavaScript 任务。jQuery 提供了许多附加的功能，对 JavaScript 常用的操作进行简化，如数组的操作、迭代运算等。

13.1.3 搭建 jQuery 运行环境

为了在网站中使用 jQuery 提供的功能，需要下载 jQuery 的代码库文件并把它引用在网页中。jQuery 的官方网站 jquery.com 提供了 jQuery 的下载，如图 13.1 所示。

图 13.1 jQuery 网站

jQuery 从诞生至今，已经升级了许多版本。对于每个版本，jquery 都提供以下两种文件。

产品版：经过了工具压缩，文件体积较小，如 jquery-1.10.2.min.js 大小为 91KB。

开发版：没有经过工具压缩，其中包括换行和缩进，便于阅读，适合学习和开发过程，文件体积较大，如 jquery-1.10.2.js 大小为 267KB。

jQuery 不需要安装，可以采用以下两种方式在网页中引入 jQuery。

● 把下载的 js 文件放到网站中的一个公共位置，如 js 文件夹下，在需要使用 jQuery 的网页头部引入该 js 文件。代码如下：

```
<script src="js/jquery-1.10.1.min.js"></script>
```

● 通过 jQuery 提供的内容分发网络 CDN 来使用，例如，在网页头部以如下方式引入 jQuery：

```
<script src="http://code.jquery.com/jquery-1.10.1.min.js"></script>
```

将使得网站的访问者从 jQuery 提供的内容分发网络来获取 jQuery 库。大多数内容分发网络都可以确保当用户向其请求文件时，从离用户最近的服务器中返回响应，这样可以提高加载速度。

【实例 13-1】（实例文件 ch13/01.html）

本实例是一个简单的 jQuery 程序，浏览器将弹出对话框显示 "Hello world!"。

```
<html>
<head>
<title>jQuery 简单例子</title>
<script src="js/jquery-1.7.min.js"></script>
</head>
<body>
<script type="text/javascript">
$(document).ready(function() {
    alert("Hello world!");
});
</script>
</body>
</html>
```

13.1.4 jQuery 的选择器

在 jQuery 中，使用最多的是 "$" 符号，它是 jQuery 的一个简写形式，例如实例 13-1 中的$(document)和 jQuery(document)是等价的，起到选择器的作用，表示选中了 document 对象。

为了给网页中的元素增加交互行为，首先要通过选择器选中元素。在传统的 JavaScript 提供的方法中，主要是通过 getElementById()、getElementByTagName()等来选中网页中的元素。jQuery 中的选择器继承了 CSS 选择器的风格，可以非常便捷和快速地选中特定的网页元素。jQuery 提供的选择器种类很多，如基本选择器、层次选择器、过滤选择器、表单选择器等。下面介绍其中常用的几种。

（1）#id 选择器

根据给定的 ID 匹配一个元素。

例如，$("#top")将选取 id 为 top 的网页元素。

（2）.class 选择器

根据给定的类样式名匹配元素。

例如，$(".pic")将选取所有类样式为 pic 的网页元素。

（3）element 选择器

根据给定的标签名匹配所有使用这一标签的元素。

例如，$("p")将选取所有的 p 元素。

（4）selector1,selector2,…,selectorN 选择器

将每个选择器匹配到的元素合并后一起返回。

例如，$("div,ul,p")将选取 div、span 和 p 元素。

（5）ancestor descendant 选择器

在给定的祖先元素下匹配所有的后代元素

例如，$("div p")将选择 div 中的所有 p 元素。

（6）parent > child 选择器

在给定的父元素下匹配所有的子元素

例如，$("div>p")将选择 div 中的 p 元素，并且 p 元素必须是 div 元素的直接子元素。

13.1.5　jQuery 中的事件

jQuery 增加并扩展了 JavaScript 中基本的事件处理机制，提供了更加简洁的事件处理语法，并且极大地增强了事件处理能力。

在实例 13-1 中使用的$(document).ready()是用来替代 JavaScript 中的 window.onload()方法的，但是它具有 window.onload()方法所不具备的一些优点。例如，window.onload()方法只有在网页中所有的元素及关联文件完全加载到浏览器中才执行，即此时 JavaScript 才可以访问网页中的所有元素，而 jQuery 中的$(document).ready()方法注册的事件处理程序，在网页的文档对象模型 DOM 完全就绪时就可以被调用，而这时网页元素相关联的文件有可能还没有被完全下载。另外，window.onload()只能注册唯一的一个事件处理函数，而$(document).ready()可以注册多个事件处理程序，这些程序会根据注册的顺序依次执行。

jQuery 中提供了许多和 JavaScript 中事件类似的事件，如鼠标事件中的 click、dbclick、mousedown、mouseup、mousemove、mouseover 等，与 JavaScript 中事件的区别是前面没有"on"开头。

13.2　使用 jQuery 操作网页元素

使用 jQuery 可以操作网页元素的各方面，如网页元素的属性、内容、CSS 样式等，还可以动态地在网页中插入、删除网页元素等。下面主要讲解如何获取和设置网页元素属性及网页元素的 CSS 样式。

13.2.1　获取和设置网页元素属性

在 jQuery 中，使用 attr()方法来获取和设置元素属性，使用 removeAttr()方法来删除元素属性。下面主要讲解 attr()方法。

1. 获取网页元素属性

如果需要获取网页元素的属性，使用如下的形式：

```
$("selector").attr("attributeName")
```

将获得 selector 选取的网页元素的属性 attributeName 的值。

例如，$("#top").attr("title")将获得 id 为 top 的元素的 title 属性。

2. 设置网页元素属性

如果需要设置网页元素的属性，使用如下的形式：

```
$("selector").attr("attributeName","attributeValue")
```

将把 selector 选取的网页元素的属性 attributeName 的值设置为 attributeValue。

如果需要一次性地为同一个元素设置多个属性，可以使用如下的形式：

```
$("selector").attr("attributeName1":"attributeValue1","attributeName2":"attributeValue2")
```

【实例 13-2】（实例文件 ch13/02.html）

在本实例中，将使 jQuery 给网页中的缩略图添加交互效果。当用户单击某一缩略图时，将设置用于显示完整图像的元素的 src 属性为缩略图对应的完整图像的地址，从而在浏览器中显示出来。

首先，在网页中，为完整图像和缩略图图像元素分别通过 id 进行命名：

```
<img src="images/normal/01.jpg" width="630" height="472" id="normalpic"/>
<img src="images/thumb/01.jpg" width="100" height="74" id="t01"/>
<img src="images/thumb/02.jpg" width="100" height="74" id="t02"/>
```

然后，在网页中添加对 jQuery 库的引用后，为每个缩略图图像元素增加 click 事件对应的函数：

```
$(document).ready(function() {
    $("#t01").click(function(){
        $("#normalpic").attr("src","images/normal/01.jpg");
    });
    $("#t02").click(function(){
        $("#normalpic").attr("src","images/normal/02.jpg");
    });
});
```

完成后的效果如图 13.2 所示，单击缩略图将显示完整图像。

图 13.2　设置网页元素属性

13.2.2 获取和设置网页元素的 CSS 样式属性

在 jQuery 中，使用 css() 来获取和设置元素的 CSS 样式属性。

1. 获取网页元素 CSS 样式属性

如果需要获取网页元素的 CSS 样式属性，使用如下的形式：

```
$("selector").css("cssName")
```

将获得 selector 选取的网页元素的 CSS 属性 cssName 的值。

例如，$("#top").css("color") 将获得 id 为 top 的元素的 CSS 属性 color 的值。

2. 设置网页元素 CSS 样式属性

如果需要设置网页元素的 CSS 样式属性，使用如下的形式：

```
$("selector").css("cssName","cssValue")
```

将把 selector 选取的网页元素的 CSS 样式属性 cssName 的值设置为 cssValue。

如果需要一次性地为同一个元素设置多个 CSS 样式属性，可以使用如下的形式：

```
$("selector").css("cssName1":"cssValue1","cssName2":"cssValue2")
```

【实例 13-3】（实例文件 ch13/03.html）

在本实例中，当单击背景颜色的图像元素时，将通过 jQuery 动态地改变网页内容区域的背景颜色。

首先，在网页中，对网页内容区域和图像元素通过 id 进行命名：

```
<div id="container">
...
</div>
<img src="images/skin01.jpg" width="104" height="104" id="skin01"/>
<img src="images/skin02.jpg" width="104" height="104" id="skin02"/>
```

然后，在网页中添加对 jQuery 库的引用，并为图像元素增加 click 事件对应的函数：

```
$(document).ready(function() {
    $("#skin01").click(function(){
        $("#content").css("backgroundColor","#FFFFCC");
    });
    $("#skin02").click(function(){
        $("#content").css("backgroundColor","#FFCC99");
    });
});
```

完成后的效果如图 13.3 所示，当单击代表背景色的图像时，网页内容区域将变换为相应的背景颜色。

图 13.3　设置网页元素 CSS 样式属性

13.3 jQuery 动画

13.3.1 基础动画函数

show()函数和 hide()函数是 jQuery 中最基本的动画函数。

1．show()函数

show()函数可以显示指定的原来处于隐藏状态的网页元素。如果不指定函数的参数，网页元素将以无动画方式显示出来。如果通过 show(speed, [callback])方式来调用，网页元素将按照参数中指定的速度以动画方式显示出来，在显示完成后，还可以执行 callback 所定义的函数。其中，speed 的取值可以是 slow、normal、fast，或者是用毫秒表示的动画时长，如2000，表示 2000 毫秒。

2．hide()函数

hide()函数可以隐藏指定的原来处于显示状态的网页元素。如果不指定函数的参数，网页元素将以无动画方式隐藏。如果通过 hide(speed, [callback])方式来调用，网页元素将按照参数中指定的速度以动画方式隐藏起来，在显示完成后，还可以执行 callback 所定义的函数。其中，speed 的取值可以是 slow、normal、fast，或者是用毫秒表示的动画时长，与show()函数相同。

【实例 13-4】（实例文件 ch13/04.html）

在本实例中，若单击"显示图像"按钮，图像将从左上角向右下角逐渐显示出来；若单击"隐藏图像"，图像将从右下角向左上角逐渐隐藏起来。

首先，构造如下的网页 HTML 结构：

```
<div id="command">
<input type="button" value="显示图像" id="show"/><input type="button" value="隐藏图像" id="hide"/>
</div>
<div id="container">
<img src="images/theater.jpg" width="300" height="192" id="pic"/>
</div>
```

然后，在网页中添加对 jQuery 库的引用，为按钮增加 click 事件，分别控制图像的显示和隐藏，并通过参数 slow 控制图像显示或隐藏时的速度。代码如下：

```
$(document).ready(function() {
    $("#show").click(function(){
        $("#pic").show("slow");
    });
    $("#hide").click(function(){
        $("#pic").hide("slow");
    });
});
```

完成后的效果如图 13.4 所示。

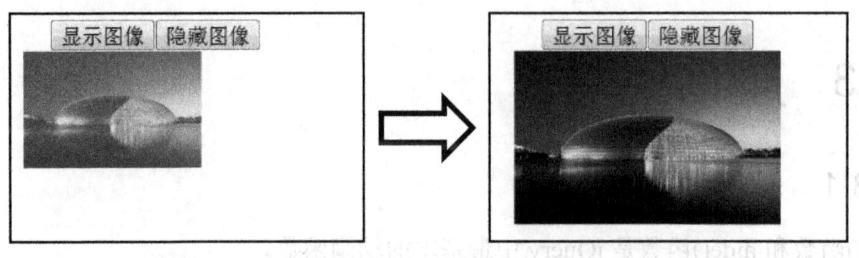

图 13.4 show()和 hide()函数的使用

13.3.2 淡入/淡出动画函数

1. fadeIn()函数

fadeIn()函数用于通过改变元素的不透明度来淡入已隐藏的元素。格式为：fadeIn(speed, [callback])，其中 speed 与 callback 参数的含义与 show()函数相同。

2. fadeOut()函数

fadeOut()函数用于通过改变元素的不透明度来淡出处于显示状态的元素。格式为：fadeOut(speed, [callback])，其中 speed 与 callback 参数的含义与 show()函数相同。当 fadeOut()函数结束后，会使它作用的网页元素处于隐藏状态。

3. fadeTo()函数

fadeTo()函数用于以渐进方式改变网页元素的不透明度。格式为：fadeTo(speed, opacity, [callback])，其中 speed 与 callback 参数的含义与 show()函数相同，opacity 是 0～1 之间的表示不透明度的数字。

【实例 13-5】（实例文件 ch13/05.html）

在本实例中，当用户把鼠标指针移动到图像上时，图像变为半透明状态；当用户把鼠标指针从图像上移走时，恢复图像的正常状态。

首先，构造如下的网页 HTML 结构：

```
<div class="pic"><img alt="" src="images/gugong.jpg"/></div>
<div class="pic"><img alt="" src="images/theater.jpg" /></div>
<div class="pic"><img alt="" src="images/watercube.jpg" /></div>
```

然后，在网页中添加对 jQuery 库的引用，为 img 元素增加鼠标悬停效果，通过 fadeTo() 函数来改变 img 的不透明度。其中，hover()方法是一个模仿鼠标悬停事件的方法。当鼠标指针移动到一个匹配的元素上面时，会触发指定的第一个函数。当鼠标指针移出这个元素时，会触发指定的第二个函数。而且，会伴随着对鼠标指针是否仍然处在特定元素中的检测，如果是，则继续保持"悬停"状态，而不触发移出事件。

```
$(document).ready(function() {
    $("img").hover(function(){
        $(this).fadeTo("slow",0.5);
    },function(){
        $(this).fadeTo("slow",1);
    });
});
```

完成后的效果如图 13.5 所示，鼠标悬停的图像将变为半透明效果。

  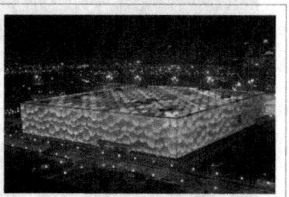

图 13.5　fadeTo()函数的使用

13.3.3　滑动函数

1．slideUp()函数

slideUp()函数用于通过高度变化（向上减小）来动态地隐藏网页元素。格式为：slideUp(speed, [callback])，其中 speed 与 callback 参数的含义与 show()函数相同。

2．slideDown()函数

slideDown()函数用于通过高度变化（向下增大）来动态地显示网页元素。格式为：slideDown(speed, [callback])，其中 speed 与 callback 参数的含义与 show()函数相同。

3．slideToggle()函数

slideToggle()函数用于通过高度变化来切换网页元素的可见性。格式为：slideToggle(speed, [callback])，其中 speed 与 callback 参数的含义与 show()函数相同。

【实例 13-6】（实例文件　ch13/06.html）

在本实例中，当单击"水立方"标题时，水立方的详细内容将在向上滑动后隐藏起来；当再次单击"水立方"标题时，水立方的详细内容将向下滑动显示起来。

首先，构造如下的网页 HTML 结构：

```html
<h1 class="viewtitle">水立方</h1>
<div class="viewcontent">
<img src="images/watercube.jpg" width="300" height="192" />
<p>国家游泳中心……（内容略）</p>
</div>
```

其中，id 为"viewcontent"的 div 元素是作为标题存在的 h1 元素的下一个元素。

然后，在网页中添加对 jQuery 库的引用，并为 h1 元素增加鼠标单击事件：

```javascript
$(document).ready(function() {
    $("h1.viewtitle").click(function(){
        $(this).next().slideToggle("slow");
    });
});
```

其中，$(this).next()将选择 h1 元素的下一个元素，即 id 为 viewcontent 的 div 元素。通过 slideToggle()方法的使用使得这一 div 元素交替显示。

完成后的效果如图 13.6 所示，当用户单击类样式为 viewtitle 的标题时，标题下面的内容以滑动的方式动态显示或隐藏。

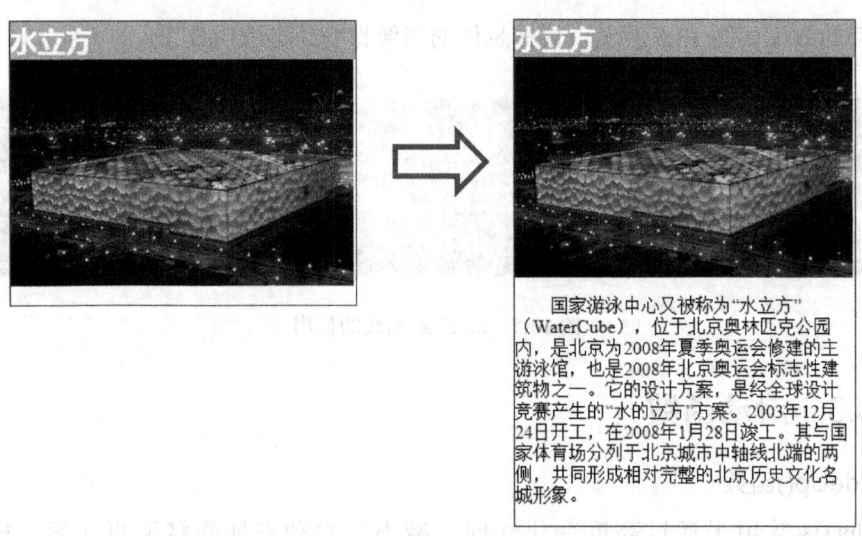

国家游泳中心又被称为"水立方"（WaterCube），位于北京奥林匹克公园内，是北京为2008年夏季奥运会修建的主游泳馆，也是2008年北京奥运会标志性建筑物之一。它的设计方案，是经全球设计竞赛产生的"水的立方"方案。2003年12月24日开工，在2008年1月28日竣工。其与国家体育场分列于北京城市中轴线北端的两侧，共同形成相对完整的北京历史文化名城形象。

图 13.6   slideToggle()函数的使用

13.4   jQuery 插件

虽然 jQuery 框架中包含了大量的功能，可以满足绝大部分的应用需求，但是随着各种应用的层出不穷，需要一种能够对 jQuery 框架进行扩展的机制。插件（plugin）也称为扩展（extension），是用一种遵循一定规范的应用程序接口编写出来的程序。在 jQuery 库的基础上，全球范围的开发者编写了大量的 jQuery 插件，包含了网站前端开发需要的大部分功能，从而可以帮助开发者快速地开发出稳定的网站应用系统。

在 jQuery 官方网站的插件栏目 plugins.jquery.com 中，提供了按照不同功能进行分类的 jQuery 插件列表，可以通过左侧的目录进行浏览式查找，也可以在搜索框中进行搜索，如图 13.7 所示。

图 13.7   jQuery 插件列表

jQuery 插件也是通过 JavaScript 代码文件来体现的，有些插件还带有 CSS 样式表。使用 jQuery 插件可以遵循如图 13.8 所示的步骤。

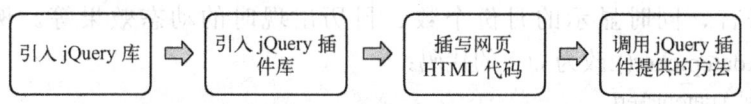

图 13.8　使用 jQuery 插件的步骤

下面讲解一些常用 jQuery 插件的使用方法。

13.4.1　jQuery UI 插件

jQuery UI 插件是由 jQuery 官方提供的插件，它是在 jQuery 基础之上的专门用于用户界面交互的插件，提供了如日历、弹出对话框、菜单、进度条等网页上的基本元素。jQuery UI 插件主要包括交互（Interaction）、组件（Widgets）、效果（Effects）、工具集（Utilities）4 个部分。jQuery UI 插件可以从 http://jqueryui.com 网站下载。

【实例 13-7】（实例文件　ch13/jQueryUI/01.html）

在网页表单中输入日期是一项较为常见的应用需求。在本实例中，通过 jQueryUI 中的 datepicker 组件给普通的文本字段表单域增加输入日期的功能。使用 datepicker 组件的步骤如下。

Step1　在网页中引入 jQuery 类库以及 datepicker 相关的类库文件：

```
<script src="js/jquery-1.7.min.js"></script>
<script src="js/jquery.ui.core.js"></script>
<script src="js/jquery.ui.widget.js"></script>
<script src="js/jquery.ui.datepicker.js"></script>
```

Step2　在网页中引入 datepicker 相关的 CSS 样式：

```
<link href="css/jquery.ui.core.css" rel="stylesheet" type="text/css" />
<link href="css/jquery.ui.theme.css" rel="stylesheet" type="text/css" />
<link href="css/jquery.ui.datepicker.css" rel="stylesheet" type="text/css" />
```

Step3　在网页中编写日期表单域：

```
<div>
<label for="beginDate">入住日期</label>
<input type="text" name="beginDate" id="beginDate" class="inputTxt"/>
</div>
<div>
<label for="endDate">退房日期</label>
<input type="text" name="endDate" id="endDate" class="inputTxt"/>
</div>
```

Step4　对日期表单域调用 datepicker()函数：

```
<script>
    $(document).ready(function() {
    $( "#beginDate" ).datepicker();
    $( "#endDate" ).datepicker();
    });
</script>
```

289

完成后，当用户单击日期对应的表单域时，将弹出日期选择对话框，如图 13.9 所示。

datepicker()函数可以被进一步设置以实现更多样的功能，例如，是否显示月份下拉列表、日历的语言、同时显示的月份个数、日历出现时的动态效果等。例如，这里把 $("#endDate").datepicker();改为如下的代码：

```
$( "#endDate" ).datepicker(
{
    changeYear:true,              //显示年下拉列表
    changeMonth:true,             //显示月份下拉列表
    showWeek:true,                //显示日期对应的星期数
    showButtonPanel:true,         //显示"关闭"按钮面板
    closeText:'关闭'              //关闭按钮上的文字
});
```

代码中通过不同的参数分别控制年下拉列表、月份下拉列表等的属性，从而可以对 datepicker 组件做进一步的定制。完成后，当用户单击日期对应的表单域时，将弹出如图 13.10 所示的日期选择对话框，其中可以通过下拉列表改变年、月份，还可以通过单击下方的"Today"按钮快速回到当前日期。

图 13.9　datepicker 组件的使用

图 13.10　带按钮面板的 datepicker 组件

13.4.2　图像幻灯片插件

在许多网站的网页中，都使用了图像幻灯片的效果，它可以在有限的面积内展示多幅图像，一般可以通过用户单击切换图像或者定时自动切换图像。Nivo Slider 是由第三方开发者开发的图像幻灯片插件，提供了丰富的图像切换功能，被许多网站使用。它可以从 dev7studios.com/nivo-slider 下载，如图 13.11 所示。

【实例 13-8】（实例文件 ch13/slider/01.html）

在本实例中，通过 Nivo Slider 插件切换鸟巢、国家大剧院、水立方和故宫的 4 幅图像。使用 Nivo Slider 插件的步骤如下。

Step1 在网页中引入 jQuery 类库以及 Nivo Slider 相关的类库文件：

```
<script type="text/javascript" src="js/jquery-1.7.min.js"></script>
<script type="text/javascript" src="js/jquery.nivo.slider.js"></script>
```

Step2 在网页中引入 Nivo Slider 相关的 CSS 样式：

图 13.11　Nivo Slider 网站

```
<link href="css/nivo-slider.css" rel="stylesheet" type="text/css" />
<link href="css/default.css" rel="stylesheet" type="text/css" />
```

Step3　在网页中编写图像及链接相关的元素：

```
<div class="slider-wrapper theme-default">
<div id="slider" class="nivoSlider">
<img src="../images/birdsnest.jpg" title="鸟巢"data-transition="slideInLeft" />
<img src="../images/theater.jpg" title="国家大剧院" data-transition="slideInRight" />
<img src="../images/watercube.jpg" title="水立方" data-transition="slideInLeft" />
<img src="../images/gugong.jpg" title="故宫" data-transition="slideInRight" />
</div>
</div>
```

其中，类样式为 slider-wrapper 的 div 元素是图像幻灯片区域的最外围元素，需要在 CSS 样式中设置它的宽度为展示图像的宽度。id 为 slider 的 div 元素是图像幻灯片区域，其中包含需要进行幻灯播放的 img 元素。如果在展示图像时显示图像的标题，可以通过 img 元素的 title 属性进行设置；如果需要控制图片滑出的位置，可以通过 img 元素的 data-transition 属性进行设置，slideInLeft 为从左边滑出，slideInRight 为从右边滑出。

Step4　对 id 为 slider 的 div 元素调用 nivoSlider()函数：

```
$(document).ready(function() {
        $('#slider').nivoSlider();
});
```

如果希望修改 nivoSlider()函数的默认参数，可以通过如下的形式进行修改：

```
$('#slider').nivoSlider(
{
    pauseTime: 5000,                     //每幅图像的停留时间
    animSpeed: 500                       //切换到下一幅图像使用的时间
});
```

经过这样的参数设置后，每幅图像将展示 5 秒钟，切换到下一幅图像时使用 0.5 秒钟。更多的参数设置可以从 Nivo Slider 网站找到参考说明。

完成后，4 幅图像以幻灯片的形式展现在网页中。图像每隔一定时间会自动切换，用户也可以通过单击图像左侧和右侧的箭头来切换图像，如图 13.12 所示。

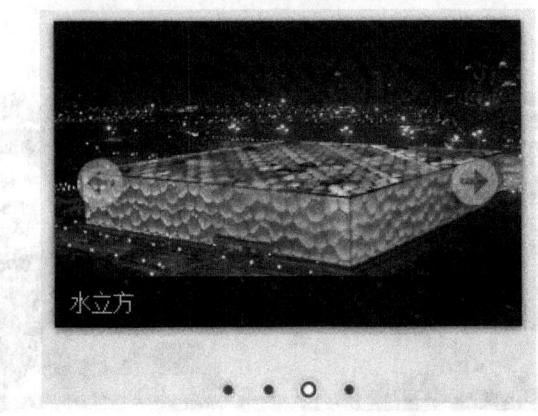

图 13.12　图像幻灯片效果

13.4.3　图像灯箱插件

图像灯箱是指在网页中展示多幅图像时，首先只显示较小尺寸的图像，当用户单击图像时再以弹出框的形式显示较大尺寸的图像。Fancybox 是由第三方开发者开发的一个展示图像、文本和多媒体的 jQuery 图像灯箱插件。它可以从 www.fancybox.net 下载，如图 13.13 所示。

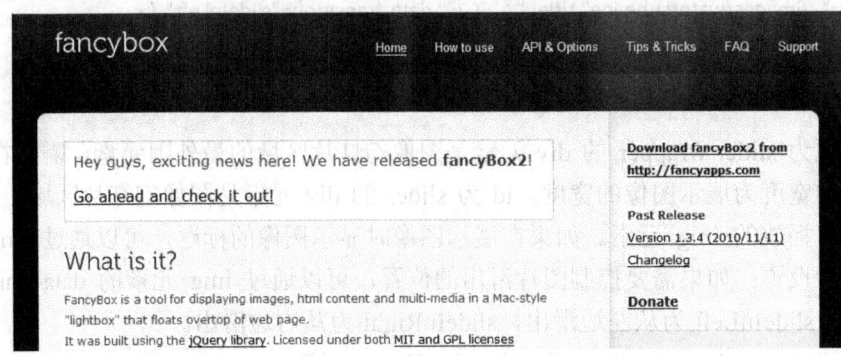

图 13.13　Fancybox 网站

【实例 13-9】（实例文件 ch13/fancybox/01.html）

在本实例中，通过 Fancybox 插件实现当用户单击图像时，以弹出框的形式展示较大尺寸的图像的效果。使用 Fancybox 插件的步骤如下。

Step1　在网页中引入 jQuery 类库以及 Fancybox 相关的类库文件：

```
<script type="text/javascript" src="js/jquery-1.7.min.js"></script>
<script type="text/javascript" src="js/jquery.fancybox-1.3.4.js"></script>
```

Step2　在网页中引入 Fancybox 相关的 CSS 样式：

```
<link href="css/jquery.fancybox-1.3.4.css" rel="stylesheet" type="text/css" />
```

Step3 在网页中编写图像及链接相关的元素:

```
<div class="pic"><a href="../images/birdsnest-b.jpg" class="box" title="鸟巢"><img alt="" src="../images/
    birdsnest.jpg"/></a></div>
<div class="pic"><a href="../images/theater-b.jpg" class="box" title="国家大剧院"><img alt="" src="../images/
    theater.jpg" /></a></div>
<div class="pic"><a href="../images/watercube-b.jpg" class="box" title="水立方"><img alt="" src="../images/
    watercube.jpg" /></a></div>
```

其中，需要为每幅图像准备较小尺寸和较大尺寸两个不同的版本，通过 img 元素在网页中插入较小尺寸的图像，通过 a 元素链接较大尺寸的图像。

Step4 对 a 元素调用 fancybox()函数

```
$(document).ready(function() {
        $("a.box").fancybox({
            'speedIn'       :     600,
            'speedOut'      :     200,
            'titlePosition' : 'inside'
        });
});
```

其中，speedIn 和 speedOut 用来控制弹出和隐藏图像时的速度（以毫秒为单位）；titlePosition 用来控制图像标题的位置，参数值 over 表示标题显示在图像上面，参数值 inside 表示标题显示在弹出框里面，参数值 outside 表示标题显示在弹出框外面。Fancybox 还有许多参数可以配置，更详细的内容可以参考 www.fancybox.net/api 中的参数说明。

完成后，当用户单击图像时，将以弹出框的形式弹出较大尺寸的图像，弹出框出现的速度设置为 600 毫秒，弹出框关闭的速度设置为 200 毫秒，标题显示在弹出框里面，如图 13.14 所示。

图 13.14   图像灯箱效果

13.4.4   内容切换插件

在许多网页中，通过把内容放置在带有向左滚动和向右滚动的指示箭头的带状区域中，实现内容切换的功能，也能够在有限的空间内展示丰富的内容。jCarousel 是由第三方开发者开发的内容切换插件，可以实现在水平或垂直方向上内容列表的切换。它可以从 sorgalla.com/jcarousel 下载。

【实例 13-10】（实例文件 ch13/jCarousel/01.html）

在本实例中，通过 jCarousel 插件展示多幅图像，并可以通过单击展示区域两侧的箭头切换其中的内容。使用 jCarousel 插件的步骤如下。

Step1 在网页中引入 jQuery 类库以及 jCarousel 相关的类库文件：

```
<script type="text/javascript" src="js/jquery-1.7.min.js"></script>
<script type="text/javascript" src="js/jquery.jcarousel.min.js"></script>
```

Step2 在网页中引入 jCarousel 相关的 CSS 样式并进行修改：

```
<link href="css/skin.css" rel="stylesheet" type="text/css" />
```

jCarousel 自带的 skin.css 样式需要进行修改才能符合具体网页元素的要求，重点包括：

.jcarousel-skin-tango .jcarousel-container-horizontal 用于控制内容滚动切换整体区域的样式

.jcarousel-skin-tango .jcarousel-clip-horizontal 用于控制内容滚动切换区域的样式

.jcarousel-skin-tango .jcarousel-item 用于控制每个切换元素的样式

Step3 在网页中编写进行内容滚动切换的网页元素：

```
<ul id="mycarousel" class="jcarousel-skin-tango">
    <li><img src="../images/birdsnest.jpg" width="300" height="192" /></li>
    <li><img src="../images/theater.jpg" width="300" height="192" /></li>
    <li><img src="../images/watercube.jpg" width="300" height="192" /></li>
    <li><img src="../images/gugong.jpg" width="300" height="192" /></li>
</ul>
```

其中，内容滚动切换的网页元素以无序列表的形式进行编写，并通过 id 属性对它进行命名。同时，为了使得这一元素具有 jCarousel 插件自带的 CSS 样式，还需要通过 class 属性进行设置。

Step4 对无序列表元素调用 jcarousel()函数：

```
$(document).ready(function() {
    $('#mycarousel').jcarousel({
    'scroll': 1,
        'wrap': 'circular'
    });
});
```

其中，scroll 用来控制每次滚动的无序列表条目个数，wrap 用来控制是否循环滚动，参数值 circular 表示循环滚动。

完成后，将在水平方向上同时显示 3 幅图像的内容，通过展示区域两侧的箭头切换到下一幅或上一幅图像，当到达最后一幅图像后，循环显示第一幅图像，如图 13.15 所示。

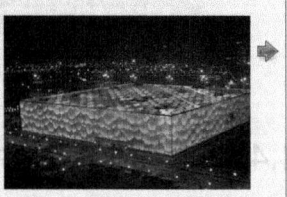

图 13.15　内容切换效果

13.4.5　数据表格插件

网页中通过 table 等元素形成的表格是没有排序、查找等功能的，因此网页中的数据表格在默认情况下只能是静态的表格。DataTables 是由第三方开发者开发的数据表格插件，它可以对数据表格进行动态排序、查找、控制一次显示的行数等操作。它可以从 datatables.net 网站下载。

【实例 13-11】（实例文件 ch13/datatables/01.html）

在本实例中，通过 DataTables 插件实现火车时刻表的动态展示。火车时刻数据在展示时一开始按照发车时间进行升序排列。用户可以通过单击数据表格每列列标题右侧的向上或向下箭头将该列指定为升序或降序排列。在数据表格区域的右上角，可以通过搜索功能对表格数据进行筛选。当数据较多时，还可以指定分页显示以及每页显示的数据行数。使用 DataTables 插件的步骤如下。

Step1 在网页中引入 jQuery 类库以及 DataTables 相关的类库文件：

```
<script type="text/javascript" src="js/jquery-1.7.min.js"></script>
<script type="text/javascript" src="js/jquery.datatables.min.js"></script>
```

Step2 在网页中引入 DataTables 相关的 CSS 样式：

```
<link href="css/demo_table.css" rel="stylesheet" type="text/css" />
```

Step3 在网页中编写 table 数据表格：

```
<table id="train" width="960">
    <thead>
        <tr>
            <th>车次 - 车型</th>
            <th>始发 - 目的地</th>
            <th><strong>发时</strong></th>
            <th><strong>到时</strong></th>
            <th>用时
                </td>
        </tr>
    </thead>
    <tbody>
        <tr>
            <td>G101(高铁)</td>
            <td>北京南站-上海虹桥站</td>
            <td>7:00</td>
            <td>12:23</td>
            <td>5:23</td>
        </tr>
    </tbody>
</table>
```

其中，数据表格的列头要放在 thead 元素中，数据要放在 tbody 元素中。

Step4 对 table 元素调用 dataTable()函数：

```
$(document).ready(function() {
    $('#train').dataTable( {
        "aaSorting": [[ 2, "asc" ]]
    });
});
```

其中，可以通过 aaSorting 参数设置数据表格默认按照第几列进行排序，列的序号为从 0 开始，asc 为升序，desc 为降序。这里设置数据表格按照第 3 列，即发车时间进行升序排列。

完成后，将以隔行变色的形式显示火车时刻数据，并且用户可以自由地对每列进行升序或降序的排列，如图 13.16 所示。

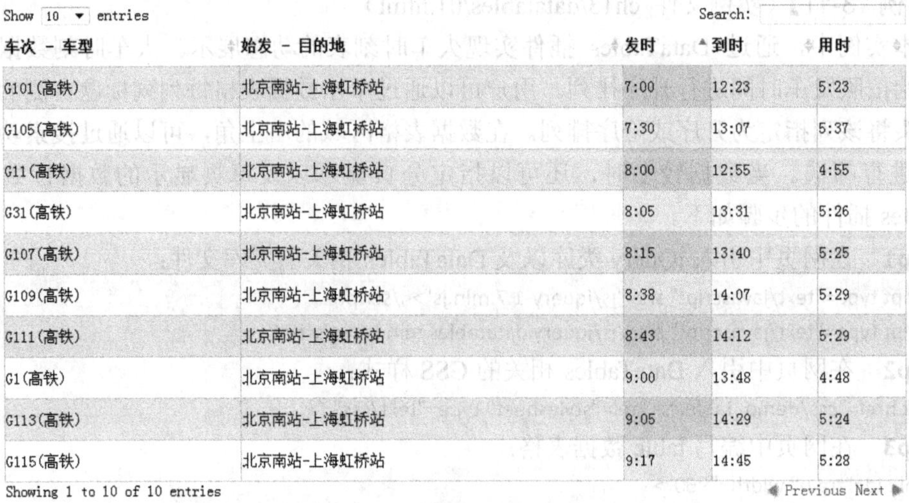

车次 - 车型	始发 - 目的地	发时	到时	用时
G101(高铁)	北京南站-上海虹桥站	7:00	12:23	5:23
G105(高铁)	北京南站-上海虹桥站	7:30	13:07	5:37
G11(高铁)	北京南站-上海虹桥站	8:00	12:55	4:55
G31(高铁)	北京南站-上海虹桥站	8:05	13:31	5:26
G107(高铁)	北京南站-上海虹桥站	8:15	13:40	5:25
G109(高铁)	北京南站-上海虹桥站	8:38	14:07	5:29
G111(高铁)	北京南站-上海虹桥站	8:43	14:12	5:29
G1(高铁)	北京南站-上海虹桥站	9:00	13:48	4:48
G113(高铁)	北京南站-上海虹桥站	9:05	14:29	5:24
G115(高铁)	北京南站-上海虹桥站	9:17	14:45	5:28

Show 10 entries   Search:

Showing 1 to 10 of 10 entries   ◄ Previous Next ►

图 13.16　DataTables 插件

本 章 小 结

通过本章的学习，了解 JavaScript 框架的作用以及 jQuery 框架的基本功能，掌握 jQuery 的选择器和事件的概念以及在网页中使用 jQuery 的基本方式。本章通过案例讲解通过 jQuery 操作网页元素，包括网页元素的属性和 CSS 样式属性。对于以 jQuery 的扩展形式存在的 jQuery 插件，本章讲解了一些目前在网站中使用较多的具有代表性的插件。对于更多的插件，可以查阅资料自行学习。

课 后 习 题

实践题

1．编写网页，使用 jQuery 改变网页元素的 CSS 属性。

2．编写网页，使用 jQuery 的动画函数创建网页元素的动态效果。

3．使用本章中介绍的 jQuery 插件或者从互联网上获得的 jQuery 插件，创建网页元素的特殊效果。

第 14 章　网站的发布和维护

学习要点：

● 掌握网站测试和优化方法；

● 掌握网站发布的方法；

● 了解网站推广方法。

建议学时： 上课 2 学时，上机 2 学时。

14.1　网站的测试与优化

在完成对网站中各页面的制作后，为了吸引更多的用户浏览使用网页，需要将已完成的网站发布到 Internet 上，并在使用过程中不断维护和更新网站的内容。为了提高网页的浏览速度、网页的适应性，在网站上传到服务器之前需要对网站中的页面进行测试和优化。

14.1.1　网站测试

网站设计完成后，在上传到服务器之前，应进行本地测试，以保证页面的外观和效果、网页链接和页面下载时间与设计要求相符，同时可以避免网站上传后出现错误。

网站测试内容一般包括浏览器的兼容性、操作系统的兼容性、不同的屏幕分辨率、用户功能的实现情况、网站中的所有链接、连接速度等。测试不能仅限于网站开发人员，如果有条件，应该请用户单位的不同年龄、不同岗位的人使用不同的计算机来进行测试，以得到比较客观、全面的评价。不仅要在本地对网站进行测试，最重要的是在远程进行测试。因为远程浏览才更接近于真实情况。有条件时，应该让多个用户同时浏览同一网页，尤其是交互式网页，这种测试能够检验数据的同步性和协同性。

除了使用许多专门的网站测试工具进行测试外，也可以使用 Dreamweaver 中提供的测试工具进行测试。Dreamweaver 提供了以下测试工具。

1．检查浏览器的兼容性

由于客户端浏览器类型或版本的不同，很可能导致在一种浏览器中能正常显示的页面在另一种浏览器中无法正常显示。因此，在发布网站之前，对站点中的页面进行浏览器兼容性测试很重要。通过测试，使站点页面尽量在不同类型和版本的浏览器中能够正常运行和显示。Dreamweaver 提供了目标浏览器的测试工具，可以很方便地检查站点页面的兼容性。具体操作步骤如下。

Step1　选择"文件｜检查页｜浏览器兼容性"命令，打开结果面板组，如图 14.1 所示。

图 14.1　结果面板

Step2　单击结果面板左上角的箭头，选择"设置"项，打开如图 14.2 所示的对话框。

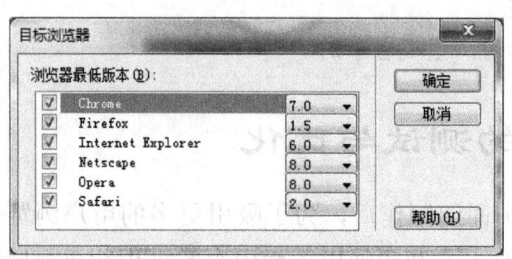

图 14.2　"目标浏览器"对话框

在对话框中选中要检查的浏览器前面的复选框，并在右侧的下拉列表中选择要检查的浏览器的最低版本。单击"确定"按钮完成目标浏览器的设置。

Step3　单击结果面板组左上角的箭头，然后选择"检查浏览器兼容性"项，进行浏览器兼容性检查。

Step4　如果页面有错误，就会在结果面板的"浏览器兼容性"面板中显示一个报告单，列出可能导致页面不能正常运行或显示的问题以及具体位置，如图 14.3 所示。双击错误选项，在文档窗口"代码"视图中的对应代码将高亮显示，根据报告中的提示对代码进行修改，直到没有错误为止。

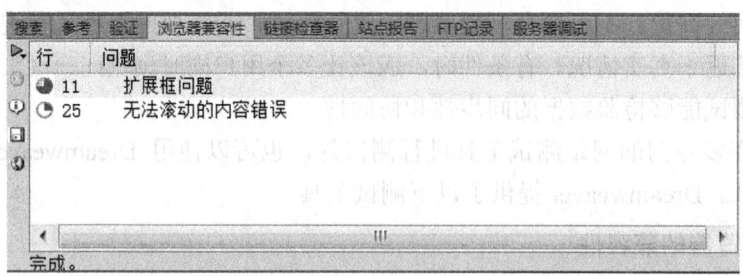

图 14.3　显示检查结果

单击"浏览器兼容性"面板左侧的"浏览报告"按钮 ，将会在浏览器中打开检查报告。浏览器检查报告是一个临时文件，它存放在本地站点的根目录中。单击面板左侧的"保存报告"按钮 ，可保存检查结果。

2．**检查和修复链接**

超链接使站点中的各个页面有机地联系在一起，如果某些链接不正确，就不能正常跳转到相应页面，因此，超链接测试也是网站测试的一个重要内容。手动检查超链接是一项费时费力的工作，而且很容易漏掉某些要检查的项目。利用 Dreamweaver 提供的"检查链接"命令可以方便地进行超链接的检查。

（1）检查链接

"检查链接"命令可自动检测打开的文件、本地站点的某一部分或整个本地站点的链接，然后把链接测试结果分类显示在链接检查器中。

检查网页链接的操作步骤如下。

Step1　选择"文件 | 检查页 | 链接"命令，检查到的结果将显示在结果面板组的"链接检查器"面板中，列表中列出的是断开的链接，如图 14.4 所示。

图 14.4　链接检查器

Step2　在"链接检查器"面板中，从"显示"下拉列表中选择"外部链接"或"孤立的文件"，可查看其他报告。

链接检查器显示的结果分为断掉的链接、外部链接、孤立文件这三种类型，可以在"显示"下拉列表中查看。

断掉的链接：链接文件在本地磁盘中没有找到。

外部链接：链接到站点外面的页面无法检查。

孤立文件：没有任何一个网页或链接指向它们，它们也没有指向其他网页的文件。孤立文件通常是没有用的文件，可以删除这些孤立文件。

（2）修复断开的链接

在运行链接报告之后，可直接在"链接检查器"面板中修复断开的链接和图像引用，也可以从此列表中打开文件，然后在属性面板中修复链接。

在"链接检查器"面板中修复链接的步骤如下。

在"链接检查器"面板的"断掉的链接"列中，选择某个已断开掉的链接，将会在链接的右边出现"浏览"按钮，单击"浏览"按钮，可以为无效的链接指定正确的链接文件，如图 14.5 所示。

图 14.5　修复无效链接

3. 使用报告测试站点

利用 Dreamweaver 的站点报告功能，可以提高站点开发人员和维护人员之间合作的效率。站点报告可以显示谁取出了某个文件，最近修改了哪些文件，以及一些 HTML 问题。Dreamweaver 生成站点报告的方法如下。

Step1 选择"站点 | 报告"命令，打开"报告"对话框，如图 14.6 所示。

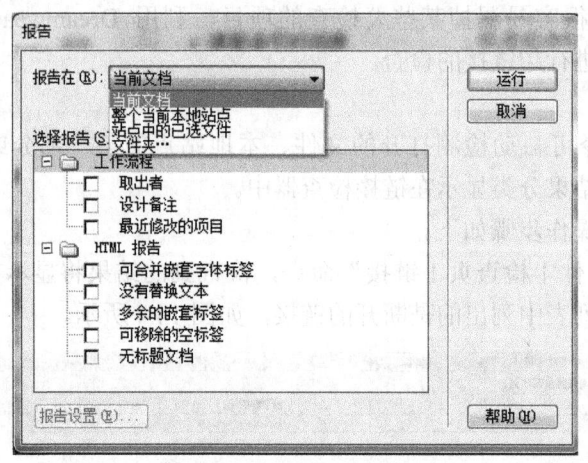

图 14.6 "报告"对话框

报告在：选择报告的范围。

选择报告：选择报告类型（用户可以选择一个或多个报告同时运行），例如，选中"HTML 报告"下的"可合并嵌套字体标签"及"没有替换文本"复选框。

Step2 单击"运行"按钮创建报告。

14.1.2 网站优化

网站优化是为了使网页有更友好的浏览界面以及更快的浏览速度。对网站可以进行技术和人文两方面优化。在进行技术优化时，可以对网站的目录结构、网页的代码进行优化，也可以针对搜索引擎进行优化。在进行人文优化时，可以对网页进行交互性和易用性方面的优化。

合理的网站目录结构，需要注意以下几点：

● 按栏目内容建立子目录。

● 不要将所有的文件都保存在根目录下，要合理安排。

● 在每个主栏目目录下按需要建立独立的 images 目录，用于存放图像素材。

● 不要使用中文目录。

● 目录的层次不要太深。

网页代码的优化包括对网页中的文字、图像以及表格的优化。

文字是页面中最大的构成元素。文字的字体最好用常规字体，如果是特殊字体可以将该字体做成图片插入网页，以免浏览器不支持该字体时影响网页效果。

图像是网页中的重要元素，可以在保证浏览质量的前提下将其图像大小（存储容量）降至最低，这样可以成倍地提高网页的下载速度。利用 Photoshop 或 Fireworks 可以将图片切成小块，分别进行优化。输出的格式可以为 GIF 或 JPEG，要视具体情况而定。一般把有较多复杂颜色变化的小块优化为 JPEG，而把那种只有单纯色块的卡通画式的小块优化为 GIF。

表格（table）是页面中的重要元素，经常用于页面布局。浏览器在读取网页 HTML 源代码时，要读完整个<table>才将它显示出来。如果一个大表格中嵌套多个子表格，必须等大表格读完，才能将子表格一起显示出来。应该尽量避免将所有元素嵌套在一个表格里，而且表格嵌套层次要尽量少。

搜索引擎优化就是通过总结搜索引擎的排名规律，对网站进行合理优化，使网站在搜索引擎（如百度、Google）中的排名提高。搜索引擎优化可以从以下几方面进行。

● 注意页面标题（title）的设置。
● 标题中需要包含有关键字的内容，同时网站中的多个页面标题不能雷同。
● 超链接优化。尽量改变原来的图像链接和 Flash 链接，使用纯文本链接，并定义全局统一链接位置。按规范书写超链接，例如<a href="index.htm" title="电脑爱好者论坛">论坛</a>。
● 图像优化。为每个<img>标签加上 alt 属性，如：<img src="a1.jpg" alt="庐山瀑布" />。
● 其他方面的优化。

网页的优化可以利用专门的网页优化工具，如：网页优化大师等，进行优化。Dreamweaver 中也有一些工具可以进行网页优化。Dreamweaver 中的"清理 XHTML"命令，可以自动删除空标签，合并嵌套 font 标签，以及通过其他方法改善杂乱或难以辨识的HTML 或 XHTML 代码。方法如下：

Step1 打开要清理的文档，选择"命令 | 清理 XHTML"命令，打开如图 14.7 所示的对话框。

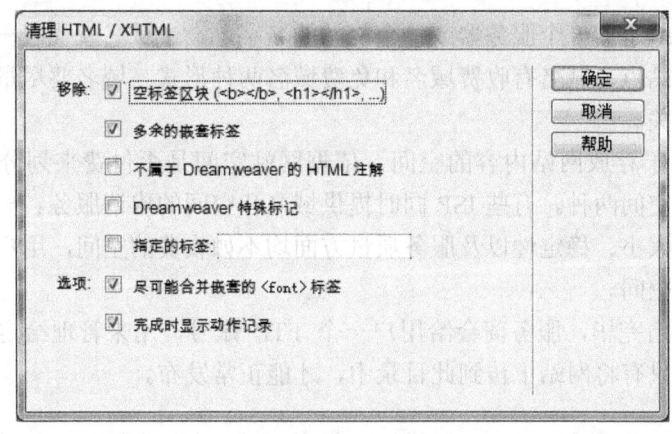

图 14.7 "清理 HTML/XHTML"对话框

Step2 在对话框中，选择需要清理的选项并单击"确定"按钮。

在"移除"栏中，有以下选项。

空标签区块：用于删除标签对之间没有任何内容的标签对。例如，<b></b>和<font color="#FF0000"></font>。

多余的嵌套标签：用于删除某个标签的所有多余实例。

不属于 Dreamweaver 的 HTML 注释：用于删除所有并非由 Dreamweaver 插入的注释。例如，<!--begin body text-->将被删除，但<!--TemplateBeginEditable name="doctitle"-->不会被删除，因为它是标记模板中的可编辑区域开头的 Dreamweaver 注释。

Dreamweaver 特殊标记：用于删除 Dreamweaver 添加到代码中的注释，这些注释允许在更新模板和库项目时自动更新文档。如果在基于模板的文档中清除代码时选择此选项，文档将与模板分离。

指定的标签：指定要删除的标签。多个标签应用逗号分隔（如：font,blink）。

在"选项"栏中，有以下选项。

尽可能合并嵌套的<font>标签：用于合并两个或多个控制相同范围文本的 font 标签。例如，<font size="7"><font color="#FF0000">big red</font></font>将被更改为<font size="7" color="#FF0000">big red</font>。

完成时显示动作记录：用于在完成清理时显示一个警告框，其中包含有关文档改动的详细信息。

14.2 网站的发布与维护

14.2.1 网站的发布

网站测试没有问题后，就可以将其上传到 WWW 服务器中，供更多的浏览者使用。在 Internet 上发布网站一般先要申请域名和空间，然后将网站的内容上传到申请的空间中。用户只需在浏览器的地址栏中输入域名就可以直接访问到网站。

1．申请域名和空间

域名是 Internet 上的一个服务器或一个网站的名字，一个域名就代表一个站点，通过域名就可以访问到该站点。域名有收费域名和免费域名两种形式。域名要尽量简洁、好记，其含义与网站主题相关。

网站空间是用于存放网站内容的空间。依据网站空间是否付费来划分，可分为免费网站空间与付费网站空间两种。有些 ISP 同时提供域名和空间的申请服务。一般来说，免费的空间在提供的空间大小、稳定性以及服务质量方面均不如收费的空间，用户可以根据实际需要选择合适的网站空间。

域名与空间申请完毕，服务商会给用户一个 FTP 账号，用来管理给定的空间。空间与域名绑定在一起，只有将网站上传到此目录中，才能正常发布。

2．上传网页

域名和空间申请完成后，就可以上传网站了。可以利用 FTP 工具（CuteFTP、FlashFXP、LeapFTP 等）上传网站，也可以利用 Dreamweaver 中的文件面板进行网站的上传。

专门的上传、下载工具通常支持断点续传，上传速度快且稳定，是发布网站的首选。但这些软件需要另外安装。下面介绍利用 Dreamweaver 中的文件面板上传网站的方法。

通过 Dreamweaver 上传网站，需要先为站点定义远程服务器，然后使用 Dreamweaver 自带的上传功能实现站点远程文件管理。方法如下。

Step1 选择"站点|管理站点"命令。

Step2 单击"新建站点"按钮以设置新站点，或选择现有的 Dreamweaver 站点并单击"编辑"按钮。

Step3 在"站点设置"对话框中,选择"服务器"类别并执行下列操作之一:

● 单击"添加新服务器"按钮,添加一个新服务器。

● 选择一个现有的服务器,然后单击"编辑现有服务器"按钮。

服务器设置窗口分为"基本"和"高级"两个选项卡,其中"基本"选项卡如图 14.8 所示,各项参数说明如下。

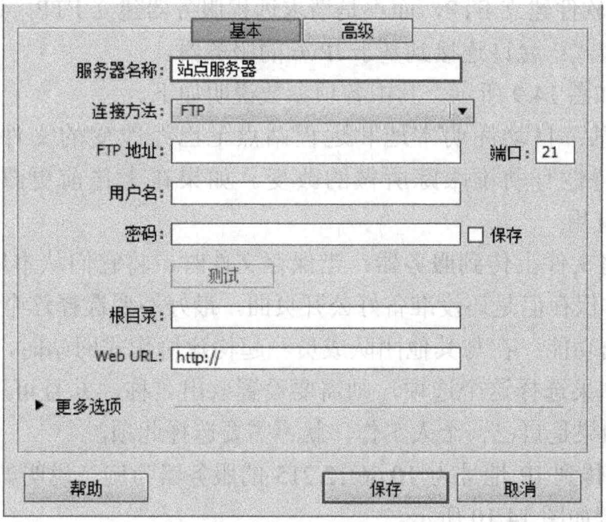

图 14.8 服务器设置窗口"基本"选项卡

服务器名称:指定新服务器的名称。

连接方法:Dreamweaver 支持多种方法连接到远程站点。

● FTP:使用 FTP 连接到 Web 服务器。

● SFTP:安全 FTP。SFTP 使用加密密钥和公用密钥来保证指向服务器的连接的安全。若选择此选项,服务器必须运行 SFTP。如果不知道服务器是否运行 SFTP,请向服务器管理员确认。

● FTP over SSL:SFTP 仅支持加密,FTP over SSL 既支持加密,又支持身份验证。

● FTP over SSL(隐式加密):如果未收到安全性请求,则服务器终止连接。

● FTP over SSL(显式加密):如果客户端未请求安全性,服务器可选择进行不安全事务或拒绝/限制连接。

● 本地/网络:连接到网络文件夹,在本地计算机中存储文件或运行测试服务器时使用此设置。

● WebDAV:使用基于 Web 的分布式创作和版本控制(WebDAV)协议连接到 Web 服务器。对于这种连接方法,必须有支持此协议的服务器,如 IIS5.0 或安装正确配置的 Apache Web 服务器。

● RDS:使用远程开发服务(RDS)连接到 Web 服务器。对于这种连接方法,远程服务器位于运行 Adobe ColdFusion 的计算机中。

FTP 地址:FTP 服务器的地址。FTP 地址是 FTP 服务器名称或 IP 地址,如: 10.66.12.215。如果不能确定正确的 FTP 地址,应与 Web 托管服务商联系。

用户名、密码:输入用于登录到 FTP 服务器的用户名及密码。

根目录：远程服务器中用于存储公开显示的文档的目录（文件夹）。

Web URL：Web 站点的 URL（例如，http://www.mysite.com）。Dreamweaver 使用 Web URL 创建站点根目录相对链接，并在使用链接检查器时验证这些链接。

如果仍需设置更多选项，可以展开"更多选项"部分。

使用被动式 FTP：使用被动的 FTP 连接模式。如果某些防火墙要求使用被动式 FTP，也就是说，让本地的软件建立 FTP，而不是请求远程服务器建立 FTP，这时应当选择此项。

使用 IPv6 传输模式：允许连接到基于 IPv6 的服务器。

"高级"选项卡如图 14.9 所示，其中各项参数说明如下。

- 维护同步信息：自动注明本地和远程站点上已经改变的文件，以便轻松地同步它们。这种特性有助于跟踪所做的改变。如果在上传前更改了多个页面，则选择此项比较有用。
- 保存时自动将文件上传到服务器：当保存文件时，将它们从本地站点传输到远程站点。如果经常保存但是还没准备好公开页面，最好不要选择这个选项。
- 启用文件取出功能：在与其他团队成员一起构建协作式网站时，可以启用"存回/取出"系统。如果选择这个选项，则需要设置取出名称，并且可以选择输入一个电子邮件地址。如果是自己一个人工作，就不需要选择此项。

下面以将站点上传到 IP 地址为 10.66.12.215 的服务器为例，说明如何设置服务器信息。"基本"选项卡中设置如图 14.10 所示。

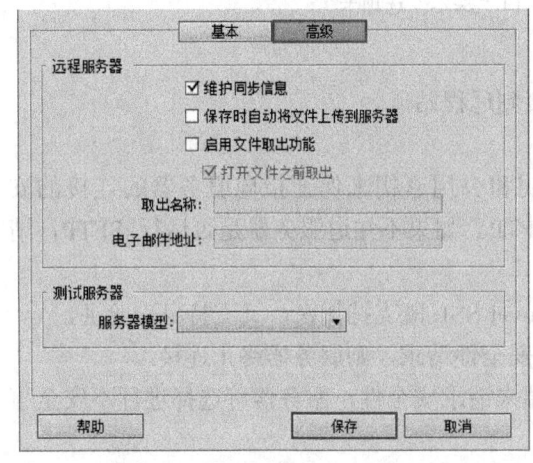
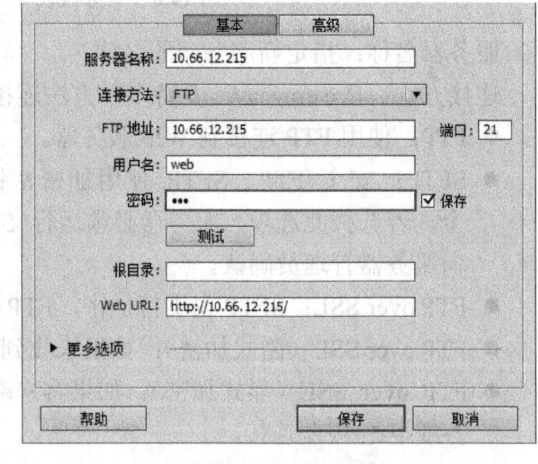

图 14.9　服务器设置高级选项　　　　　　图 14.10　服务器设置

配置完成后，单击文件面板中的"向'远程服务器'上传文件"按钮 🔼，即可将文件上传。Dreamweaver 默认的是将整个站点上传。如果用户只想上传某些文件，则需要先选中这些文件，再单击"上传文件"按钮，即可将选中的文件上传。

本节中网站的发布是基于域名提供商的虚拟主机方式完成的。对于小型企业或团体，这种方式不用自己本身去管理，由服务商代为管理，省钱省力。但是，对于实力强大的企业集团，由于功能复杂，使用人员众多等因素，需要自建服务器和绑定域名，实现自己管理网站和服务器。

上传完网站后，就可以用申请的域名直接访问网站了。

14.2.2　网站的维护

网站的管理和维护工作主要包括网站数据的备份，网站内容的更新，信息反馈、在线及离线用户的问题解答，服务器、线路运行监测及故障排除等。对于公司、企业等单位，尤其是有自己服务器的，需要配置专门的网站管理员来管理和维护。

一般，网站维护有以下几种措施。

（1）网站的数据备份

在发布网站时，对网站数据进行备份，这样，如果在运行或网站发布过程中数据被破坏，或在维护过程中由于误操作造成数据丢失，可通过备份恢复网站使其正常运行，尽量减少损失。在这里，数据备份主要是指网站文件的备份和数据库数据的备份。

（2）网站数据的更新

网站内容需要根据实际情况，不断更新。

（3）网络服务的维护

确保网站 24 小时能正常提供服务，并确保服务的安全性。

（4）网络设备的维护

网络设备的维护包括网络设备的更新与维修，如对服务器、交换机、路由器等设备及 Internet 连接线路等的检修和维护。

14.3　网站的宣传推广

网站发布以后，要想让更多的用户访问自己的网站，使其提供的信息能够被更多的人看到，这就需要进行网站的宣传推广。网站推广的方法有很多，可以通过传统媒体进行推广，也可以利用新媒体方式进行推广。常用的网站宣传推广方式介绍如下。

1．利用传统媒体推广

传统媒体有广泛的覆盖面和影响力，可以对网站的推广起到很好的促进作用。网站制作完成后，可以选择报纸、电视、户外广告等方式推广网站。

2．利用网络媒体推广

（1）搜索引擎注册

多数网站是浏览者通过搜索引擎搜索到后进入的，所以搜索引擎注册是最常用的网站推广手段。搜索引擎注册也就是将网站基本信息（尤其是 URL）提交给搜索引擎的过程。例如，百度搜索引擎注册方法如下。

Step1　打开百度站长平台（http://zhanzhang.baidu.com）中的"站长工具"，如图 14.11 所示。

Step2　在网页中输入要收录的网站域名，单击"添加网站"按钮，百度站长平台在对网站与网站提交者所属关系的真实性进行验证并通过后，将把此网站加入到百度搜索引擎的索引范围内。

还可以通过优化网站内容或构架来提升网站在搜索引擎中的排名。

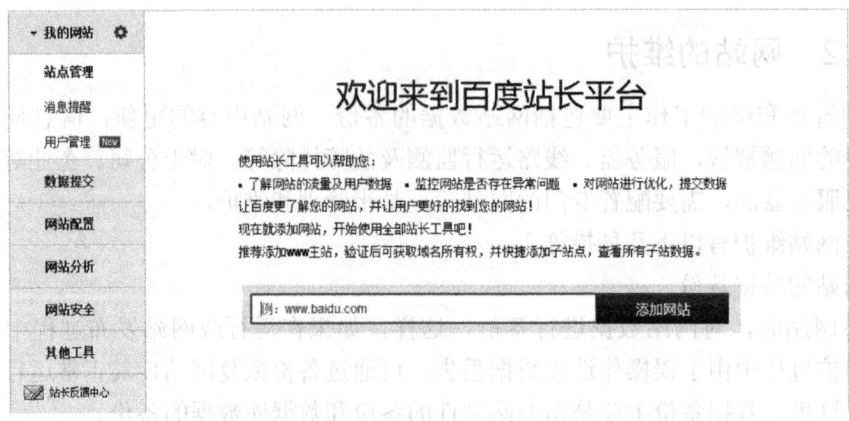

图 14.11　百度站长工具

（2）在网站上做广告

在网站上做广告，如 Banner 广告、关键字广告、分类广告、赞助式广告、E-mail 广告等。

（3）利用友情链接推广

与其他网站进行友情链接，这样当用户浏览其他网站时，可以通过广告、网站 Logo 或链接文字进入本网站。

（4）利用论坛推广

在相关论坛或 QQ 群中发布站点相关信息进行宣传推广。

本 章 小 结

本章主要介绍网站的测试、发布和维护等内容。在完成本地站点所有页面的设计之后，必须经过必要的测试工作，确认网站能够稳定地工作后，才可以将站点上传到远程服务器中。为了保证网站系统正常运行和有效工作，发布以后的维护和管理工作也是十分重要的。通过本章的学习，应熟悉相关的概念和操作，并树立站点测试、维护的意识。为了吸引浏览者，增加网站访问量，还需要对网站进行推广宣传。

课 后 习 题

思考题

1．网站测试主要包括哪些方面的工作？

2．如何推广宣传网站？试用几种方法推广自己创建的网站。

3．如何使用 Dreamweaver 或 FTP 工具将自己完成的网站上传到互联网上的服务器中？

第15章 综合案例

学习要点：

● 掌握原型设计的基本方法；

● 掌握使用 Photoshop 设计页面效果图的方法；

● 掌握站点目录结构的规划；

● 掌握使用 CSS 进行网页样式设置及布局。

建议学时： 上课 2 学时，上机 2 学时。

15.1 案例描述

本章将以北京旅游网为案例，介绍一个网站的基本设计过程。该网站以介绍北京的著名旅游景点为目标，分自然景观、人文景观、展馆、旅游攻略等栏目，分别介绍香山、什刹海、青龙峡等自然景观，故宫博物院、颐和园、长城等人文景观，国家博物馆、首都博物馆、中国美术馆等展馆，以及针对各景点的旅游攻略。网站完成后主页如图 15.1 所示。

图 15.1 北京旅游网主页

15.2　布局规划及原型设计

网站主页分为上、中、下三个部分：在主页上部布局网站的 Logo、导航及横幅 Banner 图像；在主页中部布局网站的主要内容，包括用户登录表单、热点新闻和推荐景点等；在主页下部布局有关网站的基本信息。网站的内容页也分为上、中、下三个部分：上部主要布局网站的 Logo、导航及横幅 Banner 图像；中部布局关于某一景点的详细文字和图像介绍信息；下部布局有关网站的基本信息。

在开始网站的细节设计之前，首先进行网站的以线框为主的原型设计。这里使用 FlairBuilder 软件进行原型设计，如图 15.2 所示。FlairBuilder 软件在右侧的工具面板中，提供了许多网页元素原型供使用，如文本、超链接、导航、文本表单域、密码表单域、折叠式标签组件等。把相应的网页元素原型拖动到左侧的编辑区域，即可完成网页元素原型的添加操作。当选中或双击网页元素原型时，可以设置它的参数以及其中的内容。

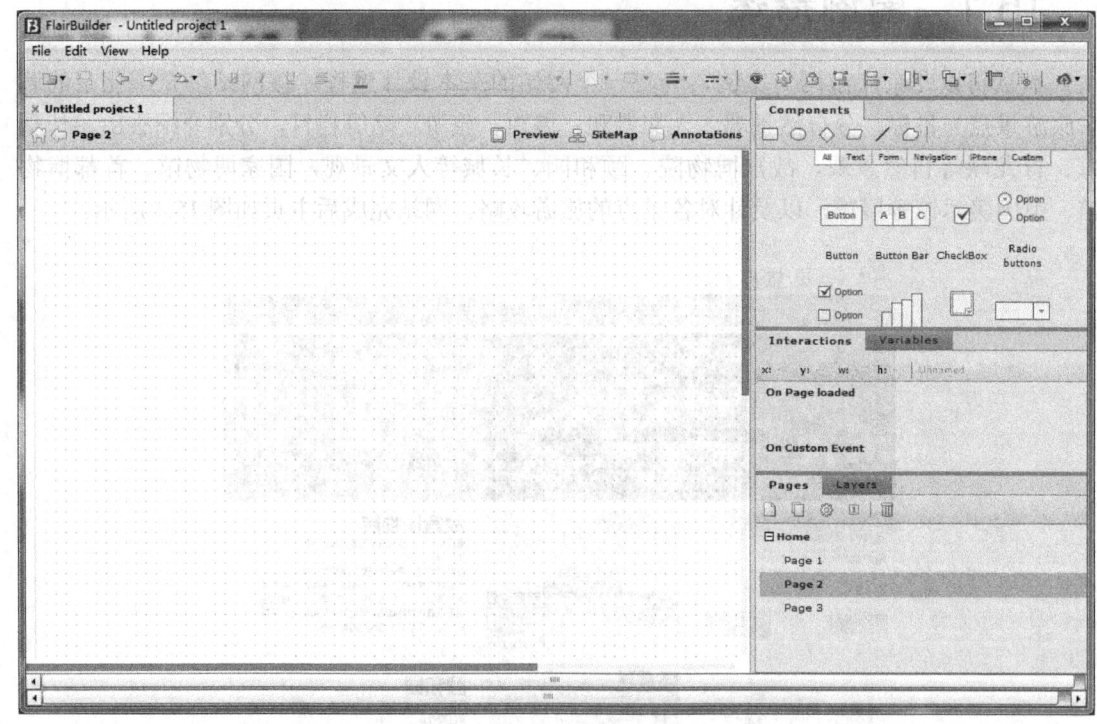

图 15.2　FlairBuilder 软件界面

采用 FlairBuilder 这一软件对网站主页和内容页进行原型设计，结果如图 15.3 所示。

在原型设计中，主要通过线框、文字、图像等要素勾勒出网页布局的基本轮廓，如 Logo、导航、横幅图像、正文文字的位置和相对关系，为后续网页的详细设计奠定基础。在这里，主页的主要内容部分分为两栏，左侧栏布局登录表单和热点新闻，右侧栏以图文混排的方式布局景点的图像及简介；内容页的主要内容部分也分为两栏，左侧栏是景点的详细介绍信息，右侧栏是景点的有代表性的图像。

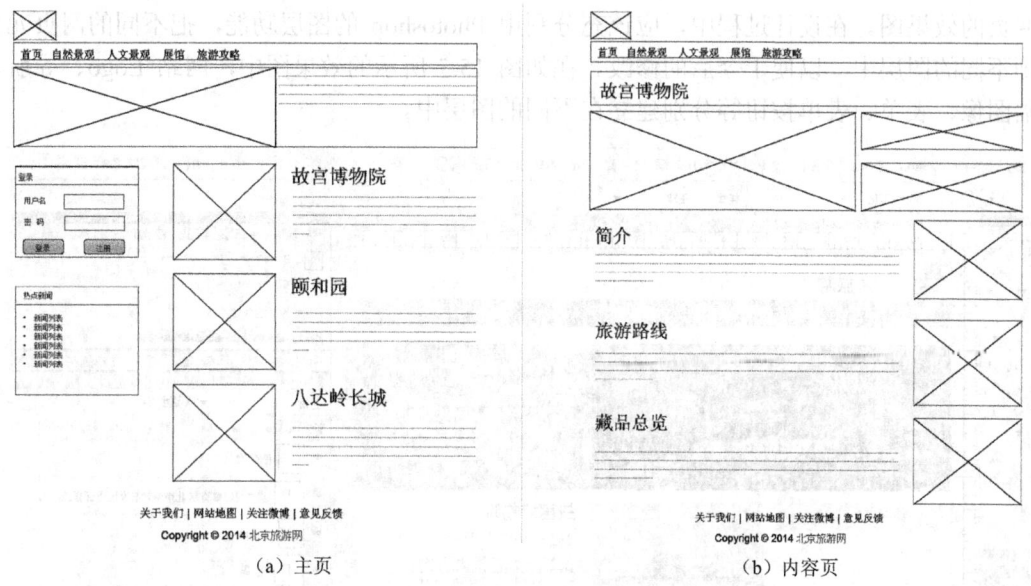

（a）主页　　　　　　　　　　　　　　　（b）内容页

图 15.3　北京旅游网原型设计

15.3　使用 Photoshop 设计页面效果图

在原型设计的基础上，接下来可以采用图像处理工具设计网页的真实效果图，如使用 Photoshop 和 Fireworks 等软件。这里采用 Photoshop 设计网站的主页和内容页的效果图。

15.3.1　主页效果图设计

根据网页的页面大小，在 Photoshop 中建立相应宽度的 psd 文件，这里建立宽度为 960 像素，高度为 1000 像素的 psd 文件，如图 15.4 所示。网页效果图的高度在设计初期并不一定能够准确地确定下来，可以先输入一个数值，在后期通过修改画布的大小来改变网页效果图的高度。

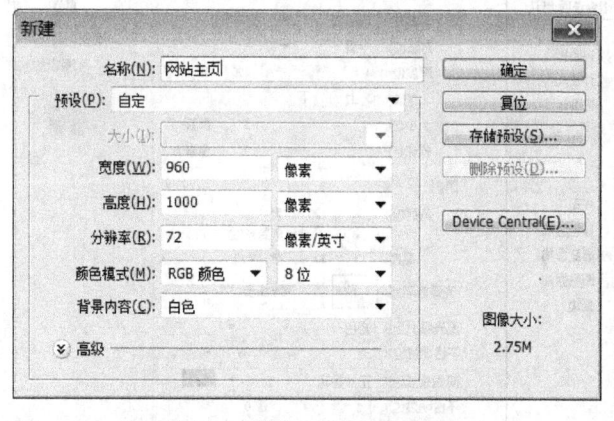

图 15.4　建立 Photoshop 文件

建立 psd 文件后，通过 Photoshop 提供的各种功能，对文字和图像等要素进行组合，形成网页的效果图。在设计过程中，应该充分利用 Photoshop 的图层功能，把不同的网页元素放到不同的图层中，以便于今后的修改。在如图 15.5 所示的效果图中，网站 Logo、导航、横幅图像、表单、表单按钮等分别建立在不同的图层中。

图 15.5　网站主页效果图

在图 15.5 中，使用"渐变工具"实现横幅图像部分导语文字后面的渐变背景效果，使用"圆角矩形工具"实现"登录"按钮和"注册"按钮的制作。并且，在相应图层中增加"斜面和浮雕"图层样式，给按钮增加立体效果，设置如图 15.6 所示。

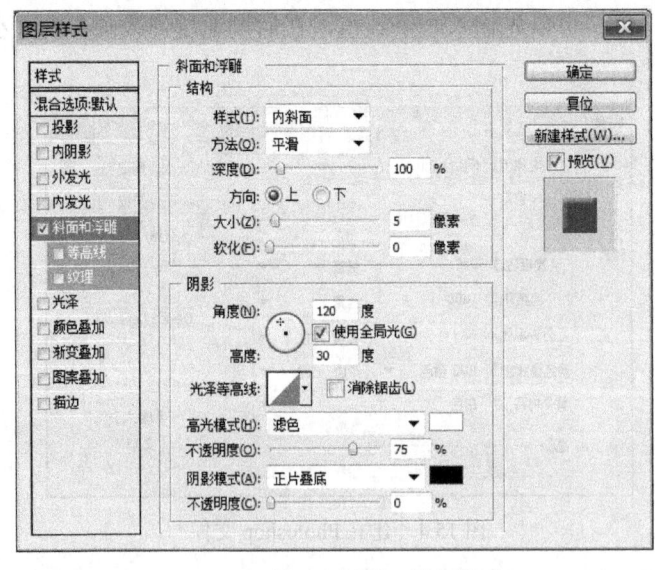

图 15.6　"斜面和浮雕"图层样式

15.3.2 内容页效果图设计

网站内容页的制作方式与主页相同，使用图层把不同的网页元素组合到效果图文件中，如图 15.7 所示。

图 15.7 网站内容页效果图

15.3.3 切片

使用 Photoshop 设计的效果图需要经过"切片"的过程，把网页中需要使用的局部图像切割出来。在网页中，使用图像的基本方式是用 img 标签插入图像，或者把图像作为背景。在使用 Photoshop 切割作为背景存在的图像时，经常采用的方式是，先切割出很窄的图像区域，然后在网页中通过平铺的方式来使用，从而减小网页中使用的图像大小并能够适应具有不同分辨率的网站访问者的计算机。

对于网站主页，通过 Photoshop 的"切片工具"在效果图上拖画出矩形区域，把需要的图像区域切割出来。在 Photoshop 中，用蓝底白色文字标记在主动切割的图像区域的左上角，用灰底白色文字标记在自动生成的切割图像区域的左上角。这里，对网站的 Logo、横幅图像、表单按钮、景点图像等部分进行了切片，如图 15.8 所示。

使用"切片工具"完成切片后，选择"文件|存储为 Web 和设备所用格式"命令，打开"存储为 Web 和设备所用格式"对话框，如图 15.9 所示。

在这一对话框中，可以通过左侧的"抓手工具"移动效果图的可视区域，通过"切片选择工具"选择效果图中的某一切片。选择某一切片后，可以设置这一切片的保存格式，在 Photoshop 中提供了 GIF、JPEG、PNG-8、PNG-24 等不同的图像格式。设计人员针对不同的目标要求应该选用不同的图像格式。这里，对于中间的横幅图像，选择 JPEG 图像格式，并可以进一步设置图像的品质。Photoshop 会在对话框的左下角显示当前设置所对应的图像大小，以及在指定的网络速率下，下载图像所需要消耗的时间。

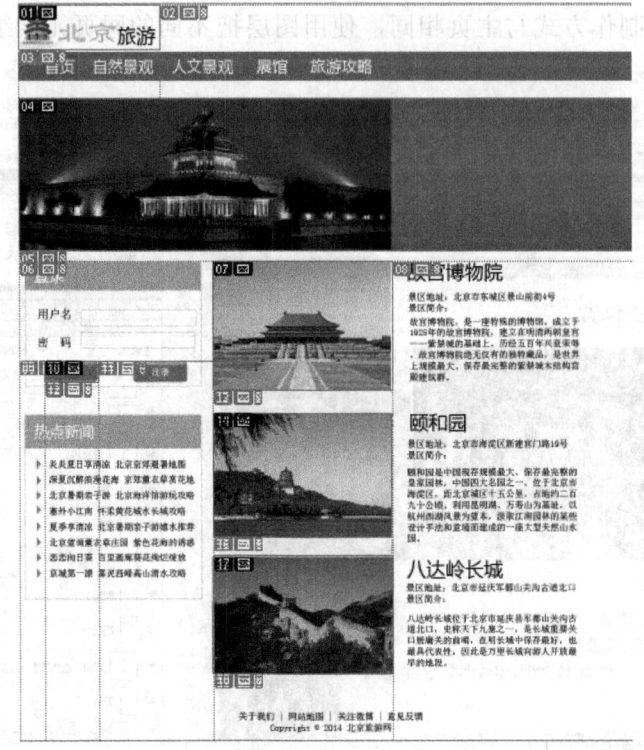

图 15.8　使用 Photoshop 进行切片

图 15.9　"存储为 Web 和设备所用格式"对话框

　　当所有的切片完成参数的设置后，单击"存储"按钮，Photoshop 将提示保存 HTML 文件和图像文件。对于图像文件，可以选择保存所有切片、所有用户切片、选中的切片。其中，用户切片指的是用户主动切割的切片，不包括 Photoshop 自动生成的切片。如果不需要 Photoshop 生成的 HTML 文件，可以选择仅保存图像文件。

经过 Photoshop 的保存后，在相应的文件夹中将生成独立的图像文件，可以在后续的网页制作过程中使用，如图 15.10 所示。

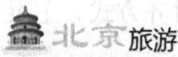

图 15.10　切片生成的图像

15.4　站点制作

15.4.1　站点目录结构

良好的站点目录结构能够更方便地对站点文件进行维护和更新。网站主页直接放在网站的根目录下，另外建立 css 和 images 文件夹，分别用于存放 CSS 文件和图像文件。根据站点的栏目，建立相应的子文件夹，如 natural 文件夹对应自然景观栏目，human 文件夹对应人文景观栏目，gallery 文件夹对应展馆栏目，strategy 文件夹对应旅游攻略栏目。

在 CSS 的规划中，整个站点页面公用的样式放在 global.css 文件中，某一网页独有的样式以内部样式的形式放在网页的头部，某一类型网页共同使用的样式以单独的样式文件保存，并以外部样式的方式使用。

在图像的规划中，整个站点公用的图像放在站点的一级 images 文件夹中，各个网站栏目所使用的图像可以在各栏目文件夹下建立 images 文件夹进行存放。

根据前面的规划，在 Dreamweaver 中建立相应的文件夹及文件，站点目录结构如图 15.11 所示。

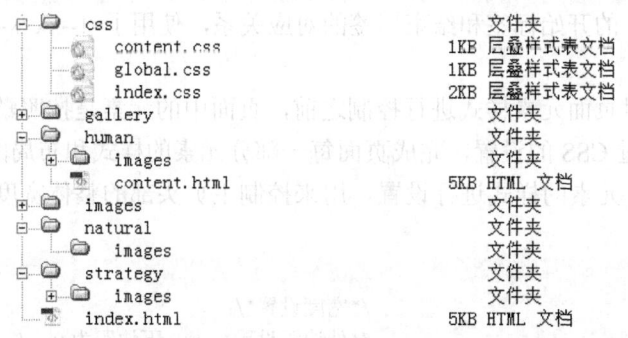

图 15.11　站点目录结构

15.4.2 主页头部设计

主页头部由 logo、导航和 banner 三部分组成，其中 logo 部分放置 Logo 图像，导航部分由无序列表形成站点的顶级导航菜单，banner 部分由 banner 图像及导语组成，整体用名称为 header 的容器元素所包围，从而控制头部的宽度和水平对齐方式。主页头部的结构如图 15.12 所示。

图 15.12　主页头部的结构

根据这个结构，对主页头部进行 HTML 编码，代码如下：

```html
<div id="header">
<div id="logo">
<img src="images/logo.jpg" width="224" height="69" />
</div><!-- end of logo -->
<div id="nav">
<ul>
  <li><a href="#">首页</a></li>
  <li><a href="#">自然景观</a></li>
  <li><a href="#">人文景观</a></li>
  <li><a href="#">展馆</a></li>
  <li><a href="#">旅游攻略</a></li>
 </ul>
</div><!-- end of nav -->
<div id="banner">
<img src="images/banner.jpg" width="960" height="232" />
<div id="intro">
<p>北京是……（内容略）</p>
</div><!-- end of intro -->
</div><!-- end of banner -->
</div><!-- end of header -->
```

其中，为了表示 div 的开始标签和结束标签的对应关系，使用了<!--xxxx-->注释对 HTML 语句进行标注。

在使用 CSS 对页面元素样式进行控制之前，页面中的元素是按照默认的从上到下的顺序进行显示的。通过 CSS 的设置，完成页面每一部分元素的样式和布局的控制。

下面对 header 元素的样式进行设置，用来控制主页头部的整体宽度和水平居中对齐方式，代码如下：

```css
#header{
    width:960px;                        /*宽度设置*/
    margin:0 auto;                      /*外边距设置，上、下边距为 0，左、右边距为自动*/
}
```

下面对导航部分的样式进行设置，使得无序列表构成的网页元素能够形成导航部分，其中的每个列表条目浮动起来形成导航中的菜单，通过伪类样式的变换形成用户与菜单的交互效果，代码如下：

```
#nav{
    height:44px;                        /*高度设置*/
    line-height:44px;                   /*行高设置，使得导航文字垂直居中*/
    background-color:#3670e5;           /*背景颜色设置*/
}
#nav ul {
    list-style-type:none;               /*取消默认的项目符号*/
}
#nav li {
    float:left;                         /*无序列表条目浮动为水平排列*/
}
#nav li a:link{
    display:block;                      /*区块显示*/
    font-size:24px;                     /*字体大小设置*/
    color:#FFFFFF;                      /*字体颜色设置*/
    width:192px;                        /*宽度设置*/
    text-decoration:none;               /*无下画线*/
    text-align:center;                  /*文字水平对齐方式*/
}
#nav li a:hover{                        /*鼠标经过时*/
    background-color:#F90;              /*改变背景色*/
}
```

通过这样的设置，导航部分的 5 个菜单项均匀地水平分布在导航条上，初始状态时，菜单项为蓝底白字，当鼠标指针移动到菜单项上时，菜单项变为以橘黄色为底的白色文字。

为了提示用户当前访问的是网站的哪个栏目，在 CSS 中增加如下的类样式：

```
.focus{
    background-color:#F90;              /*背景色*/
}
```

在网站主页中，给导航部分的首页（主页）链接增加 focus 样式：

```
<li><a href="#" class="focus">首页</a></li>
```

这样可以使得首页链接区别于其他链接，如图 15.13 所示。

| 首页 | 自然景观 | 人文景观 | 展馆 | 旅游攻略 |

图 15.13　区别于其他导航的首页链接

对于 banner 部分的导语，由 CSS 控制导语部分的文字显示在 banner 图像的右侧。这里，绝对定位和相对定位的配合使用，设置 banner 这一 div 元素为相对定位，设置导语部分所在的 div 元素为绝对定位，并且通过 top 属性和 right 属性设置导语部分所在的 div 元素距离 banner 元素顶部和右侧的位置。代码如下：

```
#banner{
    margin:10px 0;        /*上、下边距为 10 像素，增加与导航部分和下面主体部分之间的距离*/
    position:relative;    /*相对定位*/
```

```
}
#intro{
    position:absolute;          /*绝对定位*/
    top:30px;                   /*距离 banner 元素顶部 30 像素*/
    right:20px;                 /*距离 banner 元素右侧 30 像素*/
    font-size:20px;             /*字体大小设置*/
    color:#FFF;                 /*字体颜色设置*/
    width:337px;                /*宽度设置*/
    height:175px;               /*高度设置*/
}
```

完成后主页的头部区域如图 15.14 所示。

图 15.14　主页头部区域

15.4.3　主页主体内容设计

主页主体内容由登录区域、热点新闻区域、景点推荐区域等组成。主页主体内容部分的结构如图 15.15 所示。

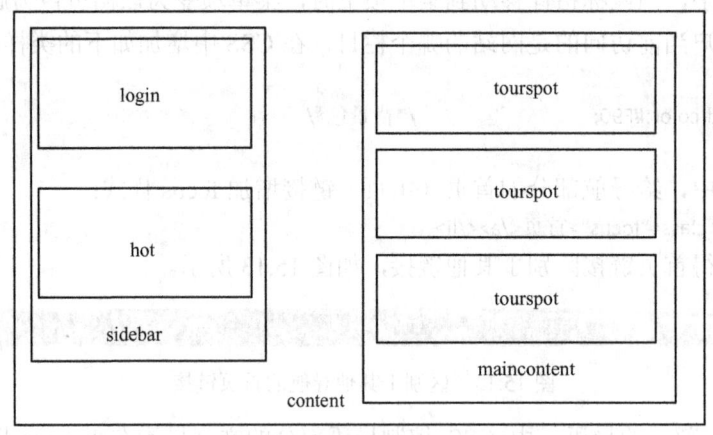

图 15.15　主页主体内容部分的结构

主页主体内容部分从整体上分为 sidebar 和 maincontent 两部分，sidebar 部分中包含 login 登录区域和 hot 热点新闻区域，maincontent 部分由推荐景点的图像和介绍文字组成。

在 login 登录区域中，包含 form 元素、label 元素和 input 元素，代码如下：

```
<div id="login">
<form action="" method="get">
```

```html
<h2>登录</h2>
<ul>
  <li>
    <label>用户名<input type="text" name="username" id="username" class="textinput"/></label>
  </li>
  <li>
    <label>密  码<input type="text" name="passwd" id="passwd" class="textinput"/></label>
  </li>
  <li>
    <input type="image" name="imageField" id="imageField" src="images/button01.jpg" class="fl"/>
    <a href="#"><img src="images/button02.jpg" width="86" height="32" class="fr"/></a>
  </li>
</ul>
</form>
</div><!-- end of login -->
```

在 hot 热点新闻区域中，包含无序列表，代码如下：

```html
<div id="hot">
<h2>热点新闻</h2>
<ul>
    <li><a href="#">炎炎夏日享清凉 北京京郊避暑地图</a></li>
    <li><a href="#">深夏沉醉浪漫花海 京郊薰衣草赏花地</a></li>
...
</ul>
</div><!-- end of hot -->
```

在推荐景点区域，每个景点由图像及相应的描述组成，代码如下：

```html
<div class="tourspot">
<img src="images/gugong.jpg" width="278" height="195" />
<div class="desc">
<h2>故宫博物院</h2>
<p>景区地址：北京市东城区景山前街 4 号</p>
<p>景区简介：</p>
<p>故宫博物院……（文字略）</p>
</div>
```

下面通过 CSS 控制每个部分的样式和布局。对于 content 元素，与 header 元素一样，设置宽度和外边距使它水平居中：

```css
#content{
    width:960px;                    /*宽度设置*/
    margin:0 auto;                  /*外边距设置，上、下边距为 0，左、右边距为自动*/
}
```

对于 sidebar 元素和 maincontent 元素，通过 float 属性设置它们分别向左浮动和向右浮动：

```css
#sidebar{
    width:280px;                    /*宽度设置*/
    float:left;                     /*向左浮动*/
}
#maincontent{
    width:654px;                    /*宽度设置*/
```

```
    float:right;                        /*向右浮动*/
}
```

在登录表单中，为表单域标签指定相同的宽度，并且设置表单域标签向左浮动：

```
.inputlabel{
    width:70px;                         /*宽度设置*/
    float:left;                         /*向左浮动*/
}
```

通过 CSS 改变表单域的默认宽度和高度，使得它们和相应的表单域标签整齐地排列：

```
.textinput{
    width:180px;                        /*宽度设置*/
    height:30px;                        /*高度设置*/
}
```

在热点新闻区域，通过 CSS 取消无序列表的默认项目符号，通过背景图像和内边距的配合设置新闻列表前面的项目符号，并通过伪类设置新闻超链接的样式：

```
#hot ul{
    list-style-type:none;               /*取消默认的项目符号*/
}
#hot li{
    font-size:14px;                     /*字体大小设置*/
    line-height:28px;                   /*行高设置*/
    background-image:url(../images/arrow.jpg) ;/*背景图像*/
    background-repeat:no-repeat;        /*背景图像的重复方式：不重复*/
    background-position:left center;     /*背景图像的位置：水平方向左对齐，垂直方向居中*/
    padding-left:20px;                  /*左内边距设置*/
    margin-left:10px;                   /*左外边距设置*/
}
#hot a:link,#hot a:visited{
    color:#333;                         /*超链接文字颜色*/
    text-decoration:none;               /*超链接文字无下画线*/
}
#hot a:hover{
    color:#600;                         /*鼠标悬停时超链接文字颜色*/
    text-decoration:underline;          /*鼠标悬停时超链接带下画线*/
}
```

在推荐景点区域，设置下外边距使每个景点之间有一定的间隔。由于这里不需要对景点进行单独标记，因此定义的样式为类样式：

```
.tourspot{
    margin-bottom:30px;                 /*下外边距*/
}
```

对于景点区域的图像，通过复合内容选择器进行选择，并使用 float 属性设置为向左浮动：

```
.tourspot img{
    float:left;                         /*向左浮动*/
}
```

对于景点的介绍文字区域，也可以通过复合内容选择器进行选择，并设置宽度和左外边距使得介绍文字区域和图像之间有一定的间隔：

```
.tourspot .desc{
    width:300px;
    float:left;
    margin-left:28px;
}
```

完成后，主页主体内容部分的效果如图 15.16 所示。

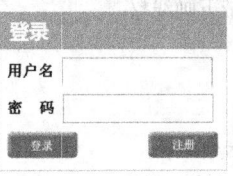

图 15.16　主页主体内容部分的效果

15.4.4　主页底部设计

在主页底部内容中，使用 div 元素、p 元素和 a 元素形成一些站点介绍的链接，代码如下：

```
<div id="footer">
<p>
<a href="#">关于我们</a> |
<a href="#">网站地图</a> |
<a href="#">关注微博</a> |
<a href="#">意见反馈</a><br />
Copyright &copy; 2014  北京旅游网
</p>
</div>
```

使用 CSS 对主页底部内容进行控制，设置整体水平居中，其中的文字水平居中，代码如下：

```
#footer{
    width:960px;                    /*宽度设置*/
    margin:0 auto;                  /*外边距设置，上、下边距为 0，左、右边距为自动*/
    text-align:center;              /*内容水平居中*/
}
```

如果希望主页底部的链接样式不同于其他区域的链接，可以通过复合内容选择器及伪类选择器重新定义这一区域的链接样式，代码如下：

```
#footer a:link,#hot a:visited{
    color:#000;                                   /*超链接文字颜色*/
    text-decoration:none;                         /*超链接文字无下画线*/
}
#footer a:hover{
    color:#00F;                                   /*鼠标悬停时超链接文字颜色*/
    text-decoration:underline;                    /*鼠标悬停时超链接带下画线*/
}
```

完成后主页底部的效果如图 15.17 所示：

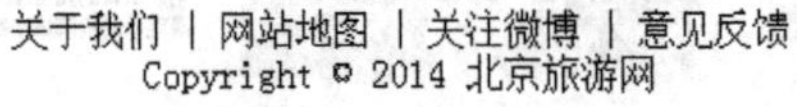

关于我们 | 网站地图 | 关注微博 | 意见反馈
Copyright © 2014 北京旅游网

图 15.17　主页底部的效果

15.4.5　内容页主体内容设计

这里以“故宫”景点为例，讲解内容页的设计过程。由于一个站点内的页面一般具有统一的页面头部和底部，因此这里主要讲解内容页中间内容（主体内容）的设计过程。

内容页主体内容由标题、顶部图像、详细介绍、右侧图像等区域组成。内容页主体内容部分的结构如图 15.18 所示：

tourspot
topimg
h2
p
h2
p
maincontent
img
img
img
sidebar

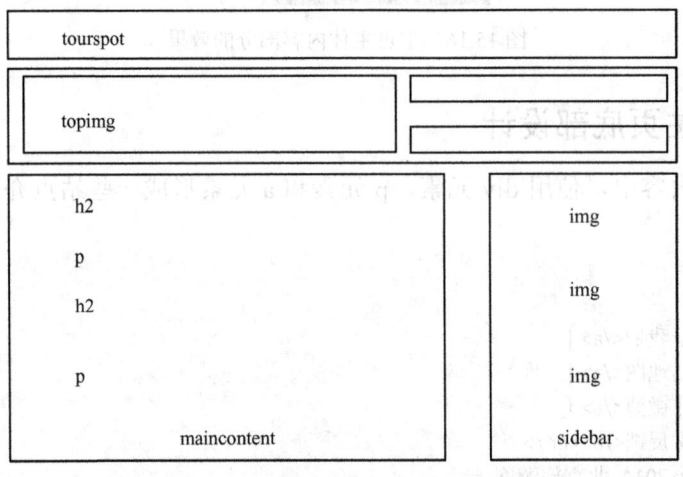

图 15.18　内容页主体内容部分的结构

根据页面结构，完成如下的 HTML 编码：

```
<div id="tourspot">
<h1>故宫博物院</h1>
</div><!-- end of tourspot -->
<div id="topimg">
<img src="images/top01.jpg" width="576" height="410" class="fl"/>
<img src="images/top02.jpg" width="374" height="195" class="fr"/>
<img src="images/top03.jpg" width="374" height="215" class="fr"/>
<div class="clear"></div>
```

```
</div><!-- end of topimg -->
<div id="content">
<div id="maincontent">
<h2>简介</h2>
<p>北京……（内容略）</p>
<h2>旅游路线</h2>
<p>故宫博物院实行……</p>
<h2>藏品总览</h2>
<p>……</p>
</div><!-- end of maincontent -->
<dlv ld="sidebar">
<img src="images/side01.jpg" width="239" height="132" />
<img src="images/side02.jpg" width="239" height="168" />
<img src="images/side03.jpg" width="239" height="211" />
<img src="images/side04.jpg" width="239" height="151" />
</div><!-- end of sidebar -->
<div class="clear"></div>
</div><!-- end of content -->
```

下面使用 CSS 对网页中的元素进行样式设置和布局定位。对于 topimg 区域的图像，使用浮动的方式来进行定位，其中第 1 幅图像向左浮动，第 2、3 幅图像向右浮动。由于这两种定位方式在网站中使用较为广泛，因此可以在整个网站公用的 global.css 中定义如下两个类，从而在各网页中使用：

```
.fl{
    float:left;                          /*向左浮动*/
}
.fr{
    float:right;                         /*向右浮动*/
}
```

对图像分别应用这两种样式后，效果如图 15.19 所示。

图 15.19　向左浮动和向右浮动的图像

对于景点详细介绍中的标题文字，使用左外边框增加一些装饰效果：

```
#maincontent h2{
    font-family:"微软雅黑";               /*字体设置*/
    font-size:24px;                      /*字体大小设置*/
    border-left:10px solid #f4bf30;      /*左外边框*/
    margin:10px 0;                       /*上、下外边距 10 像素，左、右外边距 0 像素*/
```

```
        padding-left:10px;                    /*左内边距*/
    }
```

通过#maincontent h2复合内容选择器选择 maincontent 区域的 h2 元素，设置左外边框为10 像素、颜色为#f4bf30 的实线，通过设置上、下外边距增大与上下文之间的距离，通过设置左内边距使得标题文字向内缩进 10 像素。

对于右侧区域的图像，设置下外边距使图像之间有一定的距离：

```
#sidebar img{
    margin-bottom:16px;                    /*下外边距*/
}
```

完成后，内容页主体内容部分的效果如图 15.20 所示。

图 15.20　内容页主体内容部分的效果

本 章 小 结

本章介绍一个实际网站的制作过程，描述了使用原型设计工具进行网站的原型设计，使用 Photoshop 进行网页效果图设计，以及使用 HTML 结合 CSS 编写网页的真实过程。通过本章的学习，读者应该掌握静态网页设计的全过程。

课 后 习 题

实践题

使用 MockFlow、FlairBuilder、Axure 等原型设计工具设计网页的原型，包括网站 Logo、导航、主体内容、底部网站信息等基本构成。使用 Photoshop 完成网页的效果图及并把需要的图像部分通过切片导出。在 Dreamweaver 中完成使用 HTML 结合 CSS 的网页编码。

第 16 章　CMS 内容管理系统

学习要点：

- 了解 CMS 系统的基本概念；
- 了解搭建 Web 服务平台的基本操作；
- 掌握 Joomla 中分类管理、文章管理、媒体管理等操作；
- 掌握 Joomla 中菜单管理、模板管理、模块管理等操作。

建议学时： 上课 2 学时，上机 2 学时。

16.1　CMS 概述

16.1.1　CMS 的概念

随着对网站开发理解的深入，人们逐渐把一些通用的功能提炼出来，形成 CMS 的概念。CMS 是 Content Management System 的缩写，即"内容管理系统"，一般包括文章管理系统、会员系统、图片管理系统、模板系统等。通过 CMS，网站管理员并不需要了解特别深入的网页制作知识，就可以对一个站点进行日常的文章发布、会员管理、更换网页模板等操作。

16.1.2　常用 CMS 系统

在市场上存在许多流行的 CMS 软件，可以被用来建立不同类型的网站。下面主要介绍 Joomla、Drupal 和 Wordpress 这三个系统。

1. Joomla

Joomla 是使用 PHP 语言开发的 CMS 系统，可以在 Linux、 Windows、MacOS 等各种不同的平台上执行。目前由 Open Source Matters 组织进行开发与支持。Joomla 被全世界个人用户、中小商业用户和大型组织用来创建各类网站和基于 Web 的应用。Joomla 的最新版本是 3.0，这一版本实现了许多技术上的优化调整。但是，考虑到兼容性，被广泛使用和支持的是 Joomla 2.5。Joomla 拥有非常丰富的扩展插件和模板主题，使得网站管理员可以快速地给网站增加功能。Joomla 的官方网站是 http://www.joomla.org，如图 16.1 所示。

2. Drupal

Drupal 也是使用 PHP 语言开发的 CMS 系统，提供了用户管理、工作流、讨论、新闻聚合、元数据操作和用于内容共享的 XML 发布。与 Joomla 相同，Drupal 也采用了模块化的结构，提供短消息、个性化书签、Blog、日记、电子商务、电子出版、留言簿、论坛、投票等多种模块。Drupal 的架构由三大部分组成：内核、模块、主题，三者通过 Hook 机制紧密地联系起来。Drupal 官方网站如图 16.2 所示。

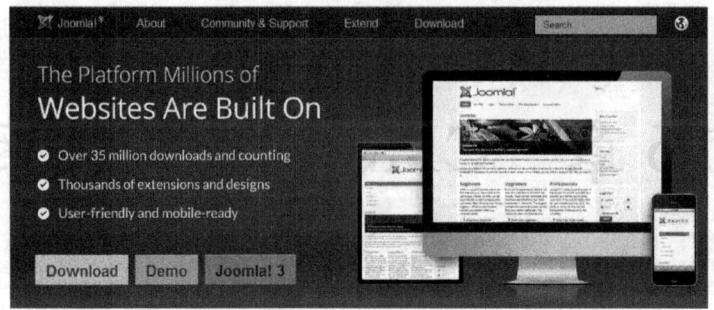

图 16.1　Joomla 官方网站

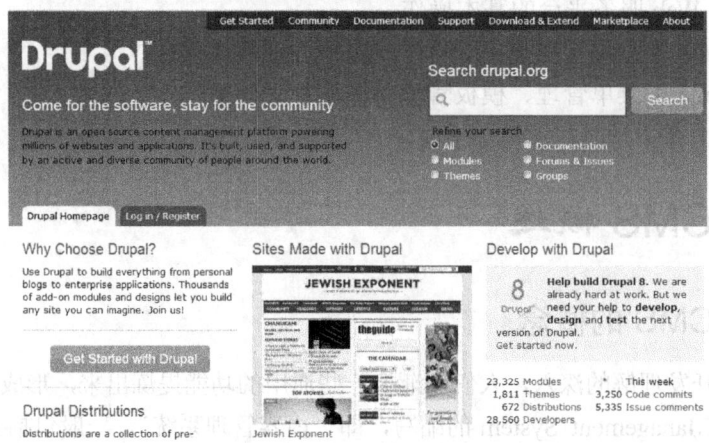

图 16.2　Drupal 官方网站

与 Joomla 的定位不同，Drupal 不但是一个 CMS 系统，还是一个 PHP 框架，提供了许多功能强大的 PHP 类库和 PHP 函数库。在此基础上，网站开发者可以开发出新的 CMS 系统。因此相比 Joomla 来说，Drupal 具有更大的灵活性以及定制能力。

3. WordPress

WordPress 起初是一套个人博客系统，后来逐步演化成一款内容管理系统软件，它是使用 PHP 语言和 MySQL 数据库开发的。WordPress 是目前世界上使用最广泛的博客系统，因为使用者众多，所以 WordPress 社区非常活跃，有丰富的插件模板资源。使用 WordPress 可以快速搭建独立的博客网站。WordPress 官方网站如图 16.3 所示。

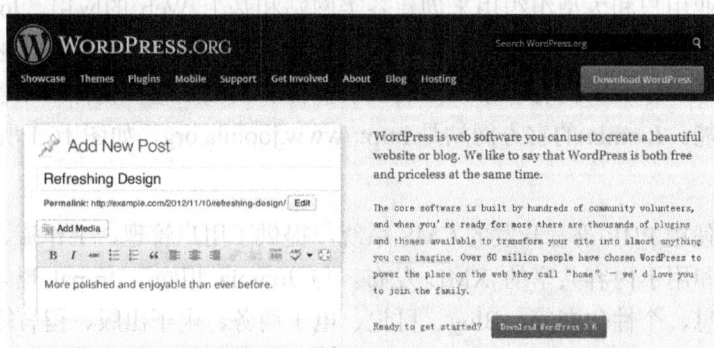

图 16.3　WordPress 官方网站

除了以上介绍的 CMS 系统之外，还有其他系统。应根据不同的网站需要，采用不同的网站系统。例如，使用 Discuz 建立论坛型的网站，使用 ShopEx 建立电子商务网站，使用 MediaWiki 建立百科类型的网站。

16.2　搭建网站运行环境

下面以 Joomla 为例，讲解 CMS 系统的使用。因此，首先需要在本地搭建一个完整的网站运行环境，使得 Joomla 可以在上面运行。

16.2.1　搭建 Web 服务平台

Joomla 系统需要运行在 Apache Web 服务器、MySQL 数据库和 PHP 动态语言的环境下，目前在 Windows 操作系统下存在一些集成环境安装软件，把这些环境集成在了一起，从而减轻了开发者的负担，如 WampServer、XAMPP。使用如图 16.4 所示的 WampServer 建立 Web 服务平台的方法如下。

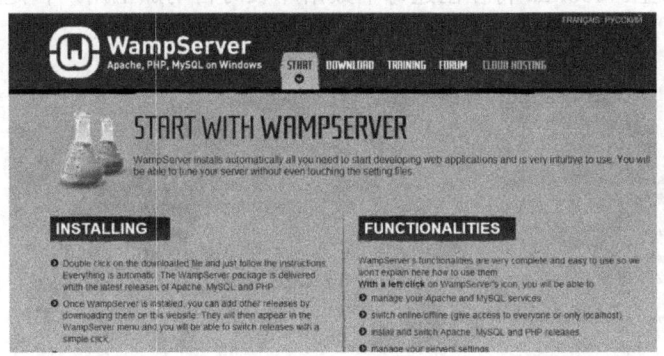

图 16.4　WampServer 及功能菜单

当下载 WampServer 并完成在 Windows 操作系统下的安装后，在 Windows 的任务栏中会出现 WampServer 的菜单，其中包括启动、停止所有服务，单独启动、停止 Apache 服务和 MySQL 服务，如果在计算机中安装了多个 Apache 服务、MySQL 服务和 PHP 的版本，还可以在不同的版本之中切换。

当 WampServer 处于运行状态时，使用浏览器访问网址：http://localhost，如果能够看到显示服务器信息的页面，则表示 WampServer 处于正常的运行状态。

16.2.2　Joomla 的安装

从 Joomla 官方网站下载 Joomla 系统的压缩文件后，把压缩文件复制到 WampServer 安装目录的 www 文件夹中，并解压缩到单独的子文件夹中。这里，我们把它解压缩到 imovie 子文件夹中。

使用浏览器访问：http://localhost/imovie，将进入 Joomla 的安装过程。在第 1 步中选择界面语言，并设置网站名称、网站描述、管理员邮箱、系统管理员的用户名和密码等信息，如图 16.5 所示。

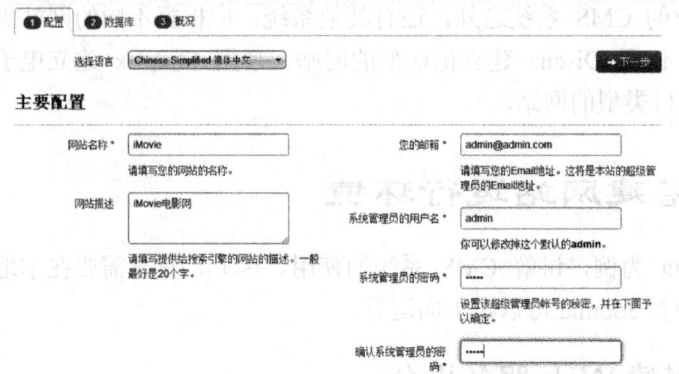

图 16.5　Joomla 的安装过程第 1 步

单击"下一步"按钮进入 Joomla 安装过程的第 2 步，需要设置 MySQL 数据库的类型、所在的主机名、数据库名、访问数据库的用户名和密码以及数据表前缀，如图 16.6 所示。其中，MySQL 数据库需要提前使用 WampServer 提供的 phpMyAdmin 工具创建，默认的数据库用户名是 root，密码为空。Joomla 将在创建每个数据库表时自动加上用户自定义的前缀。

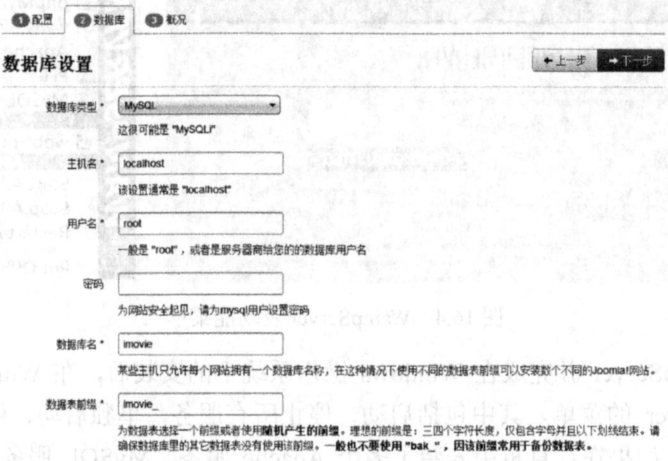

图 16.6　Joomla 的安装过程第 2 步

单击"下一步"按钮进入 Joomla 安装过程的第 3 步，Joomla 将提示是否安装示例数据，并显示是否具备安装要求的条件，如图 16.7 所示。

图 16.7　Joomla 的安装过程第 3 步

如果满足安装要求的条件，则单击"安装"，Joomla 将开始进行数据库表的创建、配置文件的生成和修改等安装操作。安装完成后，将提示删除 Joomla 安装文件中的 installation 文件夹，防止留下安全隐患，如图 16.8 所示。单击"网站"按钮可以访问一个由 Joomla 管理的新网站。单击"后台管理"按钮将进入 Joomla 的管理后台，对 Joomla 进行管理。

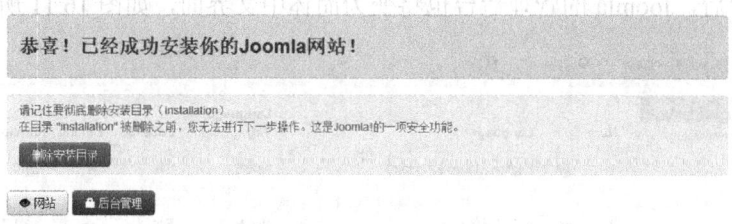

图 16.8　Joomla 安装完成

进入 Joomla 的管理后台后，将看到如图 16.9 所示的管理员页面。在菜单栏中，提供了对系统、用户、网站菜单、内容、组件、扩展进行管理的菜单命令。在右侧窗格中提供了各种功能的快捷入口，如"添加文章"、"文章管理"、"分类管理"等。

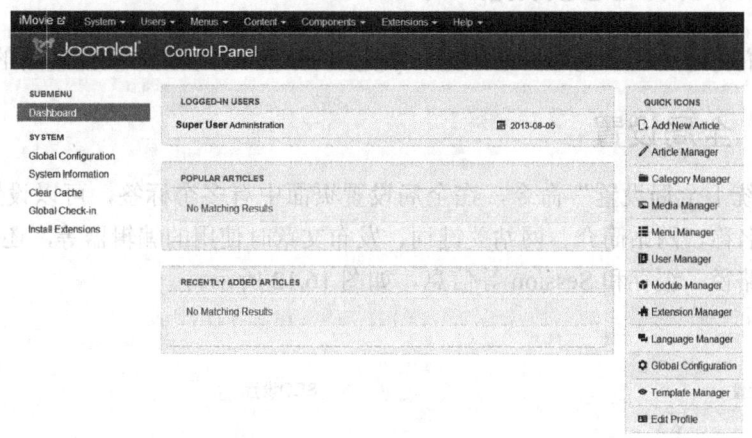

图 16.9　Joomla 管理员页面

管理员页面默认是英文界面，可以选择"Extensions | Language Manager"命令进入语言管理页面。在这里，可以添加新的语言并设置为默认的语言，如图 16.10 所示。

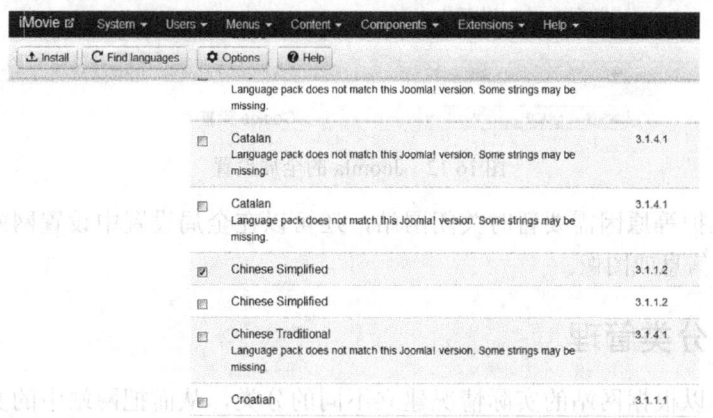

图 16.10　Joomla 中的语言管理页面

当选择 Chinese Simplified 语言并单击"Install"按钮后，将在 Joomla 系统中增加简体中文的语言支持。安装完成后，通过在 Language Manager 页面中单击"中文（简体）"所在行的五角星（Default 项），或者选中"中文（简体）"所在行后单击页面左上角的"Default"按钮，将使得网站前台变为简体中文界面。单击"Installed-Administrator"标签，并做同样的设置后，Joomla 的管理后台也将变为简体中文界面，如图 16.11 所示。

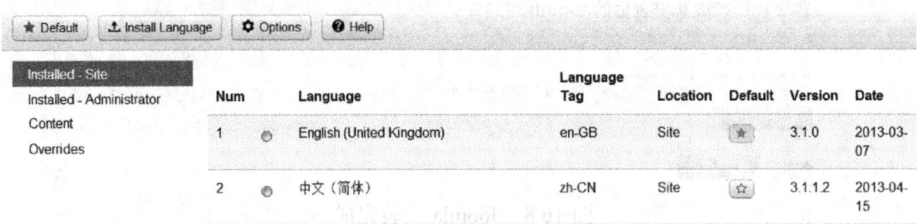

图 16.11　设置简体中文为默认的语言

16.3　使用 Joomla 建立网站

下面，我们将通过一个电影网站的建立来完成 Joomla 系统基本功能使用的介绍。

16.3.1　全局设置

选择"系统｜全局设置"命令，在全局设置页面中有多个标签，可以设置网站的全局信息，如网站名称、网站简介、网站关键词、发布文章时使用的编辑器等，还可以设置系统的日志文件夹路径、缓存和 Session 等信息，如图 16.12 所示。

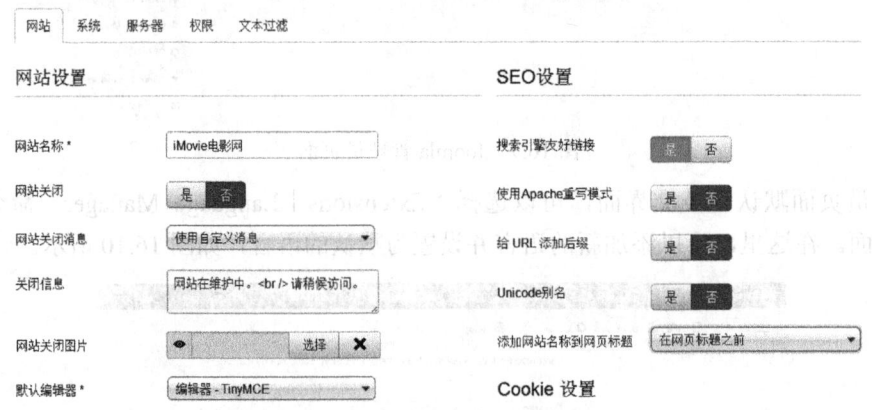

图 16.12　Joomla 的全局设置

如果由于维护等原因需要暂时关闭网站，还可以在全局设置中设置网站关闭期间显示给网站访问者的信息或图像。

16.3.2　分类管理

分类管理可以根据网站的实际情况建立不同的分类，从而把网站中的文章分为不同的类别。下面，将把"iMovie 电影网"的文章按照电影的类型分为"动画片"、"科幻片"、

"喜剧片"、"纪录片"等几种类型。下面将在 Joomla 中建立以上类型。选择"内容"→"分类管理",进入分类管理页面,在最上方有如图 16.13 所示的工具栏,用于新建、编辑、删除网站的分类。

图 16.13　分类管理工具栏

单击"新建"按钮,进入建立分类的页面,可以设置分类的标题、别名、说明等信息。分类可以形成层级的关系,如 B 分类是 A 分类的子分类。如果是最顶层的分类,则在"父分类"下拉列表中选择"无父类"项,如图 16.14 所示。

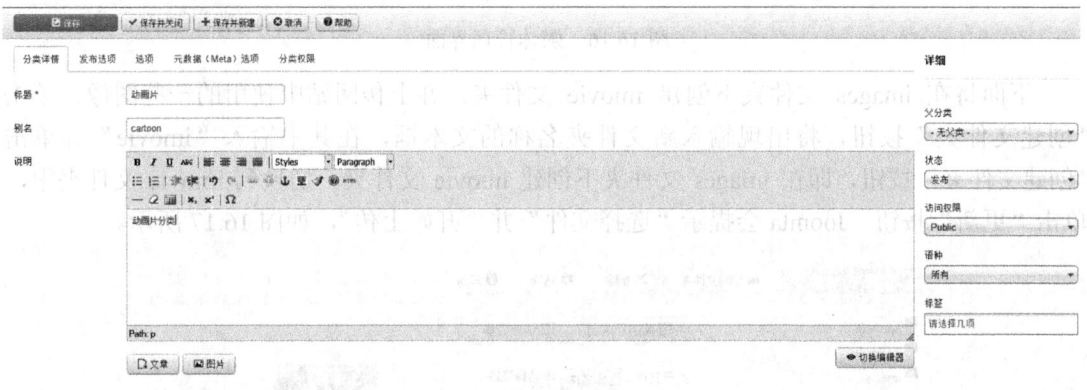

图 16.14　建立分类

输入完参数信息后,可以单击"保存并新建"按钮进入下一编辑页面,或者单击"保存并关闭"按钮返回分类管理页面。当所有的分类建立完成后,分类管理页面如图 16.15 所示。

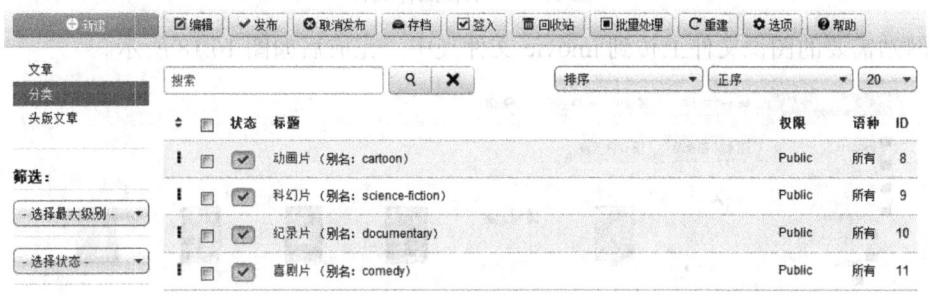

图 16.15　分类管理页面

16.3.3　媒体管理

媒体文件是网站的重要组成部分,Joomla 通过媒体管理页面来对网站中使用的媒体文件进行统一管理。选择"内容 | 媒体管理"命令进入媒体管理页面。管理员可以在媒体管理页面中进行建立文件夹、上传文件、删除文件、设置媒体文件所在的文件夹、限制用户上传的文件类型和大小等操作。Joomla 中默认的媒体文件所在的文件夹是网站根目录下的 images 文件夹。

在媒体管理页面中，提供了缩略图和详细列表两种查看方式来展示媒体文件，如图 16.16 所示是默认的缩略图查看方式。

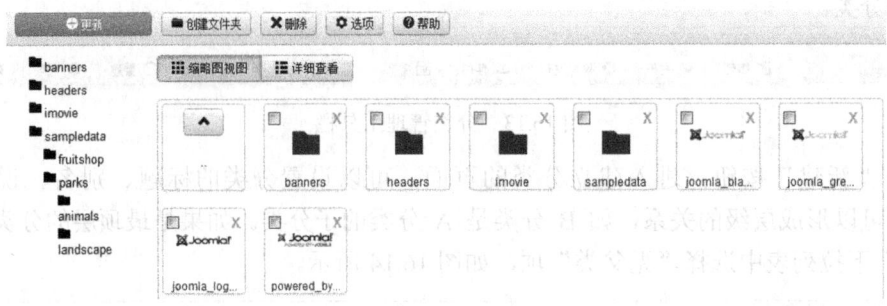

图 16.16　媒体管理界面

下面将在 images 文件夹下创建 imovie 文件夹，并上传网站中使用的一些图像。单击"创建文件夹"按钮，将出现输入新文件夹名称的文本框，在其中输入"imovie"并单击"创建文件夹"按钮，即在 images 文件夹下创建 imovie 文件夹。切换到 imovie 文件夹中，单击"更新"按钮，Joomla 会提示"选择文件"并"开始上传"，如图 16.17 所示。

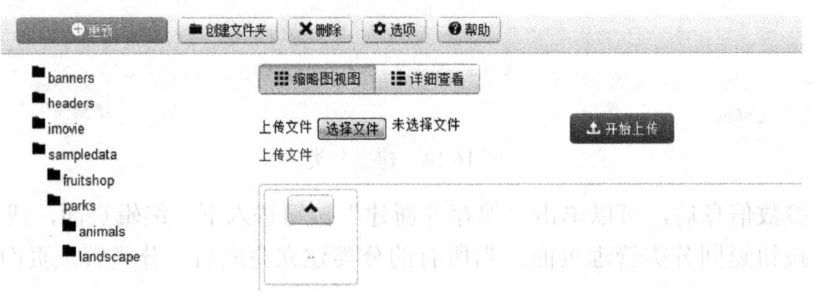

图 16.17　上传媒体文件

把网站需要的图像文件上传到 imovie 文件夹中，完成后如图 16.18 所示。

图 16.18　上传完成网站需要的媒体文件

16.3.4　文章管理

Joomla 中的文章管理页面用于完成建立新文章、编辑已有的文章、发布或取消发布文章、删除文章、把文章发布到首页等操作。选择"内容 | 文章管理"命令，进入文章管理页面。当单击"新建"命令后，进入添加文章页面，其中包含"文章详细"、"发布选项"、

"文章选项"、"配置编辑页面"、"元数据选项"、"文章选项"多个标签。在"文章详细"标签中可以输入文章的标题、文章的内容并选择文章所属的分类。对于文章中的内容，Joomla 默认的编辑器提供了如加粗、斜体、下画线、无序列表、有序列表等格式设置，如图 16.19 所示。

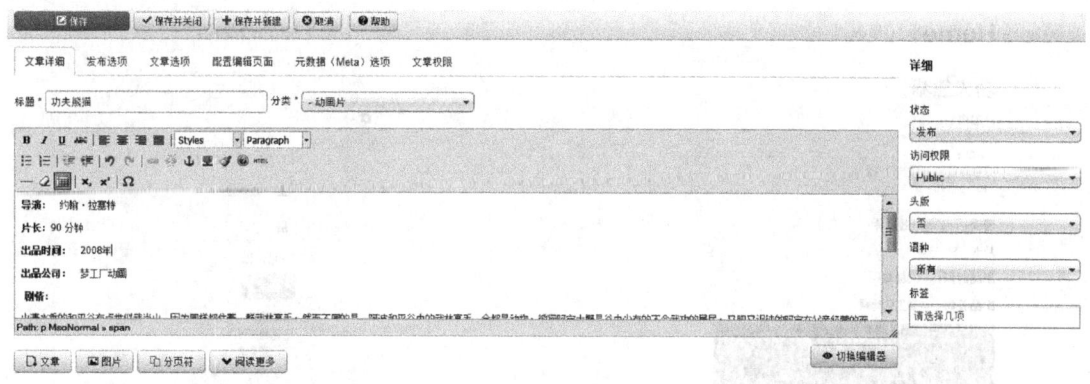

图 16.19　添加文章页面

在右侧的选项中，可以进行以下设置。

● 状态：设置是否发布这篇文章。例如，如果不想立即发布，可以从下拉列表中选择"未发布"。

● 访问权限：设置谁能够看到这篇文章。例如，如果设置为 Registered，则只有注册用户才能够看到这篇文章。

● 头版：设置是否把这篇文章发布到网站的首页。

● 语种：设置文章发布在网站哪个语种的版本中。

● 标签：设置与此文章相关的标签。

如果需要在文章中插入图像，则把光标定位在欲插入图像的位置，然后单击文章内容下方的"图片"按钮，将出现如图 16.20 所示的页面，在其中选择相应的图像后，单击"插入"按钮。

图 16.20　在文章中插入图像

文章编辑完成后，选择发布到头版，单击"保存"或"保存并关闭"按钮。之后，通过网址 http://localhost/imovie 访问网站，效果如图 16.21 所示。

图 16.21　发布文章到网站首页

在文章管理页面的文章列表中，每篇文章所在行都有两个图标按钮：✓★。

● ✓按钮用来快捷地设置是否发布这篇文章，单击之后将转换为 ⊗按钮，表示不发布这篇文章。

● ★按钮用来快捷地设置是否把文章发布到首页，单击之后将转换为 ☆按钮，表示不发布到首页。

在一般情况下，为了能够展示更多的信息，在首页中并不需要完整地展示某一单项内容，网站访问者如果对某一单项内容感兴趣的话，可以再做进一步的选择。这可以通过 Joomla 提供的"阅读更多"功能在文章的指定位置插入一个"阅读更多"按钮，网站访问者必须单击后才能看到完整的内容。在文章编辑界面中，插入"阅读更多"后将显示一条红色的点状线。

在默认情况下，Joomla 会把文章的作者、分类、发布时间、点击数等数据显示出来。如果不需要显示这些信息，可以通过以下两种方式进行设置：

● 在每篇文章的"文章选项"标签中进行设置；

● 在文章管理页面的选项页面中进行统一的设置。

这里，通过文章管理页面的选项页面设置隐藏文章的分类、作者等基本信息，如图 16.22 所示。

经过以上的设置，通过网址 http://localhost/imovie 访问网站，效果如图 16.23 所示。

图 16.22　设置文章显示时的基本信息

iMovie电影网

Home

功夫熊猫

导演：　约翰·拉塞特
片长：90 分钟
出品时间：　2008年
出品公司：　梦工厂动画

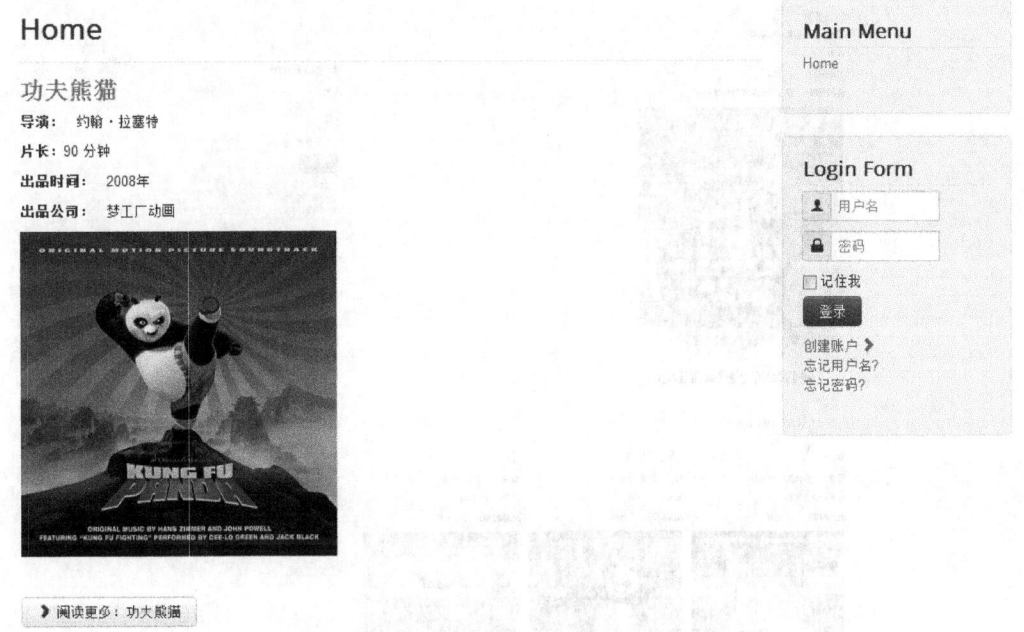

▶ 阅读更多: 功夫熊猫

Main Menu
Home

Login Form
用户名
密码
☐ 记住我
登录
创建账户 ❯
忘记用户名?
忘记密码?

图 16.23　使用"阅读更多"功能的网站首页

16.3.5　菜单管理

在 Joomla 中，网站的导航通过菜单来实现。选择"菜单 | 菜单管理"命令，进入菜单管理页面。管理员可以创建多个菜单，发布在网页的不同位置。在 Joomla 创建的空白网站中，已经存在一个名称为 Main Menu 的菜单组，其中含有一个名称为 Home 的菜单。单击 Home 菜单后，进入 Home 菜单的编辑页面，可以对 Home 菜单的参数进行修改。在 Joomla

	中，把菜单分为多种类型，如图 16.24 所示。
联系我们	每种类型又包含多种子类型，如"文章"类型中还包含"存档文章列表"、"单篇文章"、"指定分类的列表式排版"、"分类文章的博客式排版"、"分类文章的列表式排版"、"头版文章排版"、"创建文章"等子类型。
文章	
智能搜索	
新闻联播	Home 菜单的类型是"头版文章排版"，在它的"高级选项"标签中，包含以下几个选项。
站内搜索	● 头条文章：以独占行的方式显示的文章个数。
标签	● 引言：以多列的方式的显示的文章个数。
用户管理	● 列：在多列显示时拆分成几列。
友情链接	● 文章链接：当有多篇文章被发布到首页后，除了头条文章和引言文章以外，以文章链接的形式显示的文章个数。
页面嵌入	
系统链接	在默认情况下，Joomla 中头条文章为 1，引言为 3，列为 3，文章链接为 0，在浏览器中的效果如图 16.25 所示。

图 16.24　Joomla 中的菜单类型

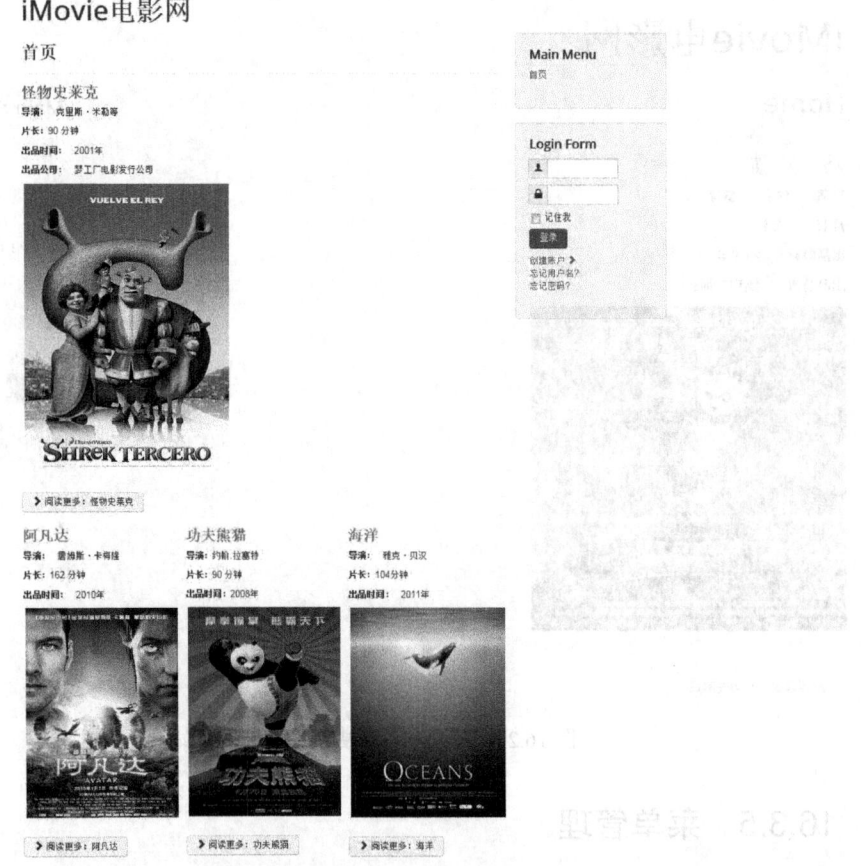

图 16.25　多篇文章发布到网站首页的默认效果

如果对头条文章数等数据进行修改，如头条文章为 0，引言为 4，列为 2，文章链接为 0，在浏览器中的效果如图 16.26 所示。

图 16.26　修改首页的文章栏目

在菜单管理页面中，通过"新建"功能可以在 Main Menu 菜单组中创建多个菜单，如"动画片"、"纪录片"等。这里，创建一个标题为"动画片"的菜单，如图 16.27 所示。

图 16.27　创建菜单

其中，在"详细"标签中，"菜单项类型"选择"分类文章的博客式排版"，"选择一个分类"选择"动画片"。在"高级选项"标签中，与"头版文章排版"一样，设置"头条文章"、"引言"、"列"、"文章链接"等参数，以及显示文章时是否显示作者、分类、发布时间等。最后的显示效果与首页类似。

如果"详细"标签中的"菜单项类型"选择"分类文章的列表式排版",则页面会以列表的形式显示出所选分类包含的文章列表,如图 16.28 所示。

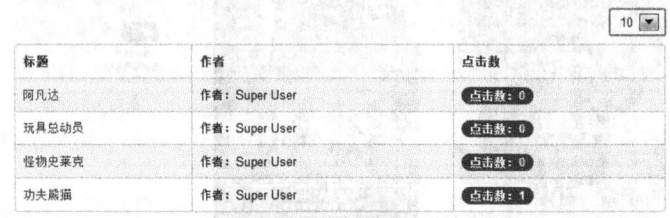

图 16.28　分类文章的列表式排版

16.3.6　头版文章管理

在 Joomla 中,提供了"头版文章管理"来对网站首页的文章进行统一的管理。管理员可以对网站首页的文章进行自定义排序。选择"内容 | 头版文章"命令,进入头版文章管理页面,如图 16.29 所示。

图 16.29　头版文章管理页面

单击"排序"列的标题,在"排序"列中会出现 ▲ 和 ▼ 箭头按钮,如图 16.30 所示,可以分别把文章向上移动或向下移动,也可以在后面的文本框中输入排序位置。排序完成后,单击 ↕ 可以保存排序。

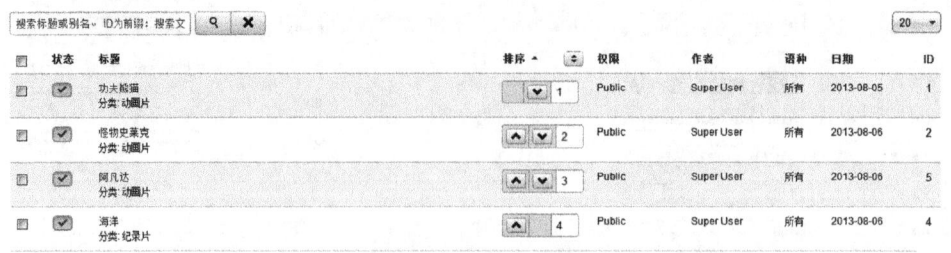

图 16.30　头版文章排序

16.3.7　模板管理

通过 Joomla 的模板管理可以快速地更换网站整体的样式,从而改变网站的外观,这是

Joomla 提供的一项非常强大的功能。选择"扩展 | 模板管理"命令,进入模板管理页面,如图 16.31 所示。

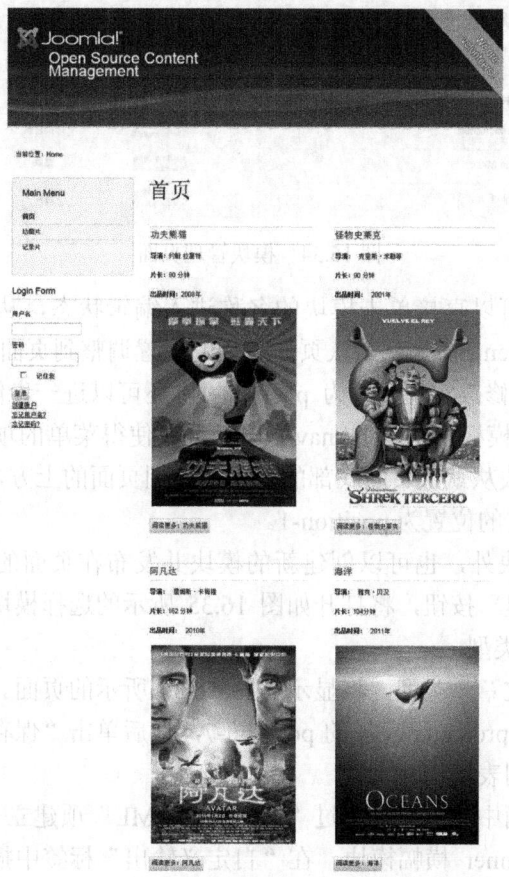

图 16.31　模板管理页面

Joomla 自带了两套后台管理的模板和两套网站的模板。默认的后台管理的模板为 isis,默认的网站模板为 protostar。如果要转换为其他模板,可以通过以下两种方式。

● 单击欲使用模板所在行的 ☆ 按钮,当转换为 ★ 按钮时,将此模板设置为当前使用的模板。

● 单击欲使用模板所在行的复选框,接着单击工具栏中的"设为默认"按钮,将此模板设置为当前使用的模板。

例如,把 Beez3 模板设置为网站使用的模板,网站的效果如图 16.32 所示。

图 16.32　使用 Beez3 模板

在每个模板中，已经预先定义了许多位置，可以通过启用"模块位置预览"功能来观察模板中位置的划分以及命名，从而可以灵活地运用模板。例如，通过模板的预览功能可以看到，在 protostar 模板中，页面上方有 position-1 位置、banner 位置、position-8 位置等，页面右侧有 position-7 位置，如图 16.33 所示。

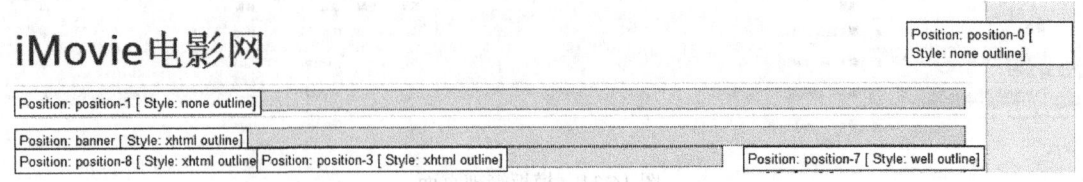

图 16.33　模板中的预定义位置

16.3.8　模块管理

Joomla 中的模块以模块化的形式对网页中的内容进行了封装，通过与模板中位置的结合，可以灵活地把不同内容发布到网页中的指定位置。在 Joomla 创建的空白网站中，默认已经创建了 Breadcrumbs、Main Menu、Login Form 模块，它分别发布在模板的 position-2、position-7 和 position-7，分别对应的是面包屑导航、主菜单和登录模块，如图 16.34 所示。

图 16.34　模块管理页面

对于默认的模块，可以直接单击模块的名称进入编辑状态，从而更改模块的参数。例如，如果希望把 Main Menu 模块从默认页面右侧的位置调整到页面的上方，可以进入 Main Menu 模块的编辑状态，修改它的位置为 position-1。还可以进一步修改 Main Menu 模块的"菜单样式类的后缀"为模板中内置的 nav-pills，从而使得菜单的项目成为浮动布局。如果希望把 Breadcrumbs 模块从默认页面底部的位置调整到页面的上方，可以进入 Breadcrumbs 模块的编辑状态，修改它的位置为 position-1。

除了这些默认的模块外，也可以创建新的模块并发布在页面的指定位置。单击模块管理页面工具栏中的"新建"按钮，将打开如图 16.35 所示的选择模块类型页面，可以从中选择 Joomla 中内置的模块类型。

例如，单击"热门文章"类型，将显示如图 16.36 所示的页面。在其中定义模块的标题为"热门文章"，位置为 protostar 模板的 position-7，最后单击"保存"即可在网站页面的右侧创建一个热门文章的列表模块。

在选择模块类型页面中，还可以通过"自定义 HTML"项建立非 Joomla 内置类型的模块。例如，定义一个 Banner 横幅模块，在"自定义输出"标签中插入网站的横幅图像，并把此模块发布在 protostar 模板的 banner 位置，如图 16.37 所示。

选择模块类型:

Language Switcher This module displays a list of available Content Languages (as defined and published in...

菜单 本模块用于在前台显示菜单。

存档文章列表 本模块显示包含存档文章的日历月份列表。 在您把文章状态变更为存档后,该列表将自动生成。

登陆 本模块显示用户名和密码登录表单。它也显示取回遗忘密码的链接。如果启用了用户注册(在用户管理->选项中),它还会显示一个用户注册的链接。

分类文章 本模块显示一个或多个分类的文章列表。

面包屑 这个模块显示了当前路径

旗帜广告列表 banner模块从组件里显示了一个banner。

嵌入页面 本模块用以在指定的位置显示一个IFrame窗口

热门标签 热门标签模块显示使用最多的那些标签,可以指定时间段。

热门文章 该模块显示已发布的热门文章列表。

搜索 这个模块会显示一个搜索框。

随机图像 该模块从您选择的目录中随机显示一张图片

统计 统计模块显示您的服务器安装信息和网站用户、数据库文章数目与您提供的网站链接的统计信息。

网站链接 本模块用来显示定义在网站链接组件内的分类网站链接。

文章 - 相关文章 该模块显示了与查看文章相关的其他文章。这些关联通过 Meta 关键词建立。<br...

文章 - 新闻快讯 新闻快讯模块将显示指定分类固定数目的文章。

文章分类列表 该模块显示一个父类下的文章分类列表。

相近标签内容 相近标签内容模块显示具有相近标签的内容。可指定判断相近的标准。

新闻来源 用于为该模块所显示的页面创建一个新闻频道源的智能新闻频道模块。

新闻源显示 这个模块允许显示一个新闻源

页脚 该模块显示joomla版权信息。

在线情况 在线情况模块显示当前访问网站的匿名用户(比如访客)和注册用户(登录用户)的数量。

智能搜索模块 这是一个智能搜索模块。

自定义HTML 本模块允许您使用WYSIWYG编辑器来创建您自己的HTML模块。

图 16.35 选择模块类型

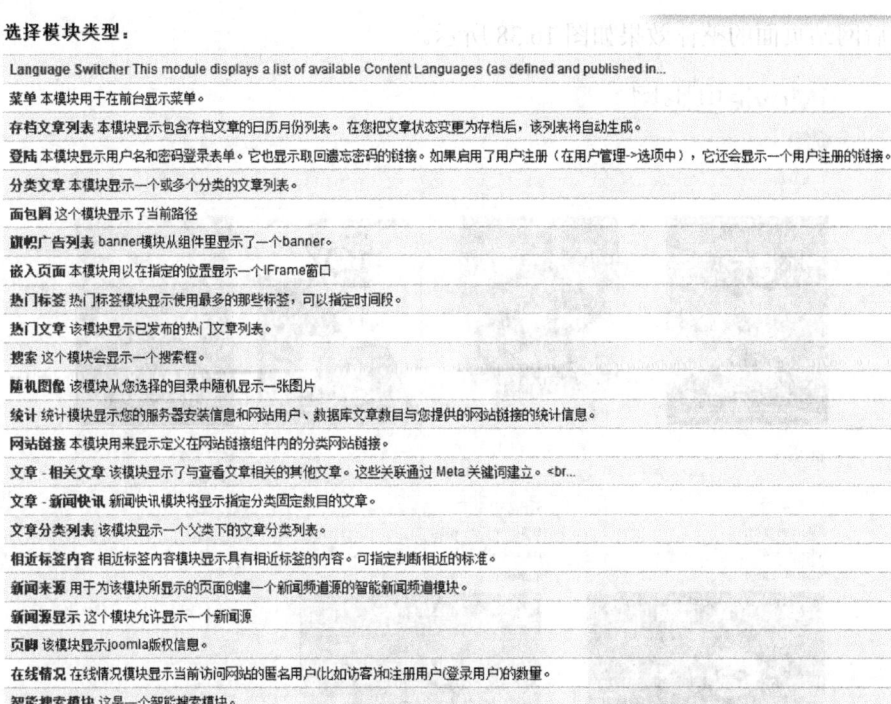

图 16.36 新建模块

图 16.37 模块的发布

完成后网站页面的整体效果如图 16.38 所示。

图 16.38 页面整体效果

本 章 小 结

本章讲述了 CMS 系统的基本概念，介绍了一些常用的 CMS 系统。以 Joomla 系统为例，讲解了 Joomla 系统的安装，在 Joomla 系统中进行分类管理、媒体管理、文章管理、菜单管理、模板管理、模块管理等操作。通过本章的学习，读者应该掌握使用 Joomla 系统进行网站建设的基本过程。

课 后 习 题

实践题

在本机建立 Web 网站运行环境并安装 Joomla 系统。在 Joomla 中使用分类管理、媒体管理、文章管理等功能建立一个新闻网站。

附录 A HTML 常用标签

本附录按照类别列举了 HTML 的常用标签及属性，以供读者参考。

1. 文档结构元素

标 签	描 述
`<!DOCTYPE>`	定义文档类型
`<html>`	html 元素为最顶层元素。说明此文档是一个 HTML 文档
`<body>`	定义文档的主体
`<head>`	定义关于文档的信息
`<title>`	定义文档的标题
`<meta>`	定义关于 HTML 文档的元信息

2. 排版元素

标 签	描 述
`<h1> to <h6>`	定义 HTML 标题
`<p>`	定义段落
` `	创建换行
`<hr>`	定义水平线
`<!--...-->`	定义注释
`<pre>`	定义预格式文本
`<center>`	不赞成使用。定义居中文本
`<div>`	定义 HTML 文档中的分隔（division）或部分（section）
`<span>`	用于对文档中的行内元素进行组合
`<blockquote>`	定义块引用

3. 文字元素

标 签	描 述
`<b>`	定义粗体文本
`<font>`	不赞成使用。定义文本的字体、大小和颜色
`<i>`	定义斜体文本
`<em>`	定义强调文本
`<big>`	定义大号文本
`<strong>`	定义语气更为强烈的强调文本
`<small>`	定义小号文本
`<sup>`	定义上标文本
`<sub>`	定义下标文本
`<bdo>`	定义文本的方向

标　签	描　述
<u>	不赞成使用。定义下画线文本
<code>	定义计算机代码文本
<tt>	定义打字机文本
<kbd>	定义键盘文本
<var>	定义文本的变量部分
<ins>	定义被插入文本
<del>	定义被删除文本
<s>	不赞成使用。定义加删除线的文本
<strike>	不赞成使用。定义加删除线的文本

4．链接元素

标　签	描　述
<a>	定义锚
<link>	定义文档与外部资源的关系
<base>	为页面中的所有链接指定默认地址或默认目标

5．框架元素

标　签	描　述
<frame>	定义框架集中的框架
<frameset>	定义框架集
<noframes>	定义浏览器不支持框架时的替代内容
<iframe>	定义内联框架

6．表单元素

标　签	描　述
<form>	定义 HTML 表单
<input>	定义输入控件
<textarea>	定义多行文本域
<button>	定义按钮
<select>	定义选择列表（下拉列表）
<optgroup>	定义选择列表中相关选项的组合
<option>	定义选择列表中的选项
<label>	为 input 元素定义标签
<fieldset>	将表单内的相关元素分组
<legend>	定义 fieldset 元素的标题
<isindex>	不赞成使用。定义与文档相关的可搜索索引

7．列表元素

标　签	描　述
<ul>	定义无序列表
<ol>	定义有序列表

标　签	描　述
\<li\>	定义列表的项目
\<dir\>	不赞成使用。定义目录列表
\<dl\>	定义自定义列表
\<dt\>	定义自定义列表中的项目
\<dd\>	定义自定义列表中项目的描述
\<menu\>	不赞成使用。定义菜单列表

8. 图像元素

标　签	描　述
\<img\>	定义图像
\<map\>	定义图像映射
\<area\>	定义图像地图内部的区域

9. 表格元素

标　签	描　述
\<table\>	定义表格
\<caption\>	定义表格标题
\<th\>	定义表格中的表头单元格
\<tr\>	定义表格中的行
\<td\>	定义表格中的单元格
\<thead\>	定义表格中的表头
\<tbody\>	定义表格中的主体内容
\<tfoot\>	定义表格的页脚（脚注）
\<col\>	定义表格中一个或多个列的属性值
\<colgroup\>	用于对表格中的列进行组合，以便对其进行格式化

10. 嵌入元素

标　签	描　述
\<script\>	定义客户端脚本
\<noscript\>	定义在脚本不能执行时的替代内容
\<applet\>	不赞成使用。定义嵌入的 applet
\<object\>	定义嵌入的对象
\<param\>	定义对象的参数

11. HTML5 绘图元素

标　签	描　述
\<canvas\>	使用脚本（通常是 JavaScript ）来绘制图形，\<canvas\>元素自身并不绘制图形，它只是相当于一张空画布

12. HTML5 多媒体元素

标　签	描　述
\<audio\>	定义声音，如音乐或其他音频流
\<video\>	定义视频，如电影片段或其他视频流

附录 B　CSS 常用属性

本附录按类别列出常用的 CSS 属性，并对常用属性进行较详细的说明，供读者在设计网页时参考。

B.1　CSS 书写规范

class 与 id 的使用：id 在同一个文档中只能使用一次，class 可以重复使用。id 一般用于大模块的定义中，class 用于重复使用率高及子模块中。

class 与 id 命名：用 id 定义网页布局大的框架时，一般用 header、footer、left、right 之类的命名。其他样式名称采用小写英文字母、数字、下画线等组合命名，避免使用中文，尽量使用简易的单词组合。总之，命名要语义化、简明化。

书写代码前，要考虑并提高样式重复使用率。

格式化表格时，尽量不要用 table 标签的属性 width、border 等进行格式化，而是使用 CSS 样式对表格进行格式化。

为代码添加必要的注释，以便日后维护。

B.2　CSS 常用属性

表中的"CSS"列指示该属性是在哪个 CSS 版本（CSS1、CSS2 或 CSS3）中定义的。

1．CSS 背景属性

属　　性	描　　述	CSS
background	设置所有跟背景相关的属性，如背景图像、背景的重复方式等	1
background-attachment	设置背景图像是否固定或者随着页面的其余部分滚动	1
background-color	设置元素的背景颜色	1
background-image	设置元素的背景图像	1
background-position	设置背景图像的开始位置	1
background-repeat	设置是否及如何重复背景图像	1
background-clip	设置背景的绘制区域	3
background-origin	设置背景覆盖的起点	3
background-size	设置背景图片的尺寸	3

2．文本与字体属性

（1）CSS 文本属性

属　　性	描　　述	CSS
color	设置文本的颜色	1
direction	设置文本的方向	2

属　性	描　述	CSS
letter-spacing	设置字符间距	1
line-height	设置行高	1
text-align	设置文本的水平对齐方式	1
text-decoration	设置添加到文本上的装饰效果	1
text-indent	设置文本块首行的缩进	1
text-shadow	设置添加到文本上的阴影效果	2
text-transform	设置文本的大小写	1
unicode-bidi	设置文本方向	2
white-space	设置如何处理元素中的空白	1
word-spacing	设置单词间距	1
word-break	设置非中日韩文本的换行规则	3
word-wrap	设置长单词或 URL 地址自动换行	3

（2）CSS 字体属性

属　性	描　述	CSS
font	在一个声明中设置所有字体属性	1
font-family	设置文字的字体	1
font-size	设置文字的字体大小	1
font-size-adjust	对不同字体的字体尺寸进行微调	2
font-stretch	设置文字横向的拉伸	2
font-style	设置文字的风格，是否采用斜体等	1
font-variant	设置是否以小型大写字母的字体显示文本	1
font-weight	设置字体是否加粗	1

3. 大小、定位及边框相关属性

（1）CSS 尺寸属性

属　性	描　述	CSS
height	设置元素的高度	1
max-height	设置元素的最大高度	2
max-width	设置元素的最大宽度	2
min-height	设置元素的最小高度	2
min-width	设置元素的最小宽度	2
width	设置元素的宽度	1

（2）CSS 定位属性

属　性	描　述	CSS
bottom	设置定位元素相对于最近一个具有定位设置的父对象的底边偏移，此属性仅当对象的 position 属性为 absolute 和 relative 时有效	2
clear	设置元素的哪侧不允许其他浮动元素	1
clip	剪裁绝对定位元素	2

属　　性	描　　述	CSS
cursor	设置要显示的光标类型（形状）	2
display	设置元素应该生成的框类型	1
float	设置框是否浮动	1
left	设置定位元素左边界与其包含块左边界之间的偏移，此属性仅当对象的 position 属性为 absolute 和 relative 时有效	2
overflow	设置当内容溢出元素框时发生的事情	2
position	设置元素的定位类型	2
right	设置定位元素右边界与其包含块右边界之间的偏移，此属性仅当对象的 position 属性为 absolute 和 relative 时有效	2
top	设置定位元素上边界与其包含块上边界之间的偏移，此属性仅当对象的 position 属性为 absolute 和 relative 时有效	2
vertical-align	设置元素的垂直对齐方式	1
visibility	设置元素是否可见	2
z-index	设置元素的堆叠顺序	2

（3）CSS 边框属性

属　　性	描　　述	CSS
border	在一个声明中设置所有的边框属性	1
border-bottom	在一个声明中设置所有的下边框属性	1
border-bottom-color	设置下边框的颜色	2
border-bottom-style	设置下边框的样式	2
border-bottom-width	设置下边框的宽度	1
border-color	设置 4 条边框的颜色	1
border-left	在一个声明中设置所有的左边框属性	1
border-left-color	设置左边框的颜色	2
border-left-style	设置左边框的样式	2
border-left-width	设置左边框的宽度	1
border-right	在一个声明中设置所有的右边框属性	1
border-right-color	设置右边框的颜色	2
border-right-style	设置右边框的样式	2
border-right-width	设置右边框的宽度	1
border-style	设置 4 条边框的样式	1
border-top	在一个声明中设置所有的上边框属性	1
border-top-color	设置上边框的颜色	2
border-top-style	设置上边框的样式	2
border-top-width	设置上边框的宽度	1
border-width	设置 4 条边框的宽度	1
outline	在一个声明中设置所有的轮廓属性	2
outline-color	设置轮廓的颜色	2
outline-style	设置轮廓的样式	2
outline-width	设置轮廓的宽度	2

属　　性	描　　述	CSS
border-bottom-left-radius	定义边框左下角的形状	3
border-bottom-right-radius	定义边框右下角的形状	3
border-radius	简写属性，设置所有 4 个 border-*-radius 属性	3
border-top-left-radius	定义边框左上角的形状	3
border-top-right-radius	定义边框右下角的形状	3

4. 盒模型相关属性

（1）CSS 外边距属性

属　　性	描　　述	CSS
margin	在一个声明中设置所有外边距属性	1
margin-bottom	设置元素的下外边距	1
margin-left	设置元素的左外边距	1
margin-right	设置元素的右外边距	1
margin-top	设置元素的上外边距	1

（2）CSS 内边距属性

属　　性	描　　述	CSS
padding	在一个声明中设置所有内边距属性	1
padding-bottom	设置元素的下内边距	1
padding-left	设置元素的左内边距	1
padding-right	设置元素的右内边距	1
padding-top	设置元素的上内边距	1

5. CSS 列表属性

属　　性	描　　述	CSS
list-style	在一个声明中设置所有的列表属性	1
list-style-image	设置作为列表项项目符号的图像	1
list-style-position	设置列表项项目符号的放置位置	1
list-style-type	设置列表项项目符号的类型	1

6. CSS 表格属性

属　　性	描　　述	CSS
border-collapse	设置是否合并表格边框	2
border-spacing	设置相邻单元格边框之间的距离	2
caption-side	设置表格标题的位置	2
empty-cells	设置是否显示空白单元格的边框和背景	2
table-layout	设置用于表格的布局算法	2

7. CSS3 变形属性

属　　性	描　　述	CSS
transform	设置向元素应用 2D 或 3D 转换	3
transform-origin	设置被转换元素的基点位置	3
transform-style	设置被嵌套元素如何在 3D 空间中显示	3
perspective	设置 3D 元素的透视效果	3
perspective-origin	设置 3D 元素的底部位置	3
backface-visibility	定义元素在不面对屏幕时是否可见	3

8. CSS3 动画属性

属　　性	描　　述	CSS
@keyframes	设置动画	3
animation	所有动画属性的简写属性，除 animation-play-state 属性外	3
animation-name	设置@keyframes 动画的名称	3
animation-duration	设置动画的持续时间	3
animation-timing-function	设置动画的速度曲线	3
animation-delay	设置动画延迟多长时间才开始	3
animation-iteration-count	设置动画被播放的次数	3
animation-direction	设置动画是否在下一周期逆向播放	3
animation-play-state	设置动画是否正在运行或暂停	3

9. CSS3 过渡属性

属　　性	描　　述	CSS
transition	简写属性，用于在一个属性中设置 4 个过渡属性	3
transition-property	设置应用过渡效果的 CSS 属性名称	3
transition-duration	设置过渡效果的持续时间	3
transition-timing-function	速度效果的速度曲线	3
transition-delay	设置过渡效果经过多长时间的延迟才开始	3

附录 C　Dreamweaver CS6 的基本使用

C.1　Dreamweaver CS6 的工作界面

Dreamweaver CS6 的工作区将多个文档集中到一个窗口中，不仅降低了系统资源的占用，还可以更加方便地操作文档。Dreamweaver CS6 的工作窗口由五部分组成，分别是插入控制面板、"文档"工具栏、文档窗口、控制面板组和属性面板。Dreamweaver CS6 的操作界面简洁明快，大大提高了网页开发者的设计效率。

1．友好的开始页面

启动 Dreamweaver CS6 后，首先看到的是开始页面，供用户选择新建文件的类型，或方便打开最近的文档等，如图 C.1 所示。

图 C.1　开始页面

如果读者不喜欢开始页面，可以选择"编辑｜首选参数"命令，弹出"首选参数"对话框，取消选择"显示欢迎屏幕"复选框，如图 C.2 所示。单击"确定"按钮，完成设置。再次启动 Dreamweaver CS6，将不再显示开始页面。

2．多风格的操作界面

Dreamweaver CS6 的操作界面清新典雅、布局紧凑，为使用者提供了一个轻松、愉悦的开发环境。Dreamweaver CS6 具备多风格的操作界面，使用者可以根据自己喜好选择不同风格的操作界面。如果要切换风格，可以选择"窗口丨工作区布局"命令，在子菜单中选择"编码器"、"设计器"、"经典"等界面风格，工作区的界面将发生相应的变化。

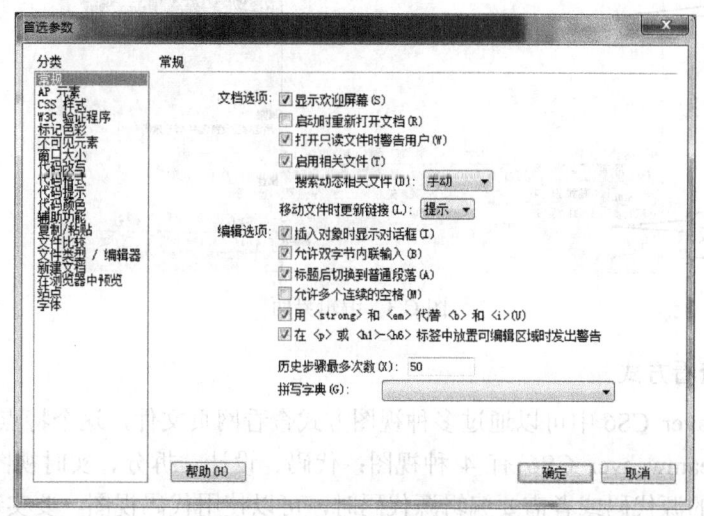

图 C.2 "首选参数"对话框

3．扩展自如的功能面板

Dreamweaver CS6 的控制面板组是一组可浮动的面板组，面板组可以根据用户需求扩展或缩小窗口，可以移动和隐藏面板组。

在显示面板组的情况下，使用"窗口丨隐藏面板"命令可以隐藏面板组，或者按 F4 功能键实现快速隐藏。在隐藏面板的情况下，可以扩大文档窗口，方便文档的编辑操作。如果要显示面板组，可以使用"窗口丨显示面板"命令，或者再次按 F4 功能键。

为了用户编辑文档方便，还可以移动面板组在窗口中的位置。操作方法是，在面板组窗口的上边框上单击，按住左键拖动面板组窗口，移动到目标位置即可。

为了更直观、更清晰地查看面板组，可以把面板组折叠为图标。单击面板组窗口右上角的"折叠/展开"按钮，如果是展开状态，可以把面板组折叠为图标。如果想恢复展开状态，只需再次单击"折叠/展开"按钮即可。

面板组中的面板按类别进行了分组，每个组中有一个或多个面板，每个面板都由一个标签名来标识。把指针移动到标签名所在的位置，右击，可以弹出快捷菜单，选择相应命令完成关闭、关闭标签组等操作。如果想要再次打开被关闭的面板，把"窗口"菜单中的相应命令设置为勾选状态即可。

如果要想使面板组恢复到初始设置，重置"设计器"即可。

4．多文档的编辑界面

Dreamweaver CS6 提供了多文档的编辑界面，将多个文档整合在一起，方便用户在各个文档之间切换。使用者可以单击文档编辑窗口上方的标签，切换到相应的文档。通过多文档的编辑界面，使用者可以同时编辑多个文档，如图 C.3 所示。

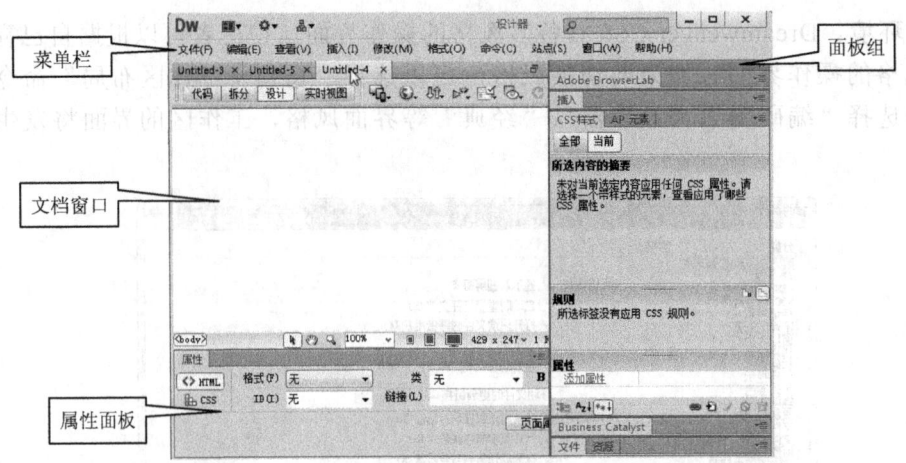

图 C.3　编辑界面

5．多视图查看方式

在 Dreamweaver CS6 中可以通过多种视图方式查看网页文件，这个特点和 Word 的多视图查看类似。Dreamweaver CS6 有 4 种视图：代码、设计、拆分、实时视图，如图 C.3 所示。当关注文档的源代码或者需要编辑源代码时，可以使用代码视图。要实现类似 Word 的所见即所得功能，通过可视化的方式编辑网页，可以使用设计视图。如果要兼顾以上两点，可以选择拆分视图。在实时视图下，看到的页面与用浏览器查看的效果一样，这种视图是不能编辑文档的。

6．灵活方便的插入面板

Dreamweaver CS6 的插入面板可以是浮动面板组，也可以放在菜单栏的下方，如图 C.4 所示。在一般情况下，如果软件的界面风格选择为"经典"风格，插入面板会自动设置在菜单栏的下方。

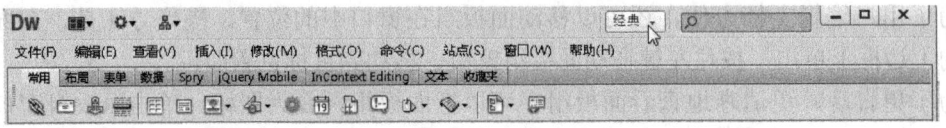

图 C.4　插入面板

插入面板包括"常用"、"布局"、"表单"、"数据"、"Spy"、"jQuery Mobile"、"InContext Editing"、"文本"、"收藏夹" 9 个选项卡，将不同功能的命令按钮分门别类地放在不同的选项卡中。

7．可变的属性面板

除了浮动面板组中的面板之外，Dreamweaver CS6 还有一个非常重要的属性面板。属性面板一般在文档窗口的下方，如图 C.5 所示。

属性面板使得使用者不用编写代码就可以设计页面元素的常用属性，大大提高了网页设计的效率。根据使用者选择的页面元素种类不同，属性面板中可设置的属性项目会发生改变，因此属性面板是可变的。如图 C.5 所示是文本属性面板，如图 C.6 所示是图像属性面板。

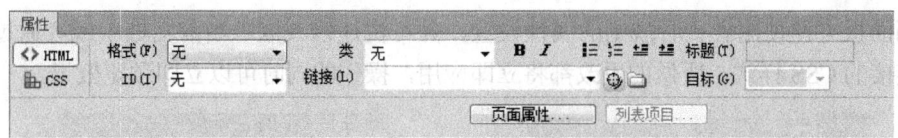

图 C.5　文本属性面板

图 C.6　图像属性面板

8．更完整的 CSS 功能

鉴于 HTML 所提供的样式及排版功能很有限，所以现在复杂的网页排版主要靠 CSS 样式来实现。CSS 样式表功能较多，语法比较复杂，因此需要使用工具来整理复杂的 CSS 源代码。Dreamweaver CS6 提供了更完整的 CSS 功能。

属性面板和"页面属性"对话框提供了 CSS 功能。

在属性面板的"CSS"类的"目标规则"下拉列表中，可以对所选的对象创建、编辑或应用样式。如图 C.7 所示，新建的 wordstyle 规则，包括字体大小和颜色属性的设置。

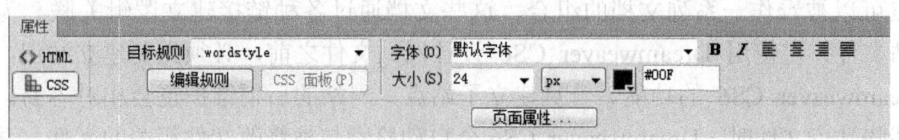

图 C.7　属性面板中的"CSS"类

单击属性面板中的"页面属性"按钮，弹出"页面属性"对话框。选择"链接（CSS）"分类，可以设置超链接的样式，如图 C.8 所示。

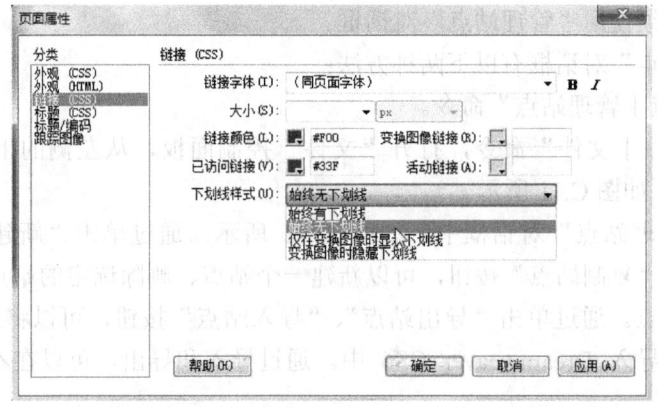

图 C.8　"链接（CSS）"分类

前面新建的 wordstyle 规则和链接 CSS 设置，会自动转化为 CSS 样式，如图 C.9 所示。

Dreamweaver CS6 还提供了"CSS 样式"控制面板和"CSS 属性"控制面板。打开面板组中的"CSS 样式"面板，可以查看"全部"和"当前"样式规则。"全部"是显示当前文档中所有 CSS 样式规则，"当前"是显示当前所选对象使用的样式规则，如图 C.10 所示。"CSS 属性"控制面板方便使用者查看规则的属性设置，并可快速修改嵌入当前文档中或者通过附加的样式表链接的 CSS 样式。所做的更改都将立即应用，操作的同时可以立即预览效果。

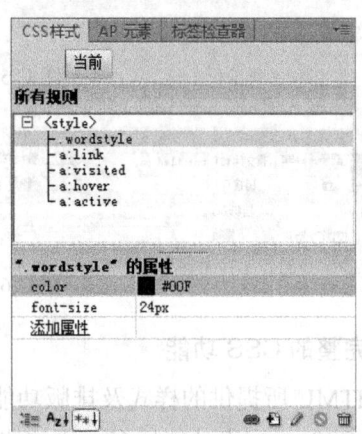

图 C.9　CSS 样式代码　　　　　　　　图 C.10　"CSS 样式"控制面板

C.2　创建和管理站点

站点可以被看作一系列文档的组合，这些文档通过各种链接建立逻辑关联。为了方便管理网站文件，在使用 Dreamweaver CS6 设计网站文件之前，必须先要建立站点，以充分利用 Dreamweaver CS6 的功能。一旦建立了站点，网站的后期维护也会相对容易。当管理员修改某些站点文件时，Dreamweaver CS6 会自动检索与被修改文件相关的文件，并提示管理员更新这些文件。

1．"管理站点"对话框

站点管理主要包括新建站点、编辑站点、复制站点、删除站点及导入或导出站点。如果要管理站点，必须使用"管理站点"对话框。

打开"管理站点"对话框有以下两种方法：

① 选择"站点 | 管理站点"命令。

② 选择"窗口 | 文件"命令，打开"文件"控制面板，从左侧的下拉列表中，选择"管理站点"命令，如图 C.11 所示。

在打开的"管理站点"对话框中，如图 C.12 所示，通过单击"新建站点"、"删除站点"、"编辑站点"、"复制站点"按钮，可以新建一个站点、删除选定的站点、修改选定的站点、复制选定的站点。通过单击"导出站点"、"导入站点"按钮，可以将站点导出为 XML 文件，然后再将其导入 Dreamweaver CS6 中。通过导入和导出，可以在不同计算机和产品版本之间移动。

2．新建站点

在 Dreamweaver CS6 中创建 Web 站点，通常先在本地磁盘中创建本地站点，然后创建远程站点，再将这些网页的副本上传到一个远程 Web 服务器中，使公众可以访问这些网页。本部分只介绍如何创建本地站点。

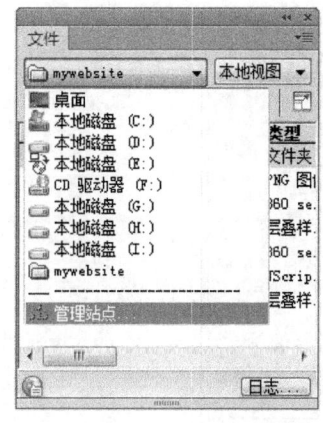

图 C.11 "文件"控制面板

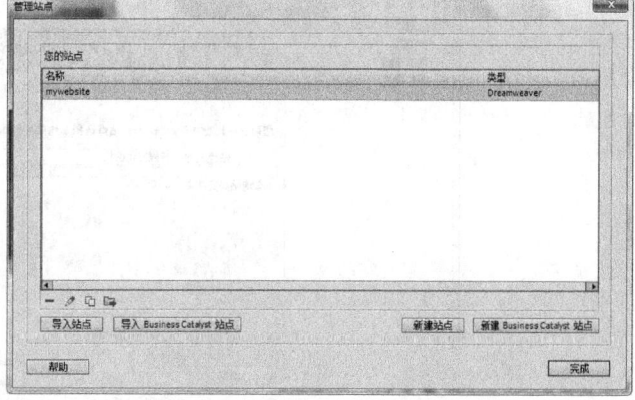

图 C.12 "管理站点"对话框

创建一个"传媒文化论坛"本地站点的步骤如下。

（1）选择"站点｜新建站点"命令，打开"站点设置对象未命名站点 2"对话框，如图 C.13 所示。或者选择"站点｜管理站点"命令，打开"管理站点"对话框，在对话框中单击"新建站点"按钮。

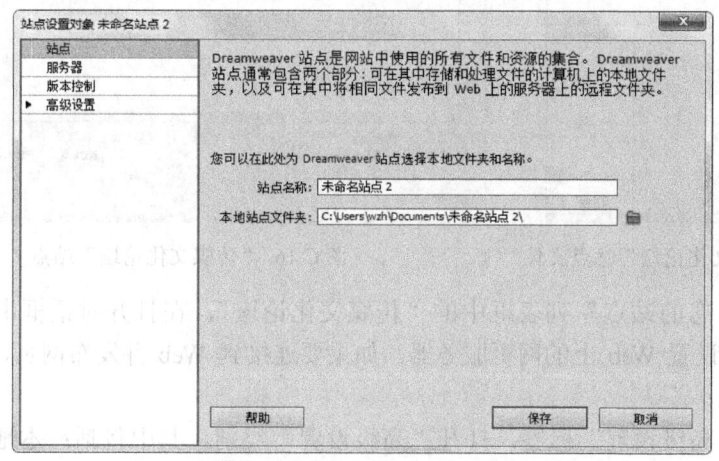

图 C.13 "站点设置对象 未命名站点 2"对话框

（2）在对话框中，通过"站点"标签设置站点名称和站点文件夹。站点名称设置为"传媒文化论坛"，本地站点文件夹设置为"D:\CCBBS\"。本地站点文件夹位置可以手动输入，若在本地磁盘中不存在该路径，则系统会自动生成该文件夹。若在本地磁盘中已经存在该文件夹，也可以通过单击"本地站点文件夹"文本框后面的文件浏览按钮进行选择，如图 C.14 所示。

本地站点文件夹可以位于本地计算机中，也可以位于网络服务器中。

（3）如果有关站点的其他设置还没准备好，可以先单击"保存"按钮，关闭"站点设置对象 传媒文化论坛"对话框，完成新建站点操作。在"文件"控制面板可以看到该站点，如图 C.15 所示。

（4）创建完站点之后，单击"站点｜管理站点"命令，打开"管理站点"对话框，在"您的站点"列表框中，可以看到刚创建的"传媒文化论坛"站点，如图 C.16 所示。

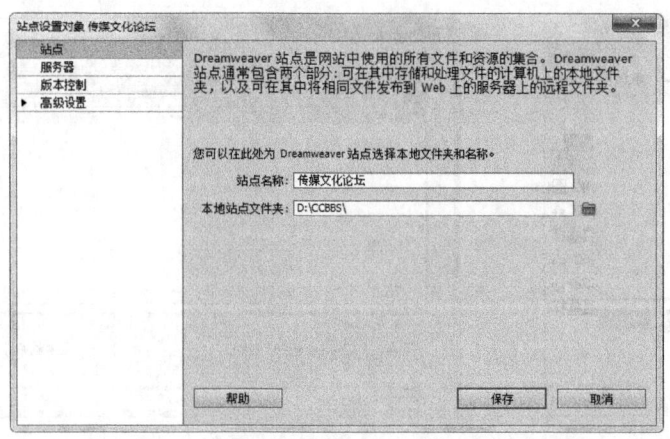

图 C.14 "站点设置对象 传媒文化论坛"对话框

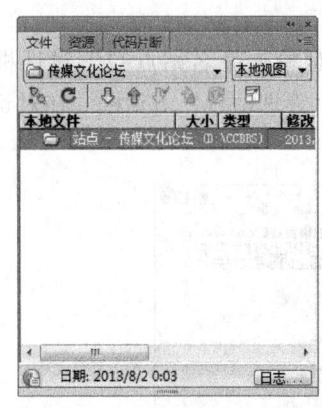

图 C.15 "传媒文化论坛"站点文件

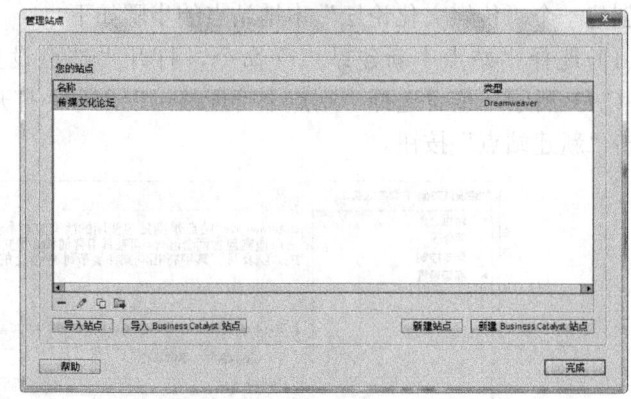

图 C.16 "传媒文化论坛"站点

（5）双击"您的站点"列表框中的"传媒文化论坛"，在打开对话框中，选择"服务器"标签，可以设置 Web 上的网页服务器。如果要连接到 Web 并发布网页，需要定义一个远程服务器。

（6）选择"高级设置"标签，打开"高级设置"类别，其中包括：本地信息、遮盖、设计备注、文件试图列、Contribute、模板、Spry、Web 字体等。

3．创建和保存网页

创建站点后，需要创建网页来展示内容。科学合理的网页名称非常重要，一个网页文件的名称应该容易理解，并且能反映网页的内容。

在一个网站中，有一个特殊并且非常重要的网页是首页，每个网站必须有一个首页。访问者要访问某个网站，会在浏览器的地址栏中输入网站地址。例如，要访问搜狐网站，则在浏览器的地址栏中输入"www.sohu.com"，回车确认之后，浏览器会自动打开搜狐网站的首页。在一般情况下，首页的文件名为 index.htm、index.html、index.asp、default.htm、default.html 或 default.asp。

在 Dreamweaver CS6 中，以"传媒文化论坛"网站的首页为例，介绍建立和保存网页的操作步骤。

（1）选择"文件｜新建"命令，打开"新建文档"对话框，选择"空白页"项，在

"页面类型"框中选择"HTML"项，在"布局"框中选择"〈无〉"项，创建空白网页，如图 C.17 所示。

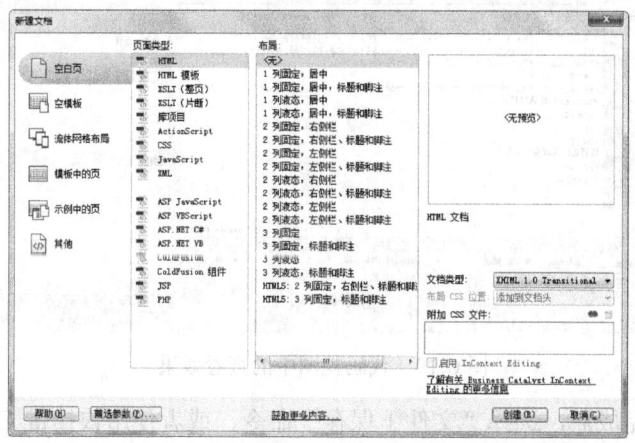

图 C.17 "新建文档"对话框

（2）设置完成后，单击"创建"按钮，将在文档窗口中打开新文档，默认文件名为"Untitled-1.html"。根据需要，用户可以在文档窗口中选择不同的视图设计网页。

文档窗口的三种视图方式作用如下。

设计视图：以所见即所得的方式显示所有网页元素。在设计视图中，在文档编辑窗口输入文本"欢迎访问传媒文化论坛!"，效果如图 C.18 所示。

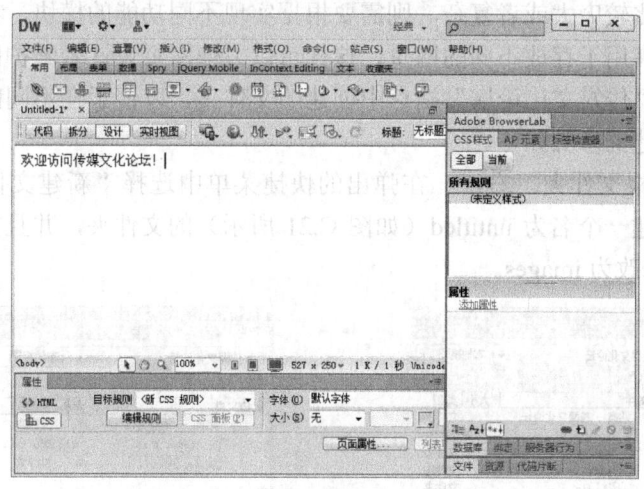

图 C.18 设计视图中的查看效果

代码视图：可以查看、修改和编写网页代码，以实现特殊效果的网页，这种视图方式适合有编程经验的网页设计用户。图 C.18 中的 Untitled-1.html 文件在代码视图中的查看效果如图 C.19 所示。

拆分视图：将文档窗口分成两部分，一部分是代码部分，用于显示代码；另一部分是设计部分，用于显示网页元素及其在网页中的布局效果。在拆分视图中，用户在设计部分单击网页元素，可以快速地定位到要修改的网页元素代码的位置，方便对代码进行修改，也可以在属性面板中修改元素的属性。

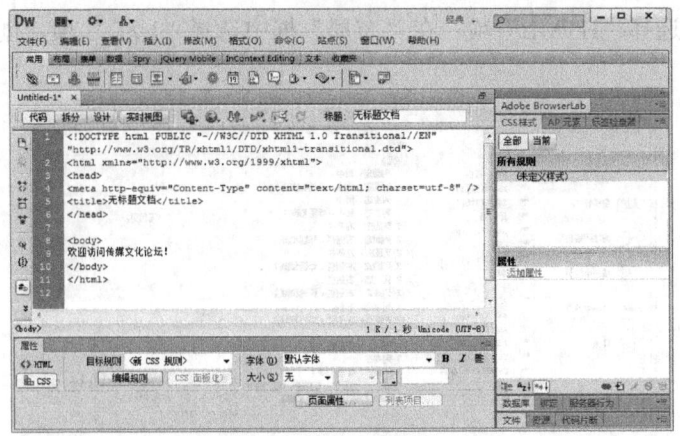

图 C.19　代码视图中的查看效果

（3）网页设计完成后，选择"文件｜保存"命令，或者使用快捷键 Ctrl+S，弹出"另存为"对话框，在"文件名"框中输入网页的名称 index.html，单击"保存"按钮，将该文档保存在站点文件夹中。

4．管理文件夹

在一般情况下，如果站点很简单，站点文件数量和类型有限，可以直接将网页文件放在站点的根目录下，并在站点根目录中按照资源的种类建立不同的文件夹用于存放不同的资源。例如，images 文件夹用于存放站点中的图像文件，media 文件夹用于存放站点的多媒体文件等。如果站点比较庞大或者复杂，则需要根据实现不同功能的模块，在站点根目录中按照板块创建子文件夹用于存放不同的网页，这样可以方便网页设计者维护网站。

图 C.20 是在"传媒文化论坛"站点中创建的文件夹，以便于在不同的文件夹下放置不同类型的文件。创建的步骤如下。

（1）选中站点根文件夹，右击，在弹出的快捷菜单中选择"新建文件夹"命令，在站点根文件夹下会新建一个名为 untitled（如图 C.21 所示）的文件夹，并且文件夹名是可编辑状态，把 untitled 修改为 images。

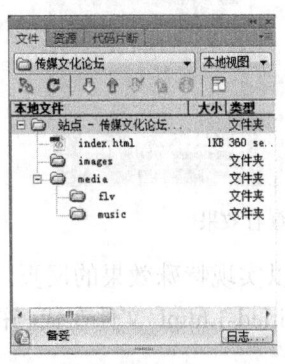

图 C.20　"传媒文化论坛"站点文件

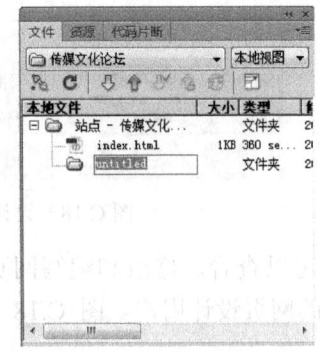

图 C.21　untitled 新文件夹

（2）使用与（1）相同的操作步骤，创建 media 文件夹。

（3）使用与（1）相同的操作步骤，在 media 文件夹下分别创建名为 flv 和 music 的文件夹。

在 Dreamweaver 中，可以创建站点文件夹，也可以对文件夹进行编辑操作，包括重命名、复制、删除、粘贴、剪切等。

操作方法是：选中要编辑的文件夹，右击，在弹出的快捷菜单中选择"编辑"子菜单中的命令，即可完成相应操作。用户也可以使用每个命令后标明的快捷键完成相应操作。

对文件夹的操作方式也适用于文件，采用相同的操作方式可以对文件进行重命名、复制、删除、粘贴、剪切等操作。

Dreamweaver 的文件控制面板对文件的管理，实质上实现的是 Windows 中的文件管理，只不过使用文件控制面板管理站点文件和文件夹更方便一些。

5．管理站点

在建立站点后，用户在 Dreamweaver 中可以对站点进行打开、修改、复制、删除、导入、导出等操作。

（1）打开站点

当要查看或修改某个网站内容时，首先要打开站点。Dreamweaver 同时可以管理多个站点，打开站点实质上就是在各站点之间进行切换。打开站点的操作步骤如下。

① 启动 Dreamweaver CS6。

② 选择"站点 | 管理站点"命令，打开"管理站点"对话框。在"您的站点"列表框中选择要打开的站点，单击"完成"按钮。在文件控制面板中可以看到该站点的文件目录结构。

除了使用"管理站点"对话框之外，还可以直接使用文件控制面板。在文件控制面板左侧的下拉列表中选择要打开的站点名，即可打开站点，如图 C.22 所示。

（2）编辑站点

站点创建好之后，在用户管理站点期间，有时需要修改站点的一些设置，此时需要编辑站点。具体的操作步骤如下。

① 选择"站点 | 管理站点"命令，打开"管理站点"对话框，如图 C.23 所示。

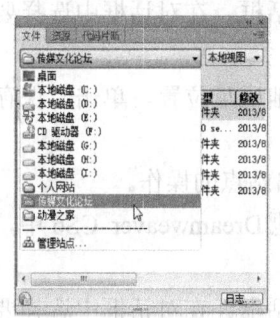
图 C.22 "文件"控制面板

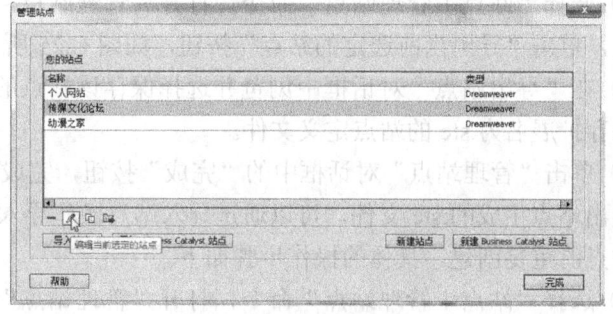
图 C.23 "管理站点"对话框

② 在"您的站点"列表框中选择要编辑的站点名，单击"编辑站点"按钮，弹出"站点设置对象传媒文化论坛"对话框，完成相应的修改之后，单击"保存"按钮，回到"管理站点"对话框。

③ 在"管理站点"对话框，如果不需要进行其他修改，可以单击"完成"按钮关闭"管理站点"对话框。

（3）复制站点

复制站点可省去重复建立多个结构相同站点的操作步骤，提高用户的工作效率。在

"管理站点"对话框中可以复制站点，具体操作步骤如下。

① 在"管理站点"对话框的"您的站点"列表框中选择要复制的站点"传媒文化论坛"，单击"复制当前选定的站点"按钮进行复制，如图 C.24（a）所示。完成复制操作之后，在"您的站点"列表框中将出现一个新复制的站点。

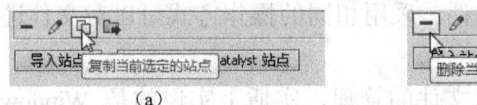

（a）　　　　　　　　　　　　　　　　　　（b）

图 C.24　复制站点和删除站点

② 双击新复制的站点，在弹出的"站点设置对象"对话框中可以更改新站点的名称，也可以进行其他设置。

（4）删除站点

删除站点只是删除 Dreamweaver CS6 同本地站点间的关系，而本地站点包含的文件和文件夹仍然保存在磁盘原来的位置上。也就是说，删除站点后，虽然站点文件夹保存在计算机中，但在 Dreamweaver CS6 中已经不存在此站点。在完成删除操作之后，"管理站点"对话框中将不再存在该站点的名称。

使用"管理站点"对话框可以很容易完成删除站点的操作。具体的步骤是：在"管理站点"对话框的"您的站点"列表框中选中要删除的站点，单击"删除当前选定的站点"按钮，即可删除选中的站点。如图 C.24（b）所示。

（5）导入和导出站点

如果用户要在计算机之间移动站点，或者与其他用户共同设计站点，可以通过 Dreamweaver CS6 的导入和导出站点功能实现。导出站点功能是将站点导出为".ste"格式文件，然后在其他计算机上将其导入到 Dreamweaver CS6 中。

导出站点的操作步骤如下。

① 选择"站点｜管理站点"命令，打开"管理站点"对话框。在对话框中选择要导出的站点，单击"导出当前选定的站点"按钮，如图 C.25 所示。

② 在"导出站点"对话框中浏览并选择保存该站点的本地磁盘位置，单击"保存"按钮，保存扩展名为.ste 的站点定义文件。

③ 单击"管理站点"对话框中的"完成"按钮，完成导出站点的操作。

导出站点生成的.ste 文件，可以通过导入站点操作导入本地 Dreamweaver CS6 中，避免相同站点的重复创建。具体的操作步骤如下。

① 选择"站点｜管理站点"命令，打开"管理站点"对话框。在对话框中选择要导入的站点，单击"导入站点"按钮，如图 C.26 所示。

图 C.25　"导出站点"按钮　　　　　　　　　图 C.26　"导入站点"按钮

② 在"导入站点"对话框，浏览并选择要导入的.ste 站点定义文件，单击"打开"按钮，站点被导入。在"管理站点"对话框的"您的站点"列表框中，会显示刚被成功导入的站点名称。

③ 单击"完成"按钮，关闭"管理站点"对话框，完成导入站点的操作。

附录D Firebug 和 Web Developer 的使用

Firebug 和 Web Developer 是 Firefox 浏览器的扩展插件，提供了许多对网页进行分析、调试的工具，可以帮助网页设计师快速地进行分析网页。

D.1 Firebug 的使用

Firebug 最早由 Joe Hewitt 开发，它可以编辑并调试任何网页中的 HTML、CSS 和 JavaScript 代码。目前，Firebug 是一个开源的软件，由来自 Mozilla 基金会、Google、Yahoo、IBM 等公司工作的人员组成 Firebug 工作组负责维护。

Firebug 的特点包括：
- 查看和编辑 HTML；
- 动态修改 CSS；
- 可视化的 CSS 盒模型；
- 监控网络行为；
- 分析与调试 JavaScript；
- 快速发现错误；
- 查看网页的 DOM 模型；
- 即时执行 JavaScript；
- JavaScript 日志记录；
- Cookie 管理。

1．安装 Firebug

作为 Firefox 浏览器的插件，Firebug 可以通过 Firefox 浏览器的菜单命令进行安装。选择 "Firefox | Web 开发者 | 获取更多工具" 命令，打开 https://addons.mozilla.org/firefox/collections/mozilla/webdeveloper 网址，进入 Firebug 安装界面，如图 D.1 所示。

在此，列出了与网页开发相关的插件，每个插件后都有一个 "添加到 Firefox" 按钮。找到 Firebug 插件，单击它所对应的 "添加到 Firefox" 按钮，会弹出如图 D.2 所示的对话框。单击 "立刻安装" 按钮，Firefox 浏览器提示 Firebug 将在浏览器重启后被安装。

2．Firebug 的启动和基本界面

Firebug 安装完后，在 Firefox 浏览器的导航工具栏中会出现 Firebug 的按钮，单击该按钮即可打开 Firebug 的面板。另外，也可以选择 "Firefox | Web 开发者 | Firebug | 打开 Firebug" 命令，或者按 F12 快捷键来打开 Firebug 的面板。Firebug 的面板默认出现在浏览

器的下方，可以通过设置使其出现在浏览器的上、左、右等其他位置，或者以独立窗口的形式存在。

图 D.1　Firebug 的安装界面

图 D.2　安装 Firebug

Firebug 面板包括控制台、HTML、CSS、脚本、DOM、网络和 Cookies 等标签。

- 控制台：用于 JavaScript 相关的记录日志、错误提示和执行命令行，同时也用于 Ajax（异步 JavaScript 及 XML）的调试。
- HTML：用于查看网页的 HTML 元素和对应的 CSS 样式，可以实时地对 HTML 和 CSS 进行编辑，并能够立即查看修改后的网页。它包含 HTML 和 CSS 两个子面板。
- CSS：用于以外部 CSS 文件或内部 CSS 为单位查看并编辑网页中的 CSS。
- 脚本：用于查看网页中使用的所有 JavaScript 文件和其中的脚本，它包含监控、堆栈、断点 3 个子面板。
- DOM：用于显示网页对象的 DOM 模型。
- 网络：用于监视浏览器与服务器之间通信的网络活动，可以查看浏览器发出的每个请求的请求头信息和响应头信息，也可以查看下载文件的大小和所用时间等信息。

● Cookies：用于查看网站服务器在浏览器中安装的 Cookie 信息。

下面以对 http://www.baidu.com 的分析为例重点讲述 HTML 面板和网络面板。

3．HTML 面板

HTML 面板分为两个子面板，左侧为显示网页 HTML 内容的子面板，右侧为显示网页中使用的 CSS 子面板。其中，CSS 子面板又分为"样式"、"计算出的样式"、"布局"和"DOM"等标签。HTML 面板如图 D.3 所示。

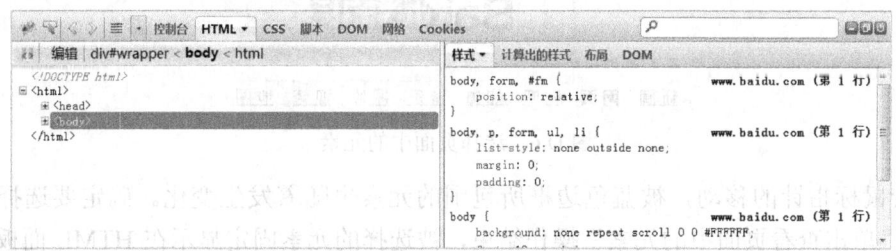

图 D.3　HTML 面板

在左侧的 HTML 子面板中，用户可以单击 HTML 元素左侧的"+"号，从而展开这一 HTML 元素。相应地，当 HTML 元素被展开后，HTML 元素左侧的"+"号将变换为"−"号，单击后可以收缩这一 HTML 元素。当选择某一 HTML 元素后，右侧的 CSS 面板中将显示这一 HTML 元素所具有的 CSS 样式。例如，单击示例网页的导航部分，HTML 面板如图 D.4 所示：

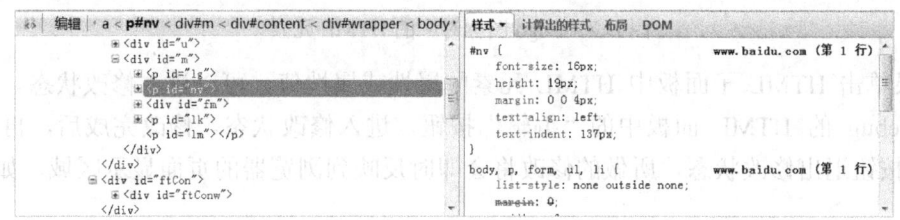

图 D.4　示例网页的导航部分

在左侧的 HTML 面板上部，显示出由导航部分 id 为 nv 的 p 元素在网页中所处的位置形成的从<html>开始的嵌套关系组成的路径，即"p#nv<div#m<div#content<div#wrapper<body<html"。在右侧的 CSS 面板，显示出这一元素具有的 CSS 样式，即字号为 16 像素，高度为 19 像素，上边距和左右边距为 0，下边距为 4 像素，文本对齐方式为左对齐，文本缩进 137 像素。在#nv 这一选择器的右侧显示出这一样式的来源，即示例网页的第 1 行。

当 id 为 nv 的 p 元素<p id="nv">被选中时，在浏览器的网页显示区域还会以不同的颜色显示出当前元素的盒模型，即宽度、高度、内边距、外边距等信息，如图 D.5 所示。

图 D.5　网页显示区域的盒模型

363

在 Firebug 中，还提供了一种灵活地选择网页元素的方式：在 Firebug 的工具栏中单击"单击查看页面中的元素"按钮 并把鼠标指针悬停在网页上方，鼠标指针下方的网页元素会被蓝色的边框所包围，同时在 HTML 面板中，相应的元素也会具有蓝色的边框和填充，如图 D.6 所示。

图 D.6 选择页面中的元素

随着鼠标指针的移动，被蓝色边框所包围的元素也随着发生变化。确定要选择的元素后单击，"单击查看页面中的元素"操作结束，被选择的元素固定显示在 HTML 面板中。在示例网页中，Logo 图标使用的 HTML 元素是 p 元素中的 img 元素，如图 D.7 所示。

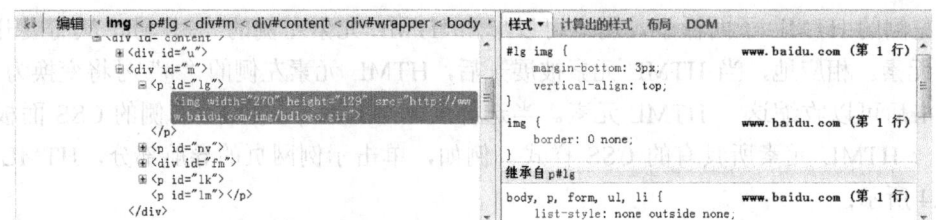

图 D.7 Logo 图标对应的 HTML 元素

如果单击 HTML 子面板中 HTML 元素的属性或属性值，可以进入修改状态。也可以单击 Firebug 的 HTML 面板中的"编辑"按钮，进入修改状态。修改完成后，再次单击"编辑"按钮退出修改状态，所做的修改将会即时反映到浏览器的页面显示区域，如图 D.8 所示。

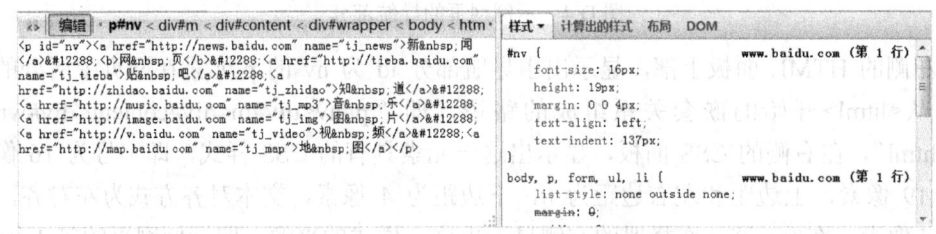

图 D.8 修改 HTML

用户也可以单击 CSS 子面板中的样式选择器、样式属性名称、样式属性值等进行修改。可以通过键盘输入新的值，或者通过键盘上的"↑"和"↓"按键进行单位为 1 的向上、向下调节，或者通过键盘上的"PageUP"和"PageDown"键进行单位为 10 的向上、向下调节。Firebug 还提供了"禁用"样式的功能，把鼠标指针悬停在某一 CSS 样式上，样式前面会出现"禁用"的图标 ⊘，单击此图标，这一 CSS 样式会被"禁用"，CSS 样式面板中相应的内容也转为灰色的文字。通过这一功能，用户可以查看这一样式使用后产生的真正效果。再次单击此图标，会取消"禁用"这一 CSS 样式。在示例网页中，导航部分的高度和外边距被禁用，如图 D.9 所示。

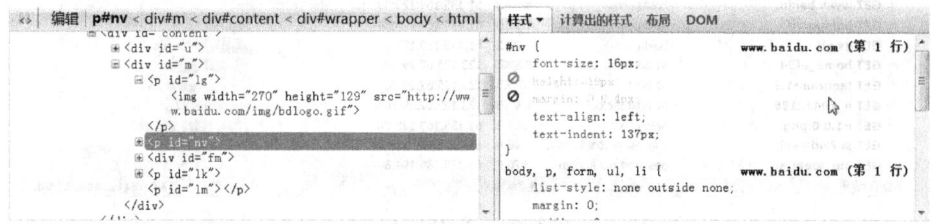

图 D.9　CSS 样式的"禁用"

在 CSS 样式子面板的"计算出的样式"标签中，显示网页中元素实际的样式，以及经过继承、层叠之后的真正样式，分为"文本"、"盒模型"和"其他"三个大类。示例网页导航部分的最终 CSS 样式如图所示 D.10。

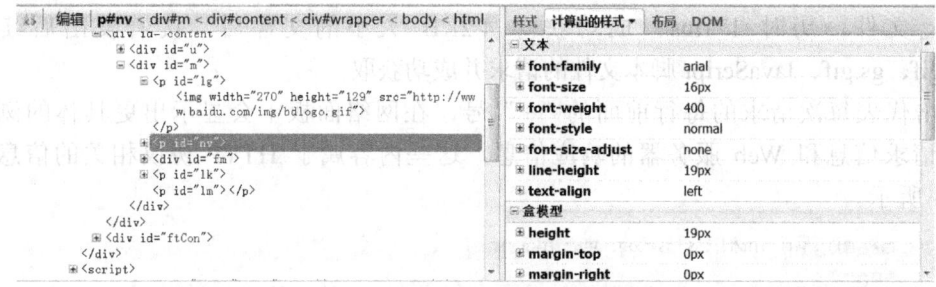

图 D.10　"计算出的样式"标签

在 CSS 样式子面板的"布局"标签中，显示网页中元素的盒模型，包括宽度和高度、4 个方向的内边距、边框和外边距。用户也可以选择"布局"标签中的数值，输入新的数值或使用"↑"、"↑"、"PageUP""PageDown"按键进行调节。示例网页导航部分的宽度为 720 像素，高度为 19 像素，并具有 4 像素的下外边距，如图 D.11 所示。

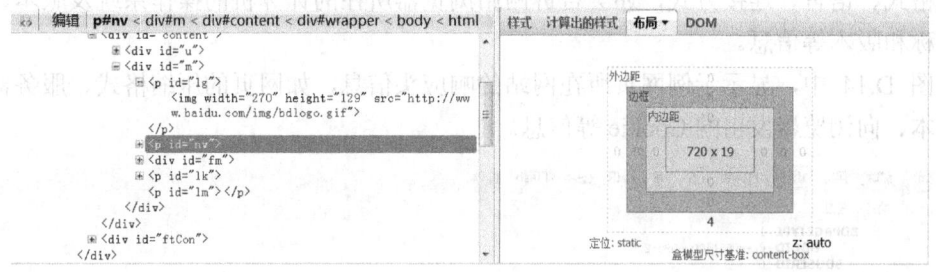

图 D.11　"布局"标签

在 CSS 样式子面板的"DOM"标签中，显示网页中元素的 DOM 模型的各个数值，在此不做进一步的讲解。

4．网络面板

网络面板可以监视网页中每项元素的加载情况，包括 HTML 文件、CSS 文件、JavaScript 脚本文件、图片文件等的大小、开始请求时间、完成请求时间等，对于页面优化有非常大的帮助作用。在打开网络面板的状态下，在 Firefox 浏览器中请求示例网页，网络面板如图 D.12 所示。

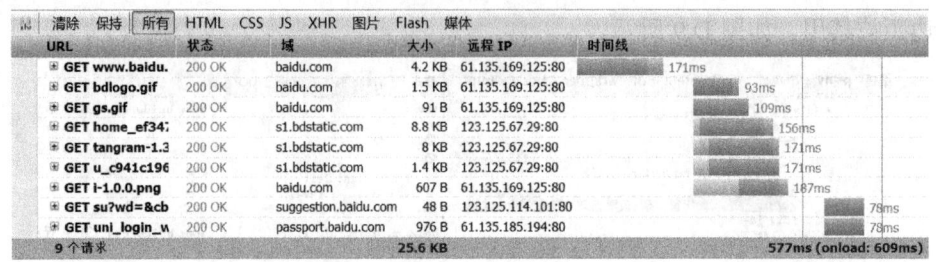

图 D.12　网络面板

图 D.12 中，显示出浏览器在获取示例网页的过程中，共发出了 9 次请求，历时 577ms，获得了总大小为 25.6KB 的 9 个文件。在每行中，显示出这一请求获取的文件名称、获取是否成功、获得的来源域名、文件大小、远程服务器的 IP 地址、请求发出的时间和持续的时间等信息。从图 D.12 中可以看出，浏览器首先向 baidu.com 请求网站的主页 HTML，文件，历时 171ms，成功获得 4.2KB 大小的文件后，接着发出后续的对 bdlogo.gif、gs.gif、JavaScript 脚本文件的请求并成功获取。

单击代表每次请求的每行前面的"+"号，在网络面板中会显示出更具体的浏览器发出的请求信息和 Web 服务器的响应信息，这些内容属于 HTTP 协议相关的信息，如图 D.13 所示。

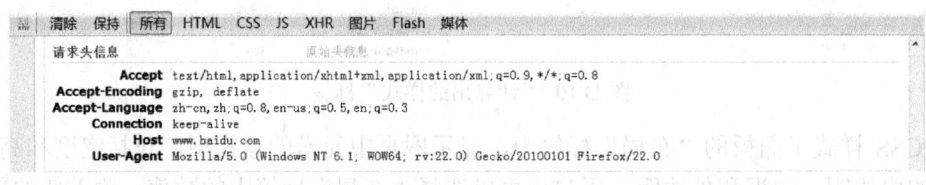

图 D.13　请求头信息

从图 D.13 中可以看出，Firefox 浏览器在向网站发出请求时，会告诉网站自身可以接收的压缩格式、语言、连接方式，还会告诉网站浏览器所在的计算机的操作系统及版本、浏览器的名称和版本等信息。

在图 D.14 中，显示示例网页所在网站的响应头信息，如网页的压缩格式、服务器的名称和版本、向浏览器发出的 Cookie 等信息。

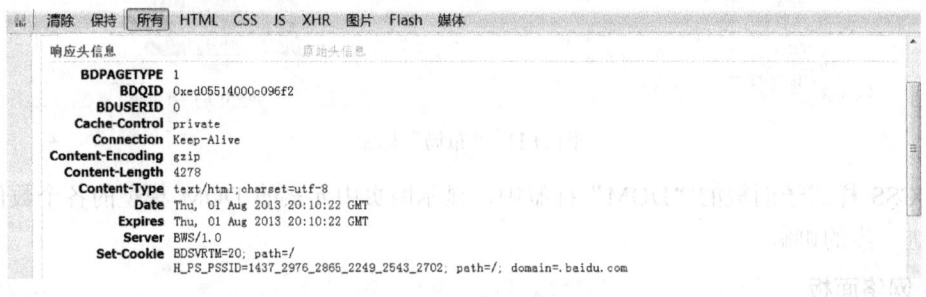

图 D.14　响应头信息

在网络面板中，还可以切换到"HTML"、"CSS"、"JS"、"XHR"、"图片"、"Flash"、"媒体"等标签来分别显示相应的请求信息。单击网络面板工具栏中的"清除"按钮，会清空网络面板中的内容。

D.2 Web Developer 的使用

1. 安装 Web Developer

与安装 Firebug 相同，选择"Firefox | Web 开发者 | 获取更多工具"命令，在打开的网页中可以找到 Web Developer 插件，如图 D.15 所示。

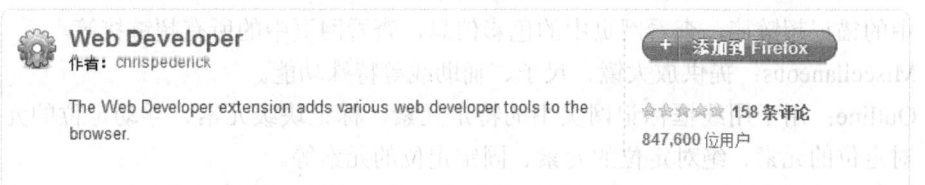

图 D.15 Web Developer 的安装界面

单击它所对应的"添加到 Firefox"按钮，会弹出如图 D.16 所示的对话框。单击"立刻安装"按钮，Firefox 浏览器提示 Firebug 将在浏览器重启后被安装。

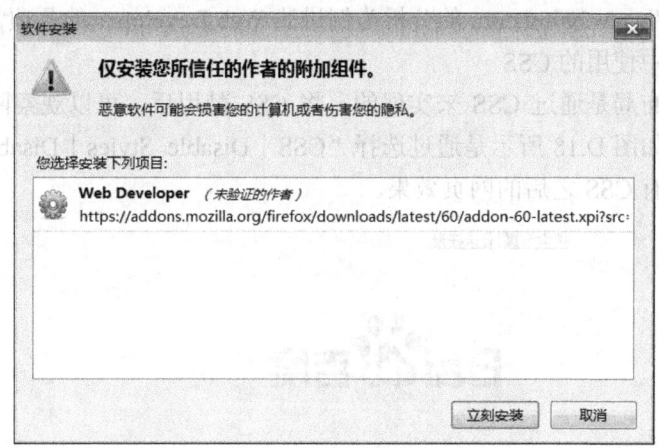

图 D.16 安装 Web Developer

2. Web Developer 的工具栏

Web Developer 安装成功后，除了在 Firefox 的"工具"菜单中会增加"Web Developer Extension"菜单命令外，还会以工具栏的形式添加到 Firefox 中，如图 D.17 所示。

Disable· Cookies· CSS· Forms· Images· Information· Miscellaneous· Outline· Resize· Tools· View Source· Options·

图 D.17 Web Developer 工具栏

下面简单介绍各按钮的基本功能。

- Disable：用于禁止一些浏览器和网页中的一些功能，如禁止浏览器缓存网页、禁止网页中的 Java 和 JavaScript、禁止网页中的 Meta 重定向等。
- Cookies：用于管理网站与浏览器之间的 Cookie 信息，如查看当前网站设置到浏览器中的 Cookie，禁止 Cookie 的使用，手工添加新的 Cookie 等。

- CSS：用于管理网页中使用的 CSS，如禁止网页中使用的所有 CSS 或者按照类型分类的 CSS，查看、编辑网页中使用的 CSS 等。
- Forms：用于管理网页中的表单，如以表格形式详细列出网页表单中的每个表单域的参数信息，清除表单中的内容，可以转换表单的提交方式等。
- Images：用于管理网页中的图像，如详细列出网页中使用的每幅图像及其路径，禁止网页中的所有图像或背景图像、插入的图像等。
- Information：用于查看网页的基本信息，如查看网页元素的宽、高属性，查看网页中的锚记超链接，查看网页中的色彩信息，查看网页中的所有超链接等。
- Miscellaneous：提供放大镜、尺子、辅助线等特殊功能。
- Outline：用于用线框标记网页中的特定元素，标记块级元素、浮动定位的元素、相对定位的元素、绝对定位的元素、固定定位的元素等。
- Resize：用于查看网页在计算机显示器不同分辨率情况下的显示情况。
- Tools：通过 WC3 等网站提供的功能验证网页中使用的 HTML、CSS 等的正确性和规范情况。

3. 使用 Web Developer

下面以对 http://www.baidu.com 的分析为例讲述 Web Developer 的几项常用功能。

（1）禁用网页中使用的 CSS

如果网页中的布局是通过 CSS 来实现的，将 CSS 禁用后，可以观察网页中与样式无关的结构是否合理。如图 D.18 所示是通过选择"CSS | Disable Styles | Disable All Styles"命令禁用了网页中所有 CSS 之后的网页效果。

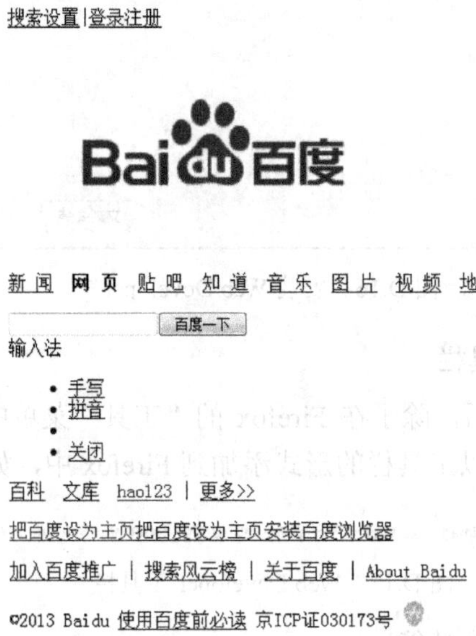

搜索设置 | 登录注册

新闻 **网页** 贴吧 知道 音乐 图片 视频 地图

百度一下

输入法

- 手写
- 拼音
-
- 关闭

百科 文库 hao123 | 更多>>

把百度设为主页 把百度设为主页 安装百度浏览器

加入百度推广 | 搜索风云榜 | 关于百度 | About Baidu

©2013 Baidu 使用百度前必读 京ICP证030173号

图 D.18　禁用网页中的 CSS

（2）查看网页中的表单元素

选择"Forms | View Form Information"命令，可以查看当前网页中的表单及其中包含的表单域，可以观察网页中的信息是通过哪些元素传递到 Web 服务器端的，如图 D.19 所示。

Form

Id	Name	Method		
	f			

Elements

Id	Name	Type	Value	Label	Size
kw	wd	text			
	rsv_bp	hidden	0		
	ch	hidden			
	tn	hidden	baidu		
	bar	hidden			
	rsv_spt	hidden	3		
	ie	hidden	utf-8		
su	f	submit	百度一下		

图 D.19　查看网页中的表单元素

（3）测量网页元素的尺寸

选择"Miscellaneous｜Display Rule"命令，可以在浏览器窗口中显示一个矩形区域来测量网页元素的宽和高。矩形区域的 4 角是 4 个可以拖动的选择柄，通过拖动可以调整矩形区域的尺寸，相应的宽和高信息显示在 Web Developer Ruler 工具栏中，如图 D.20 所示。测量完成后，单击 Web Developer Ruler 工具栏中的关闭按钮退出测量状态。

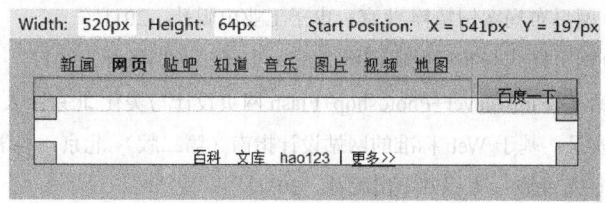

图 D.20　测量网页元素的尺寸

（4）标记网页中的指定元素

选择"Outline｜Outline Custom Elements"命令，可以在网页中用线框标记指定标签的元素。如果设置"Show Element Tag Names When Outlining"为选中状态，那么在元素的周围会标记元素的标签。在图 D.21 中，选择用红色标记 a 元素和用蓝色标记 input 元素，其中颜色可以由使用者自己设定。效果如图 D.22 所示。

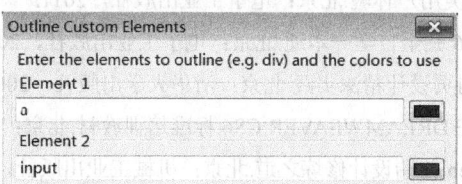

图 D.21　Outline Custom Elements 对话框

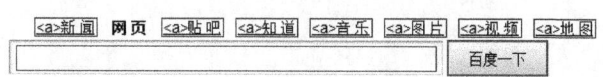

图 D.22　标记网页中的指定元素

参 考 文 献

[1] 莫小梅.网页编程基础—XHTML、CSS、JavaScript.北京：清华大学出版社，2012.

[2] 唐四薪.基于 Web 标准的网页设计与制作.北京：清华大学出版社，2009.

[3] Terry Felke-Morris. Web 开发与设计基础. 传思，等译.北京：清华大学出版社，2012.

[4] Charles Wyke-Smith. CSS 设计指南. 李松峰，译.北京：人民邮电出版社，2012.

[5] Andy Budd.精通 CSS 高级 Web 标准解决方案（第 2 版）. 陈剑瓯，译.北京：人民邮电出版社，2012.

[6] Eric A.Meyer. CSS 权威指南. 尹志忠，等译.北京：中国电力出版社，2007.

[7] Steven M.Schafer. HTML、XHTML 和 CSS 宝典. 黄晓磊译.北京：清华大学出版社，2010.

[8] Philip Crowder 等.创建网站宝典. 李茂娟，等译.北京：清华大学出版社，2010.

[9] Thomas A.Powell. HTML5&CSS 完全手册. 刘博，译.北京：清华大学出版社，2011.

[10] Robin Williams.写给大家的 Web 和版式设计书. 李静，等译.北京：机械工业出版社，2008.

[11] Zoe M Gillenwater.灵活 Web 设计. 李静，等译.北京：机械工业出版社，2009.

[12] 王大远.DIV+CSS3.0 网页布局案例精粹.北京：电子工业出版社，2011.

[13] 张晓景.DIV+CSS3.0 网页样式与布局经典范例.北京：电子工业出版社，2012.

[14] 智丰工作室.美工神话 Dreamweaver+Photoshop+Flash 网页设计与美化.北京：人民邮电出版社，2012.

[15] 李超.CSS 网站布局实录：基于 Web 标准的网站设计指南（第二版）.北京：科学出版社，2007.

[16] 温谦.CSS 设计彻底研究.北京：人民邮电出版社，2011.

[17] 唐守国等.Photoshop 网页设计、配色与特效案例精粹.北京：清华大学出版社，2010.

[18] 王晓峰等.网页美术设计原理及实战策略.北京：清华大学出版社，2011.

[19] 陈争航.JavaScript 编程宝典.北京：电子工业出版社，2008.

[20] 单东林等.锋利的 jQuery.北京：人民邮电出版社，2012.

[21] 黄格力等.jQuery 网页开发实例精解.北京：清华大学出版社，2012.

[22] 陶国荣.jQuery 权威指南.北京：机械工业出版社，2011.

[23] 张子秋.jQuery 风暴——完美用户体验.北京：电子工业出版社，2011.

[24] 李晓斌等.Dreamweaver CS6 完全自学一本通.北京：电子工业出版社，2013.

[25] 汤丽华等.Photoshop CS4 网页设计精深实践.北京：清华大学出版社，2009.

[26] ACAA 专家委员会.ADOBE DREAMWEAVER CS6 标准培训教材.北京：人民邮电出版社，2013.

[27] 赖定清等.大巧不工——Web 前端设计修炼之道.北京：机械工业出版社，2010.

[28] 曹刘阳.编写高质量代码：Web 前端开发修炼之道.北京：机械工业出版社，2012.

[29] 吕皓月等.网站蓝图——Axure RP 高保真网页原型制作.北京：清华大学出版社，2012.